江苏联合职业技术学院院本教材
经学院教材审定委员会审定通过

职业教育课程改革成果教材

机械类专业应用数学

主　编　朱劲松　顾栋明
副主编　周雪峰　赵志强　张　华
参　编　钱　燕　徐宇琴　钱伟珏
　　　　张　娴　于　洋
主　审　周宪芝

机械工业出版社

本书从解决职业教育机械类专业中实际问题的需要出发，在讲述三角学、解析几何学知识的基础上，探索研究解决专业学习中的数学应用问题.

本书突出了数学在职业教育中的基础性、工具性和应用性的特点，以及为专业服务的课程理念.

本书可作为中等职业学校、五年制高职或高级技工学校机械类专业的应用数学基础教材，也可作为职工教育的培训教材和技术工人的参考资料.

图书在版编目（CIP）数据

机械类专业应用数学/朱劲松，顾栋明主编. —北京：机械工业出版社，2019.9（2025.1 重印）

职业教育课程改革成果教材

ISBN 978-7-111-64349-4

Ⅰ.①机… Ⅱ.①朱…②顾… Ⅲ.①应用数学-职业教育-教材 Ⅳ.①O29

中国版本图书馆 CIP 数据核字（2019）第 285137 号

机械工业出版社（北京市百万庄大街 22 号 邮政编码 100037）

策划编辑：宋 华　　　责任编辑：宋 华 赵志鹏

责任校对：张 力 陈 越　封面设计：马精明

责任印制：刘 媛

北京富资园科技发展有限公司印刷

2025 年 7 月第 1 版第 7 次印刷

184mm×260mm · 15 印张 · 376 千字

标准书号：ISBN 978-7-111-64349-4

定价：39.50 元

电话服务　　　　　　网络服务

客服电话：010-88361066　　机 工 官 网：www.cmpbook.com

010-88379833　　机 工 官 博：weibo.com/cmp1952

010-68326294　　金 书 网：www.golden-book.com

机工教育服务网：www.cmpedu.com

前　言

职业教育的数学课程，不仅要为培养学生必要的数学素质服务，而且要为学生的专业教育服务，适应培养有一定文化素质和专业技能的应用型人才的需要.

在中高职与本科院校中，机械类专业都是重要的专业.在社会行业中，机械行业是一个面广量大的行业，学生无论是学习专业课程，还是进行机械的作业活动，都会接触到其中的数学问题.

为此，我们在总结多年来中等职业学校数学课程教改实践经验的基础上，依据教育部《中等职业学校数学教学大纲》，结合机械类专业课程内容与要求，编写了本书.

本书以中、高职机械类专业课程中所遇到的数学问题，同时兼顾与之相应行业生产中的实际，以在解决问题时用到的数学知识点为类，分章介绍这些机械中数学问题的解决方法.

每章先以一个专业知识教学点中的实例为导引，揭示应用数学的发生，然后列举与之相关的数学知识要点；再例说运用这些知识解决机械中的众多数学问题，它们几乎涵盖了机械专业课程中与数学相关的所有问题.本书突出数学在职业教育中的基础性、工具性和应用性，体现为专业服务的课程理念，着力培养学生的分析问题和解决问题的能力.

本书的实例与机械生产活动紧密相连，对涉及机械生产的职工、技术人员也有明显的借鉴作用.

本书由朱劲松和顾栋明任主编，周雪峰、赵志强和张华任副主编，周宪芝任主审.钱燕、徐宇琴、钱伟珏、张娴和于洋参与了本书的编写.顾栋明负责本书的策划和统稿.

本书的编写体例是一种创新性尝试，由于编者水平有限，书中不足之处在所难免，敬请读者批评、指正.

编　者

目　录

前言

第一章　解直角三角形及其应用…… 1

第一节　圆锥的基本种类与相关元素…… 1
第二节　直角三角形中的边角关系…… 3
第三节　车圆锥与解直角三角形…… 4
第四节　解直角三角形的其他应用…… 7
第五节　残轮测径与圆关联的直角三角形…… 18
复习自测题一…… 22

第二章　数控机床工作基础与坐标系…… 26

第一节　数字化处理与坐标系…… 26
第二节　基点与基点坐标…… 35
复习自测题二…… 42

第三章　车偏心圆与解任意三角形…… 45

第一节　角的概念的推广…… 46
第二节　任意角的三角函数…… 51
第三节　余弦定理与正弦定理…… 55
第四节　余弦定理与正弦定理的应用…… 58
复习自测题三…… 89

第四章　求基点坐标与直线和圆方程…… 94

第一节　平面内的曲线和方程…… 94
第二节　直线型基点与直线方程…… 95
第三节　直线方程的应用举例…… 99
第四节　直线和圆构成的基点与圆方程…… 105
第五节　圆的方程的应用举例…… 109
第六节　圆与圆构成基点与对应圆方程的关系…… 115
第七节　圆与圆构成基点的求法举例…… 117
第八节　基点计算过程的标准化…… 121
第九节　基点的 CAD 作图法计算简介…… 125
复习自测题四…… 127

第五章　车椭圆孔与椭圆方程 …… 130

第一节　椭圆的定义 …… 131
第二节　椭圆的标准方程 …… 132
第三节　椭圆的性质 …… 133
第四节　截交线椭圆与其截面倾角及圆柱半径等的关系 …… 134
第五节　椭圆的切线及其性质 …… 135
第六节　椭圆及其方程的应用 …… 136
复习自测题五 …… 151

第六章　曲面搅拌轮制作与双曲线方程 …… 155

第一节　双曲线的定义及标准方程 …… 155
第二节　双曲线的性质 …… 156
第三节　双曲线及其方程的应用 …… 160
复习自测题六 …… 173

第七章　太阳灶制作与抛物线方程 …… 177

第一节　抛物线的定义及标准方程 …… 177
第二节　抛物线的性质 …… 179
第三节　抛物线及其方程的应用 …… 180
复习自测题七 …… 188

第八章　车斜椭圆与坐标变换和二次方程 …… 193

第一节　旋转变换 …… 193
第二节　圆锥曲线方程的移轴与转轴化简举例 …… 196
第三节　坐标变换与二次方程的应用 …… 199
第四节　基于 AutoCAD 的坐标变换计算 …… 206
复习自测题八 …… 207

第九章　凸轮与极坐标和参数方程 …… 210

第一节　极坐标系 …… 210
第二节　极坐标系和直角坐标系的关系 …… 211
第三节　应用极坐标求曲线方程 …… 212
第四节　常见曲线的极坐标方程 …… 213
第五节　参数方程的意义 …… 215
第六节　常见曲线的参数方程 …… 216
第七节　极坐标方程和参数方程的应用 …… 218
复习自测题九 …… 230

第一章　解直角三角形及其应用

在机械结构中，圆锥配合是一种常见的配合结构．因为它在较小锥角配合时，具有传递较大转矩、定心程度高与能做无间隙配合等特点，而得到广泛应用，如车床结构主轴锥孔与顶尖的配合等、尾座锥孔与麻花钻头锥柄的配合等，如图 1-0-1 所示．

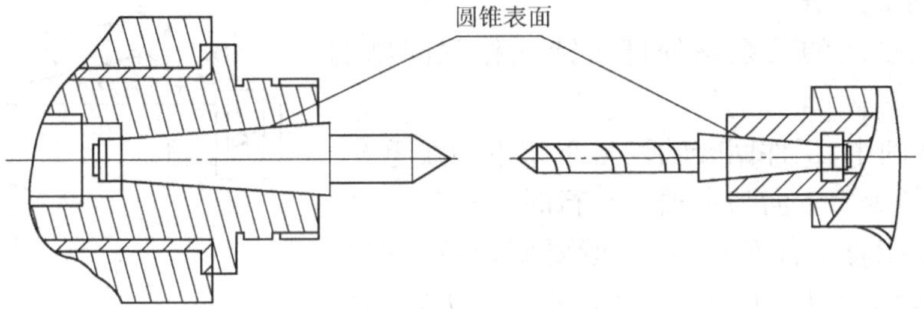

图　1-0-1

常见的圆锥零件还有锥齿轮、锥形主轴和带锥孔齿轮等，如图 1-0-2 所示．

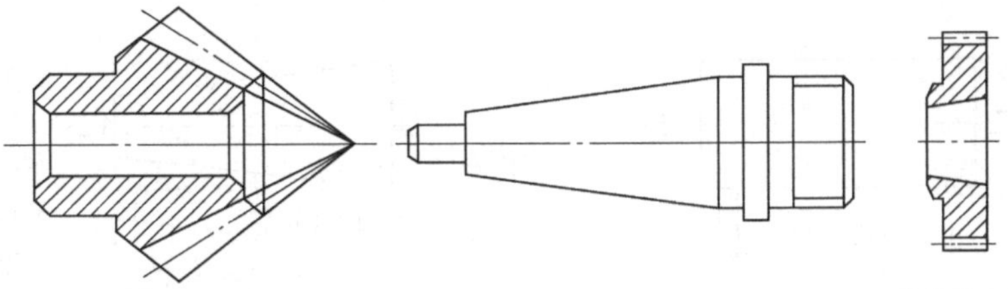

图　1-0-2

因此，掌握圆锥中各元素的相互关系是对包括车工在内的机械行业职工的基本要求．

第一节　圆锥的基本种类与相关元素

在机械行业中，把由圆锥表面和一定轴向尺寸、纵向尺寸所限定的几何体称为圆锥．圆锥通常分为外圆锥和内圆锥，如图 1-1-1 所示．

对圆锥中的相关元素，我们通常做如图 1-1-2 所示的命名：

圆锥大端直径 D，小端直径 d；圆锥长度 L；锥度 C，圆锥大小端直径差与长度之比，即 $C=\frac{D-d}{L}$；圆锥角 α，在通过圆锥轴线的截面内，两条素线之间的夹角 α；圆锥半角 $\frac{\alpha}{2}$，圆锥素线与其

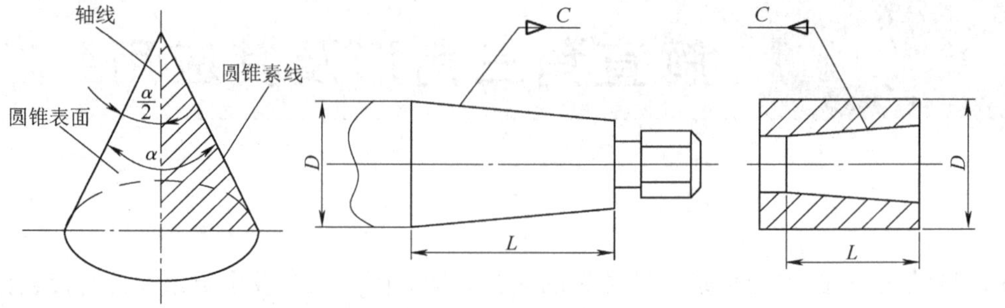

图 1-1-1

轴线的夹角，等于圆锥角之半.

掌握这些元素间的关系是处理与圆锥相关问题的基础.

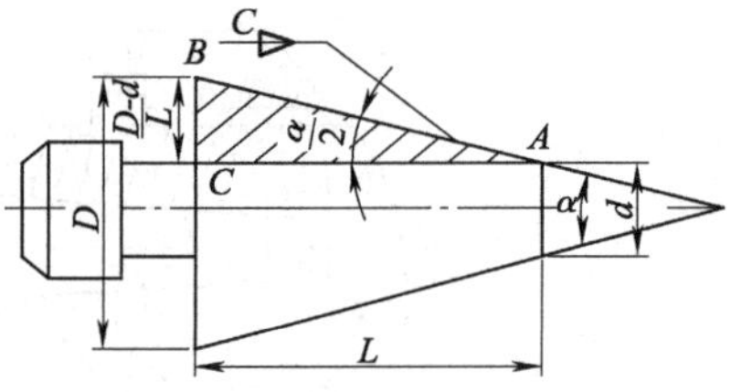

图 1-1-2

在通常的车削中，工件回转轴线与车床主轴线重合，车刀运动轨迹，即走刀方向与主轴线平行时，车出的工件为圆柱体．为了能将工件车成锥体，就要使走刀方向与锥体素线平行，如图 1-1-3 所示．例如，将小滑板转动一个确定的角度$\frac{\alpha}{2}$后，走刀方向就与锥体素线平行，工件就能车削成圆锥．那么，小滑板转动的这个角度如何确定呢？

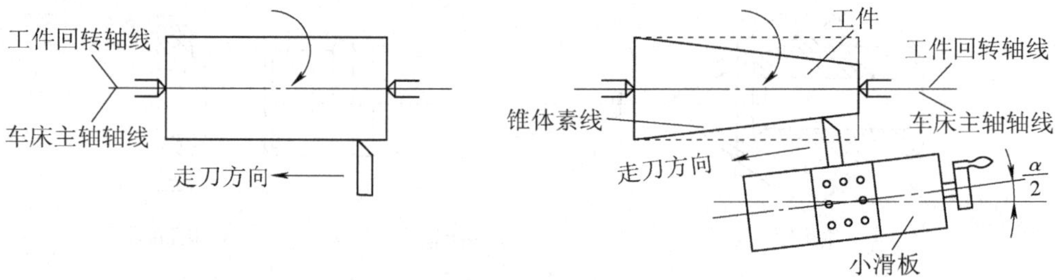

图 1-1-3

如图 1-1-4 所示，一磨床主轴圆锥的锥度 $C=1:5$，大端直径 $D=45\text{mm}$，圆锥长度 $L=50\text{mm}$，要加工这一圆锥，就要计算出小端直径 d 和圆锥半角$\frac{\alpha}{2}$的大小.

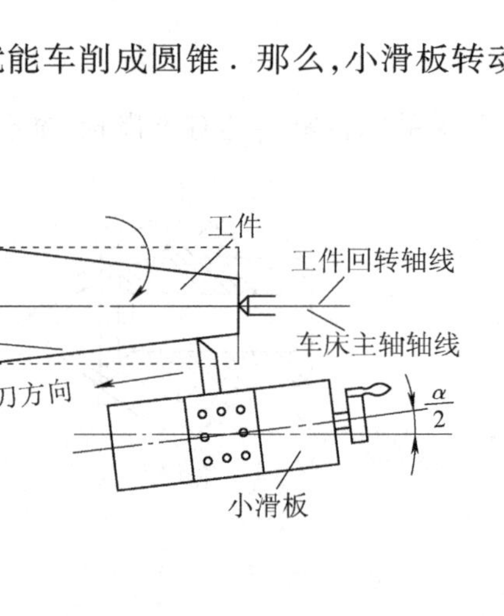

图 1-1-4

为了实现上述圆锥中这些元素的相互求解，就要掌握它们之间的关系.

因为圆锥中的这些元素可以集中到基本图形直角三角形中，所以，要知晓直角三角形中的边、角以及边和角之间的联系.

练习题 1.1

1. 在圆锥中,有哪些元素构成的基本图形是直角三角形?
2. 普通车床中,小滑板转动一个角度后,在走刀的作用下,工件加工成什么形状?

第二节　直角三角形中的边角关系

我们知道:在 Rt△ABC 中,$\angle C=90°$,有边的关系,勾股定理 $a^2+b^2=c^2$;有角的关系,两锐角互余 $\angle A+\angle B=90°$;还可以知道边和角的关系.

一、锐角的三角函数

如图 1-2-1 所示,在△ABC 中,$\angle C$ 为直角,我们有如下结论:

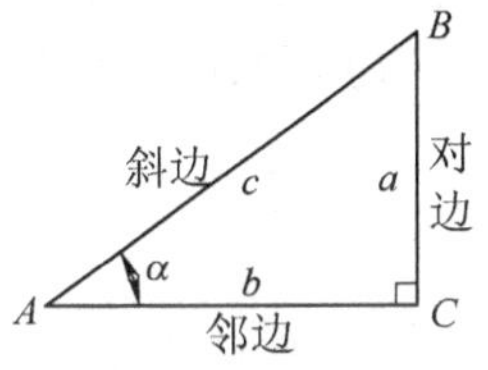

图　1-2-1

锐角 α 的正弦,$\sin\alpha=\dfrac{\angle\alpha\text{ 的对边}}{\text{斜边}}$,如 $\sin A=\dfrac{a}{c}$;

锐角 α 的余弦,$\cos\alpha=\dfrac{\angle\alpha\text{ 的邻边}}{\text{斜边}}$,如 $\cos A=\dfrac{b}{c}$;

锐角 α 的正切,$\tan\alpha=\dfrac{\angle\alpha\text{ 的对边}}{\angle\alpha\text{ 的邻边}}$,如 $\tan A=\dfrac{a}{b}$;

锐角 α 的余切,$\cot\alpha=\dfrac{\angle\alpha\text{ 的邻边}}{\angle\alpha\text{ 的对边}}$,如 $\cot A=\dfrac{b}{a}$.

我们把锐角 A 的正弦、余弦、正切、余切都叫作 $\angle A$ 的**锐角三角函数**.

二、三角函数的基本关系

我们有锐角三角函数的互余关系、同角关系:

一般地,设一个锐角为 α,那么

$$\sin(90°-\alpha)=\cos\alpha$$
$$\cos(90°-\alpha)=\sin\alpha$$
$$\tan(90°-\alpha)=\cot\alpha$$
$$\cot(90°-\alpha)=\tan\alpha$$

$$\sin^2\alpha+\cos^2\alpha=1$$
$$\tan\alpha\cot\alpha=1 \text{ 或 } \tan\alpha=\frac{1}{\cot\alpha}$$
$$\tan\alpha=\frac{\sin\alpha}{\cos\alpha}$$

这样,在△ABC 中,$\angle C=90°$的前提下,还有 3 条边和 2 个角. 知道其中的 2 个元素(至少有 1 个元素是边),就可以求其余的未知元素. 由直角三角形中的已知元素,求出所有未知元素的过程,叫作**解直角三角形**.

练习题 1.2

1. 在$\triangle ABC$中，$\angle C$为直角，$\angle A$、$\angle B$、$\angle C$所对的边分别为a、b、c. $\frac{a}{c}$分别是$\angle A$、$\angle B$的哪一个三角函数呢？$\frac{b}{c}$呢？$\frac{a}{b}$呢？

2. 简答：

(1) A为锐角，$\sin A$、$\cos A$的值在什么范围内？为什么？

(2) A为锐角，已知$\tan A$的值，能求$\sin A$、$\cos A$的值吗？若能，如何求？

(3) 当锐角的角度增大时，对应的四个三角函数值分别有什么变化？

3. 在Rt$\triangle ABC$中，已知下列条件，写出求$\triangle ABC$未知元素的过程.

(1) $\angle A, c$；　(2) a, b；　(3) $\angle A, b$；　(4) $a, \angle B$.

第三节　车圆锥与解直角三角形

现在可以解决前面提出的圆锥车削中求圆锥半角的问题了.

在图 1-1-2 中，圆锥的相关元素都可转化到Rt$\triangle ABC$中．$BC=\frac{D-d}{2}$，$AC=L$，那么圆锥半角就可用正切函数求得，即$\tan\frac{\alpha}{2}=\frac{BC}{AC}=\frac{D-d}{2L}=\frac{C}{2}$.

【例 1】 在图 1-1-4 所示的磨床主轴圆锥中，已知锥度$C=1:5$，大端直径$D=45\text{mm}$，圆锥长度$L=50\text{mm}$，用转动小滑板法车削加工这一零件时，需要将小滑板转动的角度值等于圆锥半角．试求小端直径和圆锥半角$\frac{\alpha}{2}$.

解：根据锥度公式：$C=\frac{D-d}{L}$，得

$$d=D-CL=45-\frac{1}{5}\times50=35(\text{mm}),$$

$$\tan\frac{\alpha}{2}=\frac{D-d}{2L}=\frac{C}{2}=\frac{1}{10}=0.1,\ \frac{\alpha}{2}=5^{\circ}42'38''.$$

在车圆锥中，虽然各种锥面的位置状况不同，机床所具备的条件也不尽相同，但使车刀的走刀方向与圆锥素线平行的实质是相同的．根据这一点，还有偏移尾座法、仿形法、宽刃刀法等车圆锥的方法.

偏移尾座法是将工件装夹在两顶尖之间，车床尾座上的滑板向适当方向移动一段距离s，由于床鞍进给是沿平行于主轴轴线移动的，这时工件回转轴线与车床主轴线形成一定的交角．当这一交角等于圆锥半角时，相当于走刀方向与圆锥素线平行，就能够车削出符合要求的锥体.车顺外圆锥面时，尾座上的滑板向里滑距离s；车倒外圆锥面时，则尾座上的滑板要向外滑距离s.

仿形法车圆锥是刀具按照仿形装置(靠模)进给对工件进行加工的方法．在卧式车床上安装一套仿形装置,该装置能使车刀做纵向进给的同时做横向进给,从而使车刀的运动轨迹与圆锥面的素线平行,加工出所需的圆锥面,如图 1-3-1 所示.

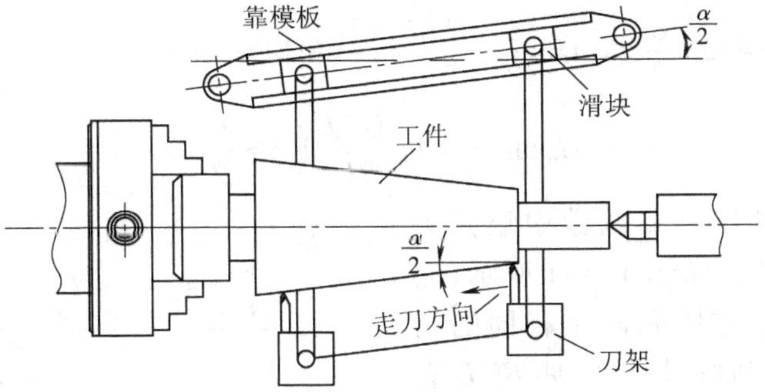

图　1-3-1

宽刃刀法车圆锥是用成形刀具对工件进行加工的．在装夹车刀时,把主切削刃与主轴轴线的夹角调整到与工件的圆锥半角$\frac{\alpha}{2}$相等后,采用横向进给的方法加工出圆锥面,如图 1-3-2 所示.

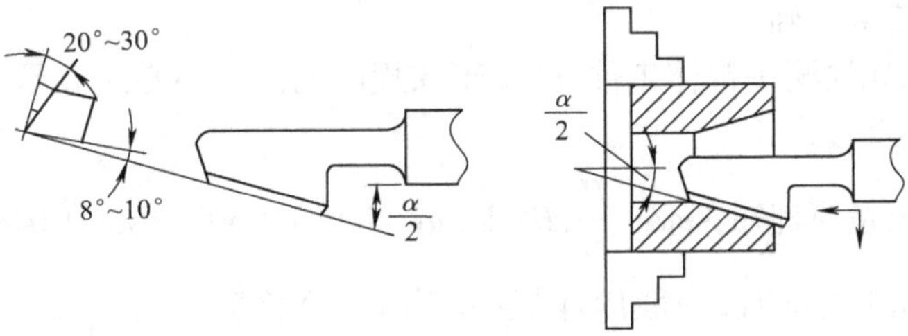

图　1-3-2

由此可知,无论哪种方法,都要知晓其圆锥半角．所以,求圆锥半角$\frac{\alpha}{2}$是车工车削锥体零件工作中重要的一环.

【例 2】　对加工锥度很小、锥体部分较长的圆锥,一般适宜用偏移尾座法加工．根据其工作示意图 1-3-3 所示,写出计算尾座滑板偏移距离 s 的式子.

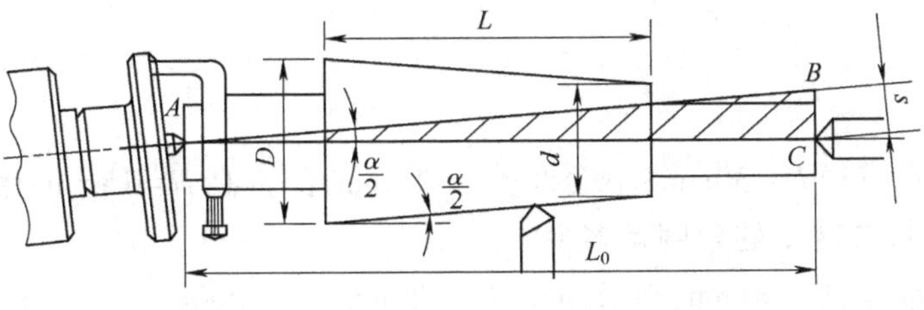

图　1-3-3

解:由图示知,在 Rt△ABC 中,

因为 $BC\perp AB$ 且 $BC=s$，$AC=L_0$，$\angle BAC=\frac{\alpha}{2}$，则

$$s=BC=AC\sin\frac{\alpha}{2}=L_0\sin\frac{\alpha}{2},$$

当$\frac{\alpha}{2}$很小时，有 $\sin\frac{\alpha}{2}\approx\tan\frac{\alpha}{2}$，又 $\tan\frac{\alpha}{2}=\frac{D-d}{2L}=\frac{C}{2}$，所以

$$s\approx L_0\tan\frac{\alpha}{2}=L_0\frac{D-d}{2L}\text{或 } s\approx\frac{C}{2}L_0.$$

正弦规是一种利用三角函数中正弦关系来测量角度的量具．如图 1-3-4 所示，它由一块准确的钢质长方体和两个相同的精密圆柱体组成．两圆柱中心的距离 L 有 100mm 与 200mm 两种规格，圆柱中心线与长方体工作面严格平行．测量时，将正弦规放在平板上，圆柱的一端用量块垫高，量块的高度 H 根据被测工件圆锥角精确计算获得，被测工件放在正弦规的平面上，然后用百分表检测圆锥面两端高度，若读数相同，就说明被测工件圆锥角正确．

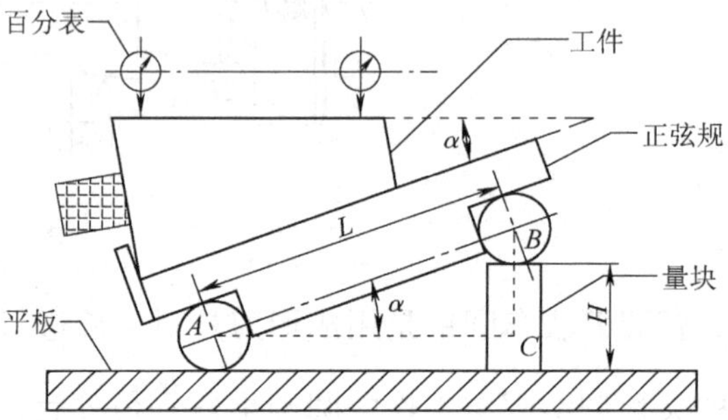

图　1-3-4

【例 3】 用正弦规检测一锥体工件，已知正弦规的两圆柱中心距 L 是 100mm，工件的圆锥角是 2°30′，求量块的高度.

解：根据正弦规测量原理知：$\sin\alpha=\frac{H}{L}$，$H=L\sin\alpha=100\sin2°30'=100\times0.043619\approx4.362(\mathrm{mm})$.

【例 4】 在车削外圆锥时，一般用环规（也称套规）检验工件的锥度和尺寸．当工件锥度已校准而尺寸还没有符合要求时，即套规的界限面中线在工件端面以外，如图 1-3-5 所示．这时就必须再车“一刀”．设锥度为 C，那么，应车多深才能使工件端面与界限面中线对齐？

解：设这一刀的背吃刀量为 a_p，

根据图示的余量与锥度的意义有：$\frac{2a_p}{a}=C$，则 $a_p=\frac{aC}{2}$.

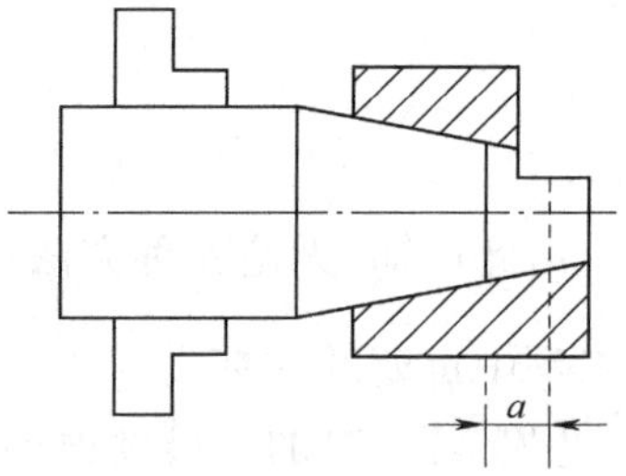

图　1-3-5

练习题 1.3

1. 一圆锥的大端直径 $D=30$mm，小端直径 $d=15$mm，圆锥高 $H=15$mm，用转动小滑板的方法车此圆锥面，小滑板要转动的角度是多少？

2. 已知一外圆锥体，$D=40$mm，$d=35$mm，$L=120$mm，$L_0=200$mm，用偏移尾座的方法加工时，尾座的偏移量是多少？

3. 用正弦规测量一锥体零件，正弦规的规格为 $L=200$mm，工件锥角 $\alpha=5°25'$，试求垫块高度 H. 若百分表的测量长度 $K=30$mm，问：角度极限偏差 $\delta_\alpha=\pm10'$反映在百分表上的读数极

限偏差$\pm\delta_h$是多少？

第四节　解直角三角形的其他应用

解直角三角形是一种基础的三角形计算，在生产实践中有着广泛的应用．下面以它在机械行业中的应用为重点再做些介绍.

一、在钻斜孔问题上的计算

【例】 如图1-4-1所示，要在一较厚的平板工件上钻一个与板平面成75°角的孔，现准备在与平板支点A距离720mm处用垫块垫高，使平板工件面与工作面成15°角，问应垫起多高？

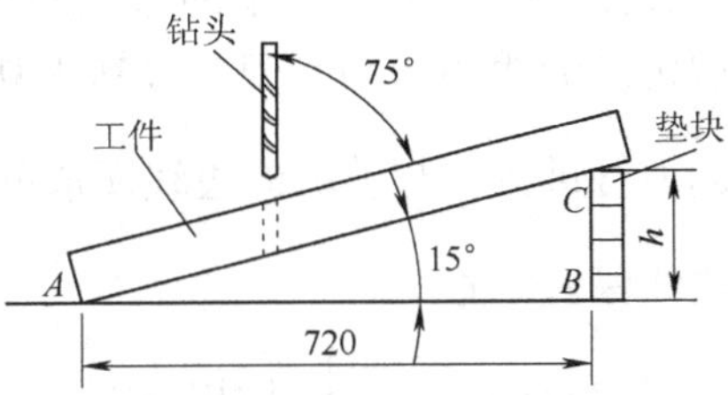

图　1-4-1

解：如图1-4-1所示，在Rt$\triangle ABC$中，

因为$AB=720$mm，$\angle A=15°$，

所以$h=720\text{mm}\times\tan15°\approx192.92$mm.

即与平板支点A距离720mm处垫块高192.92mm.

本例介绍了一个类似于正弦规测锥角的钻斜孔的方法.

二、在测量V形导轨宽度上的计算

【例】 要测量V形导轨宽度L，可将两根直径相等且为d的心轴如图1-4-2所示放置，测出心轴外侧的距离为M，然后计算出宽度L.

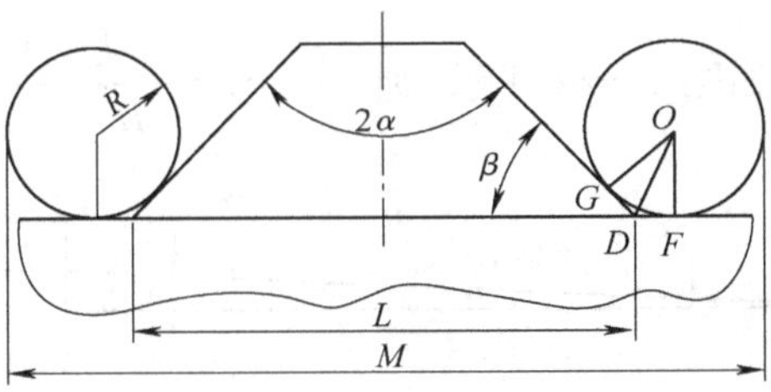

图　1-4-2

解：设V形导轨的角度为2α，两直径相等心轴的半径为R，如图1-4-2所示，G、F为切点，$OF\perp DF$，$OG\perp GD$，$\beta=90°-\alpha$，$\angle FOG=\beta$，$\angle FOD=\dfrac{1}{2}\angle FOG=\dfrac{\beta}{2}$.

在Rt$\triangle FOD$中，$FD=OF\tan\angle FOD=R\tan\dfrac{\beta}{2}$，于是

$$M=L+2FD+2R=L+2R\tan\frac{\beta}{2}+2R=L+d\tan\frac{\beta}{2}+d,$$

则

$$L=M-d-d\tan\frac{\beta}{2}.$$

三、在切割等速移动薄板上的计算

【例】 工厂在生产薄板型的产品时，往往要对在传动过程中的薄板做动态切割，如玻璃薄板、钢薄板等．现在已知某玻璃厂成型流水线上玻璃的传进速度是 3m/s，切割玻璃的切割刀的速度是 6m/s，如图 1-4-3 所示，要使在运动中切割的玻璃线与边线保持垂直，切割刀的行进方向应与玻璃的边线成多少度角？

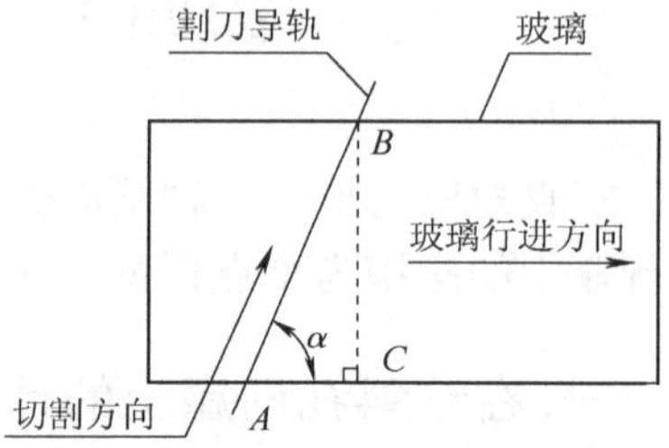

图 1-4-3

解：根据题意，切割刀切割方向的导轨线 AB、切割线 BC 及边线 AC 组成动态中的直角三角形．在同一时间内，玻璃传进的距离与切割刀在导轨上切割玻璃的距离比决定切割刀行进方向与玻璃的边线所成的角度，即 $\cos\alpha=\frac{AC}{AB}$．这样，才能使在运动中切割的玻璃线与边线保持垂直．

因为 $\cos\alpha=\frac{3}{6}=\frac{1}{2}$，所以，锐角 $\alpha=60°$．

问题思考：在传输切割问题中，一般是以改变切割刀导轨角度与切割速度来适应传输物件的工作要求的．对于上例，如果流水线上玻璃的传进速度是 v_1，对玻璃切割长度的要求是 a，导轨与玻璃边线所成的角度 α 如何设定呢？切割刀的速度 v_2 至少是多少？

四、在斜垫铁估料问题上的计算

斜垫铁（斜键）是具有一个斜面的辅助工件．其斜面的倾斜程度称为斜度，用 $k=\frac{1}{n}$ 表示，倾斜角称为斜角，用 α 表示，如图 1-4-4 所示，则 $\tan\alpha=k=\frac{H-h}{L}=\frac{1}{n}$．

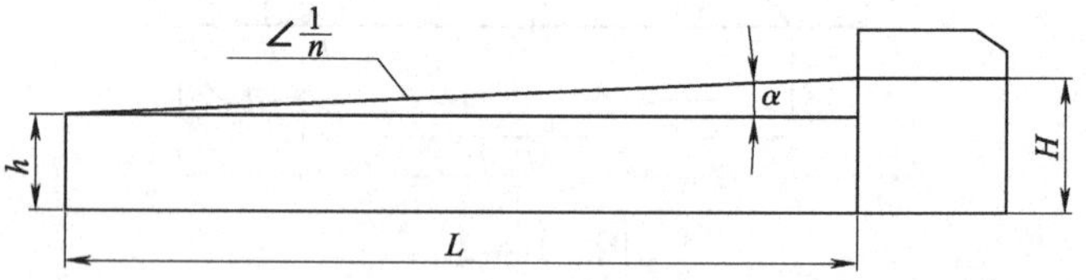

图 1-4-4

【例】 已知一斜垫铁的斜度为 1∶20，长度 $L=70\text{mm}$，小端尺寸 $h=5\text{mm}$，为了合理备料，求大端 H 的尺寸是多少．

解：据题意得：$k=\frac{1}{n}=\frac{1}{20}$，即 $\frac{H-5}{70}=\frac{1}{20}$，解之得 $H=8.5(\text{mm})$．

这里要注意，锥度与斜度两个概念的异同．它们虽都是描述物体的倾斜程度，但在描述对象的具体性上是有区别的，前者的倾斜角是两斜线的交角，后者的倾斜角是斜线与水平线的交角，所以用来表示它们正切值的比值的对象也随之不同了，前者是 $\tan\frac{\alpha}{2}=\frac{D-d}{2L}=\frac{C}{2}$，后者是

$\tan\alpha=\frac{H-h}{L}=k$. 必须指出:斜度与工程上的坡度概念是一致的,为此举一坡度问题.

五、在工程设计的坡度问题上的计算

在修路、筑坝、挖河和开渠等工程设计图上常要标注斜坡的倾斜程度．如图 1-4-5 所示,通常把坡面的铅直高度 h 和水平长度 l 的比叫作坡面的坡度(坡比),记作 i,即 $i=h:l$. 坡面与水平面的夹角 α 叫作坡角,则 $\tan\alpha=h:l=i$.

【例】 如图 1-4-6 所示,利用土埂修筑一条渠道．在土埂中间挖去深为 0.6m 的地块,把挖出来的土填在两旁．已知渠道内坡度为 1:1.5,渠道底面宽 BC 为 0.5m,求:(1)横断面(等腰梯形)$ABCD$ 的面积;(2)修一条 100m 的渠道要挖土多少 m^3?

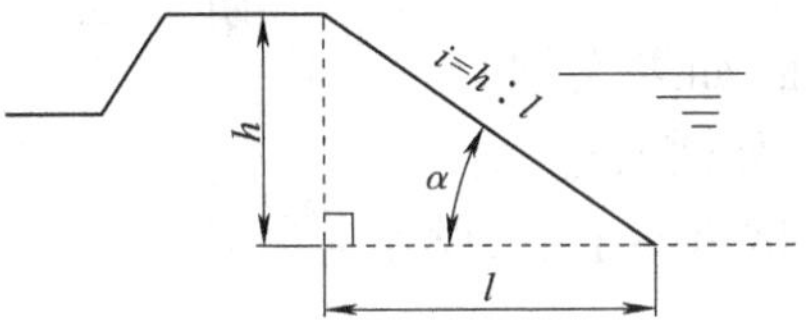

图　1-4-5

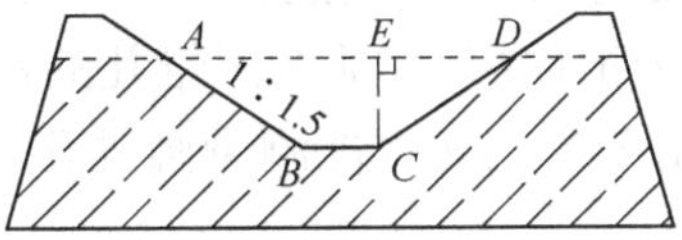

图　1-4-6

解:作 $CE\perp AD$ 于 E,在 Rt$\triangle CED$ 中,因为$\frac{CE}{ED}=\frac{1}{1.5}$, $CE=0.6$m,所以 $ED=1.5CE=1.5\times0.6=0.9$(m).

根据等腰梯形的对称性有,$AD=2\times0.9+0.5=2.3$(m),

所以(1)横断面(等腰梯形)$ABCD$ 的面积$=\frac{1}{2}\times(2.3+0.5)\times0.6=0.84$($m^2$);(2)修一条100m 的渠道要挖土 $100\times0.84=84$(m^3).

六、在车刀刀尖角问题上的计算

【例】 车工要根据车削零件的特性,准确选用不同的车刀．现在要车削图 1-4-7 所示的轴承梯形槽盖,应选(磨)多少度的车刀刀尖角?

解:车刀的刀尖角由轴承梯形槽角度决定,设梯形槽角为 2α,在 Rt$\triangle ABC$中,$\angle C=90°$,$BC=\frac{7-4}{2}=1.5$,$AC=\frac{54-40}{2}=7$.

因为 $\tan\alpha=\frac{BC}{AC}=\frac{1.5}{7}=0.2143$,所以 $\alpha=12°6'$,

则车刀刀尖角$=2\alpha=24°12'$.

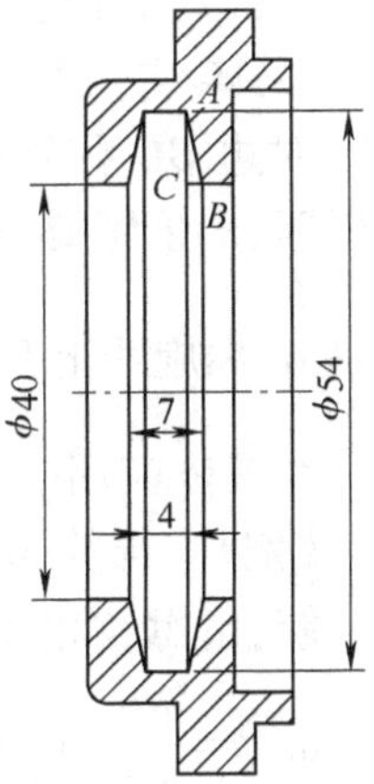

图　1-4-7

七、在圆锥孔测量问题上的计算

利用大小不等的钢球测量圆锥孔的倾斜角或锥度是传统的测量方法,即使在现在测量设备先进的条件下,对于小批量、单件生产的情况仍有应用意义.

【例】 已知:如图 1-4-8 所示,用两个直径分别为 d_1 和 d_2 的钢球测量圆锥孔的斜角 α,现可测得大、小钢球顶面到工件端面的距离分别是 h、H.

求证：$\sin\alpha=\dfrac{d_2-d_1}{2\left(H-h-\dfrac{d_2-d_1}{2}\right)}$.

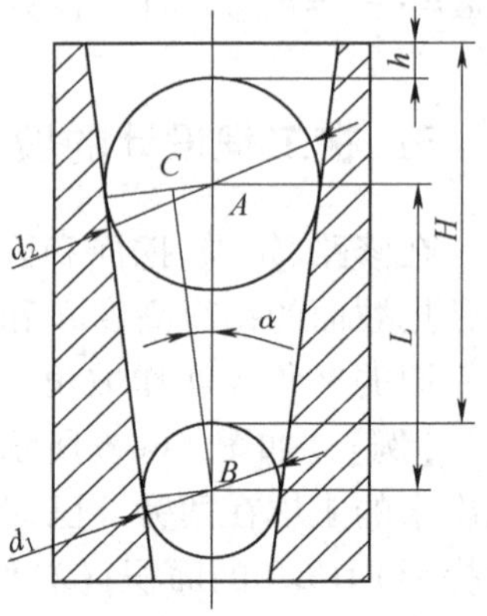

图 1-4-8

证明：如图 1-4-8 所示，在 Rt△ABC 中，因为

$$AC=\frac{d_2-d_1}{2},$$

$$AB=L=H-h-\frac{d_2}{2}+\frac{d_1}{2}=H-h-\frac{d_2-d_1}{2},$$

所以
$$\sin\alpha=\frac{AC}{AB}=\frac{AC}{L}=\frac{d_2-d_1}{2\left(H-h-\dfrac{d_2-d_1}{2}\right)}.$$

问题思考：(1)上例是大钢球顶面低于工件端面，如果大钢球顶面高于工件端面，那么圆锥孔的斜角 α 的正弦又如何表达呢？

(2)用单个钢球也能测量圆锥孔斜角 α 的大小，试借鉴上法，设计出求解方案.

八、在相关螺纹问题上的计算

螺纹广泛应用于连接零件、传动零件与紧固零件，在一般的批量制造中，常采用车削加工的方法.

假设直角三角形 ABC 绕圆柱体一周，斜边 AC 所形成的轨迹称为螺旋线．将螺旋线加工成一定的槽形称为螺纹．根据螺旋线形成的表面，分为内螺纹和外螺纹.

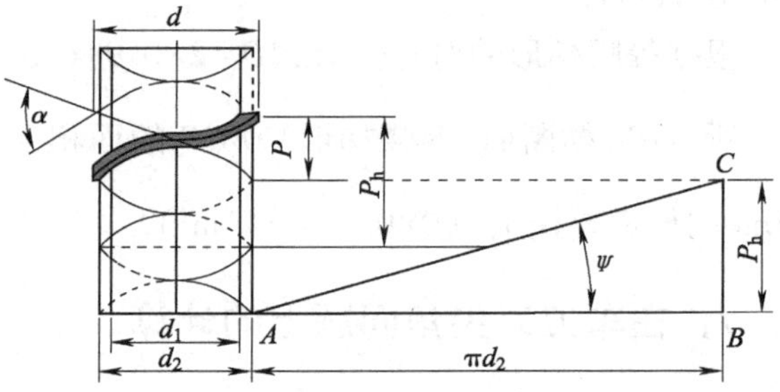

图 1-4-9

如图 1-4-9 所示，在外螺纹中，d_2 是螺纹中径圆柱底面直径，类似地 d_1 是螺纹小径，d 是螺纹大径，直角三角形底边 $AB=\pi d_2$，对边 BC 称导程，导程 $P_h=nP$，其中 P 是螺距，n 是螺旋线数，相邻两牙侧间的夹角是 α，螺旋线上升的角度称为螺旋升角 ψ. 则有 $\tan\psi=\dfrac{nP}{\pi d_2}=\dfrac{P_h}{\pi d_2}$.

在具体应用中，对不同的螺纹都有规定的型号及其标准.

【例】 计算 M24 三角形螺纹的螺旋升角.

解：由螺纹相关标准可知，M24 三角形螺纹螺距 $P=3\text{mm}$，线数 $n=1$，中径 $d_2=22.05\text{mm}$.

$\tan\psi=\dfrac{nP}{\pi d_2}\approx\dfrac{1\times3}{3.14\times22.05}\approx0.04333$，则螺旋升角 $\psi\approx2°29'$.

九、在车床上盘绕弹簧的计算

【例】 图 1-4-10 所示为圆柱形弹簧的示意图，弹簧外径为 D，钢丝直径为 d，弹簧节距为 P，弹簧总圈数为 N，求整个弹簧所需的钢丝长度 L.

解：根据弹簧的展开图可知，在 Rt△ABC 中，$AC=\pi(D-d)$，$BC=P$，所以弹簧一圈的长度

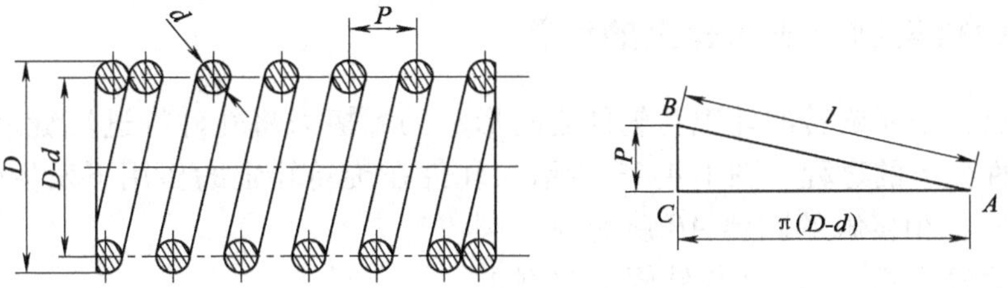

图　1-4-10

$l=\sqrt{P^2+[\pi(D-d)]^2}$,

整个弹簧所需的钢丝长度为 $L=N\sqrt{P^2+\pi^2(D-d)^2}$.

问题思考:借鉴上述取得圆柱形螺旋弹簧长度落料计算的方法,能推导图 1-4-11 所示锥形螺旋弹簧长度的计算公式吗?

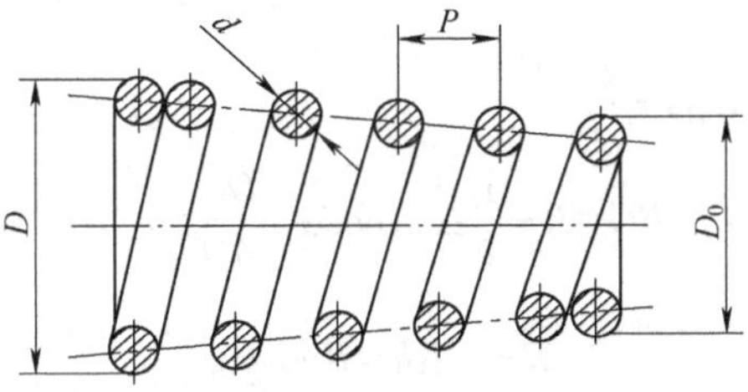

图　1-4-11

锥形螺旋弹簧的总长度 $L=N\sqrt{P^2+\frac{1}{4}\pi^2(D+D_0-2d)^2}$.

十、在燕尾装置问题上的计算

燕尾导轨是机械中常用的一种直线运动的引导装置或固定装置. 在燕尾装置的加工和测量中,通常借助检验棒测量的方法,计算出燕尾装置中的相关量.

【例】 如图 1-4-12 所示,某一燕尾导轨上的燕尾角 $\alpha=55°$,用 $d=10$mm 的检验棒按图示的方法测得外侧尺寸 $M=104.11$mm,求宽度 b.

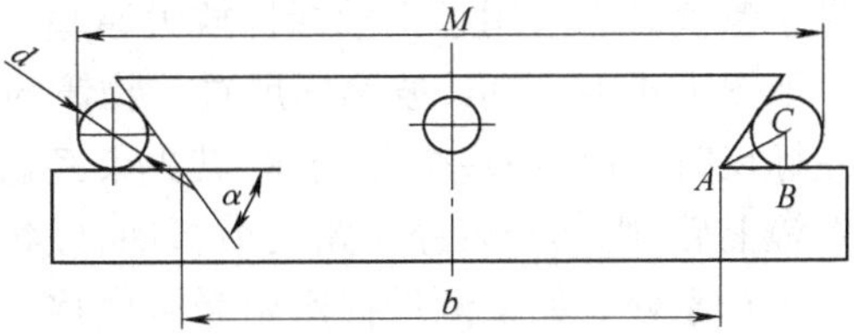

图　1-4-12

解:在 Rt△ABC 中,因为

$$\cot\frac{\alpha}{2}=\frac{AB}{BC},$$

所以　$AB=BC\cot\frac{\alpha}{2}=\frac{d}{2}\cot\frac{\alpha}{2}$,

所以

$$\begin{aligned} b &=M-d\cot\frac{\alpha}{2}-d \\ &=104.11-10\cot27.5°-10 \\ &=74.90(\text{mm}). \end{aligned}$$

十一、在钢材轧制作业问题上的计算

钢材轧制过程是靠旋转的轧辊与轧件之间形成的摩擦力将轧件推进辊缝之间，并使之受到压缩产生塑性变形的过程．图 1-4-13 所示为轧件在旋转轧辊的作用下发生变形过程的示意图．轧件与轧辊相接触的圆弧 AB 所对应的圆心角 $\angle AOB$ 称为咬入角 α. 轧件与轧辊相接触的圆弧的水平投影长度 l 称为接触弧长度，也称咬入弧长度，即图中的线段 AC，通常又把 AC 称为变形区长度．轧件轧制前后的厚度差称为压下量，用 Δh 表示．掌握咬入角与压下量之间的关系，是钢材轧制作业中的基本要求.

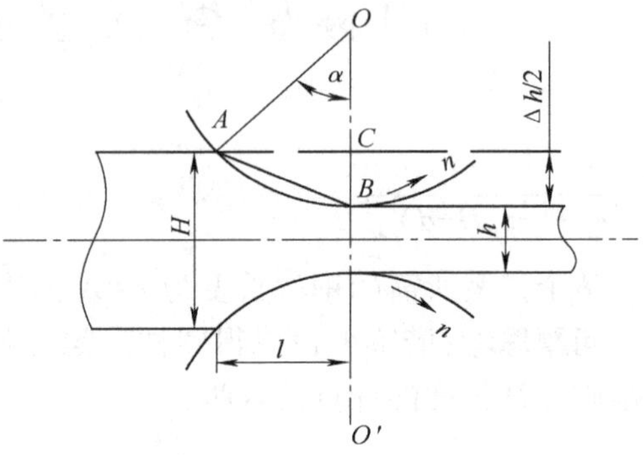

图 1-4-13

【例】 现设图 1-4-13 中轧辊的圆半径为 R，求钢材轧制作业中轧辊咬入角 α 和压下量 Δh 之间的关系式.

解：根据题意知，在 Rt$\triangle ACO$ 中

$$OC=OB-BC=R-\frac{1}{2}\Delta h,\cos\alpha=\frac{OC}{AO},OC=AO\cos\alpha,$$

所以

$$R-\frac{1}{2}\Delta h=R\cos\alpha,$$

则轧辊咬入角 α 和压下量 Δh 之间的关系式是 $\cos\alpha=1-\frac{\Delta h}{2R}$.

在应用中，用公式 $\cos\alpha=1-2\sin^2\frac{\alpha}{2}$（见第三章），将上式化为 $\sin\frac{\alpha}{2}=\frac{1}{2}\sqrt{\frac{\Delta h}{R}}$.

轧辊直径 D 的合适选配与压下量的改变，是调节轧制作业状况的常用方法之一.

十二、在光学比较仪上的计算

在机械行业的尺寸测量中，立式光学比较仪是一种用相对法进行测量的精密度较高的常用光学量仪．它采用了光学标杆放大原理.

如图 1-4-14 所示，玻璃标尺置于物镜的焦平面上，定点 C 为标尺原点．当光源发出的光照亮标尺时，标尺似一个发光体，其光束经物镜产生一束平行光，照射到与主光轴垂直的平面反射镜上后，则其光束经原路反射折回，经物镜后，光束汇聚在焦点 C' 上．C' 与 C 重合，标尺的影像仍在原处．如果测量杆产生微量位移 s 时，使平面反射镜相对主光轴偏转 α 角，则由反射镜反射的光线与入射光线之间偏转成 2α 角，标尺上点 C 的影像移到点 C''. 只要在焦平面的玻璃标尺上得到位移量 L，就可求出测量杆的位移量 s.

【例】 在立式光学比较仪中，设物镜焦距为 f，测量杆的位移量为 s，影像位移量为 L，平面反射镜支点 M 到测量杆的距离（臂长）为 a.

（1）求出光学比较仪的放大比公式；

（2）一般物镜焦距 $f=200$mm，臂长 $a=5$mm，则光学杠杆的放大比 k 为多少？若用 12 倍的目镜观察玻璃标尺上刻度线移动值是 0. 96mm，求测量杆的位移值.

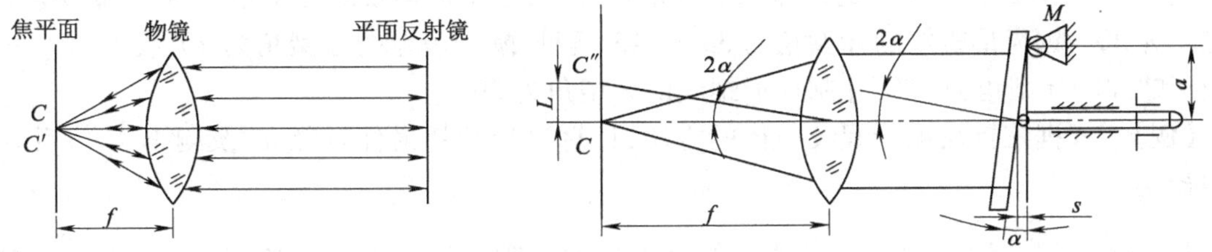

图　1-4-14

解:(1)在图 1-4-14 所示的直角三角形中可知:$\frac{L}{f}=\tan2\alpha$,$L=f\tan2\alpha$;$\frac{s}{a}=\tan\alpha$,$s=a\tan\alpha$;

所以,光学杠杆的放大比 $k=\frac{L}{s}=\frac{f\tan2\alpha}{a\tan\alpha}$. 因 α 角度很小,故放大比 $k\approx\frac{2f}{a}$.

(2)因为物镜焦距 $f=200\text{mm}$,臂长 $a=5\text{mm}$,则光学杠杆的放大比 $k=\frac{2f}{a}=\frac{2\times200}{5}=80$.

因为用 12 倍的目镜观察玻璃标尺上刻度线移动值是 0. 96mm,故 $L=\frac{0.96}{12}(\text{mm})$;

又因为 $k=\frac{L}{s}=\frac{2f}{a}$,所以$\frac{0.96}{12s}=\frac{2\times200}{5}$,则测量杆的位移值 $s=1\times10^{-3}\text{mm}=1\mu\text{m}$.

上例说明,当测量杆位移 $1\mu\text{m}$ 时,经过 $12\times80=960$ 倍的放大,相当于在目镜内看到刻度线移动了 0. 96mm.

十三、在螺纹中径测量问题上的计算

螺纹中径是保证螺纹旋合质量的重要尺寸. 但是在传统情况下中径无法直接测量,三针法是一种较为精确的间接测量中径的方法. 如图 1-4-15 所示,测量时,将三根直径相等的圆柱形测量针放在三个螺纹槽中,用千分尺量两边量针顶点之间的距离 M,可计算出中径 d_2.

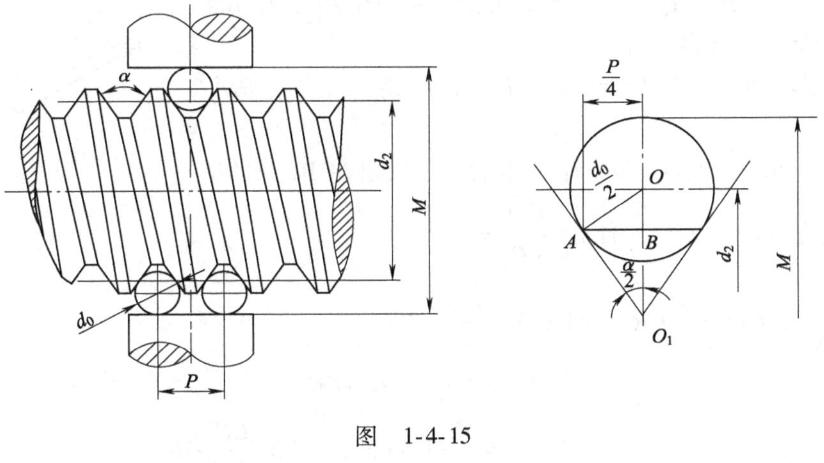

图　1-4-15

为了更好地测量,三根圆柱测量针与螺牙侧面相切点在中径圆柱上,这时圆柱的直径为最佳直径 d_0. 通过计算可以得出测量针最佳直径 d_0.

图 1-4-15 中 α 称为螺纹的牙型角．一般情况下，三角形螺纹的牙型角为 60°，梯形螺纹的牙型角为 30°，锯齿形螺纹的牙型角为 33°或 45°两种，蜗杆齿轮的牙型角为 20°或 14. 5°，寸制三角形螺纹的牙型角为 55°，寸制梯形螺纹的牙型角为 29°.

【例】 根据三针法测量螺纹中径的方法，计算测量针的最佳直径 d_0 及测得 M 值后计算出中径 d_2.

解：在图 1-4-15 中，由切线性质可知，$OA\perp AO_1$，$AB\perp OO_1$，在$\triangle OBA$ 中，$\angle OAB=\dfrac{\alpha}{2}$，中径处牙槽与牙厚相等，是螺距 P 的一半，又知 AB 为牙槽的一半，所以 $AB=\dfrac{P}{4}$.

因为 $\cos\dfrac{\alpha}{2}=\dfrac{AB}{OA}=\dfrac{\frac{P}{4}}{\frac{d_0}{2}}$，所以 $d_0=\dfrac{P}{2\cos\frac{\alpha}{2}}$.

因为
$$M=d_2+d_0+2OB=d_2+d_0+2(OO_1-BO_1),$$
所以
$$d_2=M-d_0-2OO_1+2BO_1.$$

$$OO_1=\frac{OA}{\sin\angle OO_1A}=\frac{\frac{d_0}{2}}{\sin\frac{\alpha}{2}}=\frac{d_0}{2\sin\frac{\alpha}{2}},BO_1=AB\cot\angle AO_1B=\frac{P}{4}\cot\frac{\alpha}{2},$$

则
$$d_2=M-d_0-\frac{d_0}{\sin\frac{\alpha}{2}}+\frac{P}{2}\cot\frac{\alpha}{2}=M-d_0\left(1+\frac{1}{\sin\frac{\alpha}{2}}\right)+\frac{P}{2}\cot\frac{\alpha}{2}.$$

十四、在筝形内求 *n* 个相外切等圆半径的问题中的计算

【例】 如图 1-4-16 所示，筝形 $ABCD$（即 $AB=AD$，$CB=CD$）的对角线 AC 与 BD 相交于 G，$\odot O_1$，$\odot O_2$，$\odot O_3$，…，$\odot O_n$ 分别外切，且$\odot O_1$ 与$\odot O_n$ 分别与筝形的边相切，E、F 为其中的两个切点．可测数据 AB，BC，AC，BD 等．求这 n 个等圆半径的大小.

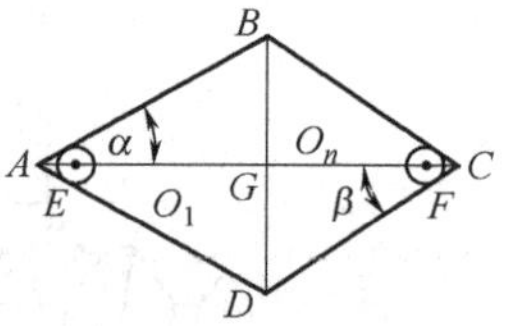

图 1-4-16

解：由筝形 $ABCD$ 的 $AB=AD$，$CB=CD$，易知 $AC\perp BD$，$BG=GD$.

设$\angle BAD=2\alpha$，$\angle BCD=2\beta$，等圆半径为 R，则在 Rt$\triangle AGD$ 中，$\sin\alpha=\dfrac{DG}{AD}$，在 Rt$\triangle AEO_1$ 中，$\sin\alpha=\dfrac{O_1E}{AO_1}=\dfrac{R}{AO_1}$.

则$\dfrac{DG}{AD}=\dfrac{R}{AO_1}$，$AO_1=\dfrac{AD}{DG}\cdot R$，同理 $CO_n=\dfrac{CD}{DG}\cdot R$.

因为
$$\begin{aligned}AC&=AO_1+O_1O_n+CO_n\\&=\frac{AD}{DG}\cdot R+2(n-1)R+\frac{CD}{DG}\cdot R\\&=R\cdot\frac{AD+CD+2(n-1)DG}{DG},\end{aligned}$$

所以
$$R=\frac{AC\cdot DG}{AD+CD+2(n-1)DG}.$$

当 $n=4$ 时，$R=\frac{AC\cdot DG}{AD+CD+6DG}$.

问题思考：能用相似三角形的知识求得同样的结论吗？能用三角函数的形式表达 R 吗？

十五、在三角形余料上取最大正方形问题上的计算

【例】 有一批三角形余料，三个角均为锐角，现要把它们加工成正方形的半成品，且正方形的四个顶点都在三角形的边上，问两个顶点放在哪一边上，可使所得正方形的面积最大？

解：如图 1-4-17 所示，设△ABC 中，$BC=a$，$AC=b$，$AB=c$，且 $a>b>c$，各边上的高分别为 h_a、h_b、h_c，各边上的正方形边长分别为 x_a、x_b、x_c，△ABC 面积为 s，

因为△APQ ∽△ABC，所以$\frac{PQ}{BC}=\frac{AE}{AD}$，即$\frac{x_a}{a}=\frac{h_a-x_a}{h_a}$，整理得

$$x_a=\frac{ah_a}{a+h_a}=\frac{2s}{a+h_a}.$$

同理可得
$$x_b=\frac{2s}{b+h_b},x_c=\frac{2s}{c+h_c}.$$

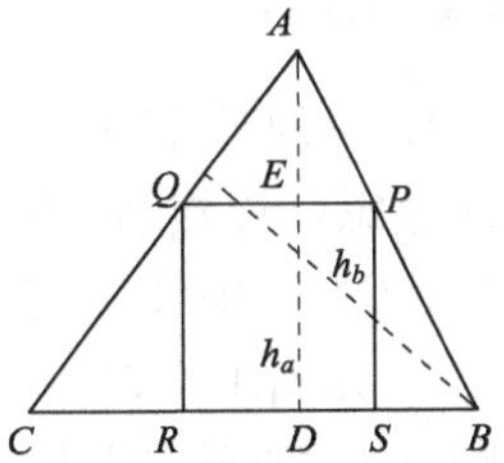

图　1-4-17

$$x_a-x_b=\frac{2s}{a+h_a}-\frac{2s}{b+h_b}=\frac{2s[(b-a)+(h_b-h_a)]}{(a+h_a)(b+h_b)},$$

因为在 Rt△ADC 中，$\sin C=\frac{AD}{AC}=\frac{h_a}{b}$，$h_a=b\sin C$. 同理，$h_b=a\sin C$.

所以 $x_a-x_b=\frac{2s[(b-a)+(a\sin C-b\sin C)]}{(a+h_a)(b+h_b)}=\frac{2s(a-b)(\sin C-1)}{(a+h_a)(b+h_b)}$.

因为 $\sin C-1<0$，$a-b>0$，故 $x_a-x_b<0$. 同理，$x_b-x_c<0$，有 $x_a<x_b<x_c$.

则在最小边上的内接正方形面积最大．所以将正方形的一边取在三角形的最小边上.

十六、在大口径钢管焊接设计问题上的计算

在输油、输气、给排水等工程上需要的大口径钢管，一般是由较窄钢板螺旋卷曲焊接切割而成的．具体是如何螺旋卷曲的呢？

假设图 1-4-18 与图 1-4-19 所示为较窄钢板螺旋卷曲前、后的形态，则可知，卷曲后点 A 与点 B 重合，点 C 与点 D 重合等．线段 AB、CD 等成为钢管垂直于中轴方向的截口线的圆周长；线段 BC、DE 平行于钢管中轴，$BC=DE$，其长度是相邻截口间的距离．设钢板宽为 $l(AO)$，螺旋卷曲角为 $\alpha(\angle BAC)$，卷曲后钢管的圆截面周长为 $C(AB)$、直径为 d，那么，就有关系式 $l=C\sin\alpha$，$C=\pi d$. 这是螺旋卷曲制管中要掌握的基本关系式．螺旋卷曲角 α 的大小由所用板材宽度 l 与所要卷曲钢管直径 d 决定，即用 $\sin\alpha=\frac{l}{d\pi}$计算角 α.

当然，把宽为 AO 的钢板按圆柱形焊接成钢管最为简单，但此时钢管的直径 d 至多为$\frac{AO}{\pi}$.

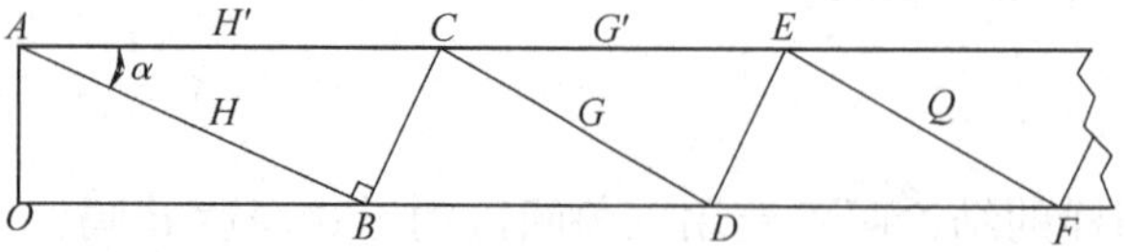

图 1-4-18

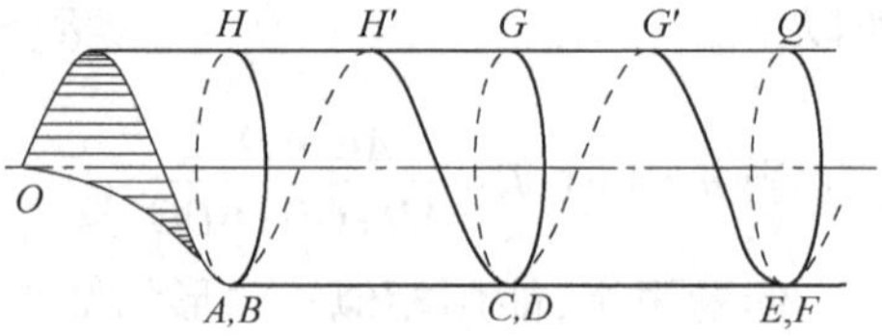

图 1-4-19

问题思考：工业用铠甲电缆从内到外一般有导电线芯、耐火层、绝缘层、屏蔽层、内护层、铠甲层及外护层．铠甲层的作用是保护电缆不被外力损伤，最常见的有钢带铠甲和钢丝铠甲．钢带铠甲层是狭窄的钢带螺旋卷曲包在内护层外．如果内护层的外径是 80mm，用来做铠甲层的钢带宽是 25mm，则此钢带螺旋卷曲时的卷曲倾斜角是多少？

练习题 1.4

1. 一种千斤顶利用了四边形的不稳定性．如图 1-4-20 所示，其基本结构是一个菱形，中间通过螺杆连接，转动手柄可改变 $\angle ADC$ 的大小（菱形的边长不变），从而改变千斤顶的高度（即 A、C 间的距离），若 $AB=40\text{cm}$，$\angle ADC$ 从 $60°$ 变到 $120°$ 时，千斤顶升高多少？

2. 如图 1-4-21 所示，用两把三面刃铣刀在圆钢上铣六角螺母，需要确定铣刀切削刃之间的距离 L. 现要求六角螺母的对角距离为 20mm，求铣刀切削刃之间的距离 L.

3. 如图 1-4-22 所示，用两个直径不等的钢球测量圆锥孔的倾斜角 α. 已知其直径分别为 D 和 d，现测得小钢球顶面到工件端面的距离是 H. 大钢球顶面高出工件端面的距离是 h.

（1）证明：$\sin\alpha=(D-d)/[2(H+h)+d-D]$；

（2）若 $D=25\text{mm}$，$d=16\text{mm}$，$h=9\text{mm}$，$H=40\text{mm}$，求圆锥孔的锥度 C.

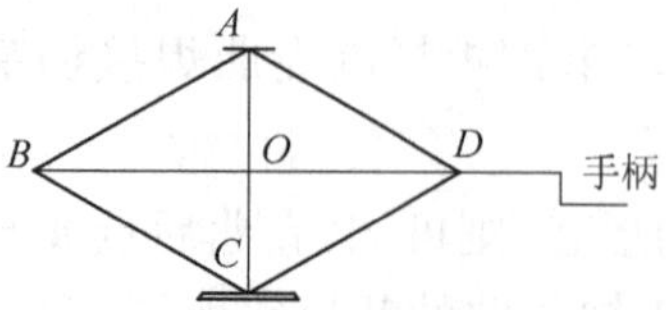

图 1-4-20

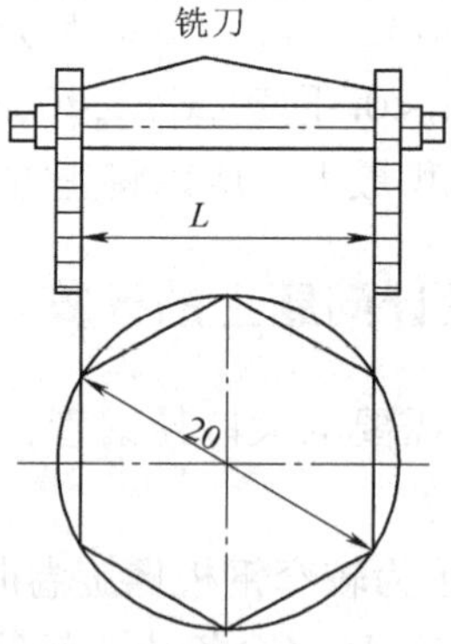

图 1-4-21

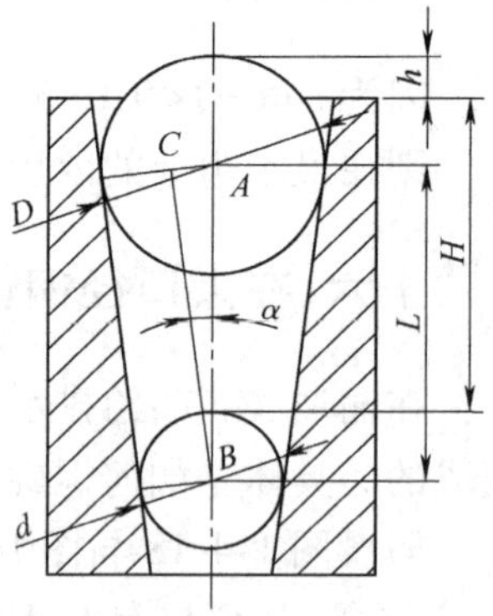

图 1-4-22

4. 某钢板轧制车间一轧制工序上，要求轧制作业中轧辊咬入角 α 为 $18°$，压下量 Δh 为 40mm，求所配作业辊的直径尺寸．（精确到 1mm）

5. 用单个钢球也能测量圆锥孔的斜角．测量时要求钢球中心要在圆锥孔端面之下，且钢球顶面要在圆锥孔端面之上，如图 1-4-23 所示．现已知圆锥孔大端直径 $D=25\text{mm}$，所用测量钢球的半径 $r=11\text{mm}$，测得钢球顶面高出圆锥孔端面的高度 $h=6\text{mm}$，试求圆锥孔的斜角 α.

6. 用钢球可以测量圆锥孔的大小径，如图 1-4-24 所示．设钢球半径为 r，圆锥孔深度为 L，钢球露出圆锥孔端面的高度为 H，圆锥孔斜角为 α. 试证圆锥大径 $D=2\left(\frac{r}{\sin\alpha}+r-H\right)\tan\alpha$；圆锥小径 $d=D-2L\tan\alpha$.

7. 在如图 1-4-25 所示的燕尾槽中，用直径为 d 的检验棒量出内侧尺寸 N，设燕尾角为 α. 试证燕尾槽宽度 $B_1=N+d\left(1+\tan\frac{\alpha}{2}\right)$.

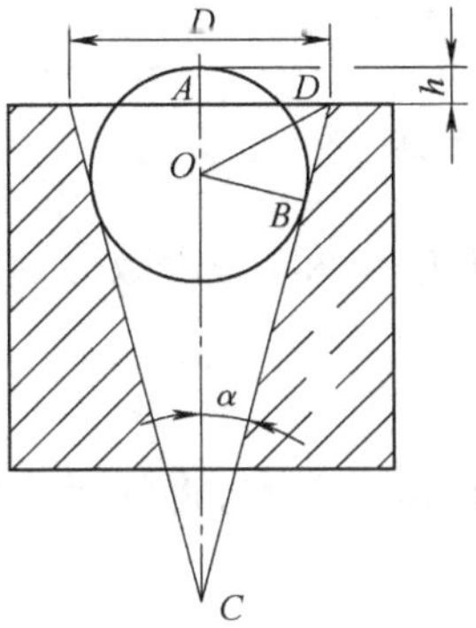

图　1-4-23

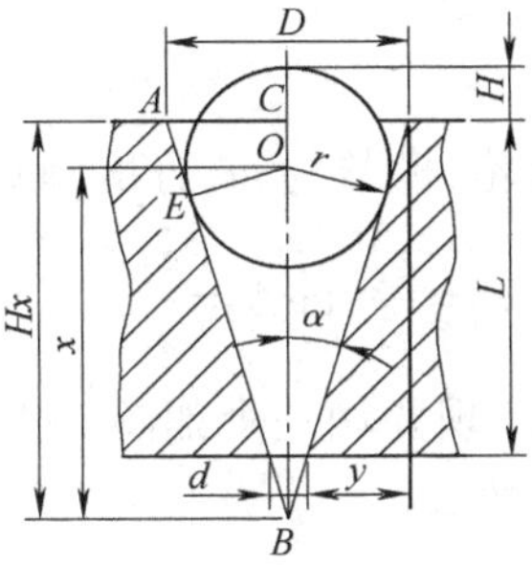

图　1-4-24

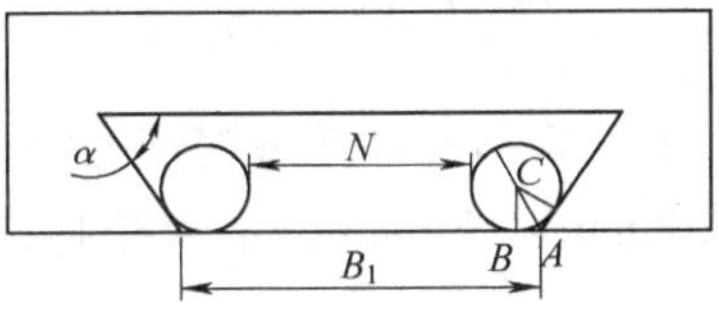

图　1-4-25

8. 如图 1-4-26 所示，在平板上用测量心轴及量块测量外锥角，先用两个直径均为 d 的测量心轴紧靠在外锥体旁，测出 m 值；继而用等高量块组把原测量心轴垫高 H，仍紧靠在外锥体旁，测出 M 值，求锥角 α.

9. 如图 1-4-27 所示，用半径 $R=8\text{mm}$、$r=5\text{mm}$ 的钢球测量口小内大的内孔的直径 D. 测得钢球顶点与孔口平面的距离分别为 $a=12.5\text{mm}$，$b=8.3\text{mm}$，求内孔直径 D 的大小.（精确到 0.1mm）

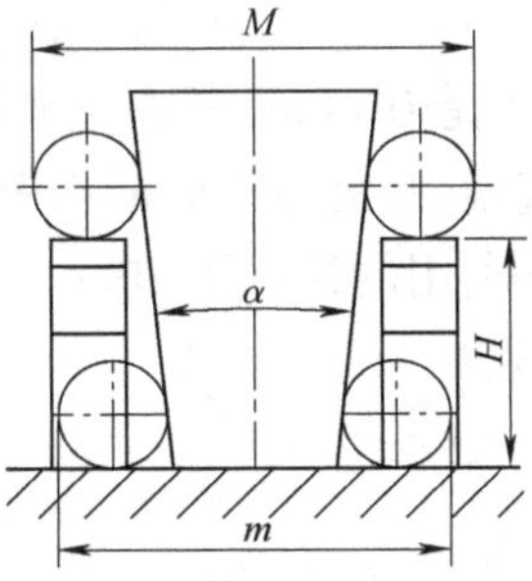

图　1-4-26

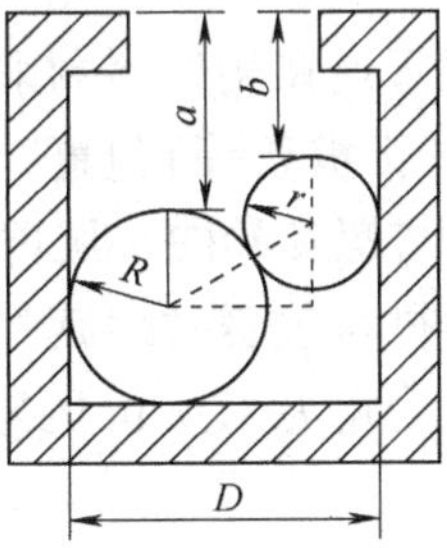

图　1-4-27

10. 图 1-4-28 所示为某货站传送货物的平面示意图．为了提高传送过程的安全性，欲减小传送带与地面的夹角，使其由 45°改为 30°，已知原传送带 AB 长为 4m.

（1）求新传送带 AC 的长度；

（2）如果需要在货物点 C 的左侧留出 2m 的通道，试判断距离 B 点 4m 的货物 $MNQP$ 是否需要挪走，并说明理由.

11. 已知一梯形螺纹的牙型角为 30°，螺距 P 为 h. 现用三针法测量螺纹的中径，试求：

（1）测量圆柱的最佳直径 d_0 是多少？

（2）测得两边测量圆柱外端的距离 M 是 1mm 时，螺纹中径 d_2 的值是多少？

12. 如图 1-4-29 所示，用直径为 120mm 的两根圆钢棒嵌在大型圆工件的两侧，测大型圆工件的直径．已量得两圆钢棒外侧距离为 1574mm，求圆工件的直径 D.

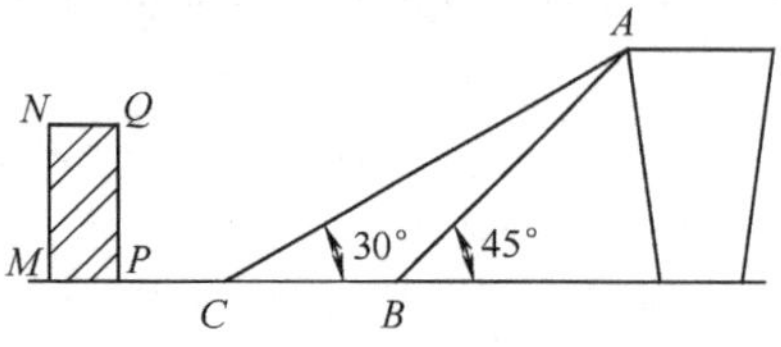

图 1-4-28

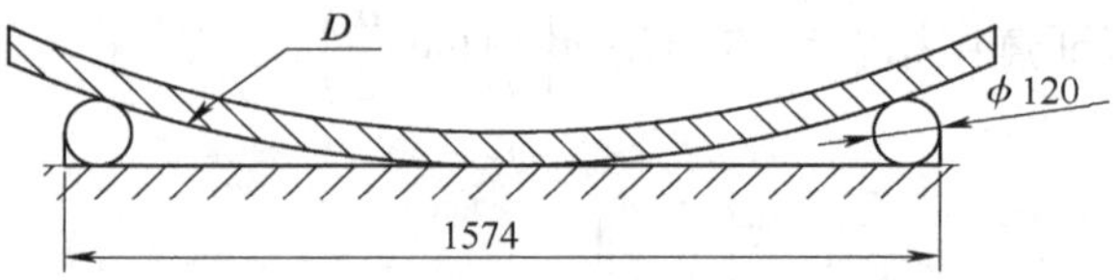

图 1-4-29

13. 图 1-4-30 所示为一对正交锥齿轮，模数为 m，分度圆直径分别为 d_1 和 d_2，齿数分别是 z_1 和 z_2，节锥角分别是 δ_1 和 δ_2. 求证：$\tan\delta_1=\dfrac{z_1}{z_2}$；$\tan\delta_2=\dfrac{z_2}{z_1}$.

14. V 形架是托举钢管的常用工具．现要做一个如图 1-4-31 所示的 V 形架，将外径分别为 200mm 和 80mm 的钢管托起，求 V 形角 α.

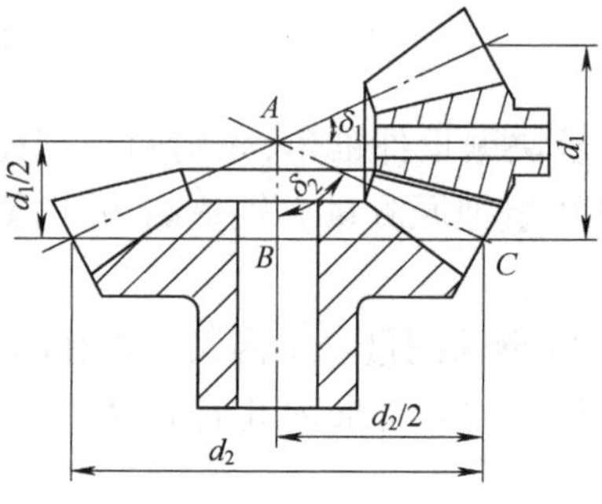

图 1-4-30

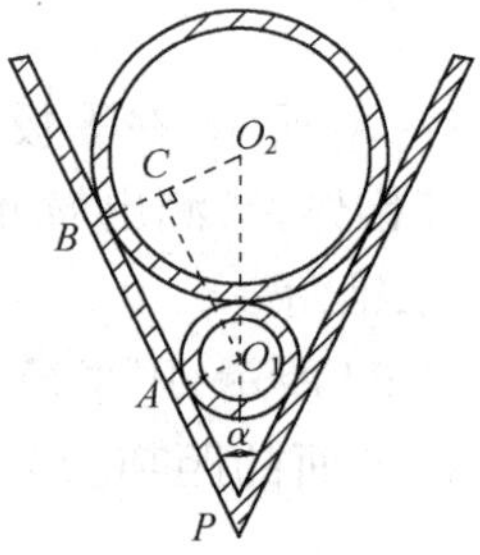

图 1-4-31

15. 某暖气输送管道在用保暖材料包裹后的外径是 0.60m，现在它外部再用薄金属材料螺旋卷曲（如彩钢卷、铝板卷等）包裹．包裹管道呈直线，长度是 200m，在考虑螺旋卷曲接缝损耗是总用料的 0.5% 与螺旋卷曲头尾剪下三角料不再利用的情况下，求：

（1）用宽为 L 的材料包裹时螺旋卷曲倾角 α 是多少？

（2）至少需要多少宽为 1.00m 的彩钢卷？

第五节　残轮测径与圆关联的直角三角形

利用圆形工件的残缺部分，测量或计算出工件的相关量，满足工作需要，是实际生产活动中常遇到的一类问题.

图 1-5-1 所示为一个残缺的小型带轮，现要加工一个与它同样的新轮子，如何知晓其直径呢？

首先，易知残缺带轮能提供的有效信息是一弓形图形，借助基本测量工具游标卡尺可以测出

弓形的弦长 L、弓高 h，如图 1-5-2 所示，也就是说，要利用弦长 L、弓高 h 求出其直径 D（半径 R）.

现在我们把它放置于整个圆中，寻求弦长 L、弓高 h、直径 D 之间的关系.

如图 1-5-3 所示，弓形高 CD 在直径 CE 上，且垂直于弦 AB，如此易联想到垂径定理及推论.

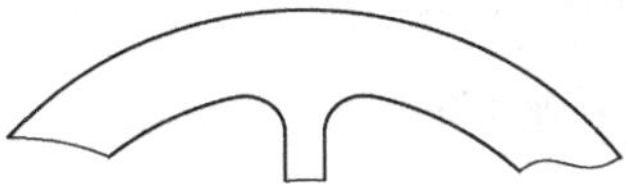

图 1-5-1

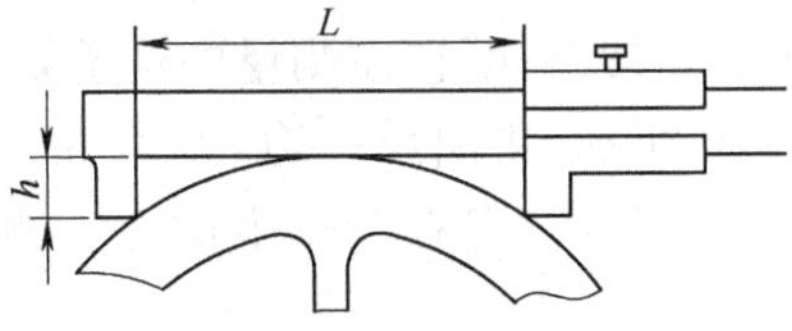

图 1-5-2

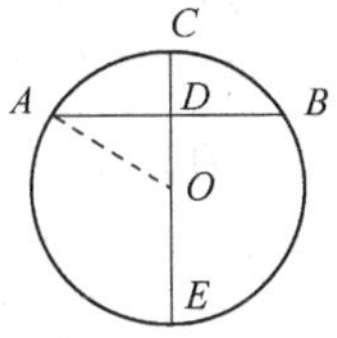

图 1-5-3

在 Rt△ADO 中，由勾股定理得

$$AO^2=AD^2+DO^2\text{，即 }R^2=\left(\frac{1}{2}L\right)^2+(R-h)^2\text{，}$$

整理，得 $R=\dfrac{L^2+4h^2}{8h}$，则有 $D=\dfrac{L^2+4h^2}{4h}$.

当测得残轮的弓形弦长 $L=8\text{cm}$，弓高 $h=2\text{cm}$ 时，则直径 $D=10\text{cm}$，问题解决.

问题思考：借鉴用游标卡尺测量弓形的弓高、弦长，计算圆弧所在圆半径的做法，设计一种由测量局部圆弧求半径的“⊓”形专用工具.

问题探究

当残轮偏大，用游标卡尺无法测量时，又如何测量，求其直径呢？

前面垂径定理的应用，能给我们什么启示呢？

丁字尺是运用垂直平分线性质原理的一种测量工具，巧用丁字尺，借助垂径定理的推论，就能求其直径．具体是用两把丁字尺，依图 1-5-4所示操作，则两尺的交点 O 即为圆心.测出弦长一半 AD 的长度及圆心 O 与弦中点 D 圆心距 OD 的长度，在 Rt△ADO 中，即可计算出半径 AO 的值.

上面我们从紧扣了“垂径”这一特性中的 Rt△ADO 入手，解决了问题．依照常规，出现直径（半圆），还可以考虑运用直径的性质定理：直径所对的圆周角是直角，及逆定理：90°的圆周角所对的弦是直径．本例可以吗？

如图 1-5-5 所示，连接 AC、AE，在 Rt△CAE 中，AD 成为斜边 CE 上的高，则有射影定理

$$AD^2=CD\times DE\text{，即}\left(\frac{L}{2}\right)^2=(2R-h)h\text{，}$$

整理，得 $R=\dfrac{L^2+4h^2}{8h}$.

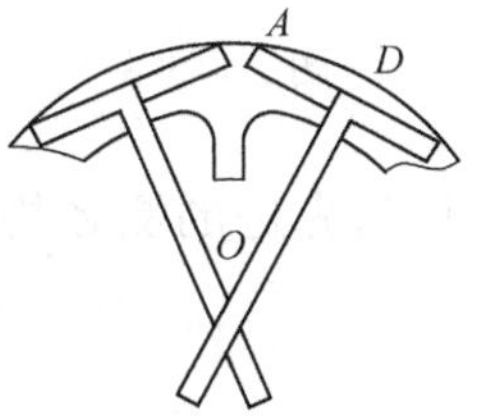

图 1-5-4

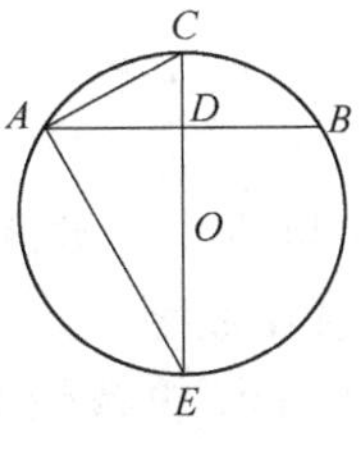

图 1-5-5

问题思考:还有其他方法吗？能用相交弦定理处理此问题吗？

我们知道,切线及其性质是圆中较活跃的元素。切线的基本性质有:圆的切线垂直于经过切点的半径;经过圆心且垂直于切线的直线必经过切点;经过切点且垂直于切线的直线必经过圆心;弦切角定理:弦切角等于它所夹弧对的圆周角等.

曲尺是普通的简易测量工具,利用它在测量中构造切线,也能求得残轮的直径.

【例】 已知:如图 1-5-6 所示,将曲尺一边 AC 靠在残轮上,成相切关系,切点为 A,另一顶点 B 紧顶在残轮边沿上,且曲尺与残轮在同一平面上．测得 $AC=m$、$BC=n$.

求证:残轮直径 $AD=\dfrac{m^2+n^2}{n}$.

证明:在 Rt$\triangle ACB$ 中,$AB=\sqrt{AC^2+CB^2}=\sqrt{m^2+n^2}$,$\sin\angle CAB=\dfrac{BC}{AB}=\dfrac{n}{\sqrt{m^2+n^2}}$.

因为 AC 是圆的切线,AD 是圆的直径,所以

$$\angle CAB=\angle ADB,\ \angle ABD=90°,$$

所以
$$\sin\angle ADB=\frac{AB}{AD},$$

故
$$AD=\frac{AB}{\sin\angle ADB}=\frac{\sqrt{m^2+n^2}}{\sin\angle CAB}=\frac{m^2+n^2}{n}.$$

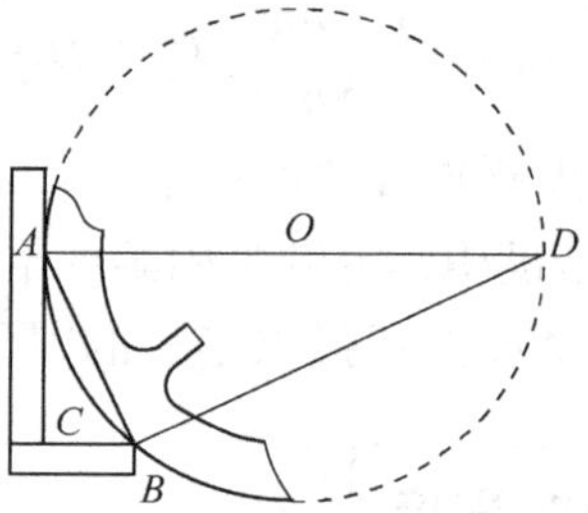

图 1-5-6

问题思考:在上例中,请用其他方法求证:残轮直径 $AD=\dfrac{m^2+n^2}{n}$.

利用切线长定理:从圆外一点引圆的两条切线,它们的切线长相等,圆心和这一点的连线平分两条切线的夹角,我们可以设计出一种测量残轮的简易仪器:测径规.

如图 1-5-7 所示,若知切线长 PA 与两切线的夹角 $\angle APB$ 的值,就有 $OA=PA\tan\dfrac{1}{2}\angle APB$. 所以设计的测径规可以这样构成: A、B 是可伸缩的测量脚上的测量触点,能读出其对应刻度值,交叉状的测量脚开口可调节,且开口角度的大小能反映在两测量脚交接处的度数表上,如图 1-5-8 所示．测量操作中,使 A、B 触点成为切点即可.

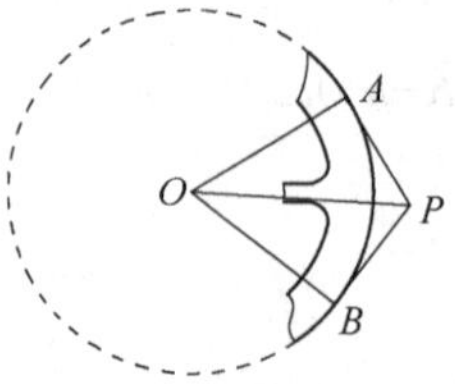

图 1-5-7

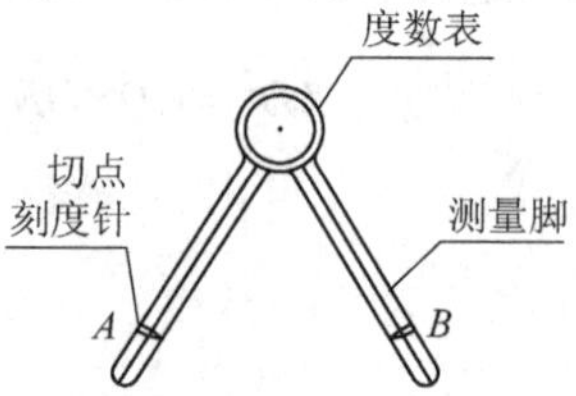

图 1-5-8

如果应用电子感应与芯片技术,就可创新设计出较为先进的测径规．A、B 靠上残轮成切点,电子表上即显示其直径数字.

问题思考:利用卷尺能测算残轮的直径吗？

练习题 1.5

1. 如图 1-5-9 所示，破残的轮片上，弓形的弦 AB 长为 480mm，高 CD 为 70mm，求原轮片的直径.

2. 月牙剪是一种工业用剪裁工具，可看成把日常生活用剪刀的直线形刀锋变形为月牙形.某冷轧薄板车间在生产中，要将不同宽度薄板的连接直角处理为弧形，如图 1-5-10 所示，若用月牙剪裁切时，接缝线 AB 过月牙剪弧线圆的圆心，试据图示尺寸(单位：cm)求月牙剪刀锋弧线所在圆的半径.

3. 图 1-5-11 所示为气门挺杆的头部．已知它的球部直径 $D=25$mm，杆部直径 $d=15$mm，现加工此工件，求头部的高度 h.

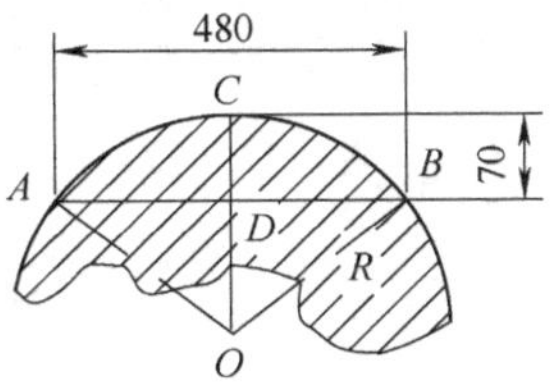

图　1-5-9

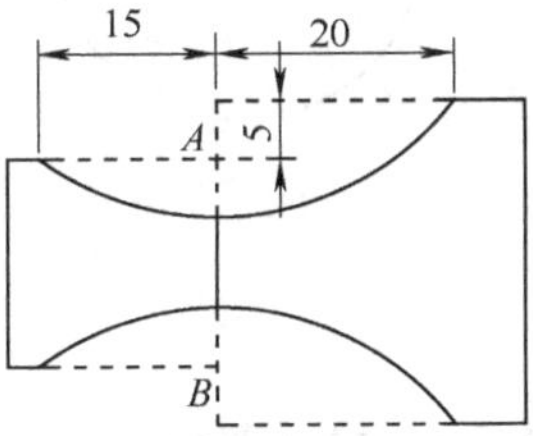

图　1-5-10

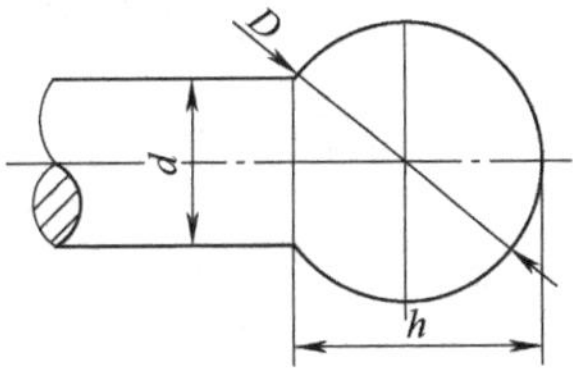

图　1-5-11

4. 加工如图 1-5-12 所示的零件时，需要知道尺寸 H，试根据图示尺寸求 H.(精确到 0.01mm)

5. 在圆环形工件上，用车偏心圆的方法在内侧车月牙形凹槽，如图 1-5-13 所示，加工完成后，用测量弦 AB 的长来检验加工是否合格．试问：当弦 AB 的长是多少时加工是合格的.(精确到 0.01mm)

6. 如图 1-5-14 所示，当因卡钳太大无法测量很细的管子内径时，可以把一钢球放在管子的口上，取管子的一段固定长度．当放上钢球以后，用卡钳量出钢球与这段管子的总高度，即可算出管子的内径．现知钢球的直径为 d，管子的长度为 h，钢球与这段管子的总高度为 H，写出管子内径 AB 的计算式.

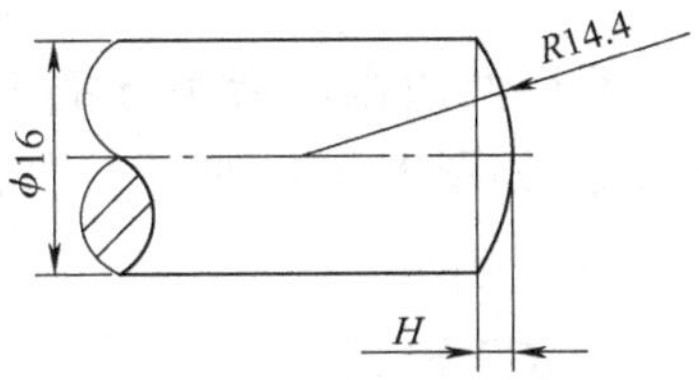

图　1-5-12

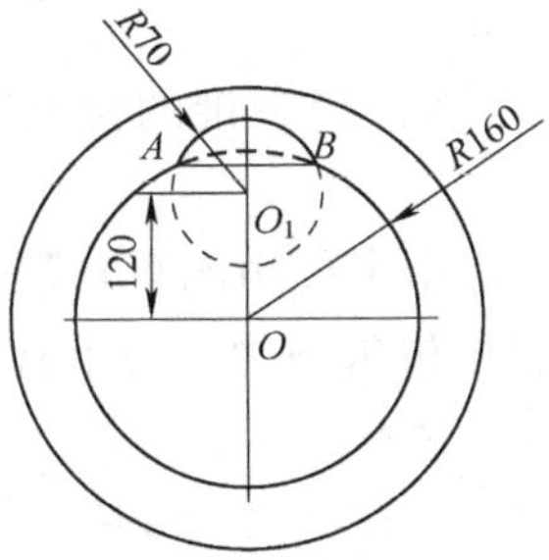

图　1-5-13

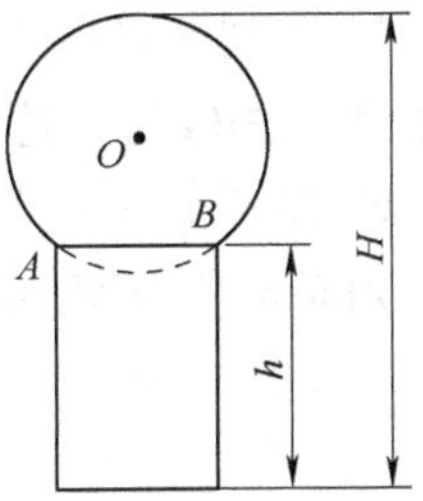

图　1-5-14

7. 现在一条河上架设一圆弧形通气管道，如图 1-5-15 所示，已知跨度 $AB=18$m，每隔3m有一个立柱支撑，中间立柱 $CD=3$m，求立柱 EF、GH 的高度.(精确到 0.01m)

8. 某居民小区一处圆形水泥下水管道破裂塌陷，修理人员准备更换一段新管道，现量得污水水面宽度为 60cm，水面到管道顶部距离为 10cm，如图 1-5-16 所示，问修理人员应准备内径是多少的水泥管道？

9. 在测量铣刀的外径问题中，偶数齿铣刀的外径可用游标卡尺直接测量相对两齿顶的距离，而奇数齿铣刀是量出图 1-5-17 所示 AB(或 CD)的距离后，通过计算求得，设铣刀的齿数为 n，求证：直径 $AC=\dfrac{AB}{\cos\dfrac{\pi}{2n}}$.

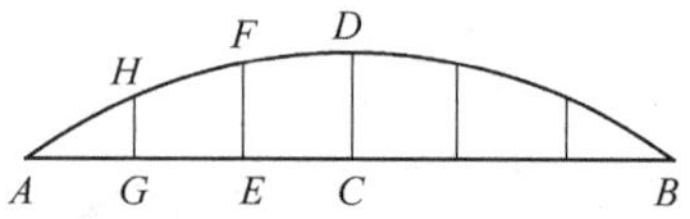

图 1-5-15

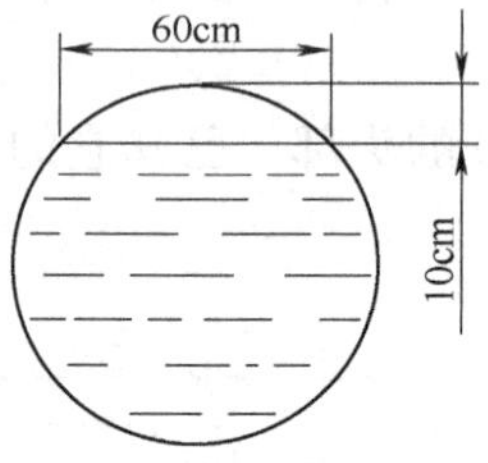

图 1-5-16

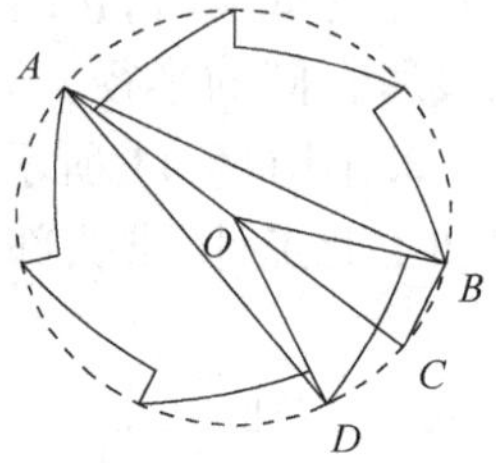

图 1-5-17

复习自测题一

1. 在机械行业中，把什么样的几何体称为圆锥？圆锥通常分为哪几类？

2. 工程中坡度是如何定义的？机械中的锥度又是如何定义的？两者有何区别与联系？

3. 圆锥配合是机械配合结构中一种常见的配合结构．下列特点不是较小锥角配合优点的是(　　)．

A. 传递较大转矩　　　　B. 定心程度高

C. 能做无间隙配合　　　　D. 改变速度的传递

4. 设圆锥大、小端直径分别为 D、d，圆锥长度为 L，锥度为 C，圆锥角为 α. 则下列公式正确的是(　　)．

A. $\tan\dfrac{\alpha}{2}=\dfrac{D-d}{L}$　　B. $\tan\dfrac{\alpha}{2}=C$　　C. $\tan\dfrac{\alpha}{2}=\dfrac{D-d}{2L}$　　D. $\tan\alpha=\dfrac{C}{2}$

5. 车削圆锥的方法主要有哪些？当圆锥的锥度很小，工件的长度相对较长时，选用哪一种车削方法较为合适？

6. 如图 1-6-1 所示，图 a 是常用来包边的直角形包角条．现要用两边宽均为 4cm 的直角形包角条对 120°角棱角包边，需在包角条的一边上裁去一个三角形，如图 1-6-1b 所示，再弯折

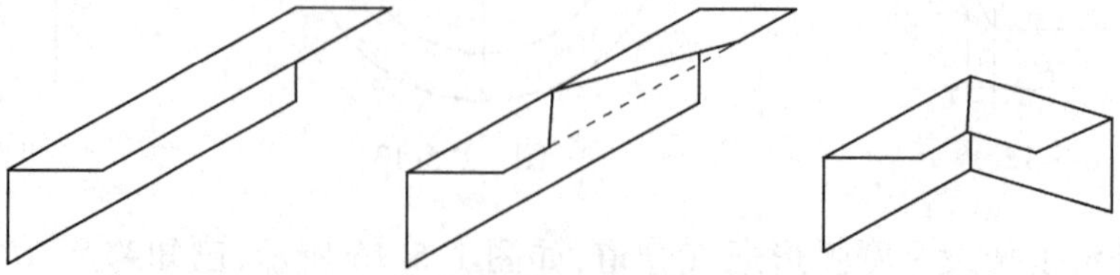

a)　　b)　　c)

图 1-6-1

而成图 1-6-1c 所示的形状，试问在图 a 上如何划线？

7. 如图 1-6-2 所示，在工程上，线锤是一种常用来检查被测体与水平垂直度的简易工具．它是用钢或铜质材料制成的圆锥体，圆锥角规定为 40°，那么线锤直径 D 与线锤高度 h 之间的关系如何？

8. 在一直径为 D 的圆柱体表面上铣一浅的螺旋槽，其螺旋角为 β，如图 1-6-3 所示．试求其导程 L.

9. 有一非整圆的内凹圆，现采用如图 1-6-4 所示的测量方法，取圆柱的半径 $r=14\text{mm}$，测得 $h_1=20\text{mm}$，$h_2=55\text{mm}$. 求此凹圆的半径 OC.

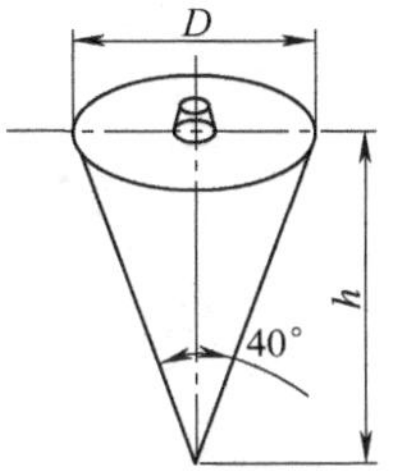

图　1-6-2

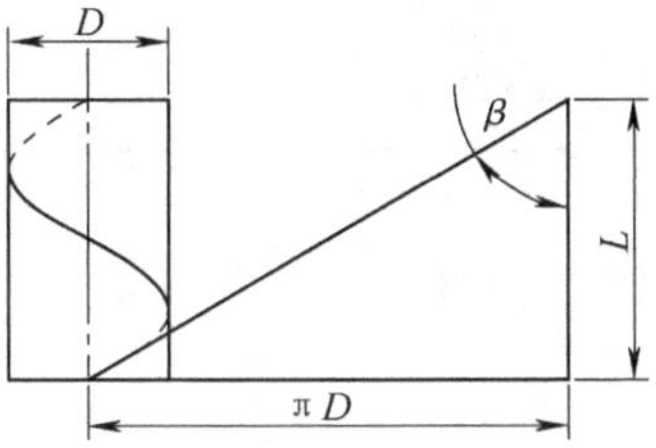

图　1-6-3

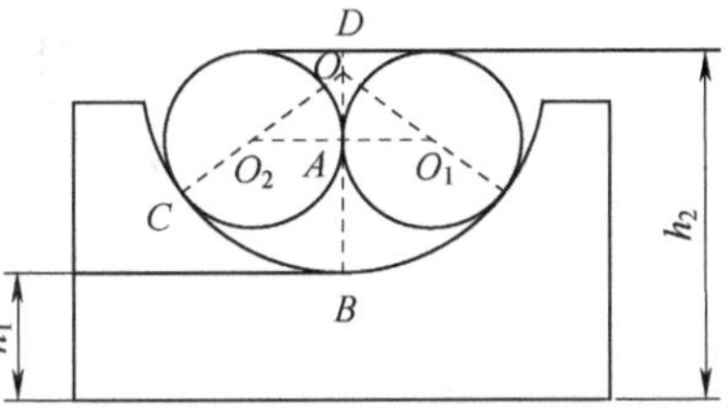

图　1-6-4

10. 用套规检验工件的锥度和尺寸，现工件锥度 $C=1:10$ 已校准，但尺寸还没有符合要求，套规的界限面中线在工件端面以外，工件端面至界限面距离 $a=12$，如图 1-6-5 所示．问再车多深的“一刀”才能使工件端面与界限面中线对齐？

11. 在建楼梯时，设计者要考虑楼梯的安全程度，如图 1-6-6 所示，倾斜的虚线为楼梯的斜度线，斜度线与地板的夹角为倾角 θ。一般情况下，倾角 θ 越小，楼梯的安全程度越高．设计者为提高楼梯的安全程度，要把楼梯的倾角由 θ_1减至 θ_2，这样楼梯占用地板长度由 d_1增加到 d_2，已知 $d_1=4\text{m}$，$\theta_1=40°$，$\theta_2=36°$. 楼梯占用地板长度增加了多少？

12. 如图 1-6-7 所示，某路灯制造厂要为一条宽 28m 的道路设计照明路灯，其要求是路灯柱立在路基边沿，路灯的灯臂长 3m，且与灯柱成角 $\alpha=120°$，路灯采用圆锥形灯罩，灯罩的轴线与灯臂垂直，当灯罩的轴线通过路面的中线时，照明效果为最理想．问：应设计多高的灯柱，才能取得最理想的照明效果？

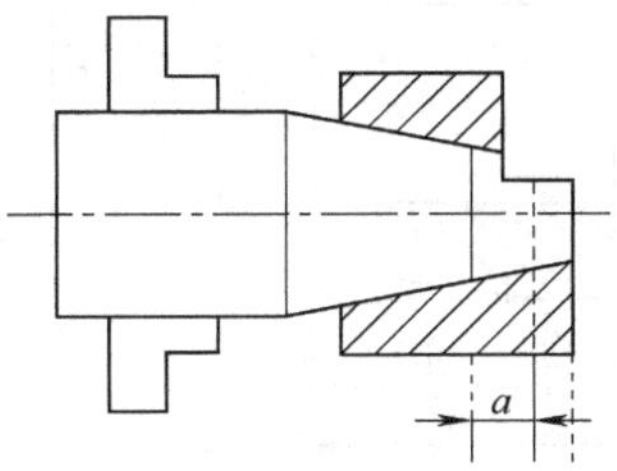

图　1-6-5

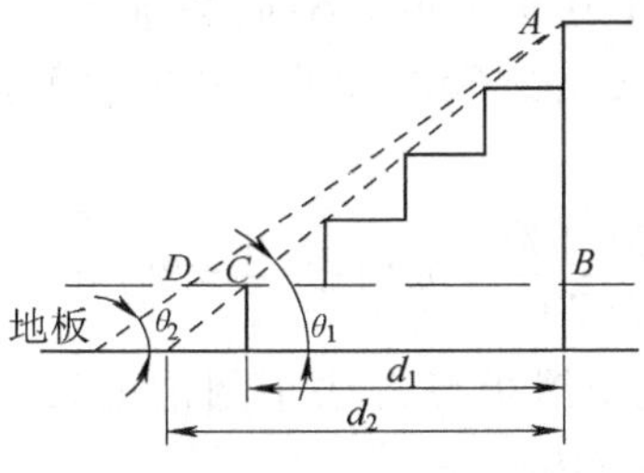

图　1-6-6

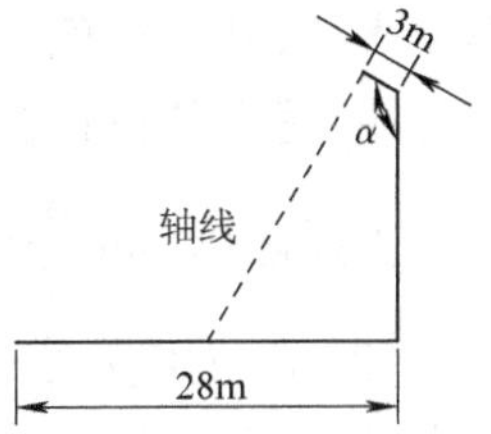

图　1-6-7

13. 建造地铁等挖隧洞一般要用到一种盾构隧道掘进机（简称盾构机）的隧洞自动化施工专门机械．它是一个圆柱体的钢组件，沿隧洞轴线边向前推进边对土壤进行挖掘．盾构的推进、出土、拼装衬砌等全过程自动化作业．现有一块弧形的拼装衬砌外弧的弦长是 2m，此弧弦高是 0. 172m，求这个拼装衬砌适用的盾构隧道的直径是多少（精确到 0. 01m）？

14. 如图 1-6-8 所示，某吊车车身高 $EF=2\text{m}$，吊车臂 $AB=24\text{m}$，现要把直径为 6m、高为 3m 的圆柱形的装饰物吊到 14m 高的屋顶上安装．若吊车在吊起的过程中，圆柱形的装饰物始终保持水平，吊车臂与水平方向的夹角为 59°，问能否吊装成功．

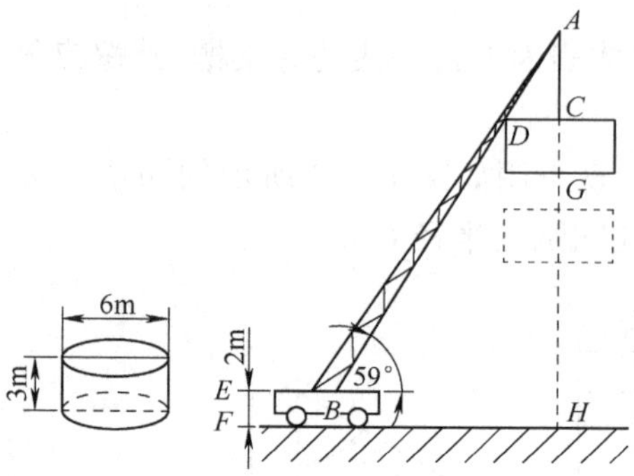

图 1-6-8

实践作业

实践课题一

课题名称：圆锥零件的认识，圆锥半角计算及加工见习．

材料准备：常见圆锥零件实物若干，包括麻花钻头锥柄、锥齿轮、锥形轴和带锥孔的齿轮等；圆锥零件加工图样人手一份．

现场准备：实习指导教师二人，卧式车床二台，车圆锥零件用刀具及相关材料．

知识应用：解直角三角形，已知边求锐角，正确运用公式 $\tan\dfrac{\alpha}{2}=\dfrac{D-d}{2L}$、$C=\dfrac{D-d}{L}$．

操作步骤：

（1）圆锥零件的认识．展示各类偏心零件实物，用 PPT 介绍其基本的应用场景，让学生认识常用的圆锥零件．

（2）计算圆锥半角．如图 1-6-9 所示．根据圆锥中大、小端直径，圆锥长度 L，圆锥角 α 等之间的关系，作出计算用示意图，写出具体计算过程．

主要计算：$\tan\dfrac{\alpha}{2}=\dfrac{D-d}{2L}=\dfrac{120-100}{2\times70}\approx0.1429$，$\dfrac{\alpha}{2}=8°7'48''$．

（3）见习用偏移尾座、转动小滑板等方法车圆锥面时确定半角的操作过程．教师边讲解边操作．

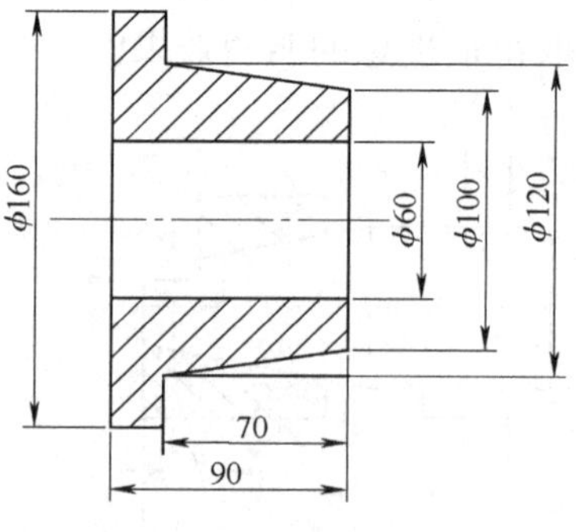

图 1-6-9

实践课题二

课题名称：正弦规测量米制圆锥及其有关计算．

材料准备：外圆锥零件实物为米制圆锥、正弦规（包括百分表、垫块）等．

知识应用：解直角三角形，已知边、锐角求边，正确运用公式 $H=L\sin\alpha$，其中 H 为量块高度,L 为正弦规规格尺寸(小轮中心距),α 为圆锥角.

操作步骤:

(1)正弦规的认识.

(2)用正弦规测量,参见图 1-3-4.

1)选用规格为 $L=200\text{mm}$ 的正弦规;

2)根据被测工件所标尺寸计算量块高度 H;

因为米制圆锥的锥度为 1:20,所以 $\tan\dfrac{\alpha}{2}=\dfrac{D-d}{2L}=\dfrac{C}{2}=\dfrac{1}{40}$,得 $\alpha=2°51'51''$,

则 $H=L\sin\alpha=200\sin2°51'51''=9.0995(\text{mm})$;

3)根据计算选好量块组并放在平板上与正弦规和圆柱之一相接触;

4)放上被测锥体工件,使锥体轴线垂直于正弦规两圆柱轴线;

5)用百分表分别测量圆锥体上沿 A、B 两点,记下 A、B 间的距离数与对应百分表读数;

6)根据 A、B 间的距离 M 与百分表的读数差 n 计算确定锥角误差.

如:若 A、B 两点间的距离为 100mm,百分表读数差为 0.02mm.

利用锥度误差公式:$\Delta C=\dfrac{n}{M}$,锥角误差公式:$\Delta\alpha=2\times10^5\Delta C$(其中:$\Delta C$ 为锥度误差,$\Delta\alpha$ 为锥角误差,M 表示锥体边沿测点间的距离,n 表示 A、B 两测点的读数差)计算.

$$\Delta C=\frac{n}{M}=\frac{0.02}{100}=\frac{1}{5000},\Delta\alpha=2\times10^5\Delta C=2\times10^5\times\frac{1}{5000}=40''.$$

若 A、B 两测点百分表的读数相等,则反映圆锥体锥度、锥角均无误差.

第二章　数控机床工作基础与坐标系

随着工业化程度的不断提高，数控机床在生产中的使用走向普及，掌握数控机床的操作已经成为现代机械工人必备的基本技能.

数控机床是装备了数控系统的机床．它将传统的普通加工机床工作过程中，由手工操作完成的主轴变速、松夹工件、刀位进退、开机停机、选择刀具、切削液供给等动作，经过数字化处理，由计算机以指令形式发给机床执行元件，让机床程序化地自动加工出所要的零件.

第一节　数字化处理与坐标系

数控机床数字化处理的首要任务是要确定加工零件各部位在机床这个体系中的位置，并用特定的数字精确地将其表示出来.

说到用数字表示指定对象的位置，我们就会想到已经学过的知识——数轴.

规定了原点、正方向和单位长度的直线叫作数轴.

通过数轴，建立了实数和数轴上的点的一一对应关系．就是说，对于任何一个实数，总可以用数轴上唯一的点来表示；反过来，数轴上任一点都对应表示唯一实数．事实上，这种一一对应的关系，可以看成是从一维空间的角度，将事物相互间的关系进行了数字化处理.

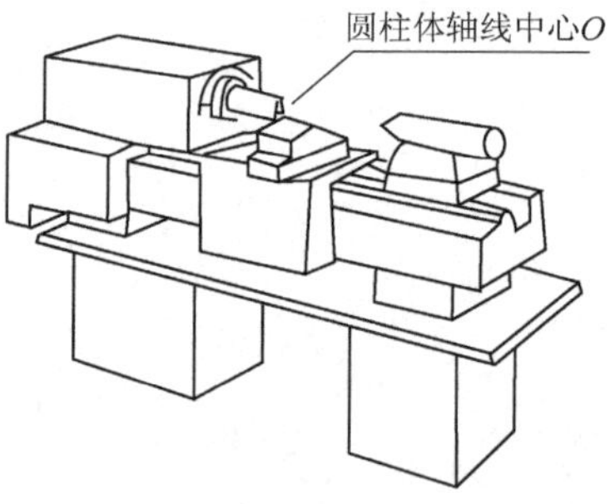

图　2-1-1

在数控机床数字化处理过程中，它所表示的空间不只是一维空间，而是有二维（平面）空间的，更有三维（立体）空间的.

图 2-1-1 所示为数控机床加工一零件的示意图。数控机床在加工这个零件时，首先要确定零件各部位在工作机床体系中的位置．图中零件圆柱体端面与轴线中心的交点 O 的位置如何定，即如何数字化？数字化后它的表述形式又如何？

一、平面直角坐标系

去体育场观看足球赛，我们依照票上 B 区 10 排 8 座的标识，在 B 区的纵向找到第 10 排，再在横向找到第 8 座，就找到了座位的位置.

这个例子告诉人们，只要从纵、横两个方向考虑点与数的关系，就能在平面内实施数字化处理．数轴可以在一维方向实施数字化处理，那么，在纵、横两个方向各取一条数轴，不就可以实施二维（平面）空间的数字化处理了吗？

（一）平面直角坐标系的建立

为了确定平面上的点的位置，像建立数轴那样：①在平面内选定两条互相垂直的直线，并规定正方向（用箭头表示）；②以两直线的交点 O 作为原点；③选取任意长的线段作为两直线的公共单位长度．这样，就在平面上建立了一个直角坐标系．

（二）平面上点的坐标

建立了平面直角坐标系后，平面上的任意一点 P 的位置就可以确定了．由 P 分别向水平的 x 轴和垂直 x 轴的 y 轴作垂线，垂足分别是 M 和 N，点 M、N 在各自坐标轴上所对应的数分别是 a、b，则称 a 是 P 点的横坐标，b 是 P 点的纵坐标，记作 $P(a,b)$．如果 P 点的位置确定，则 a、b 的值也确定．就是说，P 点的位置可以由一对有序实数 a 和 b 表示．反过来，有一对有序实数 (a,b)，就可以分别在 x 轴、y 轴上找到与 a、b 对应的点 M、N，然后由 M 和 N 分别作 x 轴和 y 轴的垂线，就可以得到唯一的一个交点．就是说，任何一对有序实数都可以确定平面上唯一的一个点．

在平面直角坐标系下，平面上的一点和一对有序实数 (x,y) 之间建立了一一对应的关系．

【例】 图 2-1-2 所示为一零件的轮廓图，试写出图中端点 A、B、C 和 D 的坐标．

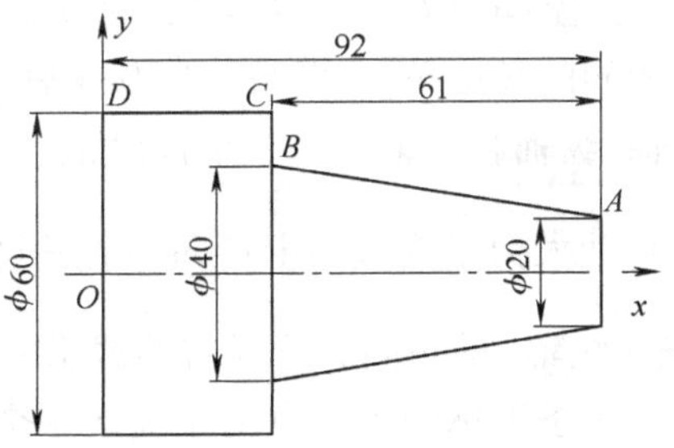

图　2-1-2

解：根据题意，图中零件端点的坐标是 $A(92,10)$、$B(31,20)$、$C(31,30)$、$D(0,30)$．

（三）平面上两点间的距离

设平面上有两个点 $P_1(x_1,y_1)$ 和 $P_2(x_2,y_2)$，它们之间的距离为 d．

有平面内**两点间的距离公式**为

$$d=|P_1P_2|=\sqrt{(x_2-x_1)^2+(y_2-y_1)^2}.$$

（四）线段的定比分点

在平面直角坐标系中，若线段 P_1P_2 两端点的坐标分别为 $P_1(x_1,y_1)$ 和 $P_2(x_2,y_2)$，点 P 分线段 P_1P_2 为两部分，其比值为 $\lambda=\dfrac{P_1P}{PP_2}$.

当 P 点在线段 P_1P_2 上时，P 点叫作 P_1P_2 的内分点，λ 取正值．当 P 点在线段 P_1P_2 的延长线上时，P 点叫作 P_1P_2 的外分点，λ 取负值．

点 $P(x,y)$ 的坐标是：$x=\dfrac{x_1+\lambda x_2}{1+\lambda}$，$y=\dfrac{y_1+\lambda y_2}{1+\lambda}$（$\lambda\neq-1$）．此式称为**线段的定比分点公式**．

特别地，当 $P(x,y)$ 是线段 P_1P_2 的中点（$\lambda=1$）时，则 $x=\dfrac{x_1+x_2}{2}$，$y=\dfrac{y_1+y_2}{2}$．此式称为线段的**中点公式**．

【例】 如图 2-1-3 所示，在一薄板零件的局部有圆孔 $\odot O_2$ 内切于 $\odot O_1$，切点为 P，建立如图 2-1-3所示的坐标系后，已知 $O_1(0,2)$，$O_2(0.8,1.4)$，且知 $\odot O_1$ 的半径 $R=3$，求切点 P 的坐标．

解：设 $\odot O_2$ 的半径为 r．

因为$\odot O_2$内切$\odot O_1$于点P,所以$R-r=O_1O_2$.

因为 $$O_1O_2=\sqrt{(0.8-0)^2+(1.4-2)^2}=1,$$
$$r=R-O_1O_2=3-1=2,$$

所以切点P是线段O_1O_2的外分点,$\lambda=\dfrac{O_1P}{PO_2}=-\dfrac{3}{2}$,所以有

$$x=\frac{0+\left(-\frac{3}{2}\right)\times0.8}{1-\frac{3}{2}}=\frac{12}{5}=2.4,\ y=\frac{2+\left(-\frac{3}{2}\right)\times1.4}{1-\frac{3}{2}}=\frac{1}{5}=0.2.$$ 即

$P(2.4,0.2)$.

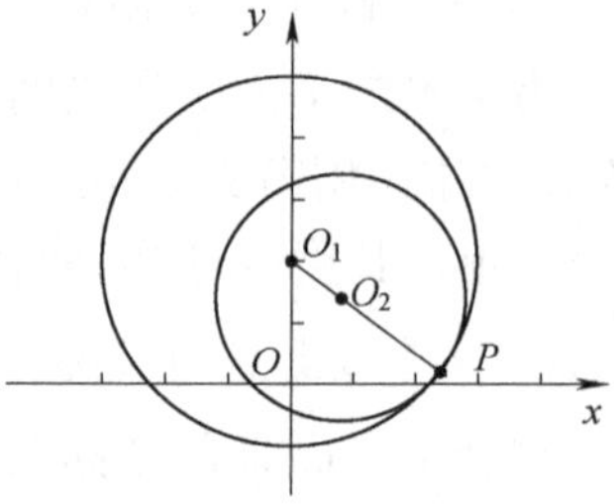

图 2-1-3

二、空间直角坐标系

将二维方向的平面直角坐标系推广到三维空间,就有了空间直角坐标系.

(一)空间直角坐标系的建立

过空间点O作三条互相垂直的数轴,O为原点,三条互相垂直的数轴都以原点O为起点,有相同的长度单位,并分别叫作x轴、y轴和z轴,统称为坐标轴.x轴、y轴和z轴也分别称为横轴、纵轴和竖轴.三个坐标轴的正向符合右手规则,如图2-1-4所示,以右手握住z轴(竖轴),让大拇指铅直向上指向z轴正向,则其余四指从x轴(横轴)的正向旋转$\dfrac{\pi}{2}$角度正好转到y轴(纵轴)的正向.这样就构成了一个空间直角坐标系.

三条坐标轴中任意两条确定一个平面,叫作坐标平面,它们分别是xOy平面、yOz平面和zOx平面.三个坐标平面把空间分成八个部分,每个部分叫作一个卦限,分别用Ⅰ、Ⅱ、Ⅲ、Ⅳ、Ⅴ、Ⅵ、Ⅶ和Ⅷ表示,如图2-1-5所示.

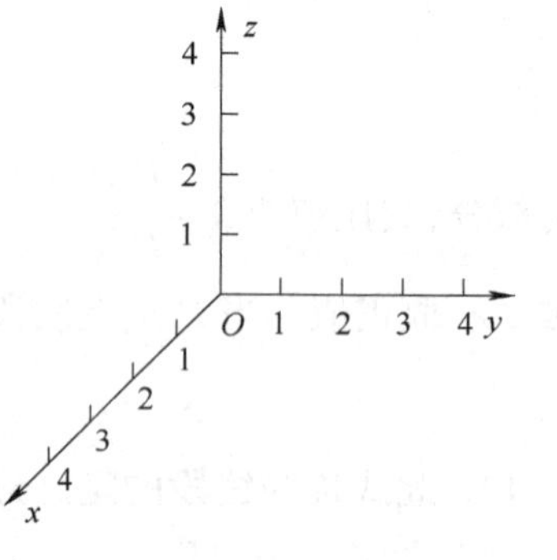

图 2-1-4

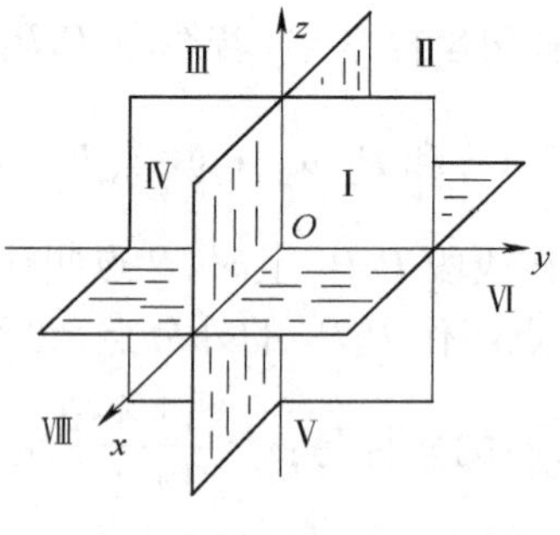

图 2-1-5

(二)空间点的坐标

设M为空间任意一点,过M分别作垂直于三条坐标轴的平面,与三条坐标轴分别相交于P、Q和R点,这三点在三条坐标轴上的坐标分别为x、y和z,则M点唯一确定了有序数组x、y和z;反之,给定一个有序数组x、y和z,它们分别对应x轴、y轴和z轴上的P、Q和R点,过这三点分别作垂直于三条坐标轴的平面,则这三个平面相交于唯一点M,于是,x、y和z叫作M

点的坐标，分别称为 M 点的横坐标、纵坐标和竖坐标，记作 $M(x,y,z)$．如图 2-1-6 所示．

这样就在空间点与有序数组之间建立起了一一对应的关系．

【例】　已知，在长方体 $ABCD-EFGH$ 中，棱长 $AB=3$，$BC=2.1$，$BF=2$，建立如图 2-1-7 所示的空间直角坐标系，试写出其各顶点的坐标．

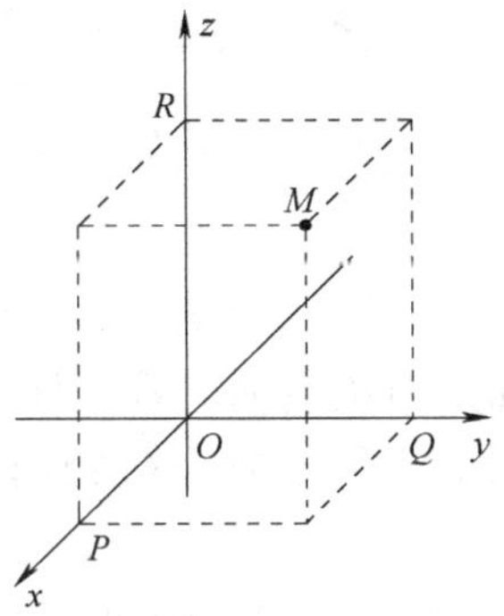

图　2-1-6

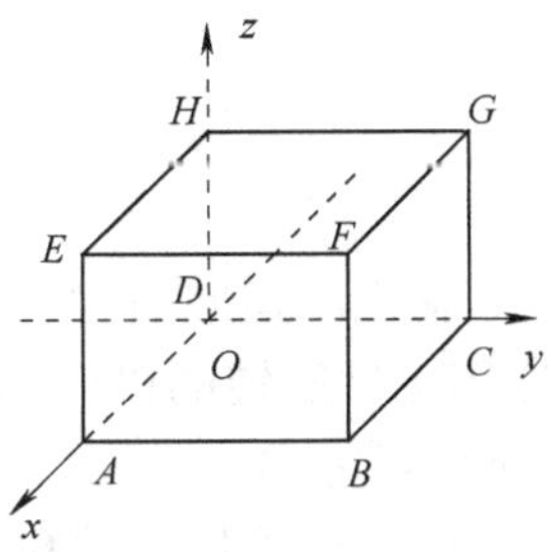

图　2-1-7

解：在长方体 $ABCD-EFGH$ 中，各顶点的坐标分别是：$A(2.1,0,0)$、$B(2.1,3,0)$、$C(0,3,0)$、$D(0,0,0)$、$E(2.1,0,2)$、$F(2.1,3,2)$、$G(0,3,2)$、$H(0,0,2)$．

（三）空间两点间的距离公式

设 $M_1(x_1,y_1,z_1)$ 和 $M_2(x_2,y_2,z_2)$ 是空间的两点，它们之间的距离 $|M_1M_2|=d$．

有空间两点间的距离公式为

$$d=\sqrt{(x_1-x_2)^2+(y_1-y_2)^2+(z_1-z_2)^2}.$$

问题思考：空间两点间的距离公式与平面上的两点间距离公式十分相似，据此你对空间线段上的定比分点的坐标与其端点坐标的关系有何猜想呢？

三、机床中的坐标系

运用空间直角坐标系等知识，在机床及其加工过程中建立起所需的坐标系，就能确定加工零件各部位的位置，机床数字化处理就有了基础．

（一）坐标轴的建立

为了设计、制造、使用和维修的方便，国际标准化组织对数控机床坐标和方向制定了统一的标准．我国也制定了相应的标准．

每一个直线运动和圆周运动都要定义一条坐标轴，并设有固定的坐标原点．标准的坐标系采用右手直角坐标系（笛卡儿坐标系）．规定直线运动的坐标轴用 x、y、z 表示，围绕 x、y、z 轴旋转的坐标轴分别用 A、B、C 表示．对于工件运动坐标轴用加“′”的字母表示，根据相对运动关系，它的方向恰好与相应刀具运动坐标方向相反，如图 2-1-8 所示．

一般地，坐标轴的选取方法如下：

z 轴为平行主轴的坐标轴．若机床有多个主轴，则尽可能选垂直于工件装夹面的主要轴为 z 轴；若机床没有主轴（如龙门刨床、牛头刨床等），则选择垂直于工件安装基面的方向为 z 坐标，刀具远离工件的方向为 z 轴的正方向．

x 轴一般是水平的，平行于工件的主装夹面，自然也要垂直于 z 轴．若 z 轴是水平方向的，

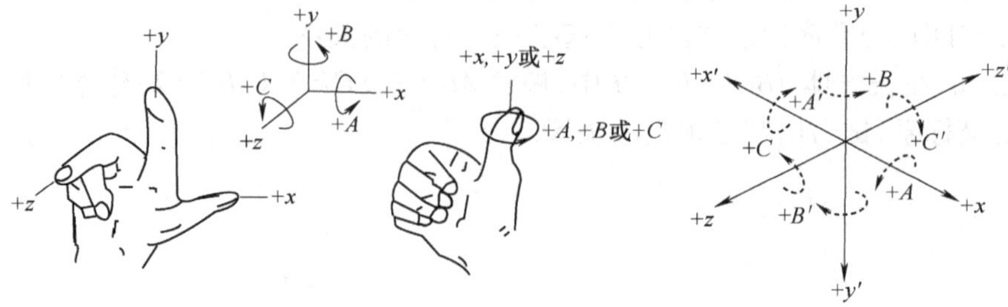

图 2-1-8

则从主轴向工件看，x 轴正向指向右边；若 z 轴是垂直的，则从主轴上看立柱，x 轴正向指向右边．对于车床、磨床等工件旋转的机床，取平行于横向滑座的方向（工件径向）为 x 轴，刀具远离工件的方向为 x 轴的正方向.

y 轴的运动方向，则可以根据 x 轴和 z 轴按右手法则确定．在卧式车床中，由于车刀刀尖安装在工件中心表面上，不需要垂直方向的运动，所以不必规定 y 轴.

如果机床在基本坐标系 x、y、z 外，还有轴线与 x、y、z 相平行的坐标轴，那么附加坐标轴可首先分别用 u、v、w 表示，再用 p、q、r 表示．类似地，附加旋转坐标轴用 d、e 表示，与直线坐标轴的关系一般不做统一规定.

（二）机床的坐标系统

在选取好机床各坐标轴并确定其方向后，再进一步确定坐标原点的位置，就可顺利地得到进行机床数字化处理所需的机床坐标系统了.

1. 机床坐标系

机床坐标系是机床制造厂在组装每台机床的过程中已经确定了的．其原点为机床的一固定点．它是机床制造时的基准点，也是机床进行加工或位移的基准点.

数控车床一般将机床原点定在主轴端面卡盘中心点，如图 2-1-9 所示．数控铣床的原点一般取在 x、y、z 三条坐标轴正方向的极限位置上，如图 2-1-10 所示.

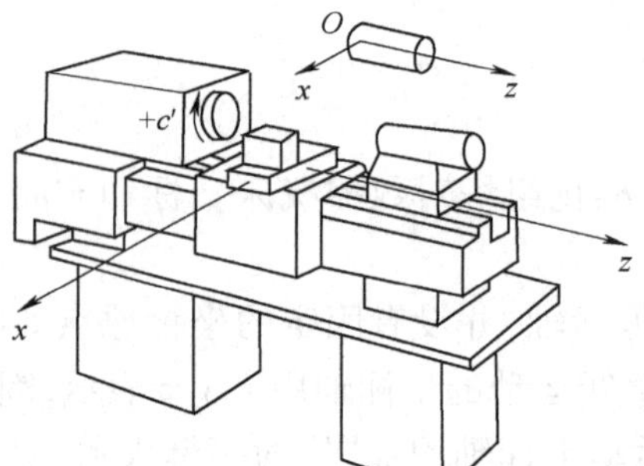

图 2-1-9

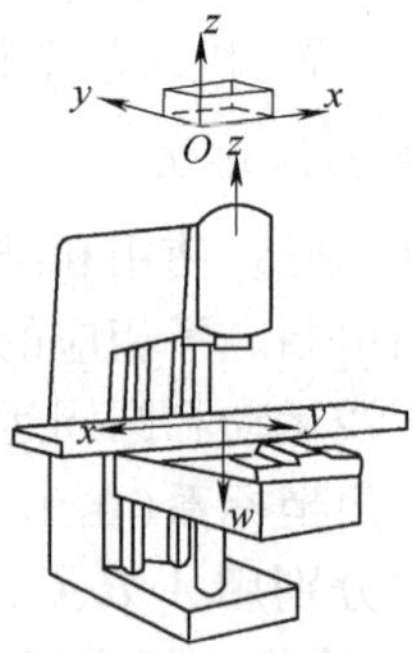

图 2-1-10

图 2-1-11 所示为数控车削复合车床铣削部分的结构图，它有三个分别沿 x、y、z 轴的运动，及两个分别绕 x 轴、y 轴的转动，则坐标轴有多个表示.

图 2-1-12 所示为能五面加工的加工中心结构，图中示意了它的坐标轴的建立情况.

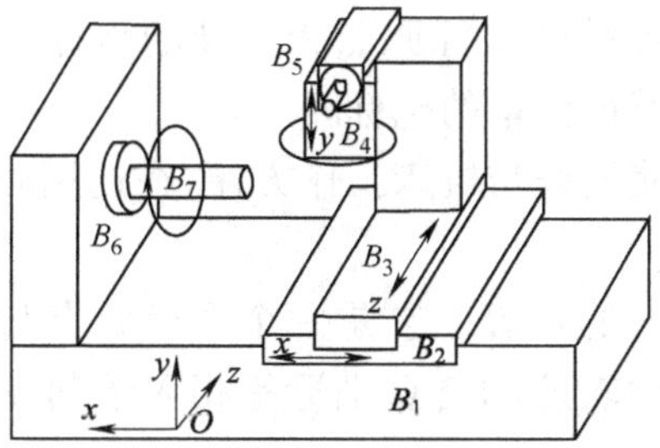

图　2-1-11

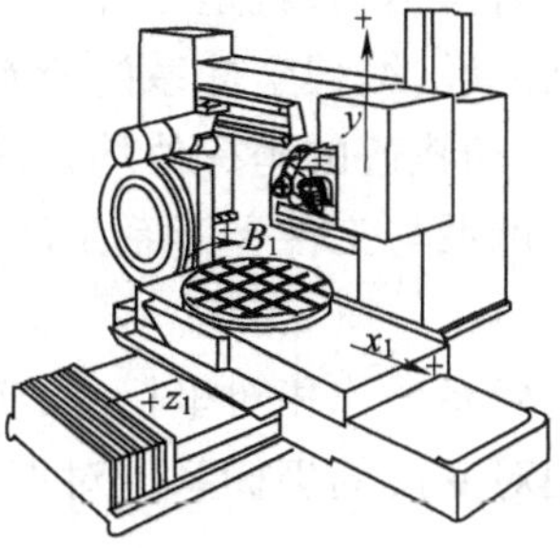

图　2-1-12

2. 工件坐标系

在编程中,一般要建立工件坐标系,也称编程坐标系．它是在编程过程中用于确定工件几何图形上各几何要素位置而建立的坐标系．工件坐标系的原点也叫作工件零点或工作原点,也称编程原点．工件坐标系的原点要尽可能地选择在零件的设计基准或工艺基准上,并尽量使编程简单,尺寸换算少,加工误差小.

因此,工件坐标系的原点虽是由操作者或编程者选择的,但选择时要遵循以下原则:

(1)应使工件的零点与工件的尺寸基准重合.

(2)让工件图中的尺寸容易换算成坐标值,尽量直接用图样尺寸作为坐标值.

(3)工件零点应选在容易找正、在加工过程中便于测量的位置.

通常原点可以设定在工件(或夹具)的适当位置上,如常选在尺寸标注的基准或定位基准上等．当工件安装在机床上后,工件原点与机床原点建立起尽可能简单的数据之间的联系．对车床而言,工件坐标系原点一般选在工件轴线与工件前端面(或后端面、卡爪前端面)的交点上．

如,车削零件编程原点的 x 轴向零点应选在零件的回转中心,z 轴向零点一般可选在零件的右端面、设计基准或对称平面内．图 2-1-13 所示为车削零件编程原点的选择示意图.

铣削零件的编程原点、x 轴和 y 轴向零点一般可选在设计基准或工艺基准的端面或孔的中心线上,对于有对称部分的工件,可以选在对称面上,以便用镜像等指令来简化编程．z 向的编程原点习惯选在工件上表面,这样当刀具切入工件后,z 向尺寸数字均为负值,以便于检查程序.图 2-1-14 所示为铣削零件编程原点的选择.

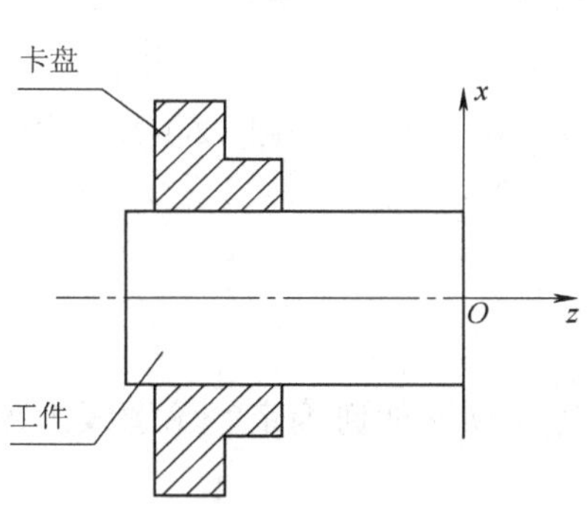

图　2-1-13

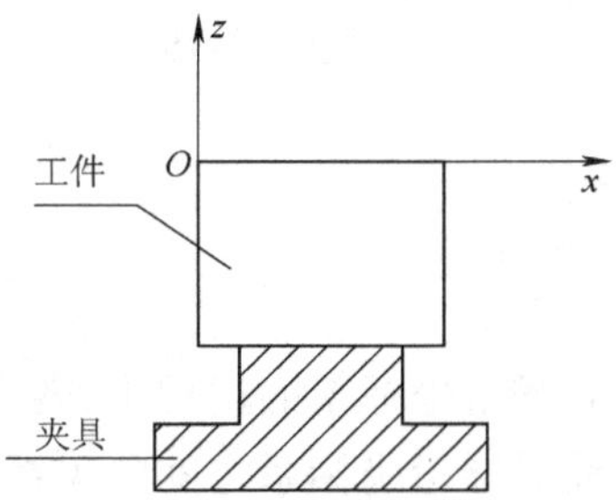

图　2-1-14

工件(编程)坐标系分为绝对坐标系和增量坐标系两种.

所谓**绝对坐标系**，就是工件图形中各几何元素的坐标都表示在同一坐标原点及其坐标体系下．也就是说，编程坐标系的所有坐标点的位置都是以坐标原点为基准的坐标．即对刀具而言，刀具运动轨迹的坐标值均是从某一固定坐标原点计量的坐标.

绝对坐标系与工件坐标系是两个概念，但为了使编程与机床工作方便，在选用时常常使其重合.

增量坐标系也称相对坐标系，实质反映了其相对的意思．它是一个坐标原点与另一个坐标原点有相对变换的坐标系．对刀具而言，刀具运动轨迹的终点坐标是相对于起点坐标计量的坐标.

图 2-1-15 所示为两种不同坐标系的表示形式．在绝对坐标系下，线段端点 A、B 的坐标是 (10,8)、(25,25)；在相对坐标系下，B 点的坐标是相对于前面起点 A 定出的坐标系 uAv 而言的，其增量坐标为 $u_B=15$，$v_B=17$.

问题思考：若 A 点的坐标是在以 B 点为原点建立的坐标系 pBq 内计量的，则 A 点的坐标是多少呢？

增量坐标系用在加工工件轮廓曲线上时，组成轮廓线中的各类线段的终点位置是以该线段起点为坐标原点而确定的坐标系．图 2-1-16 所示为一工件的轮廓线，由直线 AB、圆弧线 $\widehat{BD}$ 与圆弧线 $\widehat{DF}$ 组成，直线 AB 与弧 $\widehat{BD}$ 相切连接，弧 $\widehat{BD}$ 与弧 $\widehat{DF}$ 外切连接．直线 AB 的编程坐标系是以 A 点为坐标原点的 w_1-u_1 增量坐标系；圆弧 BD 的编程坐标系是以 B 点为坐标原点的 w_2-u_2 增量坐标系，圆弧的终点 D 和对应的圆心 C 的位置都相对于 B 点而确定；圆弧 $\widehat{DF}$ 的编程坐标系是以 D 点为坐标原点的 w_3-u_3 增量坐标系，类似地，圆心 E 点和终点 F 点的位置相对于 D 点确定.

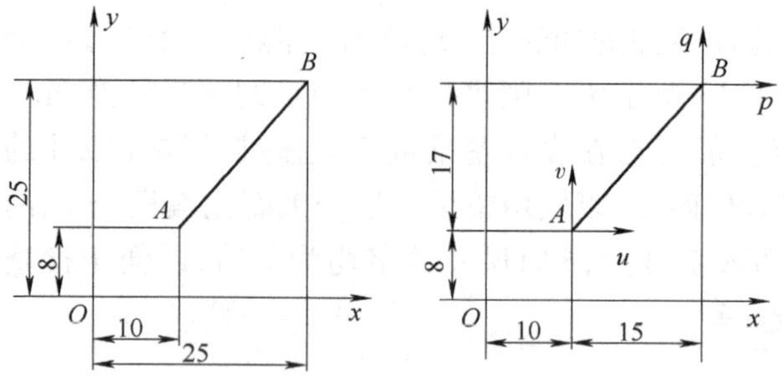

绝对坐标系　　相对坐标系

图 2-1-15

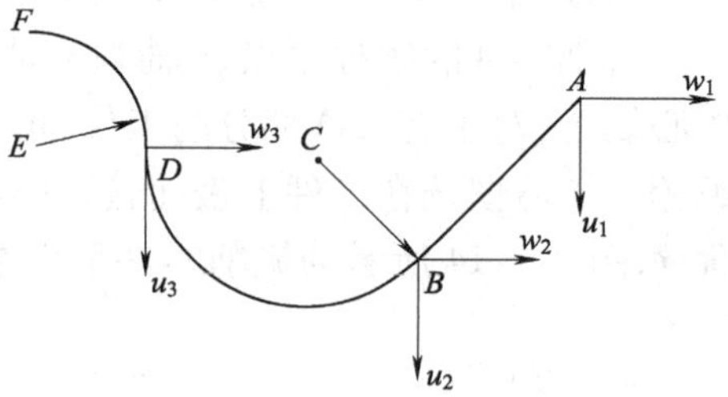

图 2-1-16

问题探究

在建立增量坐标系的过程中，各个增量坐标系的建立顺序如何确定？轮廓线上连接点能遗漏吗？前后增量坐标系之间的关系如何？

在建立增量坐标系的过程中，要注意以下三点.

一是顺序性，按照轮廓线上连接点的连接次序从一个排列方向逐段建立．如图 2-1-16 所示是依轮廓轨迹 $A \to B \to D \to F$ 方向建立的．注意 C 点虽不是轮廓线上的连接点，但它影响着圆弧$\widehat{BD}$，所以在建立好对应的增量坐标系后，也要标出它在这个坐标系中的位置，这里 C 点在以 B 点为坐标原点的 w_2-u_2 增量坐标系中．E 点也如此.

二是连续性，轮廓线上的连接点要连续不能遗漏．在图 2-1-16 中，若遗漏了点 D，则轮廓轨迹 $B \to D \to F$ 变成了 $B \to F$，就不能反映原来轮廓线的面貌了.

三是关联性，增量坐标系的实质是坐标系的平移变换．前、后坐标系中的点的坐标与平移的量相关.

问题思考：一零件加工轮廓线是由线段 AB 与弧$\widehat{BD}$相切，弧$\widehat{BD}$又与弧$\widehat{DF}$外切构成的，在绝对坐标系下，曲线上各连接点及其对应的圆心坐标如图 2-1-17a 所示，现建立如图 2-1-17b所示的增量坐标系，试写出曲线上各连接点及其对应的圆心在此增量坐标系下的坐标．

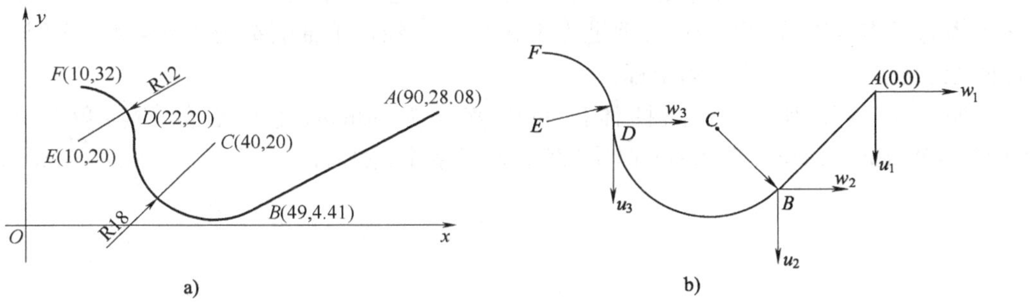

图　2-1-17

（三）坐标轴的平移公式

将增量坐标系的概念运用到直角坐标系中，就相当于把原有的坐标轴平移到新的位置，即由 xOy 坐标系成为 $x'O'y'$坐标系，如图 2-1-18 所示，新坐标系原点 O'在原坐标系的点(h,k)上，则点 P 在新、旧坐标系中的坐标(x',y')与(x,y)有如下关系

$$\begin{cases}x=x'+h\\y=y'+k\end{cases}\text{或}\begin{cases}x'=x-h\\y=y-k\end{cases}.$$

上式称为**坐标轴的平移公式**.

如，A 在 xOy 坐标系中的坐标是$(-2,3)$，平移 xOy 坐标系的坐标轴，以 $O'(2,2)$为新原点，则点 A 在新坐标系 $x'O'y'$中的坐标：$x'=x-h=-2-2=-4$，$y'=y-k=3-2=1$，即$(-4,1)$.

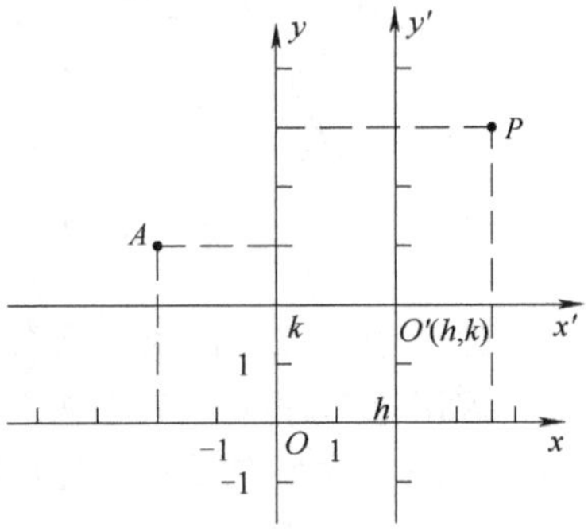

图　2-1-18

练习题 2.1

1. 如图 2-1-19 所示，在一零件图上建立坐标系，试写出图中三圆孔 O_1、O_2、O_3 的坐标.

2. 图 2-1-20 所示为一球头手柄的轮廓图，在图示的坐标系下，写出 A、B、C、D 和 E 点的坐标.

3. 已知$\odot O_1$ 的圆心坐标为 $O_1(-2,1)$，$\odot O_2$ 的圆心坐标为 $O_2(8,6)$，$\odot O_1$ 与$\odot O_2$ 相切于 P，且 P 点的横坐标为 2，求切点 P 的纵坐标，并判断$\odot O_1$ 与$\odot O_2$ 相切的类型.

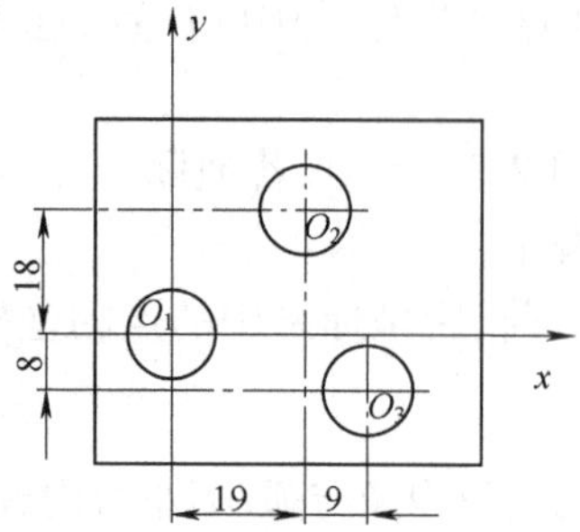

图 2-1-19

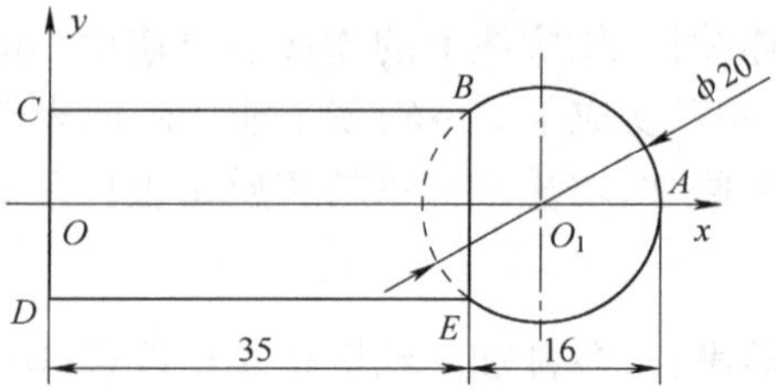

图 2-1-20

4. 以半径为 10 的一个球中心 O 为原点建立空间直角坐标系，如图 2-1-21 所示，设球面上的一点 P，过 P 作 xOy 平面的垂线，垂足为 M，OM 与 x 轴正半轴的夹角为 $\alpha = 45°$，OP 与 z 轴正半轴的夹角为 $\beta = 30°$，求 P 点的坐标.

5. 如图 2-1-22 所示，一圆柱体的底面直径为 60mm，正截面的倾斜角为 30°，即 $\angle HFM = 30°$，$BF = 26\text{mm}$，在图示的空间直角坐标系中，试写出 A、B、C、D、E、F、G 和 H 各点的坐标.

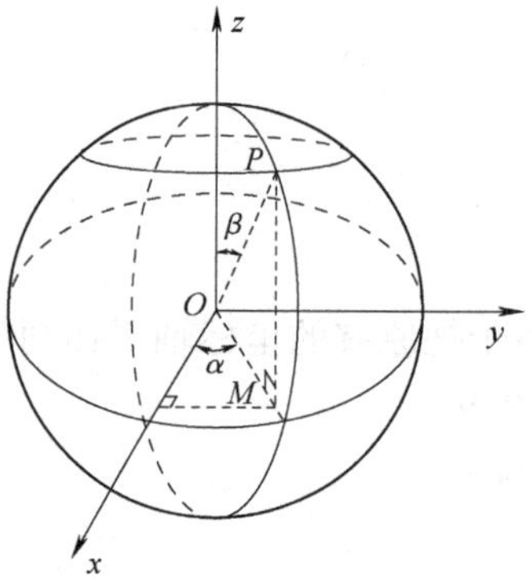

图 2-1-21

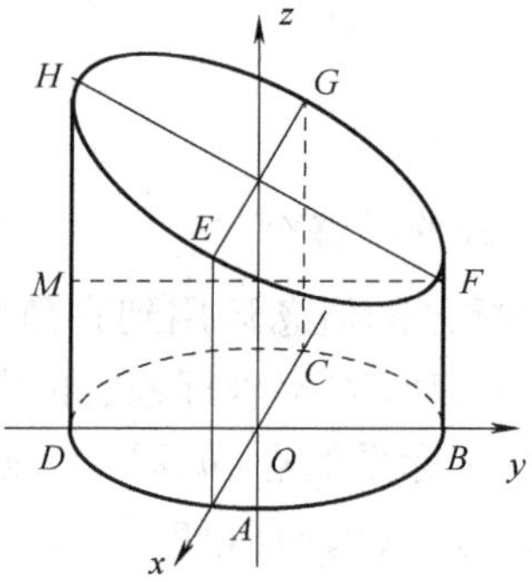

图 2-1-22

6. 什么叫工件坐标系？它有哪几种类型？

7. 说出在数控车床上建立工件坐标系后，原点与三个坐标轴的位置.

8. 工件坐标系中，编程原点的选取要注意些什么？通常情况下，车削零件与铣削零件的编程原点是如何选取的？

9. 什么是增量坐标系？如何理解建立增量坐标系要有一定的顺序？

10. 为图 2-1-23 中的轮廓线建立增量坐标系，并做说明.

11. 如何理解在建立增量坐标系中不能有遗漏的要求？在图 2-1-23中，如果遗漏点 C，点 B 也不做标记，即以 $A \to D \to F$ 顺次建立增量坐标系，那么在此增量坐标系下，反映的轮廓线是什么情形？作出它的示意图.

12. 在建立增量坐标系的过程中，在轮廓线上增加点的选取，对应增加增量坐标系的个数后，反映的轮廓线有改变吗？

13. 坐标轴的平移公式是如何表示的？若点 P 在 xOy 坐标系

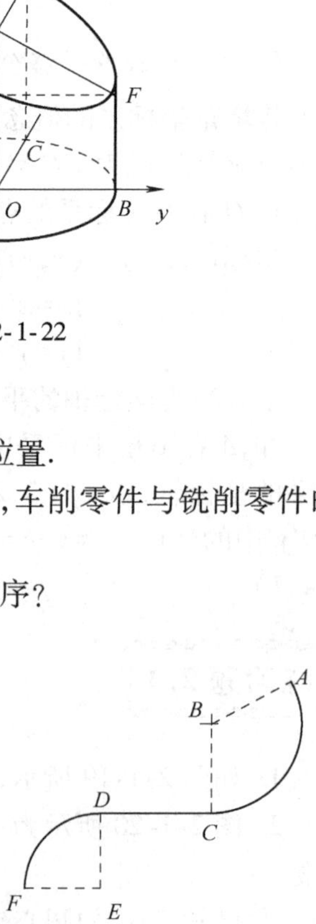

图 2-1-23

中的坐标是(-4,-3). 把 xOy 坐标系中的坐标轴平移,使点(-1,2)成为新坐标系 $x'O'y'$ 的原点 O',求点 P 在 $x'O'y'$ 坐标系中的坐标.

第二节　基点与基点坐标

建立坐标系后,工件几何体中各元素的位置就可用适当的坐标来表示了. 尤其是可以顺利地为加工零件轮廓的各个转折点标出坐标. 这些坐标是编制数控机床操作程序、指令机床按要求工作的基础.

一、基点的定义

加工零件轮廓的各个转折点实际是构成零件轮廓的不同几何元素的交点或切点,称为**基点**. 几何元素包括直线、圆弧、二次曲线(抛物线、椭圆、双曲线等)及其他曲线等.

图 2-2-1 所示的 A、B、C、D、E 和 F 各点都是该零件轮廓上的基点. 基点 A 是直线与圆弧相交的交点,基点 B 是圆弧与圆弧相切的切点,基点 C 是直线与圆弧相切的切点,基点 D、E 和 F 都是直线与直线的交点. 基点的确定要不重复、不遗漏,相邻两基点间的几何元素应是唯一一个几何元素. 如图 2-2-1 中弧 $\widehat{AB}$ 与弧 $\widehat{BC}$ 虽是同类弧线型线,但是它们是圆心位置不同、半径又不同的几何元素线,因此不能漏了 B 基点的标识. 在标示圆弧线上的基点时,仅标示其端点,还不能确定其全貌,必须标示对应的圆心,圆弧才能确定. 因此在确定圆弧线上的基点时,要将对应的圆心坐标一同标出。如在标弧 $\widehat{AB}$ 时,应同时标出对应的 O_1;对弧 $\widehat{BC}$ 也如此. 同样,线段 DE、EF 是相连的直线型线,但不是同一直线,它们的交点 E 也是不能漏标的基点.

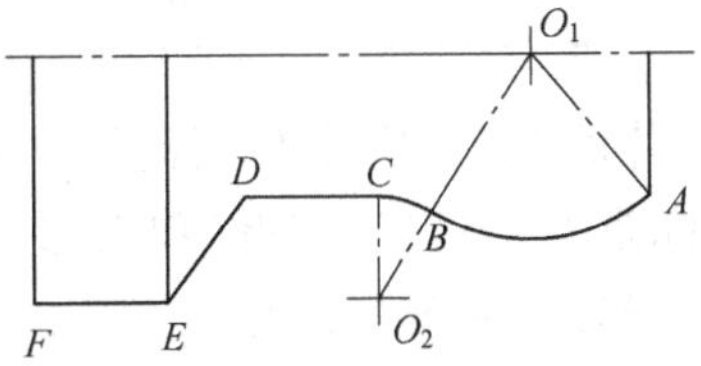

图　2-2-1

二、基点的坐标

相邻两个基点可以看成它们之间同种几何元素线运动轨迹的起点与终点. 在图 2-2-1 中,基点 B 可以看成弧 $\widehat{BC}$ 的起点,点 C 是弧 $\widehat{BC}$ 的终点. 在建立起坐标系后,就要确定基点的坐标值,包括与弧线上基点关联的圆心坐标值. 如果几何元素线是圆锥曲线型的,还要确定其中心或焦点等相关点的坐标值.

各个基点的坐标在不同的坐标系(指绝对坐标系与相对坐标系)下,有不同的表示.

【例 1】　分别用绝对坐标系和相对坐标系表示图 2-2-2 所示薄板零件轮廓图的基点.

解:建立如图 2-2-2 所示的坐标系.

在绝对坐标系下,各基点的坐标如下:

坐标	P_1	P_2	P_3	P_4	P_5	P_6	P_7	P_8	P_9
x	0	20	20	70	70	100	100	70	0
y	0	0	20	20	0	0	40	70	70

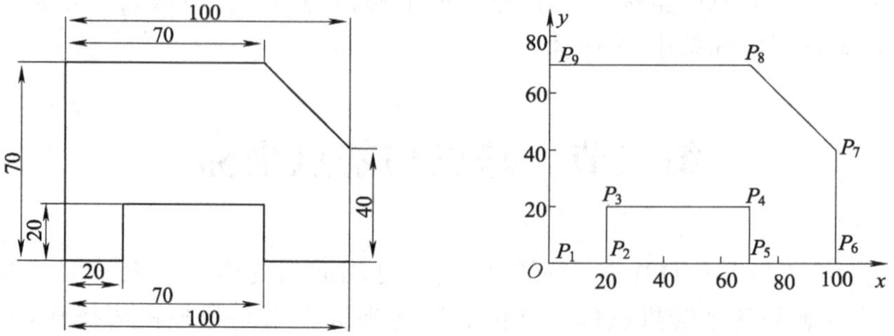

图　2-2-2

在相对坐标系下，各基点的坐标如下：

坐标	P_1	P_2	P_3	P_4	P_5	P_6	P_7	P_8	P_9
x	0	20	0	50	0	30	0	−30	−70
y	0	0	20	0	−20	0	40	30	0

【例 2】　用三维坐标数控铣床加工图 2-2-3 所示的棱台面，坯料选用一矩形块．试在适当坐标系下，写出各基点（包含参考点）的坐标.

解：因为铣削件是一对称的工件，所以编程原点、x 轴和 y 轴向零点选在工件端面的中心线上．建立如图 2-2-3 所示的坐标系，则各基点（包含参考点）的坐标如下．

坐标	A_1	B_1	C_1	D_1	A_2	B_2	C_2	D_2	A_3	B_3	C_3	D_3
x	−20	20	20	−20	−40	40	40	−40	−40	40	40	−40
y	−10	−10	10	10	−30	−30	30	30	−30	−30	30	30
z	0	0	0	0	−35	−35	−35	−35	−55	−55	−55	−55

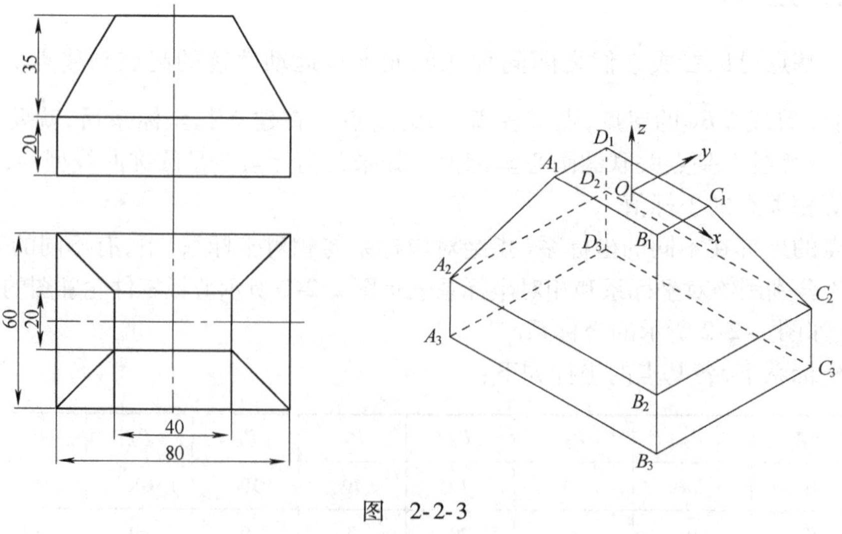

图　2-2-3

【例 3】　已知一零件的轮廓如图 2-2-4 所示，建立适当的坐标系，试完成：(1) 标出它的基点；(2) 在绝对坐标系下，求基点的坐标；(3) 在增量坐标系下，求基点的坐标.

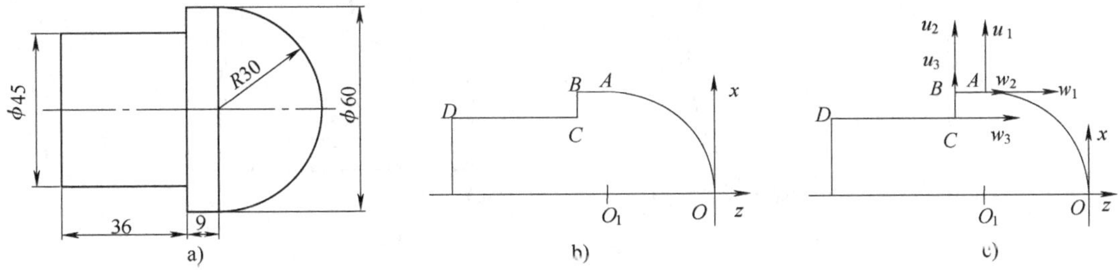

图　2-2-4

解：因为零件呈对称性形状，所以其轮廓图可以简化，只绘一半.

(1) 根据图示，它的基点是 A、B、C、D.

(2) 建立如图 2-2-4b 所示的绝对坐标系，基点的坐标是 $A(30,-30)$、$B(30,-39)$、$C(22.5,-39)$、$D(22.5,-75)$，其中 O_1 的坐标是 $(0,-30)$.

(3) 建立图 2-2-4c 所示的增量坐标系，则基点 A 相对于点 O 的坐标为 $(30,-30)$，同时圆心 O_1 相对于 O 的坐标为 $(0,-30)$；基点 B 相对于点 A 的坐标为 $(0,-9)$；基点 C 相对于点 B 的坐标为 $(-7.5,0)$；基点 D 相对于点 C 的坐标为 $(0,-36)$.

数控车床加工的工件外形通常是旋转体，于是对 x 轴向尺寸标注有直径方式与半径方式两种形式，z 轴向尺寸标注都采用实际值．因为用直径方式便于直观校验程序段，所以机床出厂的默认方式是直径编程方式.

问题探究

图 2-2-4 所示的轮廓图上的点 O 为什么没有被作为基点呢？

因为基点是指零件轮廓图上不同几何元素的交点或切点，点 O 在这里的轮廓图上既非交点也非切点，所以不能被选为基点．弧 $\widehat{OA}$ 已经有点 A，对应的圆心的坐标及这两点坐标所依赖的坐标系确定，编程的圆弧命令结构依托这些要素可以生成符合要求的圆弧轨迹的走刀指令.

除基点外，有些点的坐标值在数控加工过程的编程中是不可缺少的，如前面出现的圆弧对应的圆心点，坐标系的参考点等影响编程的点，可以称为**参考点**.

问题思考：分别在绝对坐标系与相对坐标系下，用直径方式为上题的轮廓图标出基点坐标及相应点的坐标.

【例 4】　已知某零件如图 2-2-5 所示，试确定其基点及其坐标.

解：图 2-2-5a 所示零件图可表示为图 2-2-5b 所示的轮廓图.

则基点是 B、C 和 D，其中 O_1 是弧线对应的圆心.

在 $\mathrm{Rt}\triangle O_1KB$ 中，$BK=10\mathrm{mm}$，$\angle BO_1K=60°$，有

$$\cot\angle BO_1K=\frac{KO_1}{BK},\ \sin\angle BO_1K=\frac{BK}{BO_1},$$

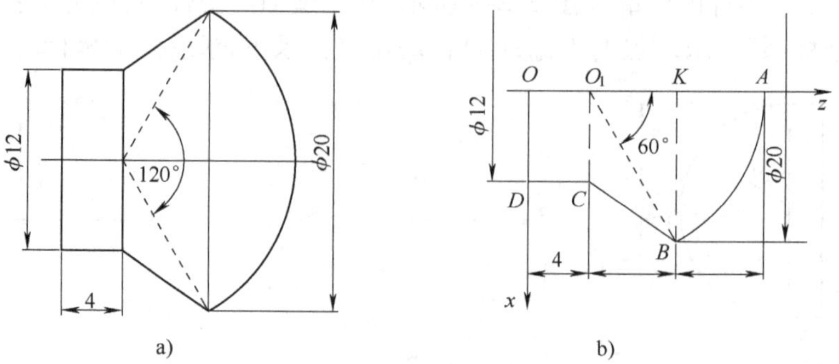

图 2-2-5

$$KO_1=BK\cot 60°=10\text{mm}\times 0.5773=5.77\text{mm},BO_1=\frac{BK}{\sin 60°}=\frac{10\text{mm}}{0.8660}=11.54\text{mm},$$

$$AK=AO_1-KO_1=BO_1-KO_1=11.54\text{mm}-5.77\text{mm}=5.77\text{mm},$$

$$KO=5.77\text{mm}+4\text{mm}=9.77\text{mm},AO=AO_1+OO_1=11.54\text{mm}+4\text{mm}=15.54\text{mm}.$$

所以,在以 O 为原点的绝对坐标系中,基点 B、C 和 D 的坐标分别是 $B(10,9.77)$、$C(6,4)$、$D(6,0)$,弧线$\overparen{AB}$对应圆心的坐标 $O_1(0,4)$.

用直径方式表示是 $B(20,9.77)$、$C(12,4)$、$D(12,0)$.

三、基点的基本类型、连接与节点

基点是零件轮廓的不同几何元素的交点或切点．直线与圆是最基本的几何元素,所以基点的基本类型有:①直线与直线的交点;②直线与圆弧的交点;③直线与圆弧的切点;④圆弧与圆弧的交点;⑤圆弧与圆弧的切点,分为外切点与内切点两种情形．这五类基点可以称为**基本类基点**.

可以知道,在确定线段与圆弧或圆弧与圆弧间的切点构成的基点坐标时,往往先要判断相切的类型,再利用它们之间的性质确定基点.

线段与圆弧相切可称为线段与圆弧相**连接**,线段与圆弧在圆心和切点(即连接点)所在直线的两侧,圆弧所在圆的圆心与切点的连线垂直于该线段.

圆弧与圆弧相切时,当圆弧所在圆内切时,可称圆弧与圆弧**内连接**,两段圆弧在连心线的两侧,连接点(即为切点)在连心线上,且两圆弧所在圆半径差等于圆心距;当圆弧所在圆外切时,可称圆弧与圆弧**外连接**,两段圆弧也在连心线的两侧,连接点(即为切点)在连心线上,且两圆弧所在圆半径和等于圆心距.

可见,线段与圆弧、圆弧与圆弧在连接处相切,切点即为其基点.

当基点是圆弧与圆弧相切的切点时,切点可以看作其连心线段的定比分点,此定比值 λ 与两圆弧所在圆的半径相关.

问题思考:现设两圆弧所在圆分别为$\odot O_1$ 与$\odot O_2$,对应的半径为 R、$r(R>r)$,圆心坐标为 $O_1(x_1,y_1)$、$O_2(x_2,y_2)$,请求出此两圆弧连接点 $P(x_P,y_P)$的坐标公式.

【例 1】 试确定如图 2-2-6 所示一零件图的基点,并用直径方式写出它的坐标.

解:零件图 2-2-6a 的轮廓图如 2-2-6b 所示,基点是 A、C 和 E,其中弧$\overparen{OA}$的圆心为 B,弧$\overparen{AC}$的圆心为 D.

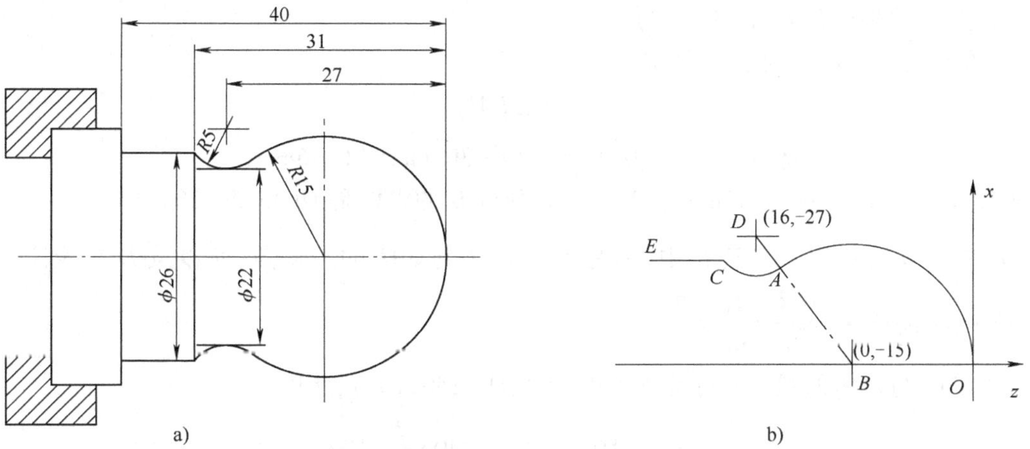

图　2-2-6

由图可知，弧$\widehat{OA}$与弧$\widehat{AC}$外切，切点为 A，所以 B、A、D 三点在一直线上，且可知点 A 分线段 BD 的比 $\lambda=\dfrac{BA}{AD}=\dfrac{15}{5}=3$.

建立图 2-2-6b 所示的坐标系，据图示知 $B(0,-15)$，$D(16,-27)$，由定比分点公式得

$$x_A=\frac{0+3\times16}{1+3}=12,z_A=\frac{-15+3\times(-27)}{1+3}=-24,$$

所以用直径方式表示基点的坐标是：$A(24,-24)$、$C(26,-31)$、$E(26,-40)$，其中，弧$\widehat{OA}$的圆心 $B(0,-15)$，弧$\widehat{AC}$的圆心 $D(32,-27)$.

问题思考：解本题的关键是根据两弧外连接的关系，运用外切的性质求 A 点的位置值. 求 A 点的位置值还有其他的方法，你能试一下吗？

【例 2】　如图 2-2-7a 所示为一盖板零件. 各孔已加工完，现要求将外廓铣削成图中所示的外形轮廓. 试建立工件坐标系，并求出轮廓各基点的坐标.

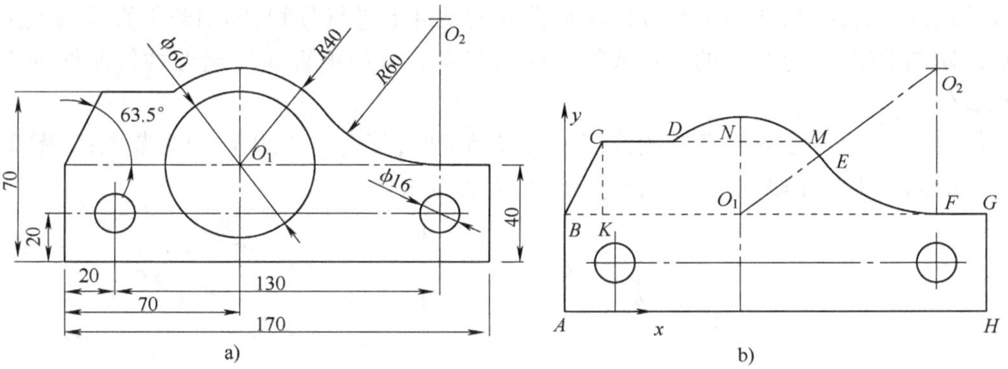

图　2-2-7

解：工件坐标系原点定在工件左下角 A 点，如图 2-2-7b 所示.

根据图示标注的尺寸及该零件的图形特征，在轮廓上的基点中，主要是 C、D、E 三点的求解.

(1)在 Rt△BKC 中，因为

$$CK=70\text{mm}-40\text{mm}=30\text{mm},BK=CK\cot63.5°=30\text{mm}\times0.4986=14.96\text{mm},$$

所以点 C 的坐标是 $C(14.96,70)$.

(2)在半径为 40mm 的$\odot O_1$中,因为

$$O_1N\perp DM,$$

所以 $$DN=\sqrt{O_1D^2-O_1N^2}=\sqrt{40^2-30^2}\text{ mm}=26.46\text{mm},$$

点 D 的横坐标为 70mm−26.46mm=43.54mm,则点 D 的坐标是 $D(43.54,70)$.

(3)在弧$\widehat{DE}$与弧$\widehat{EF}$的外连接中,因为 E 是$\odot O_1$与$\odot O_2$的外切点,所以点 E 在线段 O_1O_2 上,且分 O_1O_2的比 $\lambda=\dfrac{O_1E}{EO_2}=\dfrac{40}{60}=\dfrac{2}{3}$.

因为$\odot O_1$与$\odot O_2$的圆心坐标为 $O_1(70,40)$,$O_2(150,100)$,所以

$$x_E=\frac{70+\frac{2}{3}\times150}{1+\frac{2}{3}}=102,\ y_E=\frac{40+\frac{2}{3}\times100}{1+\frac{2}{3}}=64.$$

于是各基点及圆心点的坐标如下:

$A(0,0)$、$B(0,40)$、$C(14.96,70)$、$D(43.54,70)$、$E(102,64)$、$F(150,40)$、$G(170,40)$、$H(170,0)$、$O_1(70,40)$、$O_2(150,100)$.

目前,一般的数控系统只能做直线插补和圆弧插补的切削运动,即可以理解为它仅接受由基本类型基点构成的程序命令后实施工作. 如果工件轮廓是非圆曲线,数控系统就无法直接实现插补,机床就不能做所要求的切削运动,也就不能使工件形成所要求的非圆曲线轮廓.

问题探究

如何将工件轮廓中非圆曲线几何元素转化成直线或圆的基本几何元素? 也就是说,如何将非基本类基点用基本类基点来替代?

数学处理的方法是,在满足允许的编程误差的条件下进行分割,即用若干直线段或圆弧段来逼近给定的曲线,逼近线段的交点或切点称为**节点**. 这种用直线段逼近替代曲线的方法也叫作**拟合处理**.

例如,对图 2-2-8a 所示的非圆曲线用直线段逼近时,其交点 A、B、C 即为节点;对图 2-2-8b 所示的非圆曲线用圆弧段逼近时,其交点 D、E、F 即为节点.

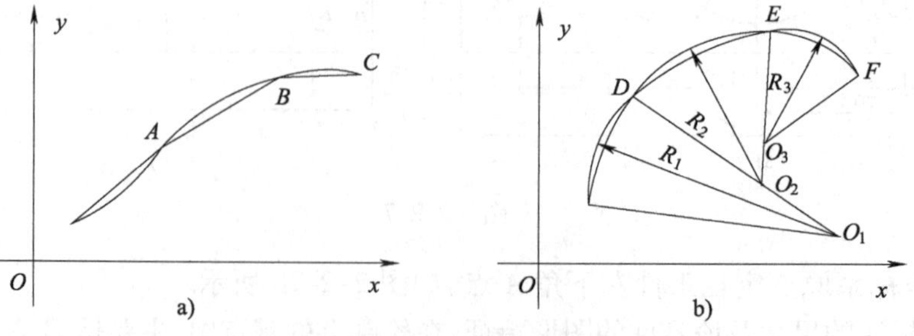

图 2-2-8

a)用直线段逼近非圆曲线 b)用圆弧段逼近非圆曲线

在编程时，求得各节点坐标后，就可按相邻两节点间的直线或圆弧来编写加工程序.

为了方便对各种曲线曲面进行直接加工，人们一直致力于研究各种曲线的插补功能，在一些高档的数控系统中，已经出现了抛物线插补、渐开线插补、正弦线插补、螺旋线插补、球面螺旋线插补以及曲面直接插补等功能．也就是说像直线、圆弧的编程命令那样，机床接受直接编制的程序后工作，产生所对应曲线的效果.

练习题 2.2

1. 什么叫基点？它有哪几种基本类型？
2. 什么叫连接？它有哪几种基本类型？连接与联结是一回事吗？
3. 内连接与外连接的弧分别有什么性质？
4. 节点是在什么情况下产生的？节点是基点吗？
5. 在外形是旋转体的工件轮廓上的基点标注与旋转体轴线垂直的轴向（一般是 x 轴向）尺寸时有哪几种形式？对此，机床出厂默认的是什么方式？为什么选择这种默认方式？
6. 在数控车床上加工图 2-2-9 所示的零件，试求出图中基点的坐标.
7. 分别用绝对坐标系和相对坐标系表示图 2-2-10 所示的燕尾形薄板零件的轮廓基点.

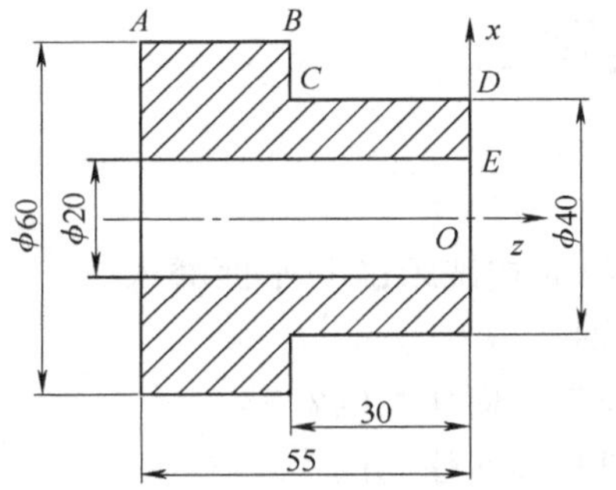

图　2-2-9

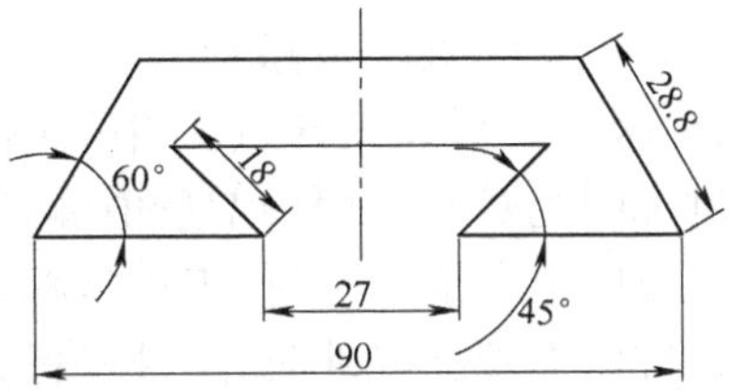

图　2-2-10

8. 用数控铣床加工图 2-2-11 所示的倒“T”形工件，坯料选用一矩形块．试建立适当的坐标系，并写出各基点的坐标.
9. 已知一零件如图 2-2-12 所示，试确定其基点并在绝对坐标系下标出它的坐标.

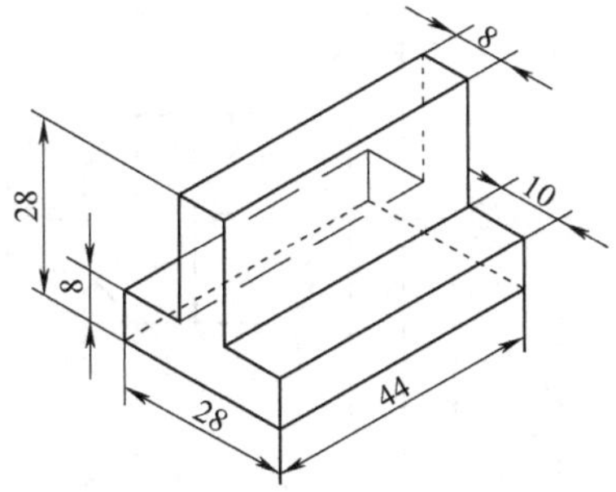

图　2-2-11

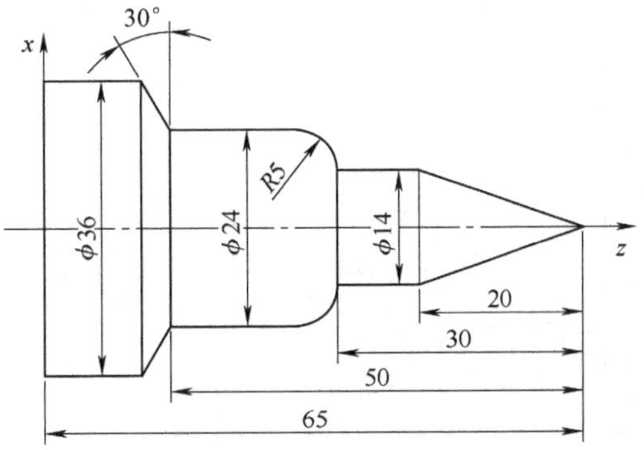

图　2-2-12

10. 已知一锥体零件如图 2-2-13 所示．现要在数控车床上加工这一零件，试作出它的轮廓图，确定基点，并用直径、半径两种方式写出其坐标.

11. 一零件的截面图及尺寸如图 2-2-14 所示，为了加强零件的机械强度，在圆弧与直线的相交处以“倒角”圆弧相切连接，即与半径为 10mm 的圆弧外切、与直线相切，倒角圆的半径为 3mm. 试求倒角圆圆心 O_1 与切点的坐标.

12. 已知某外形轮廓的零件如图 2-2-15 所示，试完成图示零件数控铣削前基点的选取及其坐标的确定.

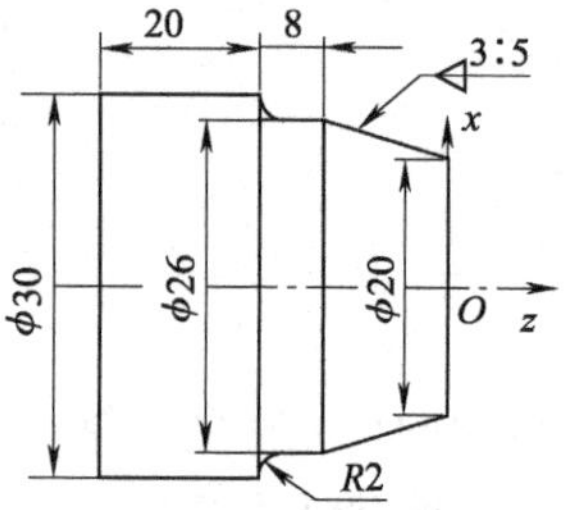

图 2-2-13

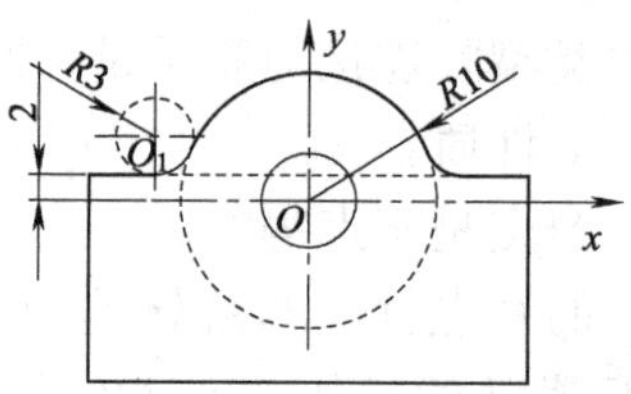

图 2-2-14

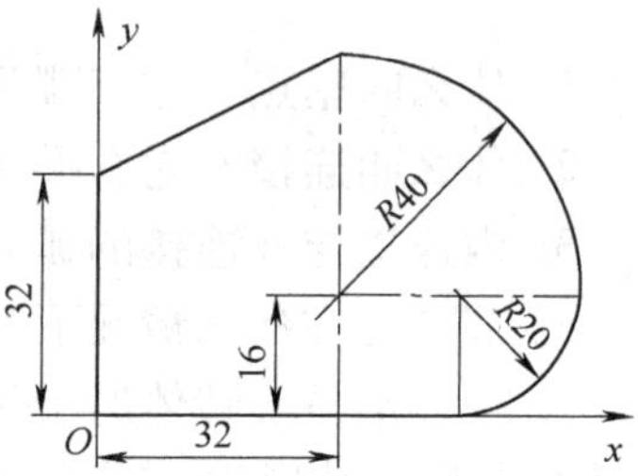

图 2-2-15

复习自测题二

1. 画出下列机床的机床坐标系：

(1)卧式车床；(2)卧式铣床；(3)牛头刨床；(4)立式铣床；(5)平面磨床.

2. 试举例说明绝对值编程和增量值编程的区别.

3. 在数控车床上车削零件时，工件坐标系一般是如何建立的？

4. 在数控铣床上铣削零件时，工件坐标系一般是如何建立的？

5. 什么是基点？什么是节点？简要说说两者的区别与联系.

6. 如图 2-3-1 所示，在一零件图上建立坐标系，试写出零件轮廓点 A、B、C、D、E，以及圆孔 O_1、O_2、O_3 与弧$\overset{\frown}{CD}$的圆心 O_4 的坐标.

7. 数控车削如图 2-3-2 所示的零件，试完成：(1)作出它的轮廓图，确定基点；(2)分别用绝对坐标系与相对坐标系表示基点坐标.

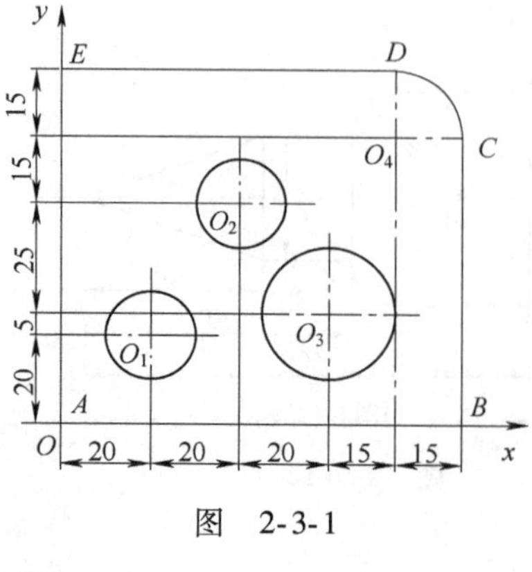

图 2-3-1

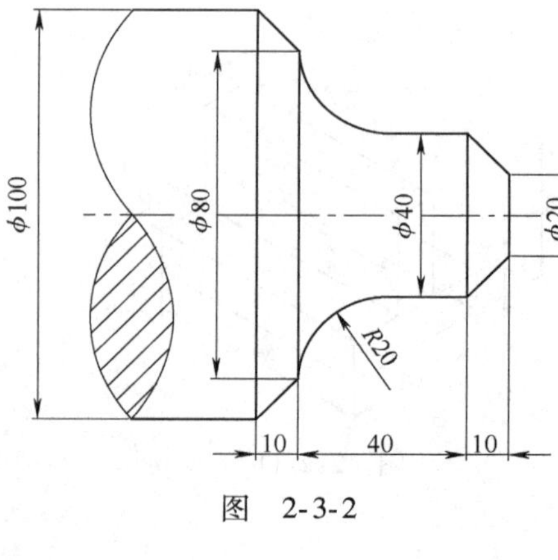

图 2-3-2

8. 已知零件如图 2-3-3 所示，在数控铣床上对其轮廓进行铣削加工，试确定其轮廓基点及坐标.

9. 图 2-3-4 所示为一平板模板零件，内部三圆孔及圆角矩形孔均已加工好，现需要在数控铣床上加工外轮廓，试建立适当坐标系，标出轮廓基点、基点坐标及相应的圆心坐标.

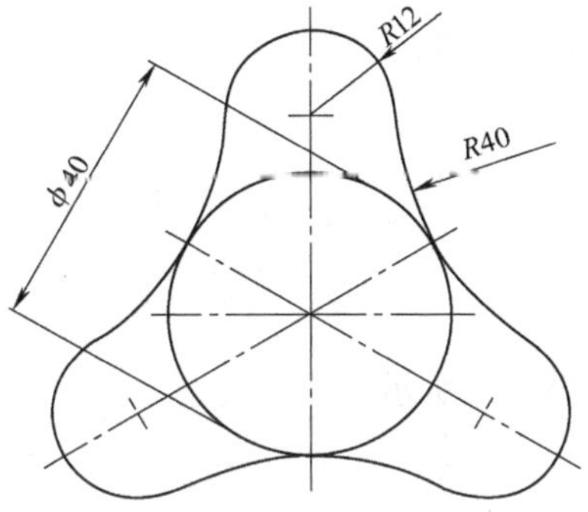

图　2-3-3

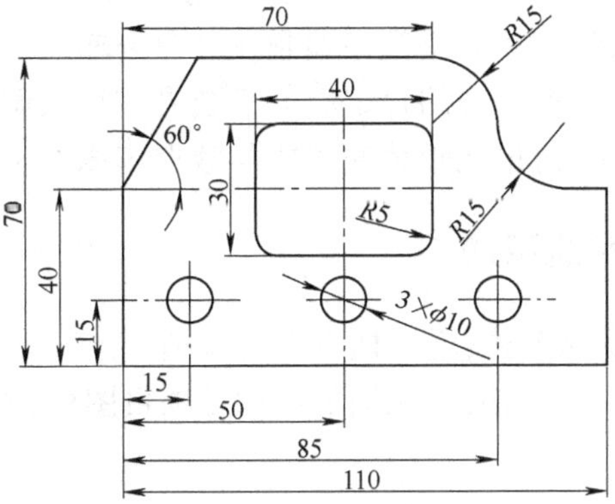

图　2-3-4

10. 图 2-3-5 所示为一手柄零件图．试作出它的轮廓图及其基点，并分别用直径方式、半径方式写出基点的坐标（包括对应圆弧的圆心坐标）.

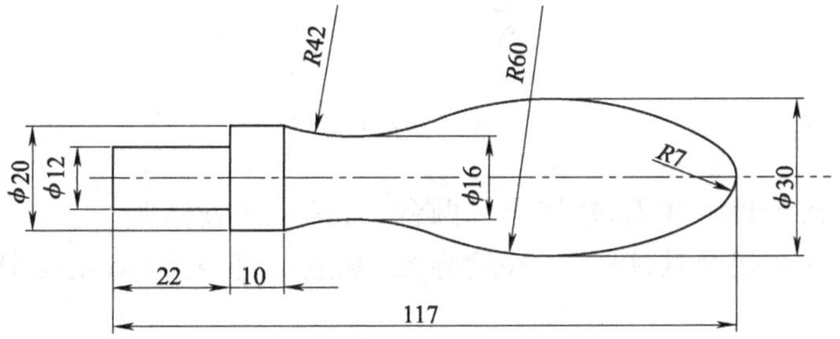

图　2-3-5

实践作业

实践课题一

课题名称：数控车床圆锥工件加工见习.

材料准备：调头工件加工项目图样，人手一份，如图 2-3-6 所示.

现场准备：实习指导教师两人，数控车床两台，刀具及相关材料.

知识应用：工件轮廓图，基点及基点坐标.

操作步骤：

(1)数控车床圆锥工件加工的初步认识.

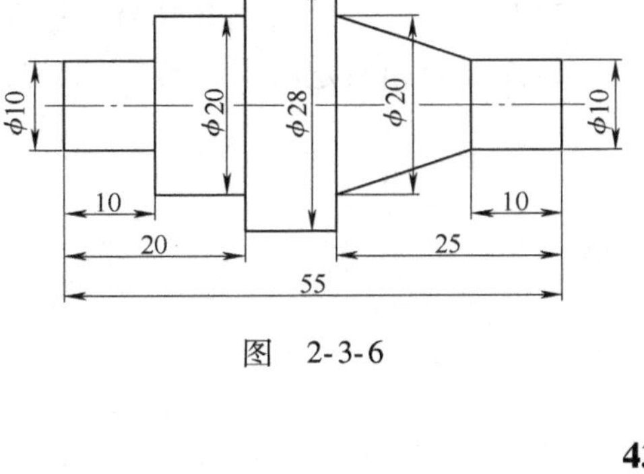

图　2-3-6

展示数控车床加工的圆锥零件实物,用PPT(或相关视频材料)介绍数控车床加工圆锥工件加工的基本过程.

(2)作出加工件轮廓图,确定其基点.

(3)建立适当坐标系,标出基点坐标.

以上(2)、(3)由学生独立完成.

(4)简单介绍程序编制及其命令输入.

(5)扼要介绍自定心卡盘装夹、对刀、调头、加工外圆与锥度等.

(6)讨论比较普通车床与数控车床加工圆锥的不同.

实践课题二

课题名称:手摇柄零件的车削.

材料准备:手摇柄零件加工项目图样,人手一份,如图2-3-7所示.

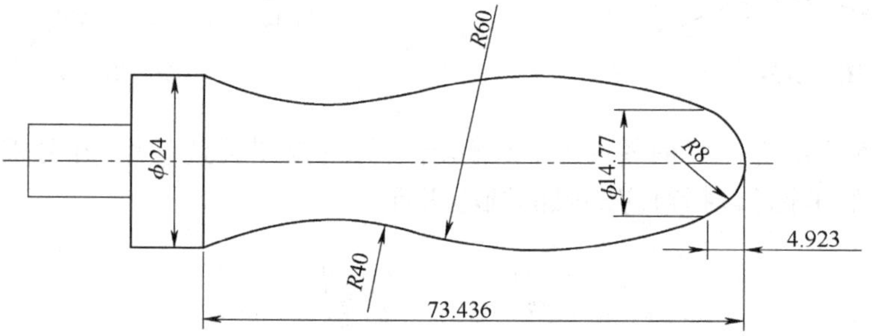

图 2-3-7

现场准备:实习指导教师两人,数控车床两台,刀具及相关材料.

知识应用:圆弧的连接及其性质,工件轮廓图,基点及基点坐标,定比分点公式,两点间距离公式.

操作步骤:

(1)用数控车床加工手摇柄类零件的初步认识. 展示用数控车床加工手摇柄类零件实物;用PPT(或相关视频材料)介绍数控车床加工手摇柄类零件的基本过程.

(2)作出手摇柄加工件轮廓图.

(3)确定其基点.

(4)建立适当坐标系. 分别用直径方式、半径方式写出基点的坐标(包括对应圆弧的圆心坐标).

其中,对圆弧连接点基点坐标的求解展开讨论. 仅用定比分点公式能求出其坐标吗?

(5)简单介绍程序编制及其命令输入方法.

(6)简要介绍自定心卡盘装夹,对刀,加工外圆与圆弧面等方法.

第三章 车偏心圆与解任意三角形

在机械构件中，外圆和外圆或内孔和外圆的轴线平行而不重合的零件，称为偏心工件. 在传统的普通车床上，如何实施对偏心工件的加工呢? 关键是如何将需要加工的偏心工件的轴线"找正"到与车床主轴线相重合的位置.

对于小偏心距零件，可以在自定心卡盘的其中一个卡爪上垫上适当厚度的垫片，让被加工零件的轴线"找正"到与车床主轴线相重合.

如图 3-0-1 所示，车床主轴中心为 P，工件的定位中心是 O，定位的基准半径为 r，定位中心 O 与车床主轴中心 P 间的距离：偏心距 $OP=e$.

现在要知道卡爪上垫多少厚度(x)的垫铁，才能使工件的定位中心 O 偏移距离 $e=OP$，即与主轴轴线中心重合，实现找正的要求.

根据图 3-0-1 所示可知：$x=R+e-r$，其式中工件定位的基准半径 r 与偏心距 e 为已知，只要求出 R，垫铁厚度 x 就知道了.

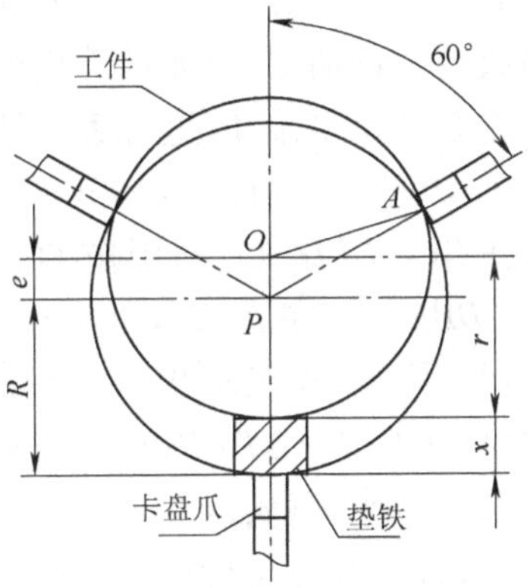

图 3-0-1

从中心偏移角度出发，寻找到$\triangle OPA$. 在这个三角形中，已知偏心距 $OP=e$，$OA=r$，$\angle OPA=60°$(自定心卡盘卡爪之间的夹角为 120°)，若在这里求出 $PA=R$ 的值，即得到垫铁厚度 x，这就成了解任意三角形的问题. 能求解这样的任意三角形吗?

问题探究

在已经掌握的解直角三角形知识的情况下，我们面对上述问题自然会考虑：能否把一般的任意三角形问题转化为特殊的直角三角形问题求解?

如图 3-0-2 所示，过 O 作 OH 垂直 PA，垂足为 H，

在 Rt$\triangle OHP$ 中

$$PH=e\cos60°=\frac{1}{2}e,\quad OH=e\sin60°=\frac{\sqrt{3}}{2}e,$$

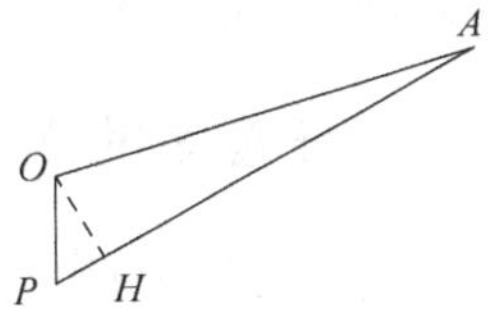

图 3-0-2

在 Rt$\triangle OHA$ 中

$$HA=\sqrt{OA^2-OH^2}=\sqrt{r^2-\left(\frac{\sqrt{3}}{2}e\right)^2}=\sqrt{r^2-\frac{3}{4}e^2},$$

则

$$R=PH+HA=\frac{1}{2}e+\sqrt{r^2-\frac{3}{4}e^2},$$

所以有

$$x=R+e-r=\frac{1}{2}e+\sqrt{r^2-\frac{3}{4}e^2}+e-r=\frac{3}{2}e+\sqrt{r^2-\frac{3}{4}e^2}-r=\frac{3e-d+\sqrt{d^2-3e^2}}{2}.$$

问题解决了,但似乎感到有些繁杂,能否找到像直角三角形边角关系那样的任意三角形的边角关系,且运用它们直接方便地求解呢?

在任意三角形中,角不再全部是锐角,可能会遇到钝角,它的三角函数又如何呢?因此,有必要先认识锐角以外的角的三角函数问题.

诚然,我们会有这样的想法:在现代化机械设备日趋普及的时代,用数控车床能够简易替代普通车床解决上述问题吗?从而不必认识锐角以外角的三角函数问题?

如图 3-0-3 所示,在齿轮箱上有 A、B、C、D 四个孔,现要用数控设备加工,就要计算出各点的坐标.

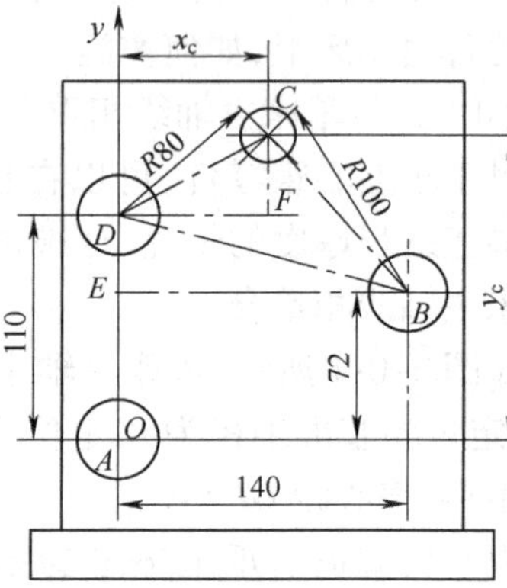

图　3-0-3

建立图示的直角坐标系,则易得 A、B、D 的坐标是:$A(0,0)$、$B(140,72)$、$D(0,110)$.

在 Rt$\triangle BED$ 中,利用解直角三角形的知识,能求出 BD、$\angle DBE$ 等;在 $\triangle BDC$ 中,已知其三边,是确定的三角形,应该可求;若能求出 $\angle CDB$,则可知 $\angle CDF=\angle CDB-\angle FDB=\angle CDB-\angle DBE$;在 Rt$\triangle CFD$ 中,就能求出 DF、CF,从而得 C 点坐标(x_c,y_c).

至此,求 C 点坐标(x_c,y_c)的核心问题是解非 Rt$\triangle BDC$. 也就是要寻找任意三角形的边角关系 . 因此,在利用数控设备加工操作的过程中也会遇到解任意三角形的问题.

由上可见,很有必要认识锐角以外的角的三角函数问题.

第一节　角的概念的推广

在生产实践中,遇到的角不仅仅是三角形内的角 . 如拧紧螺母要顺时针方向转动三周,拧松螺母要逆时针方向转动三周 . 如何区分表述出这两个超过 360°,且具有相反意义量的角呢?对这个问题的认识,在用手工操作时好像没有明显的必要性,但是在制造自动化的螺母旋动器的过程里用适当的数字表述它们时就十分必要了 . 再如,门的推进 60°与拉开 60°,在数字化自动控制设计中又怎样区分呢?继而类似上述性质的角的三角函数又如何呢?

一、任意角的概念

我们知道,角是从一点引出的两条射线组成的图形 . 角也可看成是平面内的一条射线 OA 绕着它的端点 O 从 OA 位置旋转到另一个位置 OB 所成的图形 . 射线的端点 O 称为角的顶点,射线旋转的初始位置 OA 称为角的始边,射线旋转的终止位置 OB 称为角的终边,如图 3-1-1 所示.

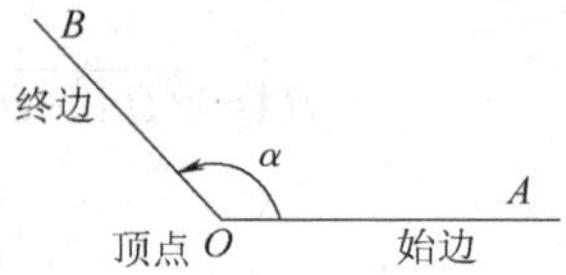

图　3-1-1

我们已经用正数、负数表示了相反意义的量 . 为了解决上述问题,我们规定:按逆时针方向旋转形成的角称为**正角**;按顺时针方向旋转形成的角称为**负角**；当一条射线不旋转时，我们也把它看成一个角，称为**零角**.

当要度量始边绕顶点旋转一周以上的角时，只要将它旋转的完整周数乘 360°后再加上不满一周角的度数，即为该角的大小.

这样，拧松螺母逆时针方向转动三周可记作 $3\times360°=1080°$；拧紧螺母顺时针方向转动三周可记作 $-3\times360°=-1080°$；如果在拧紧螺母时，顺时针方向转动三周后，接着又转了 30°，就可记作 $-(3\times360°+30°)=-1110°$，如图 3-1-2 所示.

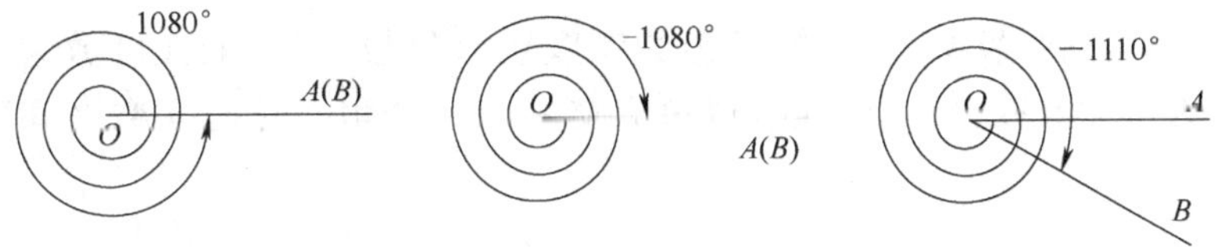

图　3-1-2

把推门看成是逆时针方向的运动，拉门是顺时针方向的运动；推门 60°记作 60°；拉门 60°记作 −60°. 如果门在没有推、拉的闭合状态下，就可记作 0°，如图 3-1-3 所示.

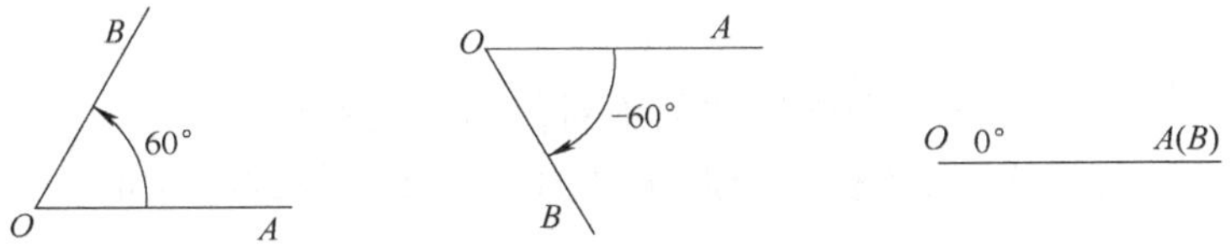

图　3-1-3

二、象限角与终边相同的角

为了研究方便，我们常把角放到直角坐标系中进行讨论. 让角的顶点与坐标原点重合，角的始边与 x 轴正半轴重合，这时**角的终边落在第几象限，就规定这个角是第几象限的角**. 如果终边落在坐标轴上，这个角不属于任何象限，称作**轴线角**或非象限角.

一般地，**与 α 角终边相同的角**（包含 α 角在内）的表达式为

$$\beta=\alpha+k\times360°, k\in\mathbf{Z}.$$

即任意一个与 α 角终边相同的角都可表示成角 α 与周角整数倍的和的形式.

三、弧度制

圆心角所对的弧长与半径的比值是一个常数. 它只与角 α 的大小有关. 如果角 α 的大小确定，如图 3-1-4 所示，$(\overset{\frown}{AB}/OB)=(\overset{\frown}{A'B'}/OB')$，这个常数随之确定，我们就称这个常数为**角 α 的弧度数**.

我们把等于半径长的圆弧所对的圆心角叫作 1 **弧度的角**. 用角的弧度数来度量角的大小. 它的单位符号是“rad”，读作“弧度”. 在通常情况下，单位符号“rad”可略去不写. 用弧度作为单位来度量角的制度叫作**弧度制**.

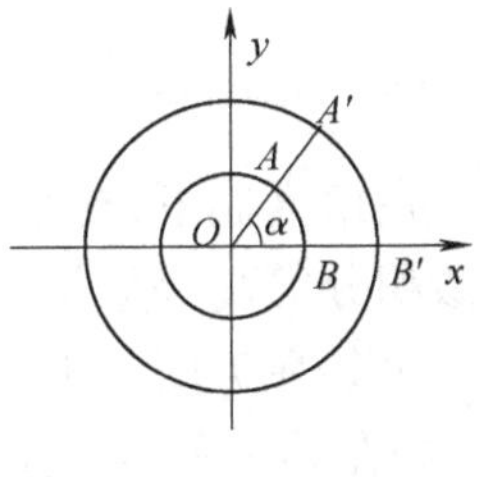

图　3-1-4

显然，周角的弧度数为 2π，平角的弧度数为 π. 角度与弧度两者

之间有如下的换算关系

$$360°=2\pi\ \text{rad}\Rightarrow180°=\pi\ \text{rad}\Rightarrow\begin{cases}1°=\dfrac{\pi}{180}\text{rad}\approx0.01745\text{rad}\\1\text{rad}=\left(\dfrac{180}{\pi}\right)^{\circ}\approx57°18'\end{cases}.$$

采用弧度制后，与 α 角终边相同的角（包含 α 角在内）的表达式为

$$\beta=\alpha+2k\pi,k\in\mathbf{Z}.$$

在弧度制下，正角的弧度数为正数，负角的弧度数为负数，零角的弧度数为 0. 这样，每一个角都对应唯一的一个实数；每一个实数也对应唯一的一个角．角与实数之间建立了一一对应关系.

四、弧度制下的弧长公式与扇形面积公式

如图 3-1-5 所示，设在半径为 r 的圆中，圆心角 α（弧度制）所对的弧长为 l，根据弧度的定义有：α 的弧度数为$\dfrac{l}{r}$. 考虑到 α 角有正、负，有$|\alpha|=\dfrac{l}{r}$，所以弧长公式为：$l=|\alpha|r$.

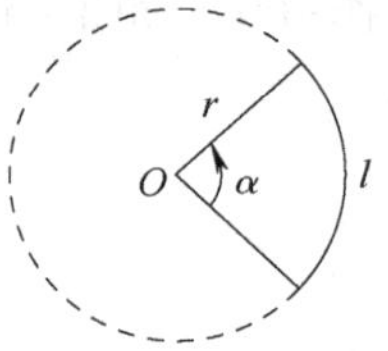

图 3-1-5

就是说，弧长等于弧所对圆心角弧度数的绝对值与半径的积.

特别地，当半径 r 等于 1 时，弧长等于弧所对圆心角弧度数的绝对值，即 $l=|\alpha|$.

因为圆心角 α（弧度制）的扇形面积是

$$S=\pi r^2\times\frac{|\alpha|}{2\pi}=\pi r^2\times\frac{\frac{l}{r}}{2\pi}=\frac{1}{2}lr,$$

所以，扇形面积公式为：$S=\dfrac{1}{2}lr$.

问题思考：能从角度制下的弧长公式、扇形面积公式推导得到上述弧度制下的弧长公式与扇形面积公式吗？

问题探索：如图 3-1-6 所示，设圆 O 的半径为 r，在弧度制下，求证：$\sin\theta<\theta<\tan\theta$.

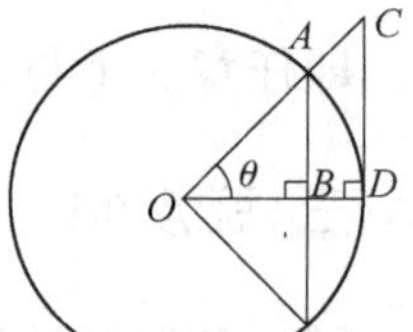

图 3-1-6

事实上，在图 3-1-6 中，因弦 AE 的长度小于弧 AE 的长度，即 $2AB$ 的长$<2\overset{\frown}{AD}$的长；又因 $AB=OA\sin\theta=r\sin\theta$，$\overset{\frown}{AD}$的长$=r\theta$，所以，$r\sin\theta<r\theta$，即 $\sin\theta<\theta$. 又因为扇形 OAD 的面积小于$\triangle ODC$ 的面积，即$\dfrac{1}{2}lr<\dfrac{1}{2}CD\times OD$，$\dfrac{1}{2}(\theta r)r<\dfrac{1}{2}(r\tan\theta)r$，所以，$\theta<\tan\theta$，于是 $\sin\theta<\theta<\tan\theta$.

在角度制下，这是一个几乎不可能解决的问题，在此，弧度制显示了无比的魅力．弧度制对微积分等高等数学的发展产生了极为重要的影响.

再如在弧度制下，利用角与实数之间建立的对应关系，可以简化生产实践中某些计算公式．如在第一章“在钢材轧制作业问题上的计算中”，有关于轧辊圆半径 R，轧辊咬入角 α 和压

下量 Δh 之间的关系式：$\sin\frac{\alpha}{2}=\frac{1}{2}\sqrt{\frac{\Delta h}{R}}$. 因为咬入角 α 在一般情况下都很小，所以在采用弧度制后，当 α 很小时，有 $\sin\frac{\alpha}{2}\approx\frac{\alpha}{2}$，此时可得 $\alpha=\sqrt{\frac{\Delta h}{R}}$. 这是在角度制下不可能实现的.

【例 1】 现采用管砂法将 ϕ12mm 的空心管弯制成一个中心线半径为 360mm、圆心角为 60°的空心弯管．问需要 ϕ12mm 的空心管多长？（精确到 0.1mm）

解：因为 $60°=\frac{\pi}{3}$，根据题意有

$$l=|\alpha|r=\frac{\pi}{3}\times 360=120\pi\approx 376.8(\text{mm}).$$

同步带是一种新型的机械传动带，如图 3-1-7 所示．它利用同步带的齿与带轮的轮齿依次啮合传递运动或动力，广泛应用在数控机床、办公自动化设备等机电一体化产品上．相邻两齿在带节线上的距离称为节距，用 t 表示．带轮的标记由带轮齿数、带的型号和带轮宽代号表示，如“124 L 075”标记的意义：124 表示长度代号 124；L 表示带型号，L 的节距是 9.525mm；075 表示带宽 19.1mm.

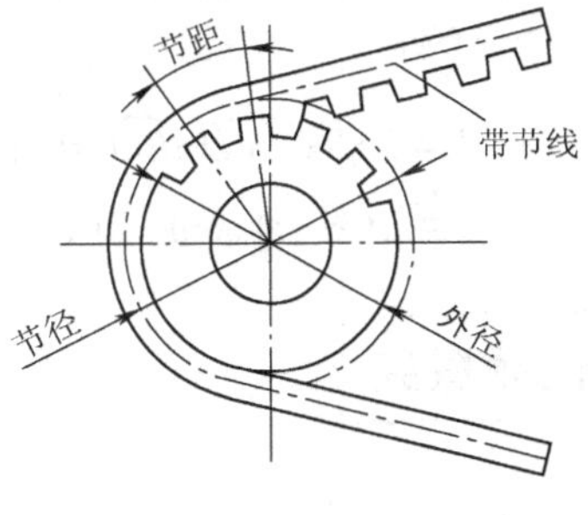

图　3-1-7

【例 2】 一同步带轮上的标记是：124 L 075. 问这一同步带轮的节径是多少？（精确到 0.01mm）

解：根据同步带轮上标记的意义知：长度代号 124 对应带轮齿数 z 为 33，节距 $t=9.525$mm；则每一节距所对圆心角的弧度为 $\frac{2\pi}{z}=\frac{2\pi}{33}$；

由弧长公式 $l=|\alpha|r$，有 $9.525=\frac{2\pi}{33}r$，$2r=\frac{9.525\times 33}{\pi}\approx 100.05(\text{mm})$.

所以这一同步带轮的节径是 100.05mm.

问题思考：在上题中，还有其他的求解方法吗？

【例 3】 现将一厚 20mm、宽 40mm、长 628mm 的钢板条冷弯成一弧形条板，且弧的度数为 $\frac{2\pi}{3}$. 钢板条许可的塑性变形小于 3.5%，假设在冷弯中弧形条板中线长 628mm 保持不变，仅在厚 20mm 板条内、外侧发生压缩与拉伸变形．问冷弯后弧形条板中心线所在圆的半径是多少？冷弯中钢板条的塑性变形是否在许可范围内？（π 取 3.14，精确到0.01mm）

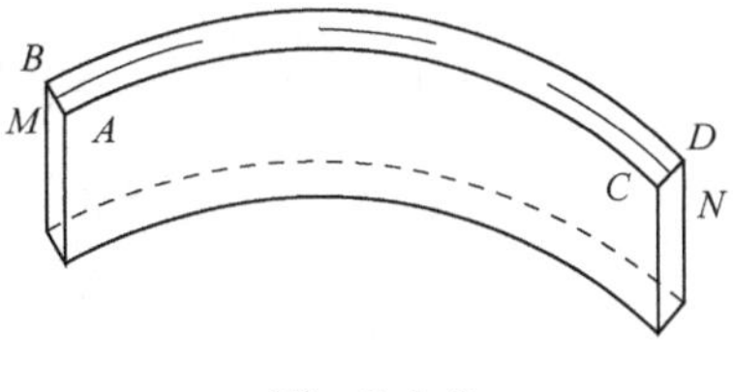

图　3-1-8

解：如图 3-1-8 所示，由题意 $l_{MN}=628$mm 及其弧度为 $\frac{2\pi}{3}$，由弧长公式 $l=|\alpha|r$ 得

$$628=\frac{2\pi}{3}r,\ r=300(\text{mm}),$$

所以

$$l_{AC}=\frac{2\pi}{3}\times(300-10)$$
$$=607.067(\text{mm}),$$

$$l_{BD}=\frac{2\pi}{3}\times(300+10)$$
$$=648.933(\text{mm}).$$

于是
$$AC_{\text{变形率}}=\frac{607.067-628}{628}\approx-3.33\%,$$
$$BD_{\text{变形率}}=\frac{648.933-628}{628}\approx3.33\%.$$

则冷弯后弧形条板中心线所在圆的半径是 300mm，钢板条塑性变形在许可范围内.

【例 4】 带传动与链传动是机械传动中使用较普遍的传动装置，为此常要计算开口带（或链条）的长度. 如图 3-1-9 所示，已知两个带轮的半径分别是 R、$r(R>r)$，$O_2E\perp AO_1$，$\angle O_1O_2E=\alpha$ 弧度. 试求连接这个传动装置的带长.

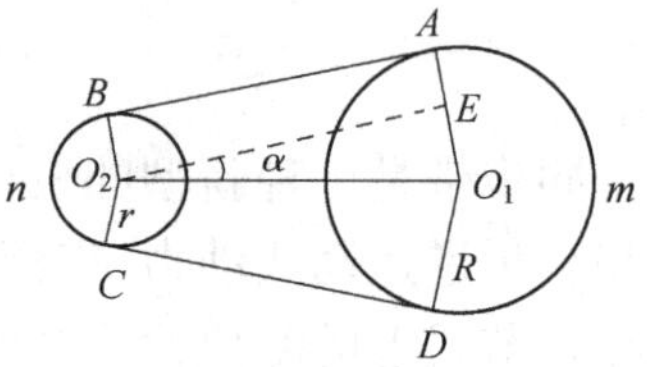

图 3-1-9

解：设所求带（或链条）长为 l，则由弧长公式与解直角三角形方法可知：

$$l=2AB+\overset{\frown}{AmD}+\overset{\frown}{BnC}=2O_1E\cot\alpha+(\pi+2\alpha)R+(\pi-2\alpha)r$$
$$=2(R-r)\cot\alpha+2(R-r)\alpha+\pi(R+r).$$

问题探究

在实际情况中，R 和 r 是可测定的数据，α 是一个很难测定的数据，可以说是个虚拟数据，因而上述计算难于在实践中奏效. 那么如何处理才能便于实际操作呢？

问题中还有哪些元素是容易测定且与解决问题有关联的？

显然，两轮的中心距 O_1O_2 是容易测定的，设 $O_1O_2=c$，就有 $\sin\alpha=\frac{R-r}{c}$，求出 α 后，再利用上式算出 l. 但是这种计算还是略显烦琐.

如果在一般情况下，$R-r$ 与 c 的比值很小，也就是说角 α 很小时，可以做如下技术处理，便于实际操作.

当 α 不超过 2°时，有 $\alpha=\sin\alpha=\frac{R-r}{c}$，则

$$\cos\alpha=\sqrt{1-\sin^2\alpha}\leqslant\sqrt{1-\sin^2\alpha+\left(\frac{1}{2}\sin^2\alpha\right)^2}=1-\frac{1}{2}\sin^2\alpha=1-\frac{1}{2}\left(\frac{R-r}{c}\right)^2,$$
$$l=2(R-r)\cot\alpha+2(R-r)\alpha+\pi(R+r)$$
$$=2(R-r)\frac{\cos\alpha}{\sin\alpha}+2(R-r)\alpha+\pi(R+r)$$
$$\approx2c\left\{1-\frac{1}{2}\left(\frac{R-r}{c}\right)^2\right\}+2(R-r)\left(\frac{R-r}{c}\right)+\pi(R+r)$$
$$=2c+\pi(R+r)+\frac{(R-r)^2}{c},$$

即
$$l\approx2c+\pi(R+r)+\frac{(R-r)^2}{c}.$$

这是实际计算中常用的近似公式.

练习题 3.1

1. 对于自动化螺母旋动器，输入 $-(3\times360+180)°$ 是指旋松螺母 3 圈半，那么，输入 $(4\times360+90)°$ 是什么意思？

2. 在 $\triangle ABC$ 中，$\angle A:\angle B:\angle C=3:5:7$，求这三个内角的弧度数.

3. 在一个铺设管道的工程中，遇到一处弯道的半径为 36m，圆心角为 120°，问弯道处铺设管道的长度是多少？（精确到 0.01m）

4. 直径为 200mm 的滑轮，每秒转过 45°，求边沿上一点在 5s 内转过的弧长.

5. 要加工一批尺寸如图 3-1-10 所示的弯管，求每根弯管的下料长度.（精确到 1mm）

6. 一同步带轮的标记为 240 H 100，其中 H 是同步带的型号，对应的节距为12.70mm. 求该同步带轮的节径.（精确到 0.01mm）

7. 已知两个带轮的中心分别为 O_1、O_2，半径分别是 R、r，且 $O_1O_2=4a$，$R=3a$，$r=a$. 试求连接两个带轮的带的总长.

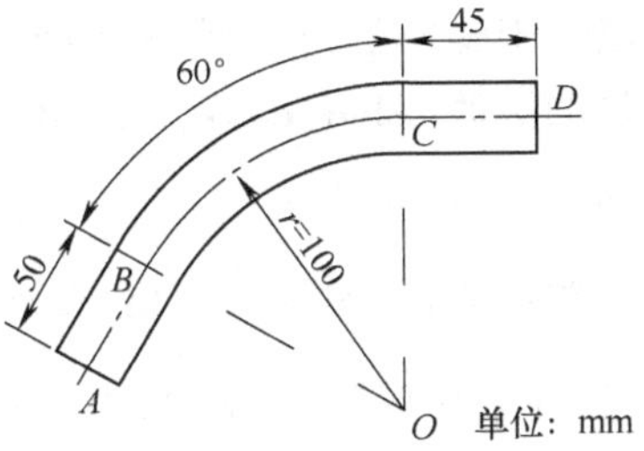

图　3-1-10

第二节　任意角的三角函数

我们利用直角坐标系把角推广到了任意角，那么是否也能用这种方法研究任意角的三角函数呢？

一、任意角的三角函数

现在我们把锐角放入直角坐标系中，如图 3-2-1 所示，在锐角的终边上任取一点 $P(x,y)$ 过 P 作 x 轴的垂线，垂足为 M，这样就有直角三角形 OPM，且 α 的对边的长为 y，邻边的长为 x，斜边的长 $r=\sqrt{x^2+y^2}$. 于是，发现锐角的三角函数可以用锐角终边上任一点 $P(x,y)$ 的坐标来定义，即

$$\sin\alpha=\frac{y}{r};\cos\alpha=\frac{x}{r};\tan\alpha=\frac{y}{x};\cot\alpha=\frac{x}{y}.$$

我们就用这种方法来定义**任意角 α 的三角函数**.

一般地，在任意角 α 的终边上任取一点 $P(x,y)$，$OP=r=\sqrt{x^2+y^2}$，如图 3-2-2 所示.

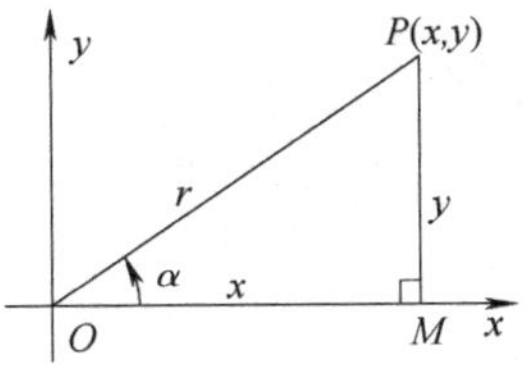

图　3-2-1

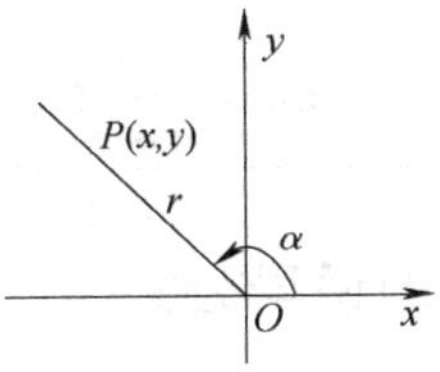

图　3-2-2

比值$\frac{y}{r}$叫作角 α 的正弦，记作 $\sin\alpha$，即 $\sin\alpha=\frac{y}{r}$；

比值$\frac{x}{r}$叫作角 α 的余弦，记作 $\cos\alpha$，即 $\cos\alpha=\frac{x}{r}$；

比值$\frac{y}{x}$叫作角 α 的正切，记作 $\tan\alpha$，即 $\tan\alpha=\frac{y}{x}$；

比值$\frac{x}{y}$叫作角 α 的余切，记作 $\cot\alpha$，即 $\cot\alpha=\frac{x}{y}$.

上述$\frac{y}{r}$等比值与点 P 在角 α 的终边上的位置无关．当角 α 确定时，比值$\frac{y}{r}$也唯一确定．所以对于确定的角 α，它的正弦、余弦、正切和余切的值都是唯一确定的，它们都是以角 α 为自变量的函数．$\sin\alpha$、$\cos\alpha$、$\tan\alpha$ 和 $\cot\alpha$ 分别叫作角 α 的正弦函数、余弦函数、正切函数和余切函数.

特别地，需要指出的是：在正切函数 $\tan\alpha$ 中，当 $\alpha\neq\frac{\pi}{2}+k\pi(k\in\mathbf{Z})$时，正切函数 $\tan\alpha$ 才有意义；在余切函数 $\cot\alpha$ 中，当 $\alpha\neq k\pi(k\in\mathbf{Z})$时，余切函数 $\cot\alpha$ 才有意义.

二、三角函数值的符号

根据任意角三角函数的定义，我们知道，角 α 的终边上点 P 坐标值的符号决定了角 α 的三角函数值的符号．它们在各象限内的符号可用图 3-2-3 表示.

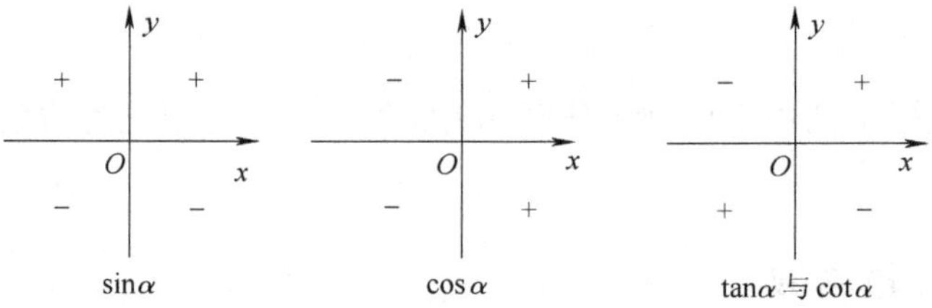

图 3-2-3

三、同角三角函数值的基本关系

显然，根据任意角的三角函数的定义，我们同样有同角三角函数的基本关系：

$$\sin^2\alpha+\cos^2\alpha=1$$

$$\tan\alpha\cot\alpha=1 \text{ 或 } \tan\alpha=\frac{1}{\cot\alpha}\left(\alpha\neq\frac{\pi}{2}+k\pi,\alpha\neq k\pi,k\in\mathbf{Z}\right)$$

$$\tan\alpha=\frac{\sin\alpha}{\cos\alpha}\left(\alpha\neq\frac{\pi}{2}+k\pi,k\in\mathbf{Z}\right)$$

四、三角函数的诱导公式

根据三角函数的定义可知，在直角坐标系中，角 α 的三角函数值完全由其终边位置决定，

就是说与角 α 的始边从 x 轴的正半轴 Ox 旋转到终边所转过的圈数无关，只要角的终边相同，它们同名的三角函数值就相同．于是有**诱导公式 1**：

$$\sin(\alpha+2k\pi)=\sin\alpha(k\in\mathbf{Z})$$
$$\cos(\alpha+2k\pi)=\cos\alpha(k\in\mathbf{Z})$$
$$\tan(\alpha+2k\pi)=\tan\alpha(k\in\mathbf{Z})$$
$$\cot(\alpha+2k\pi)=\cot\alpha(k\in\mathbf{Z})$$

类似地，我们能得到**诱导公式 2**：

$$\sin(-\alpha)=-\sin\alpha$$
$$\cos(-\alpha)=\cos\alpha$$
$$\tan(-\alpha)=-\tan\alpha$$
$$\cot(-\alpha)=-\cot\alpha$$

诱导公式 3：

$$\sin(\pi-\alpha)=\sin\alpha$$
$$\cos(\pi-\alpha)=-\cos\alpha$$
$$\tan(\pi-\alpha)=-\tan\alpha$$
$$\cot(\pi-\alpha)=-\cot\alpha$$

诱导公式 4：

$$\sin(\pi+\alpha)=-\sin\alpha$$
$$\cos(\pi+\alpha)=-\cos\alpha$$
$$\tan(\pi+\alpha)=\tan\alpha$$
$$\cot(\pi+\alpha)=\cot\alpha$$

运用诱导公式 1~4 可将任意角的三角函数转化为 $0\sim\dfrac{\pi}{2}$内的角的三角函数.

$\sin\alpha$、$\cos\alpha$ 在变化的过程中，α 每经过 $2k\pi(k=\pm1,\pm2,\pm3,\cdots)$，函数值重复出现，因此我们称它们为**周期函数**，称$\cdots,-4\pi,-2\pi,2\pi,4\pi,\cdots$为它们的周期，其中 $T=2\pi$ 为它们的最小正周期.

$\tan\alpha$、$\cot\alpha$ 在变化的过程中，每经过 $k\pi(k=\pm1,\pm2,\pm3,\cdots)$，函数值重复出现，因此它们也为周期函数，称$\cdots,-2\pi,-\pi,\pi,2\pi,\cdots$为它们的周期，但它们的最小正周期是 $T=\pi$.

一般讲到**周期函数的周期，都是指最小正周期**.

一般的正弦函数 $y=A\sin(\omega x+\varphi)$ 的周期是多少？在 $y=A\sin\left\{\omega\left(x+\dfrac{2\pi}{\omega}\right)+\varphi\right\}$ 中，函数值的重复出现与 A 和 φ 无关，仅当 ωx 每增加 2π 时，函数的值重复出现，对于 x 来说是每增加$\dfrac{2\pi}{\omega}$，函数的值就重复出现，所以 $y=A\sin(\omega x+\varphi)$ 的周期是 $T=\dfrac{2\pi}{\omega}$.

于是还有**诱导公式 5**：

$$\sin\left(\frac{\pi}{2}+\alpha\right)=\cos\alpha$$
$$\cos\left(\frac{\pi}{2}+\alpha\right)=-\sin\alpha$$
$$\tan\left(\frac{\pi}{2}+\alpha\right)=-\cot\alpha$$
$$\cot\left(\frac{\pi}{2}+\alpha\right)=-\tan\alpha$$

诱导公式 6：

$$\sin\left(\frac{\pi}{2}-\alpha\right)=\cos\alpha$$
$$\cos\left(\frac{\pi}{2}-\alpha\right)=\sin\alpha$$
$$\tan\left(\frac{\pi}{2}-\alpha\right)=\cot\alpha$$
$$\cot\left(\frac{\pi}{2}-\alpha\right)=\tan\alpha$$

五、正弦函数的图像与性质

在三角函数中，可以看到，角 α 的值变化时，它的三角函数值也发生变化．如对于 $\sin\alpha$ 而言，如果角 α 用 x 表示，它对应的函数值用 y 表示，就有 $y=\sin x$ 的表达式，这种明显的函数表示形式存在于生产实践的不同问题中，例如：轧制带钢出现的波浪形、圆柱体管材正截面交线的展开线、交流电的电动势图形等，都与 $y=\sin x$ 的正弦函数相关.

一般地，正弦型函数 $y=A\sin(\omega x+\varphi)$ 的图像可以由正弦曲线 $y=\sin x$ 经过平移、周期、振幅等一系列变换得到．所以 $y=A\sin(\omega x+\varphi)$ 也可叫作正弦型曲线，其中 A 称为振幅，$\omega x+\varphi$ 称为相位，ω 称为角速度（也称角频率），φ 称为初相，$f=\frac{1}{T}=\frac{\omega}{2\pi}$称为频率.

【例】 某轧钢车间对一带钢板形质量进行检测，在检验平台上测得此带钢的波浪高度 R_V 为 29mm，两个浪底之间的距离 L_V 是 1m，视浪形为正弦型曲线，如图 3-2-4 所示，试写出它的表达式.

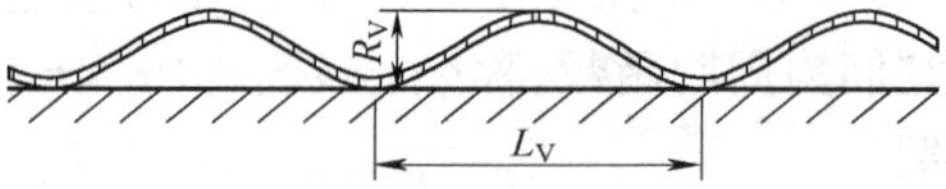

图 3-2-4

解：根据题意设正弦型曲线的表达式为$y=A\sin\omega x$.

由浪高为 29mm，知 $2A=29$mm，$A=14.5$mm.

又由两个浪底之间的距离是 1000mm，知 $T=\frac{2\pi}{\omega}=1000$，得 $\omega=\frac{\pi}{500}$，则所求的表达式是

$$y=14.5\sin\frac{\pi}{500}x.$$

设带钢波形曲线为正弦型曲线，R_V 为波幅，L_V 为波长，带钢翘曲度 λ 表示为 $\lambda=\frac{R_V}{L_V}\times100\%$.

冷轧板的翘曲度一般应小于2%.

考察正弦函数 $y=\sin x$ 的图像,容易得到正弦函数 $y=\sin x$ 的主要性质有:

(1)定义域:正弦函数 $y=\sin x$ 的定义域是 $x\in\mathbf{R}$,或$(-\infty,+\infty)$.

(2)值域:$-1\leqslant y=\sin x\leqslant 1$,即$|\sin x|\leqslant 1$,或$[-1,1]$. $y=\sin x$ 在 $x=\frac{\pi}{2}+2k\pi(k\in\mathbf{Z})$时有最大值 $y=1$;在 $x=-\frac{\pi}{2}+2k\pi(k\in\mathbf{Z})$时有最小值 $y=-1$.

(3)周期性:$y=\sin x$ 的周期 $T=2\pi$.

(4)对称性:正弦曲线关于坐标原点对称.

(5)单调性:在$\left[-\frac{\pi}{2},\frac{3\pi}{2}\right]$的一个周期上看. $y=\sin x$ 在区间$\left[-\frac{\pi}{2},\frac{\pi}{2}\right]$上是增函数,在区间$\left[\frac{\pi}{2},\frac{3\pi}{2}\right]$上是减函数.

【例】 在半圆形的钢板上,截取一块矩形材料,怎样划线使这个矩形的面积最大?

解:如图3-2-5所示,设半圆的半径为 R, $\angle AOB=\alpha$, α 为锐角,面积最大的矩形 $ABCD$ 必内接于半圆.

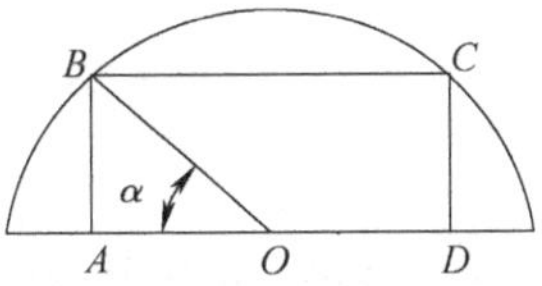

图 3-2-5

在 Rt$\triangle OAB$ 中, $AB=R\sin\alpha$, $AO=R\cos\alpha$;

$S_{矩形ABCD}=AB\times AD=AB\times 2AO=R\sin\alpha\times 2R\cos\alpha=R^2\sin 2\alpha$.

当 $\sin 2\alpha$ 取最大值时, $S_{矩形ABCD}$ 最大,即 $\sin 2\alpha=1$, α 为锐角, $2\alpha=90°$, $\alpha=45°$时,这个矩形面积的最大值为 R^2. 此时,矩形的两边长与圆半径的比为 $1:2:\sqrt{2}$.

划线的具体方法可以是过半圆直径中点 O 作 $\angle AOB=45°$,交圆弧于点 B;同理,得点 C;分别过点 B、点 C 作垂线得垂足 A 点、D 点;连接 BC;则得所求矩形 $ABCD$.

问题思考:在上述问题中,还有哪些划线方法呢?

练习题 3.2

1. 一冷轧带钢波浪呈正弦曲线状态. 在检验平台上测得带钢波浪的浪高度为30mm,两个浪底之间的距离是900mm,试写出它的表达式.

2. 如图3-2-6所示,半径为 R 的两圆管以直角形式对接,接缝面为45°倾角的斜面. 现沿 AB 线剪开展平,斜面边线在平面上所成的曲线的表达式为 $y=R\cos\frac{x}{R}$, $0\leqslant x\leqslant 2R\pi$. 现取$R=2$m,作出斜面边线展开在平面上所成曲线的简图.

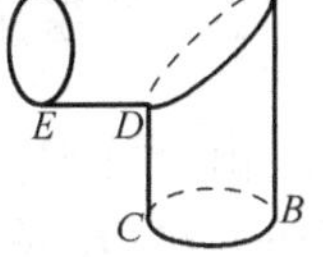

图 3-2-6

3. 在半径为320mm半圆形的钢板上,截取一块最大的矩形材料,求这个矩形面积的最大值.

第三节 余弦定理与正弦定理

我们已经将角推广到了任意角,并且解决了任意角三角函数的求值问题,为研究解任意三角形的问题具备了基本条件．进一步论证后我们能得到一般三角形中的边角关系．

一、余弦定理及解任意三角形

余弦定理：在任意三角形中，任何一边的平方等于其他两边的平方和减去这两边与它们夹角余弦积的二倍．

$$a^2=b^2+c^2-2bc\cos A$$
$$b^2=c^2+a^2-2ca\cos B$$
$$c^2=a^2+b^2-2ab\cos C$$

可知勾股定理是余弦定理的特例，余弦定理是勾股定理的推广．余弦定理可变形为

$$\cos A=\frac{b^2+c^2-a^2}{2bc}$$
$$\cos B=\frac{c^2+a^2-b^2}{2ca}$$
$$\cos C=\frac{a^2+b^2-c^2}{2ab}$$

在任意三角形中，有三条边和三个角六个元素，我们把已知三角形的三个元素，其中至少有一元素是边，求出其他所有的未知元素的过程，叫作**解斜三角形**（或**解任意三角形**）．

观察、分析余弦定理的表述形式，在每个等式中，有 a、b、c 三边与一个角四个元素，用方程的观点看易知，已知其中三个元素，就能求出余下的第四个元素．因此，利用余弦定理，可以解决以下三类三角形问题：

（1）已知三边，求三个角；

（2）已知两边和它们的夹角，求第三边和其他两个角；

（3）已知两边和其中一边的对角，求第三边和其他两个角．

在已知两边一对角的条件下，利用余弦定理求第三边的过程中，出现了关于第三边为未知数的一元二次方程，方程根的情况决定了第三边解的情况．如：方程没有实数根，即第三边不存在，就是说三角形无解；方程有一正根、一负根，即有一第三边，就是说三角形有一解；方程有二不等的正根，即第三边有两种情形，就是说三角形有二解．

二、正弦定理及解任意三角形

由上可知，余弦定理还不能直接解"已知两角一边的斜三角形"问题，用余弦定理解"已知两边一对角的斜三角形"问题时，又有点不"爽快"之感，能找到类似余弦定理的其他边角关系来求解吗？

正弦定理：在任意三角形中，任何一边与它对角的正弦比都相等，且等于这个三角形外接圆半径的 2 倍．

$$\frac{a}{\sin A}=\frac{b}{\sin B}=\frac{c}{\sin C}=2R$$

三、两角和与差的正弦、余弦、正切

两角和与差的正弦公式

$$\sin(\alpha+\beta)=\sin\alpha\cos\beta+\cos\alpha\sin\beta$$
$$\sin(\alpha-\beta)=\sin\alpha\cos\beta-\cos\alpha\sin\beta$$

两角和与差的余弦公式

$$\cos(\alpha+\beta)=\cos\alpha\cos\beta-\sin\alpha\sin\beta$$
$$\cos(\alpha-\beta)=\cos\alpha\cos\beta+\sin\alpha\sin\beta$$

两角和与差的正切公式

$$\tan(\alpha\pm\beta)=\frac{\tan\alpha\pm\tan\beta}{1\mp\tan\alpha\tan\beta}\left(\alpha\neq\frac{\pi}{2}+k\pi,\beta\neq\frac{\pi}{2}+k\pi,\alpha+\beta\neq\frac{\pi}{2}+k\pi,k\in\mathbf{Z}\right)$$

在两角和的正弦、余弦与正切公式中，令 $\alpha=\beta$，就有**二倍角公式**

$$\cos2\alpha=2\cos^2\alpha-1=1-2\sin^2\alpha,$$
$$\sin2\alpha=2\sin\alpha\cos\alpha,$$
$$\tan2\alpha=\frac{2\tan\alpha}{1-\tan^2\alpha}\left(\alpha\neq\frac{\pi}{2}+k\pi,\alpha\neq\frac{\pi}{4}+k\pi,k\in\mathbf{Z}\right).$$

对二倍角公式变形有**半角公式**

$$\cos\frac{\alpha}{2}=\pm\sqrt{\frac{\cos\alpha+1}{2}},\sin\frac{\alpha}{2}=\pm\sqrt{\frac{1-\cos\alpha}{2}}$$

在生产实践的有关问题解决中，常需要对于 $a\sin\omega x\pm b\cos\omega x$ 一类**三角函数式进行变形**，我们可以做这样的变换

$$a\sin\omega x\pm b\cos\omega x=\sqrt{a^2+b^2}\left(\sin\omega x\frac{a}{\sqrt{a^2+b^2}}\pm\cos\omega x\frac{b}{\sqrt{a^2+b^2}}\right).$$

因为
$$\left(\frac{a}{\sqrt{a^2+b^2}}\right)^2+\left(\frac{b}{\sqrt{a^2+b^2}}\right)^2=1,$$

所以可令 $A=\sqrt{a^2+b^2}$，$\frac{a}{\sqrt{a^2+b^2}}=\cos\varphi$，$\frac{b}{\sqrt{a^2+b^2}}=\sin\varphi$.

于是，$a\sin\omega x\pm b\cos\omega x=A(\sin\omega x\cos\varphi\pm\cos\omega x\sin\varphi)=A\sin(\omega x\pm\varphi)$. 其中，$\varphi$ 辅助角一般取锐角，大小由 $\tan\varphi=\frac{b}{a}$确定，a、b、A、φ 之间的关系可以用图 3-3-1 所示的直角三角形表示.

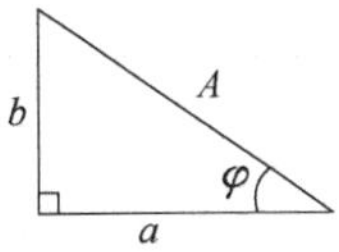

图 3-3-1

【例】 图 3-3-2 所示为一零件图，试根据图示，求切点 A 的坐标.

解：连接 BO_1，过 A 作 $AH\perp OB$ 于 H，设 $\angle OBO_1=\alpha$，$\angle O_1BA=\beta$，则

$$BO_1=\sqrt{OO_1^2+BO^2}=\sqrt{120^2+80^2}=\sqrt{20800},$$
$$AB=\sqrt{BO_1^2-AO_1^2}=\sqrt{20800-30^2}=\sqrt{19900},$$
$$\sin(\alpha+\beta)=\sin\alpha\cos\beta+\cos\alpha\sin\beta$$
$$=\frac{120}{\sqrt{20800}}\times\frac{\sqrt{19900}}{\sqrt{20800}}+\frac{80}{\sqrt{20800}}\times\frac{30}{\sqrt{20800}}$$

$$=\frac{3\sqrt{199}+6}{52}.$$

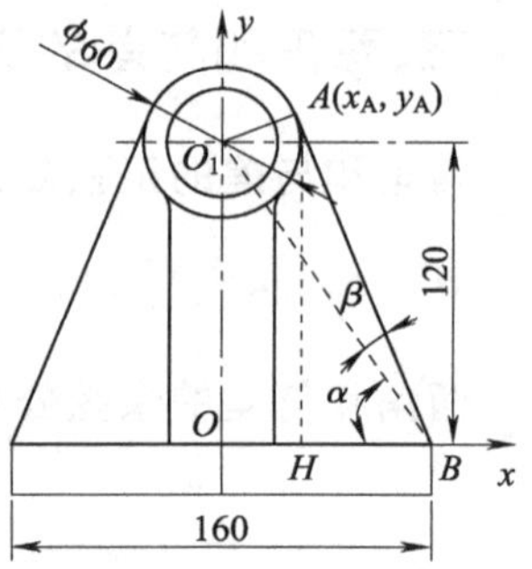

图 3-3-2

同理

$$\cos(\alpha+\beta)=\cos\alpha\cos\beta-\sin\alpha\sin\beta=\frac{2\sqrt{199}-9}{52},$$

$$y_A=HA=AB\sin(\alpha+\beta)=10\sqrt{199}\times\frac{3\sqrt{199}+6}{52}\approx131.09,$$

$$x_A=OB-HB=OB-AB\cos(\alpha+\beta)=80-10\sqrt{199}\times\frac{2\sqrt{199}-9}{52}$$

$$\approx27.88.$$

即所求的 A 点坐标为(27.88,131.09).

问题思考:(1)本题求解过程中为什么没有去求 $\alpha+\beta$ 的具体角度值？这样只求$\sin(\alpha+\beta)$、$\cos(\alpha+\beta)$整体值的做法有什么好处？

(2)本题还有其他解法,你能试一下吗？

第四节　余弦定理与正弦定理的应用

在斜三角形的具体求解过程中,要根据已知条件,分析所求,合理地选择求解方法,尽可能使解答相对简单,减少误差积累．我们可以把常见的解斜三角形问题归纳为下表(见表 3-4-1):

表 3-4-1　常见的解斜三角形问题

已知条件	图例	类型	求解步骤
三条边	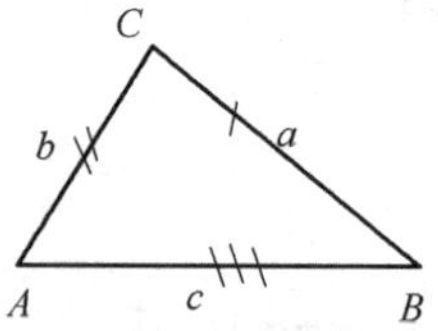	三边 a,b,c	对两个不同的内角用余弦定理,得到它们的余弦值→求出两个内角→用内角和定理得第三角
一条边和两个角	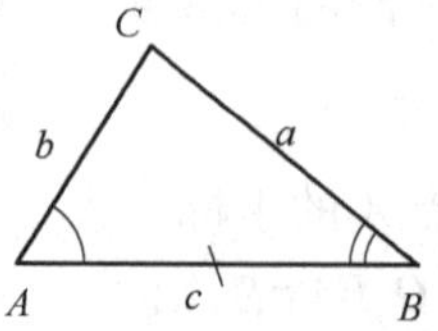	两角夹一边 A,c,B,	$C=\pi-(A+B)\to C$ $\frac{a}{\sin A}=\frac{c}{\sin C}\to a$ $\frac{b}{\sin B}=\frac{c}{\sin C}\to b$
	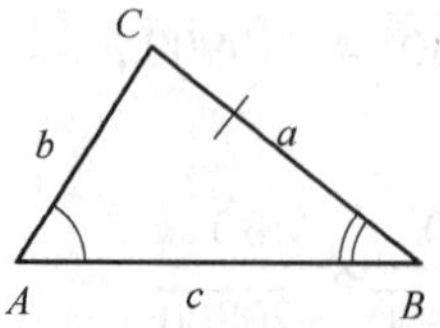	两角一对边 A,B,a	$C=\pi-(A+B)\to C$ $\frac{a}{\sin A}=\frac{b}{\sin B}\to b$ $\frac{a}{\sin A}=\frac{c}{\sin C}\to c$

（续）

已知条件	图例	类型	求解步骤
两条边和一个角	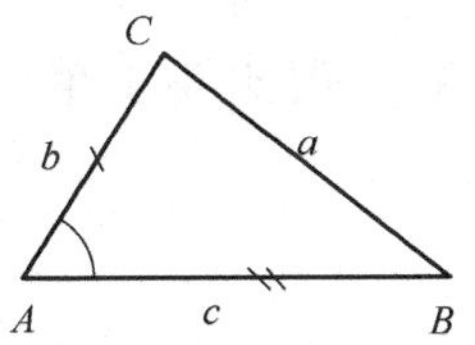	两边夹一角 b,c,A	$a^2=b^2+c^2-2bc\cos A\to a$ $\frac{a}{\sin A}=\frac{b}{\sin B}\to B$ （或$\frac{a}{\sin A}=\frac{c}{\sin C}\to C$） $C=\pi-(A+B)\to C$
	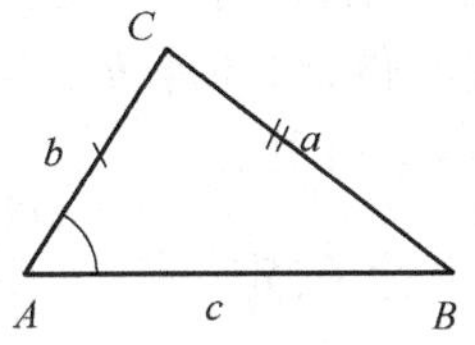	两边一对角 a,b,A	$\frac{a}{\sin A}=\frac{b}{\sin B}\to B$ $C\ =\pi-(A+B)\to C$ $c^2\ =a^2+b^2-2ab\cos C\to c$ （或$\frac{a}{\sin A}=\frac{c}{\sin C}\to c$） （注意解的情况）

一、车偏心零件上的应用

现在我们可以利用正、余弦定理顺利解决本章开头提出的车偏心零件中的计算问题了.

在图 3-0-1 中，车床主轴中心为 P，工件的定位中心是 O，定位的基准半径为 r，定位中心 O 与车床主轴中心 P 间的距离：偏心距 $e=OP$.

设卡爪上垫铁的厚度为 x. 由图可知：$x=R+e-r$，在 $\triangle OPA$ 中，已知偏心距 $OP=e$，$OA=r$，因为自定心卡盘三个卡爪之间的夹角为 120°，所以 $\angle OPA=60°$. 即在 $\triangle OPA$ 中，已知"两边一对角"，求第三边 PA.

由余弦定理得

$$OA^2=PA^2+PO^2-2PA\times PO\cos\angle OPA,$$

即

$$r^2=R^2+e^2-2Re\cos 60°,$$

所以

$$R^2-eR+e^2-r^2=0,$$

解关于 R 的一元二次方程得

$$R=\frac{e\pm\sqrt{4r^2-3e^2}}{2},$$

从而得

$$R=\frac{e+\sqrt{4r^2-3e^2}}{2}\text{（负值舍去）}.$$

于是，垫铁厚度

$$x=\frac{3e+\sqrt{4r^2-3e^2}-2r}{2}=\frac{3}{2}e+\frac{d\left(\sqrt{\frac{1-3e^2}{d^2}}-1\right)}{2}\ (d=2r).$$

问题思考：本题也可用正弦定理解，但要二次运用正弦定理计算，其中会多次取近似值，致误差累积，影响精度，不妨体验一下.

在自定心卡盘一个卡爪上垫铁的方法适用于车小偏心零件($e\leqslant 6\text{mm}$).

在加工精度要求不高,e 值很小的情况下,取 $\sqrt{\dfrac{1-3e^2}{d^2}}\approx 1-\dfrac{3e^2}{2d^2}$,$x\approx 1.5\left(1-\dfrac{e}{2d}\right)e\approx 1.5e$,试加工后需修正,修正量 $\Delta h=\pm 1.5\Delta e$,Δ 为偏心误差,偏心距比要求值大时取负号;反之亦然.

问题探究

用自定心卡盘装夹工件车大偏心轴时,可将其中两个卡爪垫等厚垫块(一般为同心圆弧形垫块).设被夹持部分直径为 d,要车出偏心距为 e 的偏心件,垫块厚 h 为多少?

自定心卡盘任两卡爪之间的夹角是 120°,由图 3-4-1 可知,

$O_1A=O_1B=O_1O+OB=e+\dfrac{1}{2}d$,$OA=\dfrac{1}{2}d+h$,在 $\triangle OO_1A$ 中,由余弦定理得

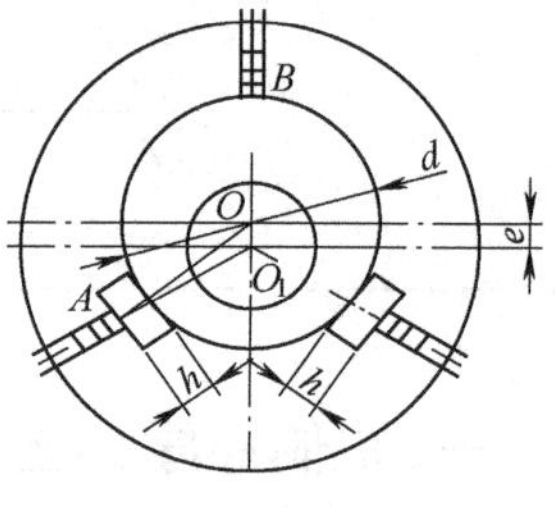

图 3-4-1

$$OA^2=O_1A^2+O_1O^2-2O_1A\times O_1O\cos\angle OO_1A,$$

$$\left(\frac{1}{2}d+h\right)^2=\left(e+\frac{1}{2}d\right)^2+e^2-2e\left(e+\frac{1}{2}d\right)\cos 120°,$$

整理得
$$h^2+dh-\left(3e^2+\frac{3}{2}de\right)=0,$$

解关于 h 的一元二次方程得 $h=\dfrac{-d\pm\sqrt{d^2+6ed+12e^2}}{2}$,负值舍去,所以 $h=\dfrac{\sqrt{d^2+6ed+12e^2}-d}{2}$.

用垫块的方法能解决车偏心零件的问题,那么类偏心零件的加工能用"垫块"的方法解决吗?这就是自定心卡盘垫厚给我们的启示.

问题探究

如何在普通车床上对一边长为 a 的正方形零件中心加工圆短轴?

这问题的关键是在车床上固定正方形零件,让正方形中心在车床中心上且轴向相同.现设法在一个卡爪上装槽宽为 s 的 V 形块,由于固定正方形操作中的需要,设该卡爪径向方向退后 n 个平面螺距,知该平面螺纹的螺距为 p,求 V 形块的尺寸 h.

由图 3-4-2 可知

$$\alpha=60°-45°=15°,OP=OA+AP=\frac{\sqrt{2}}{2}a+h.$$

在 Rt$\triangle OFE$ 与 Rt$\triangle EQG$ 中

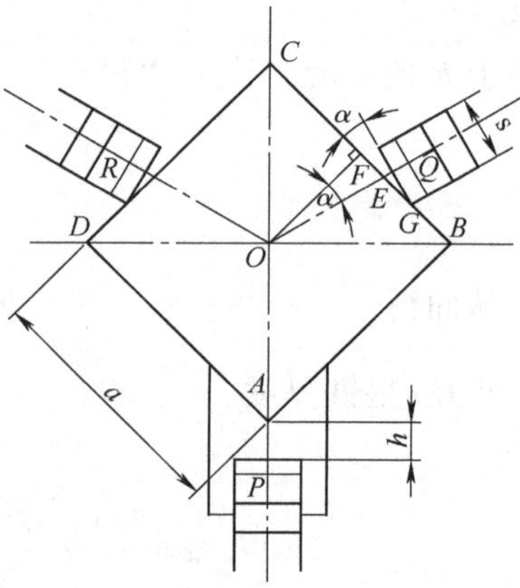

图 3-4-2

$$OE=\frac{\frac{a}{2}}{\cos 15°},EQ=\frac{s}{2}\tan 15°,$$

$$OQ=OE+EQ=\frac{\frac{a}{2}}{\cos15°}+\frac{s}{2}\tan15°,$$

所以

$$\frac{\sqrt{2}}{2}a+h-pn=\frac{\frac{a}{2}}{\cos15°}+\frac{s}{2}\tan15°,$$

$$h=\frac{a}{2\cos15°}-\frac{\sqrt{2}}{2}a+\frac{s}{2}\tan15°+pn$$

$$\approx-0.189a+0.134s+pn.$$

问题探究

如果加工的圆短轴的圆心相对正方形中心的偏心距为 e，且短轴的中心在正方形的对角线上，类似上述的加工操作中，V 形块的尺寸 h 是多少？

比较圆形工件偏心轴的加工操作，可以类比得到操作方法：在一个卡爪上垫 V 形块，使偏心轴轴心找正到车床轴的中心.

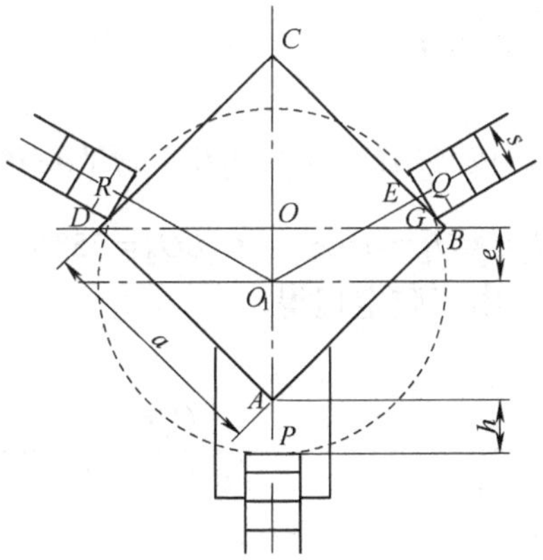

图　3-4-3

如图 3-4-3 所示，$O_1A=OA-OO_1$，$O_1A=\frac{\sqrt{2}}{2}a-e$；

在 Rt $\triangle EQG$ 中，$\angle EGQ=15°$，$EQ=\frac{s}{2}\tan15°=\frac{(2-\sqrt{3})s}{2}$；

在 $\triangle CEO_1$ 中，$CO_1=CO+OO_1=\frac{\sqrt{2}}{2}a+e$，$\angle ECO_1=45°$，$\angle CEO_1=75°$.

由正弦定理得

$$\frac{O_1E}{\sin\angle ECO_1}=\frac{CO_1}{\sin\angle CEO_1},$$

即

$$\frac{O_1E}{\sin45°}=\frac{\frac{\sqrt{2}}{2}a+e}{\sin75°},$$

$$O_1E=(\sqrt{3}+1)\left(\frac{\sqrt{2}}{2}a+e\right).$$

因 $O_1P=O_1Q$，即 $O_1A+AP=O_1E+EQ$，

有

$$\frac{\sqrt{2}}{2}a-e+h=(\sqrt{3}+1)\left(\frac{\sqrt{2}}{2}a+e\right)+\frac{(2-\sqrt{3})s}{2},$$

$$h=\frac{\sqrt{6}}{2}a+(\sqrt{3}+2)e+\frac{(2-\sqrt{3})s}{2},$$

$$h\approx1.225a+3.732e+0.134s.$$

从上述探索过程看，解决问题的方法与在圆形零件上车偏心轴方法基本相似，但我们要注

意到现在问题中的偏心轴中心在正方形零件的对角线上，如果它不在其对角线上，而是与对角线偏过$\angle O_2OA=\alpha$，且偏心距$OO_2=e$的O_2点的位置上，那我们循着使偏心中心O_2找正到车床中心的思路，该做如何处理呢？

可以考虑：过O_2点作$O_2C_1 /\!/ AC$，使直线O_2C_1成为中心轴线，如图 3-4-4 所示.

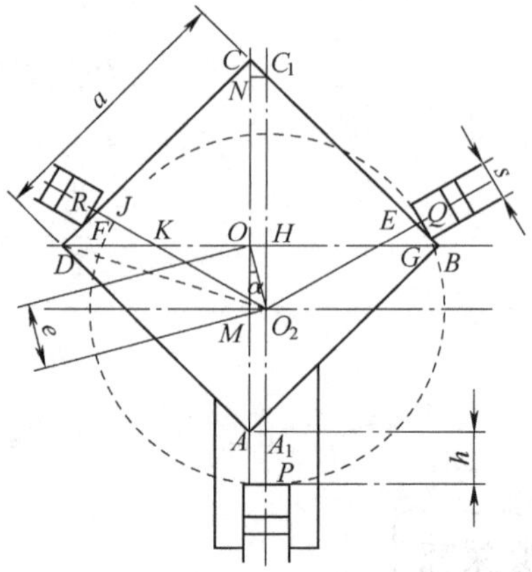

图　3-4-4

在 Rt$\triangle OMO_2$中，$OO_2=e$，$\angle MOO_2=\alpha$，$MO=e\cos\alpha$，$MO_2=e\sin\alpha$.

那么P处卡爪上的 V 形垫块的底角点A要平行偏移的距离是$AA_1=MO_2=e\sin\alpha$；

在 Rt$\triangle EQG$中，$\angle EGQ=15°$，$EQ=\dfrac{s}{2}\tan15°=\dfrac{(2-\sqrt{3})s}{2}$；

在$\triangle C_1EO_2$中，$O_2C_1=MN=MO+OC-NC$，$O_2C_1=e\cos\alpha+\dfrac{\sqrt{2}}{2}a-e\sin\alpha$，$\angle EC_1O_2=45°$，$NC=NC_1=MO_2=e\sin\alpha$，$\angle C_1EO_2=75°$.

由正弦定理得

$$\frac{O_2E}{\sin\angle EC_1O_2}=\frac{O_2C_1}{\sin\angle C_1EO_2}，即\frac{O_2E}{\sin45°}=\frac{e\cos\alpha+\dfrac{\sqrt{2}}{2}a-e\sin\alpha}{\sin75°},$$

$$O_2E=(\sqrt{3}+1)\left(e\cos\alpha+\frac{\sqrt{2}}{2}a-e\sin\alpha\right).$$

因为$O_2P=O_2Q=O_2J$，即

$$HA_1-HO_2+A_1P=O_2E+EQ,$$

$$\frac{\sqrt{2}}{2}a-e\cos\alpha+h=(\sqrt{3}+1)\left(e\cos\alpha+\frac{\sqrt{2}}{2}a-e\sin\alpha\right)+\frac{(2-\sqrt{3})s}{2},$$

$$h=\frac{\sqrt{6}}{2}a+(\sqrt{3}+2)e\cos\alpha-(\sqrt{3}+1)e\sin\alpha+\frac{(2-\sqrt{3})s}{2},$$

$$h\approx1.225a+3.732e\cos\alpha-2.732e\sin\alpha+0.134s.$$

我们会注意到此情况下R处的卡爪应在其本身的轴线O_2R方向退后距离RJ，则

$$RJ=RF+FJ=RF+(FO_2-JO_2),$$

$$RF=QE=\frac{(2-\sqrt{3})s}{2}.$$

在 Rt$\triangle KHO_2$中，$\angle KO_2H=60°$，$HO_2=OM=e\cos\alpha$，所以，$KO_2=2HO_2=2e\cos\alpha$，$KH=\sqrt{3}HO_2=\sqrt{3}e\cos\alpha$.

在$\triangle KFD$中，$DK=DO+OH-KH=\dfrac{\sqrt{2}}{2}a+e\sin\alpha-\sqrt{3}e\cos\alpha$，$\angle KDF=45°$，$\angle KFD=105°$；

由正弦定理得

$$\frac{FK}{\sin\angle FDK}=\frac{DK}{\sin\angle KFD},$$

所以

$$FK=\frac{DK\sin45°}{\sin105°}$$

$$=\left(\frac{\sqrt{2}}{2}a+e\sin\alpha-\sqrt{3}\,e\cos\alpha\right)\times\frac{\sqrt{2}}{2}\times\frac{4}{\sqrt{6}+\sqrt{2}}$$

$$=\left(\frac{\sqrt{2}}{2}a+e\sin\alpha-\sqrt{3}\,e\cos\alpha\right)(\sqrt{3}-1),$$

$$FO_2=FK+KO_2=\left(\frac{\sqrt{2}}{2}a+e\sin\alpha-\sqrt{3}\,e\cos\alpha\right)(\sqrt{3}-1)+2e\cos\alpha,$$

$$RJ=RF+(FO_2-JO_2)$$

$$=\frac{(2-\sqrt{3})s}{2}+\left(\frac{\sqrt{2}}{2}a+e\sin\alpha-\sqrt{3}e\cos\alpha\right)(\sqrt{3}-1)+2e\cos\alpha-\left[(\sqrt{3}+1)\left(e\cos\alpha+\frac{\sqrt{2}}{2}a-e\sin\alpha\right)+\frac{(2-\sqrt{3})s}{2}\right]$$

$$=2\sqrt{3}e\sin\alpha-2e\cos\alpha-\sqrt{2}a.$$

若卡爪螺距为 p，则该卡爪在径向方向退后$\frac{RJ}{p}$个平面螺距.

上述从圆的偏心零件的车削到正方形零件的装夹，再到在对角线上偏心的正方形零件的车削，又到在一般位置上偏心的正方形零件的车削的联想、发散式研究，鼓励我们到生活、生产活动中发现问题、解决问题，敢于尝试.

问题探究

(1)把上述问题中的“正方形”改为“正三角形”，自定心卡盘如何装夹“正三角形”零件为最优呢？

(2)类似地，在正三角形零件上加工中心在正三角形对称轴上的偏心短轴(分两种情况)，偏心距为 e，又如何操作呢？

在用一V形块固定正方形零件的方法的影响下，我们也会有用V形块固定三角形零件的念头出现．但是，在顺着这种思路寻求加工正三角形偏心轴的方法时，会感觉所得的方法并不是人们期盼中的那样简单．于是，我们会有下述新的设想产生.

问题探究

将加工偏心零件与用V形块装夹正方形零件的方法结合在一起考虑，可以有图3-4-5所示但不用垫块装夹正三角形零件的方法；当要加工正三角形零件上的偏心短轴时，可有图示垫块的“找正”方法.

设正三角形的边长为 a，偏心短轴的中心 P 在正三角形对称轴上，且在顶点与中心的延长线一侧，偏心距为 e，求垫块的厚度 h.

在图3-4-5中，设正三角形的边心距为 d，短轴中心 P 找正到车床中心，则 $PA=PB=PC$，在

Rt△OEP 中，$\angle OPE=60°$，$OP=e$，$PE=OP\cos60°=\frac{1}{2}e$，因为 $PA=PB$，$OD-OP+DA=PE+EB$，$EB=OF=d$，所以 $d-e+h=\frac{1}{2}e+d$，于是 $h=\frac{3}{2}e$.

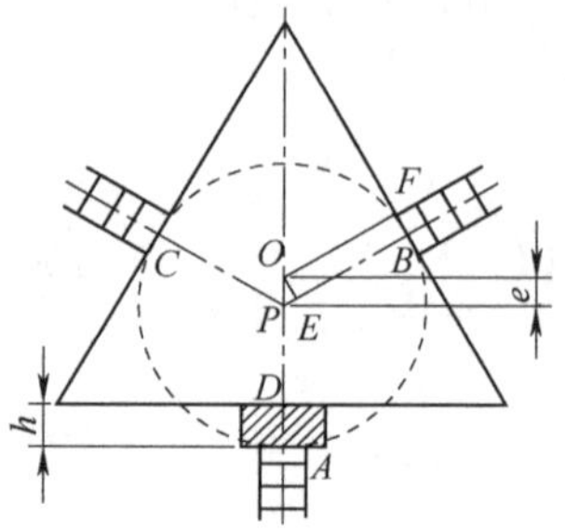

图 3-4-5

问题思考：如果偏心短轴的中心 P 在正三角形的顶点与中心的连线上，又如何在自定心卡盘上装垫块找正呢？

“找正”的方法还广泛应用于偏心轴与偏心孔的磨削操作中.

【例】 如图 3-4-6 所示，一偏心轴的基准定位外圆的直径为 d，在 90°的 V 形块中定位，磨削偏心距为 e 的偏心外圆．在加工时需用直径为 D 的找正心轴以确定 V 形块的位置，试求直径 D 的值.

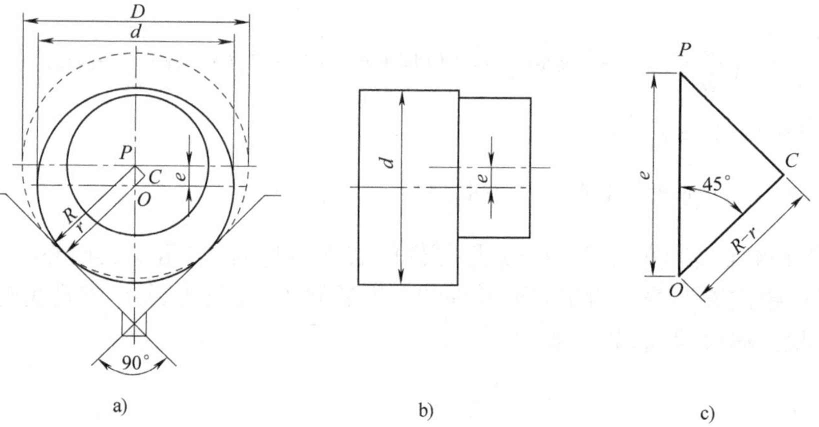

图 3-4-6

解：在 Rt△PCO 中，$PO=e$，$CO=R-r$，$\angle COP=45°$，有

$$CO=PO\cos45°,\ R-r=\frac{\sqrt{2}}{2}e,\ R=r+0.707e,\ 则\ D=d+1.414e.$$

练习题 3.4(1)

1. 如图 3-4-7 所示，设工件定位基准的半径为 30mm，现利用自定心卡盘装夹车偏心距 e 为4mm的短轴，求在一个卡爪上加的垫铁的厚度 h 是多少？

2. 如图 3-4-8 所示，要用自定心卡盘装夹车出一偏心距 $e=10$mm 的短台阶，且知这一偏心轴的定位基准直径 $d=40$mm，求在两个卡爪上的垫块厚度 h.

3. 如图 3-4-9 所示，一偏心套的定位基准直径 $d=40$mm，要在 90°的 V 形块中定位，磨削一偏心距 $e=4$mm 的内孔，求证：找正心轴的直径 $D=d-1.414e$.

4. 用在一个卡爪上装槽宽为 s 的 V 形块装夹正方形零件的方法，车削中心在正方形中心的短轴，但卡爪径向方向不做后退与前进的变化（参考图 3-4-3）. 已知正方形边长为 80mm，求 V 形块厚度 h.

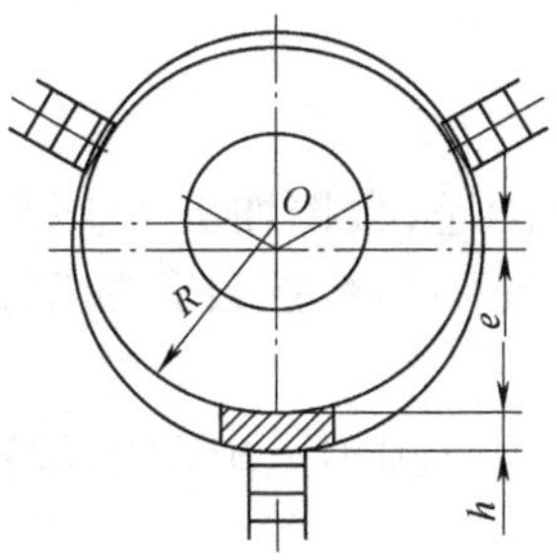

图　3-4-7

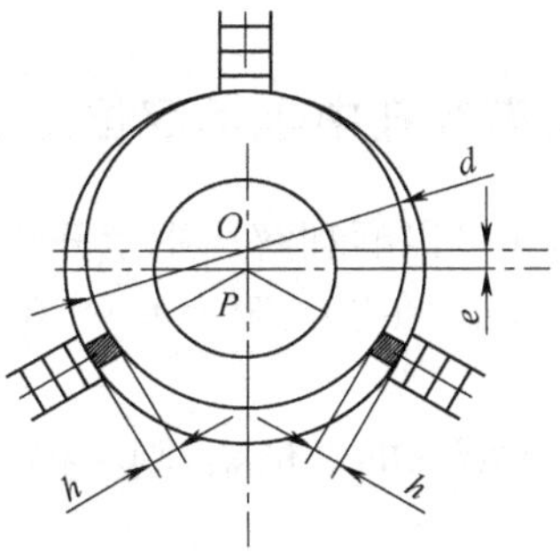

图　3-4-8

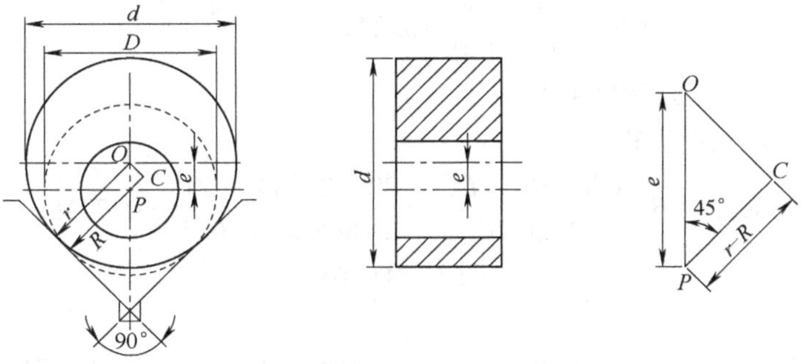

a)　　b)　　c)

图　3-4-9

5. 设正三角形的边长为 120mm，偏心短轴的中心 P 在正三角形的对称轴上，且在顶点与中心的延长线一侧，偏心距为 $e=5$mm，采用图 3-4-5 所示方法加工．求垫块的厚度 h.

6. 设正三角形的边长为 a，偏心短轴的中心 P 在正三角形的顶点与中心 O 的延长线上，偏心距为 e，如图 3-4-10 所示，求在两个卡爪上的垫块厚度 h.

7. 图 3-4-11 所示为用自定心卡盘装夹边长为 a 的正三角形的示意图，偏心短轴的中心在正三角形的对称轴线上，且在顶点与对称中心之间，偏心距为 e，试设计计算 A 处卡爪上的 V 形垫块与其他两个卡爪上的 V 形垫块的结构.

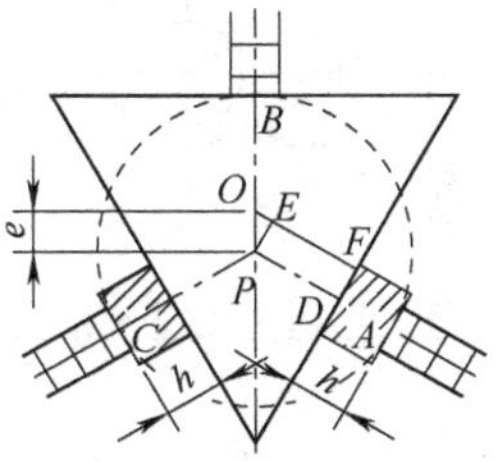

图　3-4-10

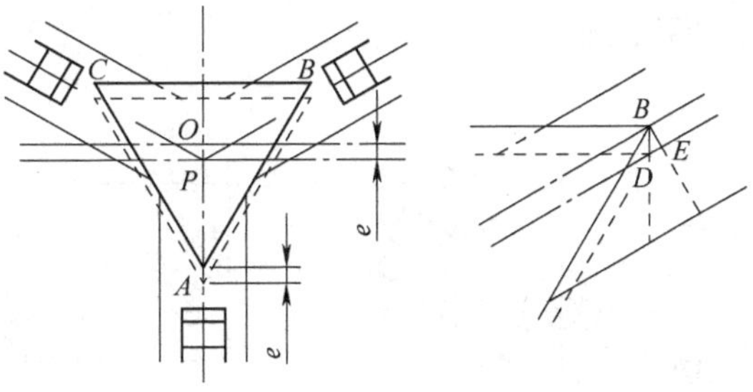

a)　　b)

图　3-4-11

8. 一圆短轴的圆心在正方形的对角线上，相对正方形中心的偏心距为 e，若正方形边长 $a=38$mm，偏心距 $e=4$mm，现采用在一个卡爪上装 V 形垫块的方法找正中心，求 V 形垫块厚度

h 的值.

二、在齿轮箱镗孔中坐标定位上的应用

现在我们同样可以顺利解决本章开头提出的另一个问题,数控加工中坐标点的计算.

如图 3-0-3 所示,在齿轮箱上有 A、B、C、D 四个孔,现要用数控设备加工,计算出各点的坐标.

建立图 3-0-3 所示的坐标系,则易得 A、B、D 的坐标是:$A(0,0)$、$B(140,72)$、$D(0,110)$.

在 Rt△BED 中,有

$$BD^2=BE^2+ED^2=140^2+38^2=21044,$$

$$BD\approx145.0655,$$

$$\tan\angle DBE=\frac{DE}{EB}=\frac{38}{140}\approx0.2714,$$

所以

$$\angle DBE=15°11'.$$

在△BDC 中,由余弦定理得

$$\cos\angle CDB=\frac{CD^2+BD^2-BC^2}{2CD\times BD}=\frac{80^2+21044-100^2}{2\times80\times145.0655}\approx0.7516.$$

所以

$$\angle CDB=41°16',$$

在 Rt△CFD 中,有

$$\angle CDF=\angle CDB-\angle FDB=\angle CDB-\angle DBE=41°16'-15°11'=26°5',$$

$$DF=CD\cos\angle CDF=80\cos26°5'=71.848,FC=80\sin26°5'=35.176,$$

于是 $x_c=71.848$,$y_c=145.176$,即 C 点坐标为(71.848,145.176).

练习题 3.4(2)

1. 在数控机床上加工如图 3-4-12 所示的三个零件孔 A、B、C,试根据图示尺寸,计算孔中心 A、B、C 的坐标值.(精确到 0.1mm)

2. 刨工要加工一个如图 3-4-13 所示的三角形凹槽 ACB,已知 $AB\perp AD$,$AB\perp BE$,量得 $AB=80$mm,$BC=70$mm,$AC=30$mm. 问要选择多大的角 α 和 β,才能刨出所需的三角形凹槽.

3. 如图 3-4-14 所示,在一箱体上镗孔 A、B、C,先镗 C 孔,然后按坐标分别镗 A 孔与 B 孔,试求 A、B 两孔的坐标.

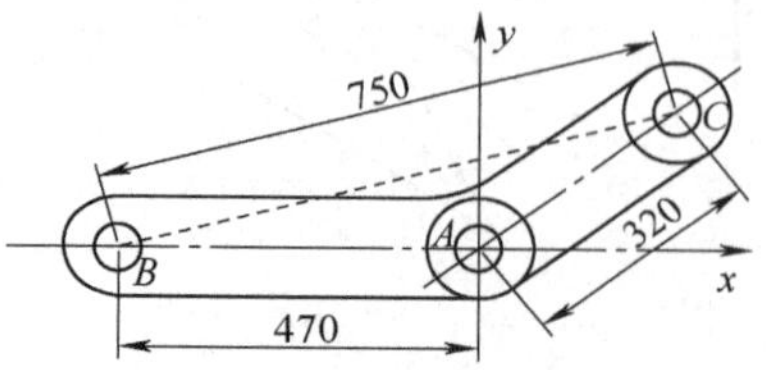

图 3-4-12

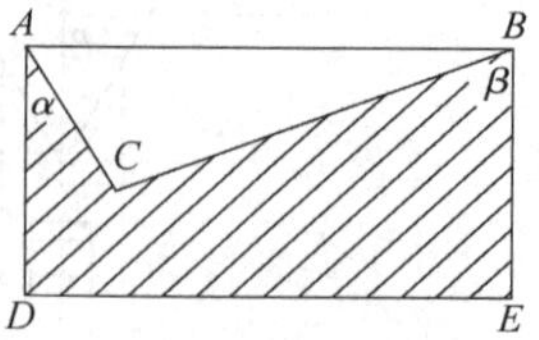

图 3-4-13

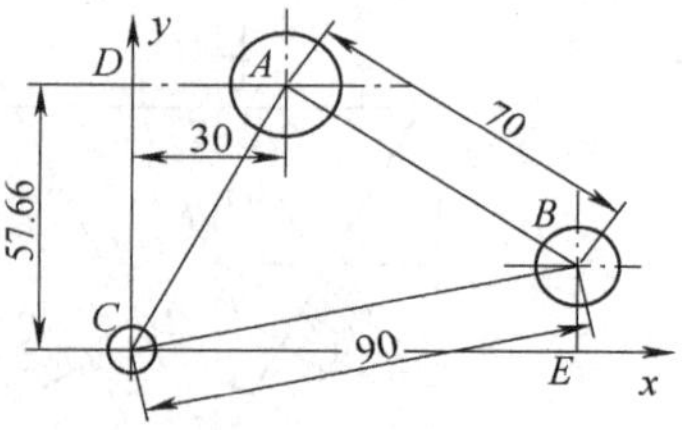

图 3-4-14

三、在数控加工坐标计算中的应用

在数控加工中,关于零件轮廓基点的计算,也可用解三角形的方法处理.

【例】 已知一零件如图 3-4-15 所示,在数控车床上车削时,需计算 A、B、C 三点的坐标.

解: 在 Rt△BDC 中,

$$DC=20-6=14, BD=\frac{1}{2}(40-15)-5=7.5,$$

$$BC=\sqrt{DC^2+BD^2}=\sqrt{14^2+7.5^2}=15.882,$$

$$\tan\angle DBC=\frac{DC}{DB}=\frac{14}{7.5}=1.8667, \angle DBC=61°49';$$

在△ABC 中

$$AB=AE+EB=15+5=20, AC=AF+FC=15+6=21, BC=15.882,$$

由余弦定理得

$$\cos\angle ABC=\frac{AB^2+BC^2-AC^2}{2\times AB\times BC}$$

$$=\frac{20^2+15.882^2-21^2}{2\times 20\times 15.882}$$

$$=0.3325,$$

$$\angle ABC=70°35'.$$

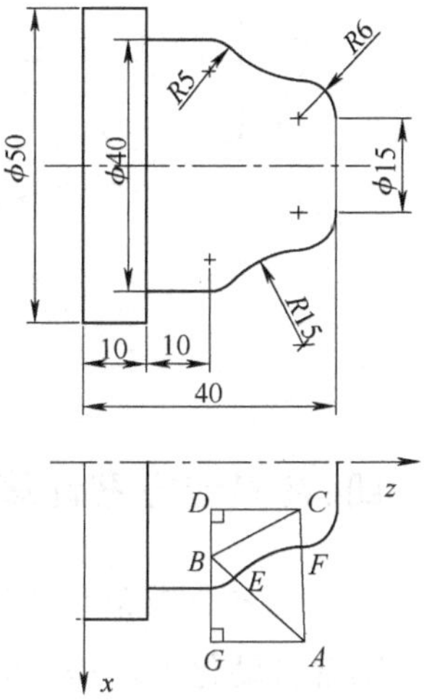

图　3-4-15

在 Rt△AGB 中,有

$$\angle ABG=180°-61°49'-70°35'=47°36',$$

$$AG=AB\sin\angle ABG=20\times\sin 47°36'=14.769,$$

$$BG=AB\cos\angle ABG=20\times\cos 47°36'=13.486.$$

所以,A、B、C 三点的坐标分别是(28.486,34.769)、(15,20)、(7.5,34).

问题思考: 对于上例,在实际的轮廓基点坐标计算中,还要计算哪几个点的坐标?如何求 E、F 两切点的坐标?

在利用解三角形的方法求解基点坐标的过程中,一是要注意坐标是相对于坐标轴纵、横向的距离,恰当地创建直角三角形;二是要注意基点的构成条件,合理地构建融合基点的可求解的三角形.

练习题 3.4(3)

1. 图 3-4-16 所示是在数控车床上加工的一零件,试确定并用解三角形的方法计算它的基点坐标.

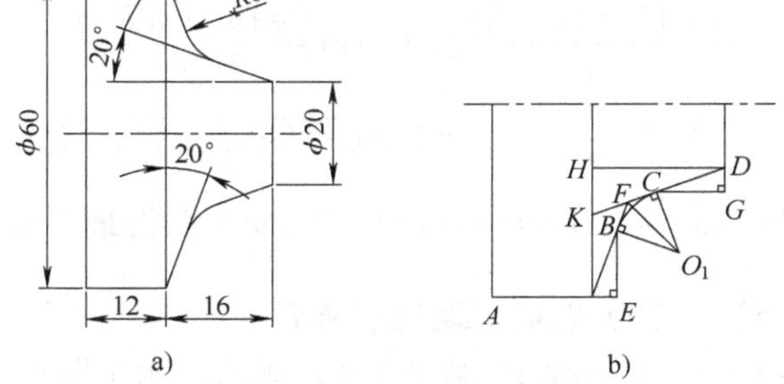

图　3-4-16

2. 一零件的局部如图 3-4-17 所示,试分析它的基点,并用解三角形的方法计算之.

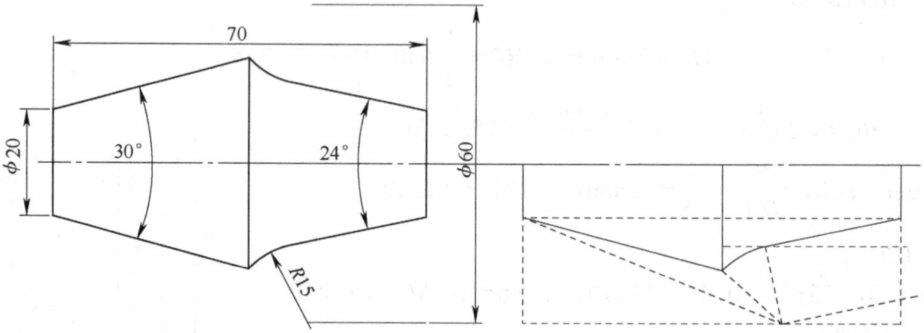

图 3-4-17

四、在最佳方案计算中的应用

(一)监控座位最优位置安排上的应用

随着自动化生产程度的不断提高,越来越多的企业在生产线上建立操作监控室. 其中,监控人员操作台如何放置,即操作人员坐的位置如何确定,才能使监控人员更好地获得屏幕信息是一个值得考虑的问题.

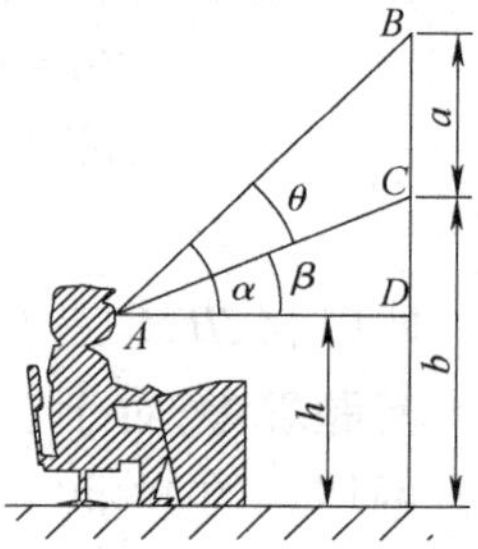

图 3-4-18

【例】 某操作监控室的屏幕高度为 a,屏幕底边离地 b,设监控值班人员坐在椅子上时,眼睛距离地面为 h,问监控人员坐在什么位置上,才能最优地观察屏幕?

解:如图 3-4-18 所示,要使监控人员最清楚地观察屏幕,就要使人眼在距屏幕的水平距离 $AD=x$ 时,视角 θ 达到最大. 因为 θ 为锐角,所以只要在 $\tan\theta$ 达到最大时,视角 θ 就为最大,则

$$\tan\theta=\tan(\alpha-\beta)=\frac{\tan\alpha-\tan\beta}{1+\tan\alpha\tan\beta}.$$

因为
$$\tan\alpha=\frac{BD}{AD}=\frac{a+b-h}{x},\tan\beta=\frac{CD}{AD}=\frac{b-h}{x},$$

所以
$$\tan\theta=\frac{\frac{a+b-h}{x}-\frac{b-h}{x}}{1+\frac{a+b-h}{x}\times\frac{b-h}{x}}=\frac{\frac{a}{x}}{1+\frac{(a+b-h)(b-h)}{x^2}}=\frac{a}{x+\frac{(a+b-h)(b-h)}{x}};$$

又因为
$$x+\frac{(a+b-h)(b-h)}{x}\geqslant2\sqrt{x\times\frac{(a+b-h)(b-h)}{x}}$$
$$=2\sqrt{(a+b-h)(b-h)}\text{(定值)},$$

故当 $x=\frac{(a+b-h)(b-h)}{x}$ 时,即 $x=\sqrt{(a+b-h)(b-h)}$ 时,$\tan\theta$ 取得最大值,所以监控人员应坐的位置 $AD=\sqrt{(a+b-h)(b-h)}$,这样就能最优地观察屏幕.

问题思考:在求视角 θ 最大的过程中,能用余弦定理求出水平距离 AD 吗?

问题探究

假设屏幕 BC 与铅垂线有一倾斜角 γ，如图 3-4-19 所示，监控人员应坐的最优位置眼睛与垂直墙面的水平距离 AD 又应该是多少呢？

容易知道，只要求出 BC 沿视角 θ 方向在铅直线上的投影 EC，问题就转化为上例的情形了，即把上例中的"a"用"EC"替换即可，EC 可在 $\triangle BCE$ 中求得.

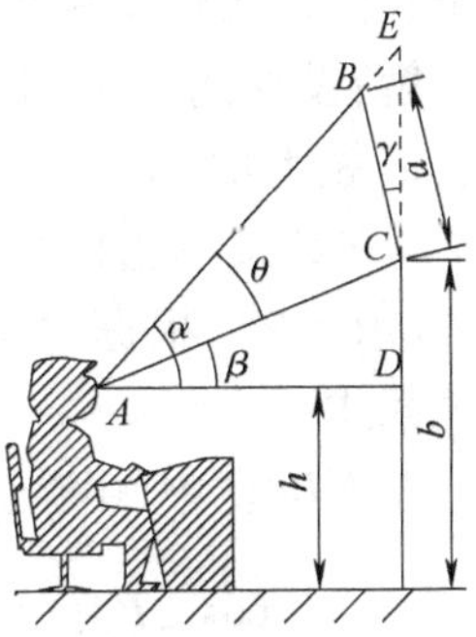

图 3-4-19

由正弦定理得

$$\frac{BC}{\sin\angle BEC}=\frac{EC}{\sin\angle CBE},$$

$$\frac{a}{\sin(90°-\alpha)}=\frac{EC}{\sin[180°-\gamma-(90°-\alpha)]},$$

所以

$$EC=\frac{a\cos(\alpha-\gamma)}{\cos\alpha}.$$

问题思考：在上述问题中，如果场地条件有限，AD 方向进退调整的余地不多，在先确定监控人员座位距离 AD 的情况下，屏幕 BC 的高度如何定才能保证监控人员坐的位置仍能最优地观察屏幕？

（二）在下料最优方案计算上的应用

【例 1】 在一块直径为 30cm 的圆形铁板上已经裁去了直径分别为 20cm、10cm 的圆形铁板各一块，如图 3-4-20 所示，现要在剩余的铁板中再裁出同样大小的圆形铁板两块，求这两块铁板的半径最大是多少？

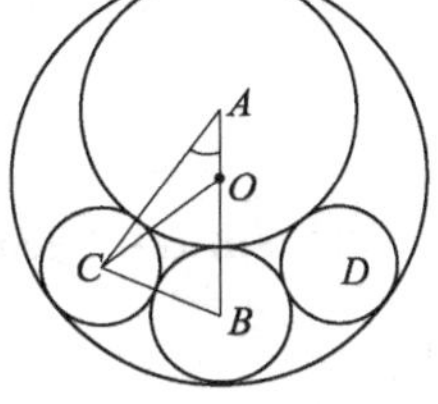

图 3-4-20

解：如图 3-4-20 所示，⊙A 与⊙B 外切，且均与⊙O 内切；将要裁出的同样大小的圆形铁板⊙C 与⊙D 都与⊙A、⊙B 外切，与⊙O 内切，设它的半径为 x. 根据相切圆的性质，易得下列关系式：

在 $\triangle AOC$ 中，由余弦定理得

$$\cos\angle CAO=\frac{CA^2+AO^2-CO^2}{2CA\times AO}=\frac{(10+x)^2+(15-10)^2-(15-x)^2}{2(10+x)(15-10)}=\frac{5x-10}{x+10},$$

在 $\triangle ABC$ 中，由余弦定理得

$$\cos\angle CAB=\frac{CA^2+AB^2-CB^2}{2CA\times AB}=\frac{(10+x)^2+(10+5)^2-(5+x)^2}{2(10+x)(10+5)}=\frac{x+30}{3x+30},$$

于是，有

$$\frac{5x-10}{x+10}=\frac{x+30}{3x+30},$$

解之得 $x_1=\frac{30}{7}$，$x_2=-10$（不合题意，舍去）.

所以在剩余的铁板中还可裁出半径最大为 $\frac{30}{7}$cm 的同样大小的圆形铁板两块.

问题探究

上述问题变为：在一块直径为 30cm 的圆形铁板上已经裁去了直径为 20cm 的圆形铁板一块，如图 3-4-21 所示，现要在剩余的铁板中再裁出同样大小的圆形铁板两块，问这两块圆形铁板半径的最大值是多少？

解：设这两个等圆为⊙B 与⊙C，半径为 x，显然它们最大时与⊙A 要外切，与⊙O 要内切，但⊙B 与⊙C 又不能相交，最大时⊙B 与⊙C 相切．设$\angle BAC=2\alpha$，根据对称性与相切圆的性质，有下列关系式：

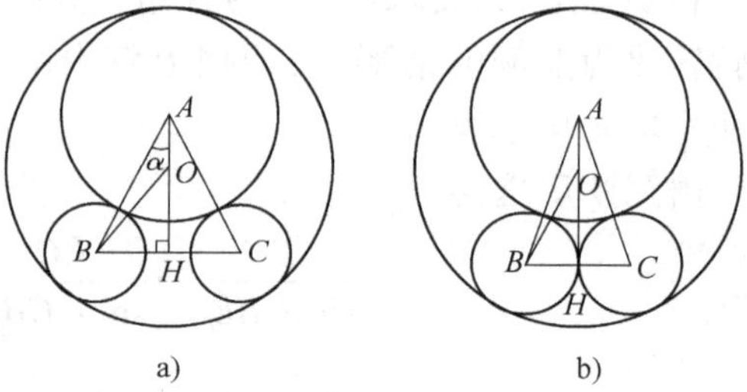

图 3-4-21

在$\triangle BAO$ 中，由余弦定理得

$$\cos\angle BAO=\frac{BA^2+AO^2-BO^2}{2BA\times AO}=\frac{(10+x)^2+(15-10)^2-(15-x)^2}{2(10+x)(15-10)}=\frac{5x-10}{x+10}.$$

在 Rt$\triangle AHB$ 中，有

$$\sin\alpha=\frac{BH}{AB}\geqslant\frac{x}{x+10}>0\text{，于是}\sin^2\alpha\geqslant\frac{x^2}{(x+10)^2}.$$

因为$\sin^2\alpha=1-\cos^2\alpha=1-\left(\dfrac{5x-10}{x+10}\right)^2$，

所以

$$1-\left(\frac{5x-10}{x+10}\right)^2\geqslant\frac{x^2}{(x+10)^2},$$

整理得 $5x^2-24x\leqslant0$，解之得 $0\leqslant x\leqslant\dfrac{24}{5}$.

所以在剩余的铁板中还可裁出的两个圆形铁板半径的最大值为$\dfrac{24}{5}$cm.

【例 2】 已知扇形铁板的半径为 R，圆心角为 60°，要从中截取一个面积最大的矩形，应怎样划线？

解：要使截取矩形面积最大，它的四个顶点须都在扇形边界上，即为扇形的内接矩形.

(1)在图 3-4-22a 中，在$\overset{\frown}{AB}$上取一点 P，过 P 作 $PN\perp OA$ 于 N，又过 P 作 $PQ/\!/AO$ 交 OB 于 Q，再过 Q 作 $QM\perp OA$ 于 M.

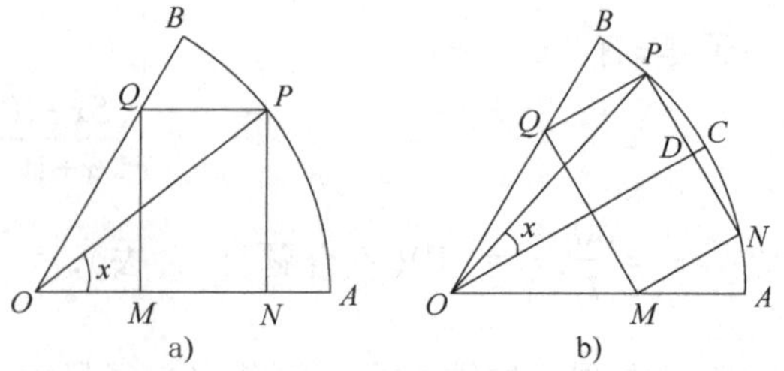

图 3-4-22

设$\angle POA=x$，则 $PN=R\sin x$，在$\triangle POQ$ 中，由正弦定理得

$$\frac{OP}{\sin(180°-60°)}=\frac{PQ}{\sin(60°-x)},PQ=\frac{2\sqrt{3}}{3}R\sin(60°-x),$$

$$\begin{aligned}S_{矩形PQMN}&=PN\times PQ\\&=R\sin x\left[\frac{2\sqrt{3}}{3}R\sin(60°-x)\right]\\&=\frac{\sqrt{3}}{3}R^2[2\sin x\sin(60°-x)]\\&=\frac{\sqrt{3}}{3}R^2[\cos(2x-60°)-\cos 60°]\\&\leqslant\frac{\sqrt{3}}{3}R^2\left(1-\frac{1}{2}\right)\\&=\frac{\sqrt{3}}{6}R^2,\end{aligned}$$

当 $\cos(2x-60°)=1$ 时，即 $x=30°$时，$S_{矩形PQMN}$取最大值为$\frac{\sqrt{3}}{6}R^2$；

（2）在图 3-4-22b 中，取$\overset{\frown}{AB}$中点 C，连接 OC，在$\overset{\frown}{AB}$上取点 P，过 P 作 $PQ/\!/OC$ 交 OB 于 Q，过 P 作 $PN\perp PQ$ 交$\overset{\frown}{AB}$于 N，过 Q 作 $QM\perp PQ$ 交 OA 于 M，连接 MN 得矩形 $MNPQ$，设$\angle POC=x$，则 $PD=R\sin x$，在$\triangle POQ$ 中，由正弦定理得

$$\frac{OP}{\sin(180°-30°)}=\frac{PQ}{\sin(30°-x)},PQ=2R\sin(30°-x),$$

$$\begin{aligned}S_{矩形PQMN}&=2PD\times PQ\\&=2R\sin x[2R\sin(30°-x)]\\&=4R^2\sin x\sin(30°-x)\\&=2R^2[\cos(2x-30°)-\cos 30°]\\&\leqslant 2R^2\left(1-\frac{\sqrt{3}}{2}\right),\end{aligned}$$

当 $\cos(2x-30°)=1$ 时，即 $x=15°$时，$S_{矩形PQMN}$取最大值为 $2-\sqrt{3}R^2$；

因为$\frac{\sqrt{3}}{6}R^2>2-\sqrt{3}R^2$，所以作$\angle POA=30°$，按图 3-4-22a 的划线方法所截得的矩形面积最大.

问题思考：在对情形（2）的求解时，取$\overset{\frown}{AB}$中点 C，连接 OC，此时考察其与情形（1）的关联性，你能发现什么？情形（2）就演变成两个同样的情形（1），简化问题求解.

（三）在最短路程选择计算上的应用

【例】 某钢厂新建一炼钢车间 P，要求 P 到 A、B、C、D 四个需用钢水车间的路程和 $S=PA+PB+PC+PD$ 为最小，现知 $AB=a$，$BC=\frac{2}{3}a$，$CD=\frac{1}{2}a$，$\angle ABC=45°$，$\angle BCD=120°$，试确定 P 的位置，并求出 $S=PA+PB+PC+PD$ 的最小值.

解:根据题意作出四边形 $ABCD$ 为凸四边形,如图 3-4-23 所示,连接对角线 AC、BD 交于 M.

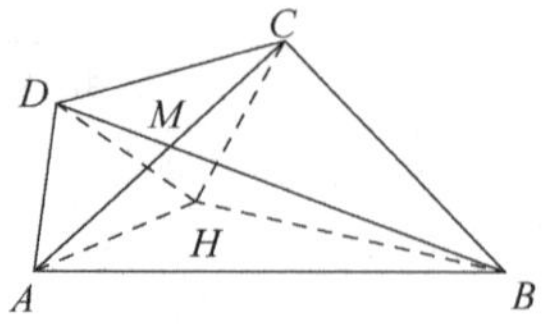

图 3-4-23

现任取一点 H,连接 HA、HB、HC、HD,则

$$HA+HC>AC=MA+MC,$$
$$HB+HD>BD=MB+MD,$$

于是 $$AC+BD=MA+MB+MC+MD<HA+HB+HC+HD,$$

所以 M 点是到 A、B、C、D 四个要用钢水车间路程之和 $S=PA+PB+PC+PD$ 为最小的位置点,即 M 点为要确定的 P 点的位置.

在△ABC 中,由余弦定理得

$$\begin{aligned}AC^2&=AB^2+BC^2-2AB\times BC\cos\angle ABC\\&=a^2+\left(\frac{2}{3}a\right)^2-2a\times\frac{2}{3}a\cos45^\circ\end{aligned}$$

$$AC=\frac{\sqrt{13-6\sqrt{2}}}{3}a.$$

同理,在△DBC 中,由余弦定理得 $BD=\dfrac{\sqrt{37}}{6}a$,

所以

$$\begin{aligned}S_{\min}&=PA+PB+PC+PD\\&=AC+BD\\&=\frac{\sqrt{13-6\sqrt{2}}}{3}a+\frac{\sqrt{37}}{6}a\\&\approx1.72a.\end{aligned}$$

问题思考:把上述四边形 $ABCD$ 改为△ABC,即把原问题变为这样一个实际问题。

A、B、C 三个工厂,它们之间的距离分别是 $AB=13\text{km}$,$BC=14\text{km}$,$CA=15\text{km}$. 要求寻找一个供应站 P,使该点到三个工厂的距离之和 $PA+PB+PC$ 为最短,并求出这个最短距离.

要解决这一问题,简单地照搬上述例题的方法是困难的,但可以吸纳它利用"两点之间的线段最短"的思路,把 $PA+PB+PC$ 转化成相接的连线段,而这连线段的首尾两点间的线段为最短,而要在保持长度不变的情况下变动它们的位置,经验告诉我们将其旋转 60°是值得尝试的办法,你能试着解决吗?

事实上,这是一个著名的费马点问题.

练习题 3.4(4)

1. 在半径为 30cm,圆心角为 60°的扇形铁皮上裁出一个最大的圆铁片,这个最大的圆形铁片的半径是多少?

2. 在直径为 40cm 的半圆形铁板上,先裁出一个最大的圆,再裁出两个同样大小的尽可能大的圆,问先裁出的最大圆的半径与后裁出的尽可能大的两圆的半径分别是多少?

3. 在直径为 50cm 的半圆上已经裁去了直径分别为 30cm 和 20cm 的两个半圆,现要在剩余的料上再裁出一个最大的圆,这个最大圆的半径是多少?

4. 某炼钢车间主控制室的监控屏幕高度为 1m,屏幕底边距地面 2m,一般情况下操作监控人员坐在椅子上眼睛距地 1.2m，问操作控制台的座位应设计在离屏幕垂直距离多远的地方，才能使得监控操作人员获得最佳的观察效果.

5. 怎样将半径为 R 的钢球切削成侧面积最大的圆柱？

6. 如图 3-4-24 所示，扇形 AOB，$\angle AOB=60°$，半径为 2，在$\overset{\frown}{AB}$上有一动点 P，过 P 引平行于 OB 的直线和 OA 交于点 C，设$\angle AOP=\alpha$，求$\triangle POC$ 面积的最大值及此时的 α 值.

7. A、B、C 三个工厂，它们之间的距离分别是 $AB=13\text{km}$、$BC=14\text{km}$、$CA=15\text{km}$. 要求寻找一个供应站 P，使该点到三个工厂的距离和 $PA+PB+PC$ 为最短，并求出此最短距离.

8. 如图 3-4-25 所示，某城市有一条公路，自西向东经过 A 点到市中心 O 后转向东北方向 OB. 现要修一条轻轨 L，L 在 OA 上设一站 A，在 OB 上设一站 B，轻轨在 AB 之间为直线段. 若 O 到 AB 的距离为 10km，问把 A、B 分别设在离市中心 O 多远处，才能使 A、B 两站之间的距离最短？并求此最短距离.

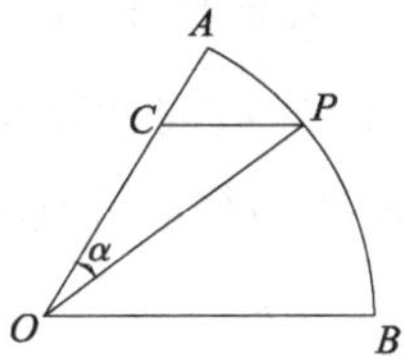

图　3-4-24

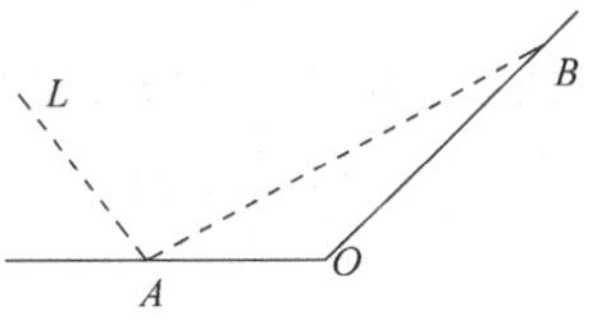

图　3-4-25

五、在平面连杆机构计算中的应用

平面连杆机构能够实现某些较为复杂的平面运动，在生产中广泛用于动力的传递或改变运动形式等. 铰链四杆机构是平面连杆机构中最基本的一种形式. 它在组成结构与工作原理等方面与正、余弦定理等数学知识有着密切联系，为此，我们在熟悉铰链四杆机构相关知识的过程中，探索正、余弦定理等知识在其中的应用.

（一）铰链四杆机构的构成（图 3-4-26）

机架：固定件 AD；连杆：不与机架直接连接（BC）；连架杆：与机架直接连接（AB、CD）；曲柄：能做整圈回转的连架杆 AB；摇杆：在一定范围内摆动的连架杆 CD.

（二）铰链四杆机构的分类

按有无曲柄、摇杆分类，铰链四杆机构可分为曲柄摇杆机构、双曲柄机构和双摇杆机构三种基本形式.

如图 3-4-27 所示，两连架杆中一个为曲柄（AB）、另一个为摇杆（DC）的四杆机构是曲柄摇杆机构.

（三）铰链四杆机构中几个特殊点与名称

（1）极位夹角：摇杆分别处在两个极限位置时，从动曲柄与连杆也相应共线，曲柄的两个对应位置所夹的锐角称为极位夹角（图 3-4-27 中的角 θ）.

（2）死点位置：当平面铰链四杆机构的从动曲柄转至该点时，使得机构转不动或出现运动不确定现象，机构的这种位置称为死点位置（图 3-4-27 中的点 B_1、B_2）.

（3）摇杆的摆动夹角：当曲柄摇杆机构的曲柄与连杆两次共线时，摇杆在两个极限位置之间的夹角,称为摇杆的摆动夹角(图 3-4-27 中的角 φ).

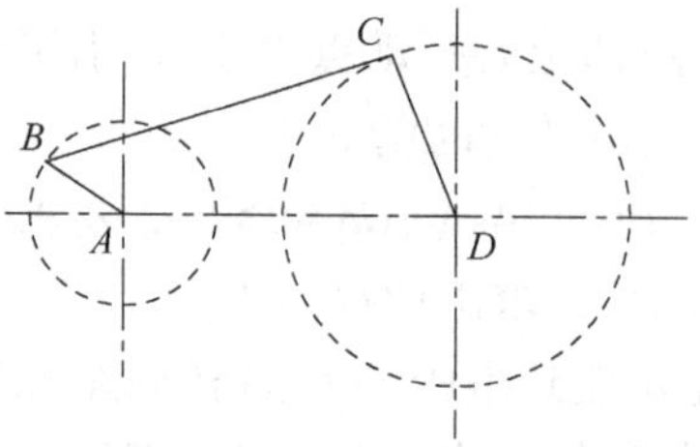

图 3-4-26

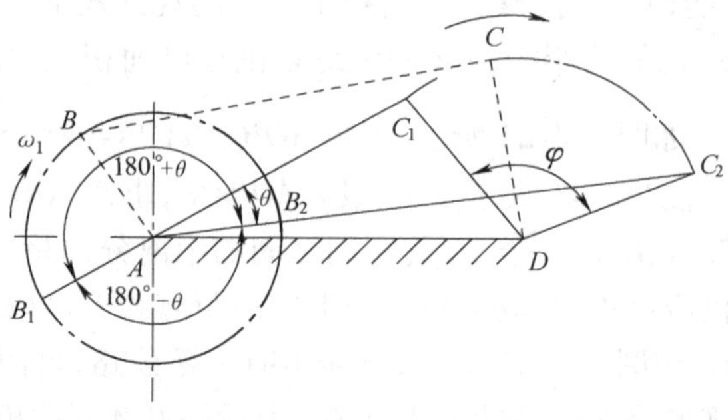

图 3-4-27

(4)行程速比系数:设曲柄以等角速度 ω_1 顺时针方向转动,从 AB_1 转到 AB_2 和从 AB_2 到 AB_1 所经过的角度为($\pi+\theta$)和($\pi-\theta$),所需的时间为 t_1 和 t_2,相应的摇杆上 C 点经过的路线为弧 $\overset{\frown}{C_1C_2}$ 和弧 $\overset{\frown}{C_2C_1}$,C 点的线速度为 v_1 和 v_2,显然有 $t_1>t_2$,$v_1<v_2$. 这种返回速度大于推进速度的现象称为急回特性,通常用 v_1 与 v_2 的比值 K 来描述急回特性,K 称为行程速比系数,即

$$K=\frac{v_2}{v_1}=\frac{\frac{C_1C_2}{t_2}}{\frac{C_2C_1}{t_1}}=\frac{t_1}{t_2}=\frac{180°+\theta}{180°-\theta} \quad 或有\ \theta=180°\frac{K-1}{K+1}$$

可见,θ 越大 K 值就越大,急回特性就越明显. 在机械设计时可根据需要先设定 K 值,然后算出 θ 值,再由此计算各构件的长度尺寸.

(四)曲柄存在的条件

如图 3-4-28 所示,杆 1 和 3 是连架杆,杆 4 是机架,杆 2 是连杆. 连架杆 1 能否成为曲柄,取决于机构中各杆的长度关系和选择哪个构件为机架. 即要使连架杆成为能整周转动的曲柄,各杆必须满足一定的长度条件.

下面我们就来寻找曲柄存在的条件。

图 3-4-29 所示的曲柄摇杆机构,AB 为曲柄、BC 为连杆、CD 为摇杆、AD 为机架,它们的长度分别用 a、b、c、d 来表示,在 AB 转动一周中,曲柄 AB 与机架 AD 两次共线.

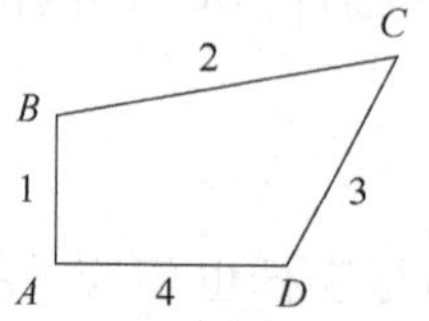

图 3-4-28

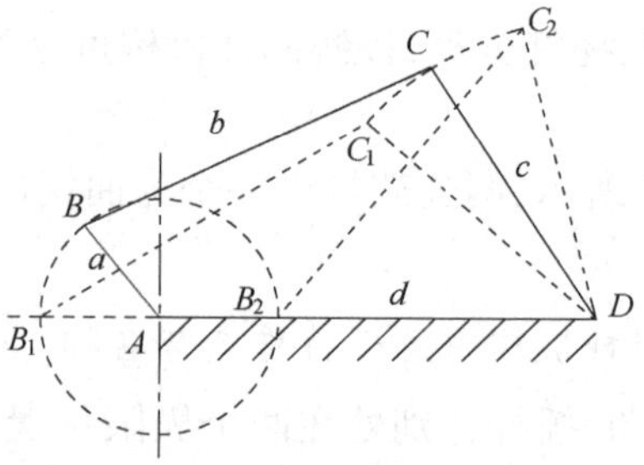

图 3-4-29

当连杆在 B_1 点时,形成 $\triangle B_1C_1D$,所以有

$$B_1C_1+C_1D\geqslant B_1D,即\ b+c\geqslant a+d; \qquad ①$$

当连杆在 B_2 点时，形成 $\triangle B_2C_2D$，所以有

$$B_2D+C_2D \geqslant B_2C_2，即(d-a)+c \geqslant b; \quad ②$$

$$B_2D+B_2C_2 \geqslant DC_2，即(d-a)+b \geqslant c. \quad ③$$

当 AB、BC、CD 在极限情况下重合成一直线时取等号，联立①、②、③，解得，$b \geqslant a$、$c \geqslant a$、$d \geqslant a$，即 AB 杆为最短杆.

所以曲柄存在的条件为：在曲柄摇杆机构中，要使连架杆 AB 为曲柄，它必须是四杆中的最短杆，且最短杆与最长杆长度之和应小于其余两杆长度之和.

考虑到更一般的情形，可将铰链四杆机构曲柄存在条件概括为：

(1)连架杆与机架中必有一个最短杆；

(2)最短杆与最长杆长度之和必小于或等于其余两杆长度之和.

上述两条件必须同时满足，否则机构中无曲柄存在.

根据曲柄条件，还可做如下推论：

(1)若铰链四杆机构中最短杆长度与最长杆长度之和小于或等于其余两杆长度之和，则可能有以下三种情况：

1)以最短杆的相邻杆为机架，则最短杆为曲柄，而与机架相连的另一杆为摇杆，则该机构为曲柄摇杆机构.

2)以最短杆为机架，则其相邻两杆均为曲柄，故该机构为双曲柄机构.

3)以最短杆的相对杆为机架，则无曲柄存在，因此该机构为双摇杆机构.

(2)若铰链四杆机构中最短杆长度与最长杆长度之和大于其余两杆长度之和，则无论以哪一杆为机架，均为双摇杆机构.

曲柄摇杆机构：取最短杆的邻杆为机架.

双曲柄机构：取最短杆为机架.

双摇杆机构：取最短杆的对杆为机架，最短杆长度与最长杆长度之和大于其余两杆长度之和.

【例 1】 在铰链四杆机构中，各杆件尺寸分别为 AB = 450mm，BC = 400mm，CD = 300mm，AD = 200mm，如图 3-4-30 所示.

(1)若以________为机架，则为双曲柄机构；

(2)若以________为机架，则为曲柄摇杆机构；

(3)若以________为机架，则为双摇杆机构.

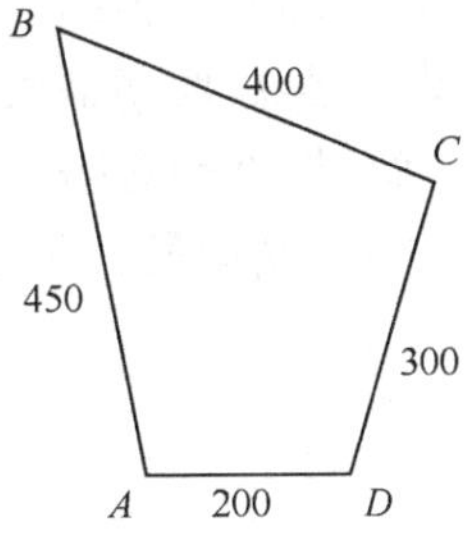

图 3-4-30

解：因为 AB 杆最长，AD 杆最短，AB+AD = 450+200 = 650mm，BC+CD = 400+300 = 700mm，所以四杆尺寸满足最短杆与最长杆之和小于其余两杆之和.

(1)要使该机构是双曲柄机构，在满足最短杆与最长杆之和小于其余两杆之和的情况下，还必须以最短杆为机架，故以 AD 杆为机架；

(2)要使该机构为曲柄摇杆机构，在满足最短杆与最长杆之和小于其余两杆之和的情况下，还必须以最短杆的相邻杆为机架，即以 AB 或 CD 杆为机架；

(3)要使该机构为双摇杆机构，在满足最短杆与最长杆之和小于其余两杆之和的情况下，还必须以最短杆的相对杆为机架，即以 BC 杆为机架.

(五)极位夹角，摇杆摆动角的计算

利用曲柄摇杆机构工作原理制作符合相关要求的工作机械时，必须掌握极位夹角、摇杆摆

动角与铰链四杆机构中四杆长度间的关系.

在图 3-4-27 中,根据其工件原理,容易知道极位夹角的计算方法:

在$\triangle C_1AD$中,由余弦定理得,$\cos\angle C_1AD=\dfrac{C_1A^2+AD^2-C_1D^2}{2C_1A\times AD}$;

在$\triangle C_2AD$中,由余弦定理得,$\cos\angle C_2AD=\dfrac{C_2A^2+AD^2-C_2D^2}{2C_2A\times AD}$.

于是,$\theta=\angle C_1AD-\angle C_2AD$.

问题思考:如何求摇杆摆动角φ?

【例 2】 在图 3-4-29 中,现已知$AB:a=2$,$BC:b=5$,$CD:c=3$,$DA:d=5$,求摇杆CD摆动的最大角α.

解:根据曲柄摇杆机构工作原理可知:当AB与BC处在一直线的两个点B_1、B_2时,DC_1与DC_2组成的夹角为所求的最大角α.

在$\triangle ADC_2$中,由余弦定理得

$$AC_2{}^2=AD^2+DC_2{}^2-2AD\times DC_2\times\cos\angle ADC_2,$$

即

$$(2+5)^2=5^2+3^2-2\times5\times3\times\cos\angle ADC_2,$$

得

$$\cos\angle ADC_2=-\frac{1}{2},\ \angle ADC_2=120°;$$

在$\triangle ADC_1$中,由余弦定理得

$$AC_1{}^2=AD^2+DC_1{}^2-2AD\times DC_1\times\cos\angle ADC_1,$$

即

$$(5-2)^2=5^2+3^2-2\times5\times3\times\cos\angle ADC_1,$$

得

$$\cos\angle ADC_1=\frac{5}{6}\approx0.8333,\ \angle ADC_1\approx34°;$$

所以有

$$\alpha=\angle ADC_2-\angle ADC_1=120°-34°=86°.$$

【例 3】 某磨床采用如图 3-4-31 所示的四杆机构,已知曲柄长$AB=80\text{mm}$,连杆长$BC=310\text{mm}$,摆杆长$CD=150\text{mm}$,曲柄转动中心到摆杆中心的距离$AD=325\text{mm}$,试求:(1)曲柄转动一周时,摆杆摆动最大角度θ有多大?(2)极位夹角α多大?

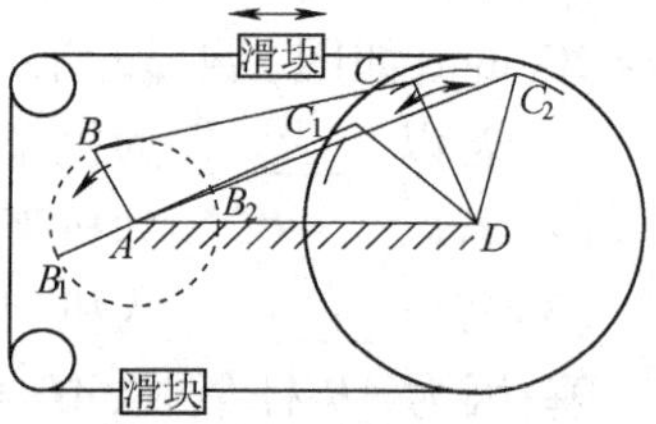

图 3-4-31

解:根据题意得

$$\begin{aligned}\text{摆杆摆动最大角度}\ \theta&=\angle C_1DC_2\\&=\angle ADC_2-\angle ADC_1\\&=\arccos\frac{AD^2+DC_2^2-AC_2^2}{2AD\times DC_2}-\arccos\frac{AD^2+DC_1^2-AC_1^2}{2AD\times DC_1}\\&=\arccos\frac{325^2+150^2-390^2}{2\times325\times150}-\arccos\frac{325^2+150^2-230^2}{2\times325\times150}\\&=64°43'38'',\end{aligned}$$

极位夹角

$$\begin{aligned}\alpha&=\angle C_1AC_2\\&=\angle DAC_1-\angle DAC_2\\&=\arccos\frac{AD^2+AC_1^2-DC_1^2}{2AD\times AC_1}-\arccos\frac{AD^2+AC_2^2-DC_2^2}{2AD\times AC_2}\end{aligned}$$

$$=\arccos\frac{325^2+230^2-150^2}{2\times325\times230}-\arccos\frac{325^2+390^2-150^2}{2\times325\times390}$$

$$=2°37'28''.$$

【例 4】 图 3-4-32 所示为应用曲柄摇块机构的自卸式卡车．车厢 1 相当于曲柄可绕车架上的 A 点转动，活塞杆 2 相当于连杆，液压缸 3 相当于摇块，可绕车架上的 C 点摆动．当液压缸中的液压油推动活塞杆运动时，迫使车厢绕 A 点转动，实现自动卸货．现要求车厢的最大仰角是 60°，AC 与水平线之间的夹角为 6°20′，液压泵顶点 C 与车厢支点 A 的距离是 1.95m，点 A 与点 B 间的距离是 1.40m，液压泵顶杆 CB 长应为多少？

解：在 $\triangle ABC$ 中，$\angle BAC=60°+6°20'=66°20'$，由余弦定理得

$$BC^2=AB^2+AC^2-2AB\times AC\times\cos\angle BAC,$$

即

$$BC^2=1.40^2+1.95^2-2\times1.40\times1.95\times\cos66°20',$$

解得

$$BC\approx1.89(\text{m}).$$

【例 5】 图 3-4-33 所示为曲柄连杆机构示意图，当曲柄 CB 绕 C 点旋转时，通过连杆 AB 的传递，活塞做直线往复运动．当曲柄在 CB_0 位置时，曲柄和连杆成一条直线，连杆的端点 A 在 A_0 处．设连杆 AB 长为 340mm，曲柄 CB 长为 85mm，曲柄自 CB_0 按顺时针方向旋转 80°，求活塞移动的距离（即连杆的端点 A 移动的距离 A_0A）.（精确到 1mm）

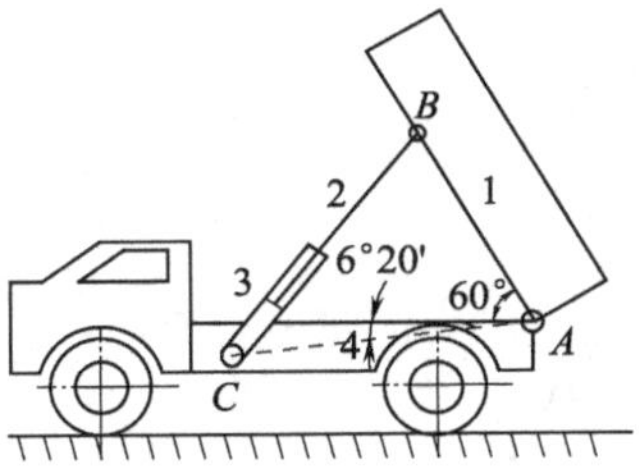

图　3-4-32

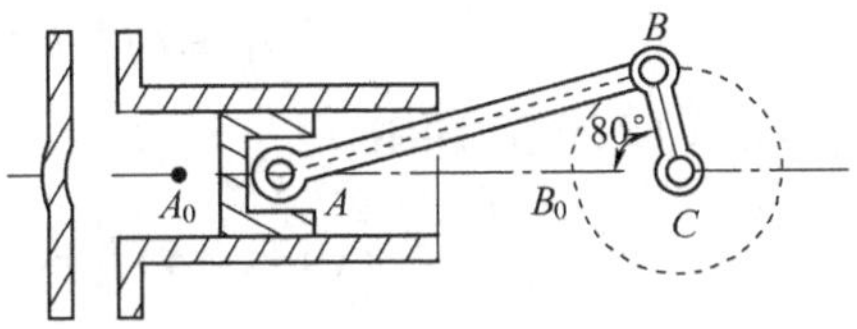

图　3-4-33

已知在 $\triangle ABC$ 中，$BC=85\text{mm}$，$AB=340\text{mm}$，$\angle C=80°$，求 AC.

解：在 $\triangle ABC$ 中，由正弦定理可得

$$\sin A=\frac{BC\sin C}{AB}=\frac{85\sin 80°}{340}=0.2462,$$

由 $BC<AB$，知 A 为锐角，$A=14°15'$，

所以有

$$B=180°-(A+C)=85°45'.$$

又由正弦定理

$$AC=\frac{AB\sin B}{\sin C}=\frac{340\sin 85°45'}{0.9848}=344.3(\text{mm}),$$

$$A_0A=A_0C-AC=(AB+BC)-AC=(340+85)-344.3=80.7\approx81(\text{mm}).$$

答：活塞移动的距离为 81mm.

这是平面连杆机构中较为简单的一类计算问题．若遇到复杂的问题，该如何处理呢？

下面以“按要求设计曲柄滑块机构”的问题探究为例，说明这类问题的一些解决方法.

如图 3-4-34 所示，由曲柄 1、连杆 2、滑块 3 及机架 4 组成的平面连杆机构，称为偏置曲柄滑块机构．滑块的两个极限位置 C_1、C_2 之间的距离 H 为滑块的行程，极限位置 AC_1 与 AC_2 的夹角极位角 θ，e 为偏置距离.

为了要解决按要求设计曲柄滑块机构的问题，先寻找偏置曲柄滑块机构中各基本元素间的联系，并试图从这些元素的联系中找到按要求确定曲柄滑块机构中相关元素值的方法.

在图 3-4-35 中，显然，我们会关注到$\triangle AC_1C_2$，若设曲柄长度为 l_1，连杆长度为 l_2，则 $AC_1=l_2-l_1$，$AC_2=l_2+l_1$，$\angle C_1AC_2=\theta$，根据余弦定理有

$$C_1C_2^2=AC_1^2+AC_2^2-2AC_1\times AC_2\times\cos\angle C_1AC_2,$$

即

$$H^2=(l_2-l_1)^2+(l_2+l_1)^2-2(l_2-l_1)(l_2+l_1)\cos\theta. \quad (1)$$

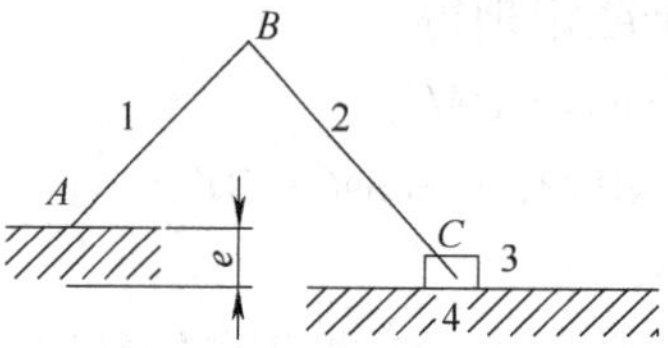

图 3-4-34

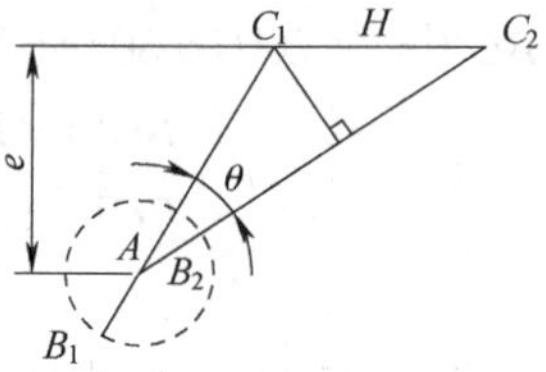

图 3-4-35

上式中有 H、l_1、l_2 和 θ 四个元素，仅靠一个关系式是难于解决问题的．偏置距离 e 又如何与它们发生关联呢？由 e 为距离的概念及垂直的性质，想到面积的关联性，就有

$$\frac{1}{2}He=S_{\triangle AC_1C_2}=\frac{1}{2}AC_1\times AC_2\times\sin\theta$$

即

$$He=(l_2-l_1)(l_2+l_1)\sin\theta \quad (2)$$

整理(1)、(2)式得方程组

$$\begin{cases}(1+\cos\theta)l_1^2+(1-\cos\theta)l_2^2-\dfrac{1}{2}H^2=0\\ \sin\theta\times l_1^2-\sin\theta\times l_2^2+He=0\end{cases}, \quad (3)$$

由于滑块行程 H 与行程速比系数 K 这两个量往往是构建曲柄滑块机构中先定的指标量，对于行程比系数 K，有 $K=\dfrac{180°+\theta}{180°-\theta}$或 $\theta=\dfrac{K-1}{K+1}\times180°$.

式(3)就成了关于 l_1^2、l_2^2 和 e 的一个方程组．这样，只要给定其中一个量，就可连同先前确定的 K、H，求出剩余的两个量，按要求完成曲柄滑块机构的设计.

【例 6】 要设计一偏置曲柄滑块机构，要求滑块行程 $H=100\text{cm}$，行程速比系数 $K=1.25$，偏置距离 $e=15\sqrt{3}\text{cm}$，求曲柄长度 l_1 与连杆长度 l_2.（精确到 0.01mm）

解：为了方便，我们先推导求出表达 l_1 与 l_2 的代数式.

根据上例式(3)，有

$$\begin{cases}(1+\cos\theta)l_1^2+(1-\cos\theta)l_2^2-\dfrac{1}{2}H^2=0 & (1)\\ \sin\theta\times l_1^2-\sin\theta\times l_2^2+He=0 & (2)\end{cases},$$

解此关于 l_1^2、l_2^2 的二元线性方程组.

由(1)×sinθ+(2)×(1−cosθ)消去 l_2^2 项得

$$2\sin\theta\times l_1^2-\frac{1}{2}H^2\sin\theta+(1-\cos\theta)He=0,$$

$$l_1^2=\frac{1}{4}H^2-\frac{1-\cos\theta}{2\sin\theta}He$$

$$=\frac{1}{4}H^2-\frac{1-\left(1-2\sin^2\frac{\theta}{2}\right)}{2\left(2\sin\frac{\theta}{2}\cos\frac{\theta}{2}\right)}He$$

$$=\frac{1}{4}H^2-\frac{\sin\frac{\theta}{2}}{2\cos\frac{\theta}{2}}He$$

$$=\frac{1}{4}H^2-\frac{1}{2}He\tan\frac{\theta}{2},$$

则 $l_1=\sqrt{\frac{H^2}{4}-\frac{He}{2}\tan\frac{\theta}{2}}$；同理得 $l_2=\sqrt{\frac{H^2}{4}+\frac{He}{2}\cot\frac{\theta}{2}}$.

所以
$$\begin{cases} l_1=\sqrt{\frac{H^2}{4}-\frac{He}{2}\tan\frac{\theta}{2}} \\ l_2=\sqrt{\frac{H^2}{4}+\frac{He}{2}\cot\frac{\theta}{2}} \end{cases}, \tag{3}$$

$$\theta=\frac{K-1}{K+1}\times180^\circ=\frac{1.25-1}{1.25+1}\times180^\circ=20^\circ.$$

将 $\theta=20^\circ$、$H=100\text{cm}$、$e=15\sqrt{3}\text{ cm}$ 代入式（3），即得曲柄长度 $l_1\approx476.55\text{mm}$，连杆长度 $l_2\approx993.34\text{mm}$.

（六）压力角与传动角

在平面连杆机构的具体设计中，不仅要保证实现预定的工作运动，而且应当具有良好的传力特性，尽可能实现高效率运转.

为此，我们来考察连杆机构在运动过程中的传力情况．在图 3-4-36 所示的曲柄摇杆机构中，若忽略各杆的质量和铰链中摩擦力的影响，则连杆为二力构件．主动件 AB 通过连杆 BC 对从动件摇杆 CD 的作用力 F 与 BC 方向重合.

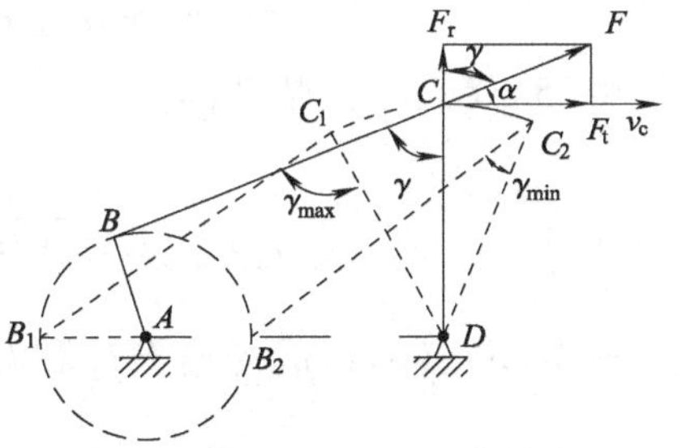

图　3-4-36

在 C 点将力 F 分解成沿速度 v_c 切线方向的分力 F_t 和垂直于切线 v_c 的分力 F_r；F_t 产生力矩带动摇杆运动，做有用功，F_r 则对转动副产生压力和摩擦力，阻碍摇杆和连杆运动，做有害功．我们把从动件受力方向与受力点速度 v_c 切线方向之间的锐角称为压力角，用 α 表示.

于是对于有效分力 $F_t=F\cos\alpha$，压力角 α 越小，有效分力 F_t 就越大；对于有害分力 $F_r=F\sin\alpha$，压力角 α 越大，有害分力 F_r 就越大．因此，压力角反映了连杆机构的传力特性.

在实际应用中，常用压力角 α 的余角 γ 判断机构传力性能的优劣，γ 角称为传动角．由图 3-4-36可知，传动角 γ 是连杆 BC 与摇杆 CD 所夹的锐角．传动角越大，机构传力性能越好.

机构运动时，传动角 γ 是变化的．为使机构在正常工作时获得良好的传力性能，要求最小传动角 $\gamma_{\min}\geqslant35^\circ$（载重高速场合取 $\gamma_{\min}\geqslant50^\circ$），并且轻载时取它的较小值，重载时取它的较大值．那么，传动角如何计算呢？

问题探究

根据机构的运动特性，我们可以知道曲柄摇杆机构的最小传动角出现在曲柄与机架共线的两个位置之一，如图 3-4-36 所示的 B_1点或 B_2点位置．分别在$\triangle B_1C_1D$ 和$\triangle B_2C_2D$ 中运用余弦定理，就可得到计算传动角的公式为

$$\cos\gamma=\left|\frac{l_2^2+l_3^2-(l_4\pm l_1)^2}{2l_2l_3}\right|,\text{则有}\begin{cases}(l_4+l_1)^2=l_2^2+l_3^2-2l_2l_3\cos\gamma_{\max}\\(l_4-l_1)^2=l_2^2+l_3^2-2l_2l_3\cos\gamma_{\min}\end{cases}.$$

在这样一个表达式中，含有 l_1、l_2、l_3、l_4、$\gamma_{\max}$和 $\gamma_{\min}$ 6 个元素，从方程的角度看，知道其中的 4 个元素，就可求出其余的两个元素．

【例 7】 给定铰链四杆机构的曲柄长 $l_1=52$，机架长 $l_4=280$，$\gamma_{\max}=100°$，$\gamma_{\min}=40°$，求连杆和摇杆的长度 l_2 和 l_3.

解：由图 3-4-36 可知，在$\triangle B_1C_1D$ 和$\triangle B_2C_2D$ 中，由余弦定理

$$\begin{cases}(l_4+l_1)^2=l_2^2+l_3^2-2l_2l_3\cos\gamma_{\max} & (1)\\(l_4-l_1)^2=l_2^2+l_3^2-2l_2l_3\cos\gamma_{\min} & (2)\end{cases},$$

(1)减(2)，整理得

$$2l_1l_4=l_2l_3(\cos\gamma_{\min}-\cos\gamma_{\max}),$$

因为 $l_1=52$，$l_4=280$，$\gamma_{\max}=100°$，$\gamma_{\min}=40°$，

所以
$$\begin{cases}(280+52)^2=l_2^2+l_3^2-2l_2l_3\cos100° & (3)\\(280-52)^2=l_2^2+l_3^2-2l_2l_3\cos40° & (4)\end{cases},$$

$$2\times52\times280=l_2l_3(\cos40°-\cos100°),\ l_2l_3\approx30991.91, \quad (5)$$

将(5)代入(3)，整理得，

$$l_2^2+l_3^2\approx99463.61,$$

于是
$$l_2+l_3=\sqrt{(l_2+l_3)^2}=\sqrt{l_2^2+l_3^2+2l_2l_3}=\sqrt{161447.43}\approx401.81, \quad (6)$$

解由(5)、(6)组成的关于 l_2 和 l_3 的方程组得，$\begin{cases}l_2=297.7\\l_3=104.1\end{cases}$或$\begin{cases}l_2=104.1\\l_3=297.7\end{cases}$.

在上述数据中，l_1 为最小，且 $l_1+l_2<l_3+l_4$，$\gamma_{\min}=40°$，故所得机构是符合传力要求的曲柄摇杆机构.

传动角的大小是衡量机构传力性能好坏的一个重要标志．本例对从传动角角度出发的四杆机构设计，具有一定的参考作用.

问题探究

在曲柄滑块机构的设计中，有时也会在期待的传动角下，结合滑块行程 H、行程速比系数 K 等要求指标，展开具有最佳传动性能机构的设计工作．

现设一曲柄为主动件的曲柄滑块机构，如图 3-4-37 所示．滑块行程 H，行程速比系数 K 与最小传动角 $\gamma_{\min}$之间具有什么关系时，既满足指标要求，又具有最佳传动性能呢？这时曲柄

滑块机构的偏置距离 e、曲柄长 a、连杆长 b 又是多少呢？

根据题意，由行程速比系数 K，据公式 $\theta=\frac{K-1}{K+1}\times 180°$ 求得 θ. 当曲柄垂直滑块导路线时，$\angle DB_3C_3=\gamma_{\min}$.这样图中呈现了与研究对象相关的四个三角形：$\triangle AC_1C_2$，Rt$\triangle DAC_2$，Rt$\triangle DB_3C_3$ 与 Rt$\triangle DAC_1$，但每个三角形都不能独立求解．于是，设法将这些与题意相关的三角形联系起来，用方程的观点将它们的元素之间建立起联系，然后通过解方程（组）的手段找到能确定研究对象具体值的方法.

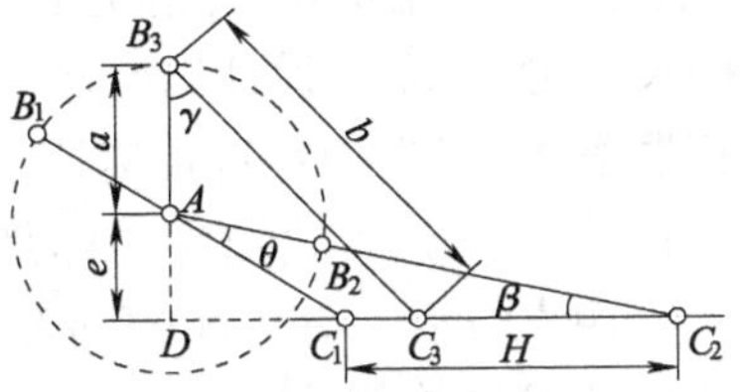

图　3-4-37

题中所涉及的元素有 θ、$\gamma_{\min}$ 与 H，还有 a、b 与 e，为了建立它们之间的联系，有必要设 $\angle AC_2C_1=\beta$，则在 $\triangle AC_1C_2$ 中，根据正弦定理有

$$\frac{AC_1}{\sin\angle AC_2C_1}=\frac{C_1C_2}{\sin\angle C_1AC_2},$$

即
$$\frac{b-a}{\sin\beta}=\frac{H}{\sin\theta},b-a=\frac{H\sin\beta}{\sin\theta},\tag{1}$$

同理有
$$\frac{b+a}{\sin(\beta+\theta)}=\frac{H}{\sin\theta},b+a=\frac{H\sin(\beta+\theta)}{\sin\theta},\tag{2}$$

解（1）、（2）联立的方程组得

$$a=\frac{\sin(\beta+\theta)-\sin\beta}{2\sin\theta}H,\tag{3}$$

$$b=\frac{\sin(\beta+\theta)+\sin\beta}{2\sin\theta}H;\tag{4}$$

在 Rt$\triangle DAC_2$ 中

$$\sin\angle AC_2D=\frac{AD}{AC_2},\text{即 }\sin\beta=\frac{e}{b+a},$$

$$e=(b+a)\sin\beta=\frac{\sin(\beta+\theta)\sin\beta}{\sin\theta}H.\tag{5}$$

在 Rt$\triangle DB_3C_3$ 中

$$\cos\angle DB_3C_3=\frac{DB_3}{B_3C_3},\text{即 }\cos\gamma=\frac{e+a}{b},\tag{6}$$

将（3）、（4）、（5）代入（6）得

$$\cos\gamma=\frac{2\sin(\beta+\theta)\sin\beta+\sin(\beta+\theta)-\sin\beta}{\sin(\beta+\theta)+\sin\beta}.\tag{7}$$

式（7）是一个涉及极位夹角 θ、最小传动角 $\gamma_{\min}$ 以及滑块行程极点位置时与导路线的夹角 β 三者的关系式.

如当 $K=1.25$，$\theta=20°$时，取 $\beta=13.5°$，则 $\gamma_{\min}=44.5°$；当 $K=1.4$，$\theta=30°$时，取 $\beta=15°$，则 $\gamma_{\min}=32.5°$；当 $K=2$，$\theta=60°$时，取 $\beta=15°$，$\gamma_{\min}=9.5°$.

由此可知，最小传动角 $\gamma_{\min}$ 与滑块行程无关，与极位夹角 θ 有关；当极位夹角 θ 一定时，它仅与 β 相关，而 β 随铰接点 A 的位置变化而变化．行程速比系数 K 值太小，急回特性不明显；K 值取得越大，急回特性越明显，但 θ 值也增大，随之最小传动角 $\gamma_{\min}$ 减小，传力性能也越差．

因此，通常要求 $\gamma_{\min} \geqslant 40°$ 的情况下，利用式(7)协调好 θ、β 与 $\gamma_{\min}$ 的关系，接着再确定偏置距离 e、曲柄长 a、连杆长 b，设计出既满足技术要求，又性能优越的传动机构.

问题思考：能先确定行程速比系数 K，即极位夹角 θ，最小传动角 $\gamma_{\min}$，去寻求 β 值(决定铰接点 A 的位置)吗？考察式(7)知是可以的，根据已知 θ、$\gamma_{\min}$，整理后可以得到关于 β 三角函数式的一元四次方程．有兴趣的读者可以查阅相关资料，得到一元四次方程的求解法后试求 β；在计算机技术日益普及的今天，也可以寻求运用计算机程序法求 β，或直接利用一元四次方程求根器计算．

问题探究

曲柄滑块机构还有其他设计方法吗？面对运动变化中的滑块机构，取其一般情形中的特殊情况加以剖析，就能发现其相互关系.

如图 3-4-38 所示，曲柄滑块机构在极限、特殊位置时，在 $\triangle DBC$、$\triangle AC_1C_2$ 中，应用余弦定理得

$$\cos\gamma_{\min} = \frac{a+e}{b},$$

$$\cos\theta = \frac{(b+a)^2+(b-a)^2-H^2}{2(b+a)(b-a)},$$

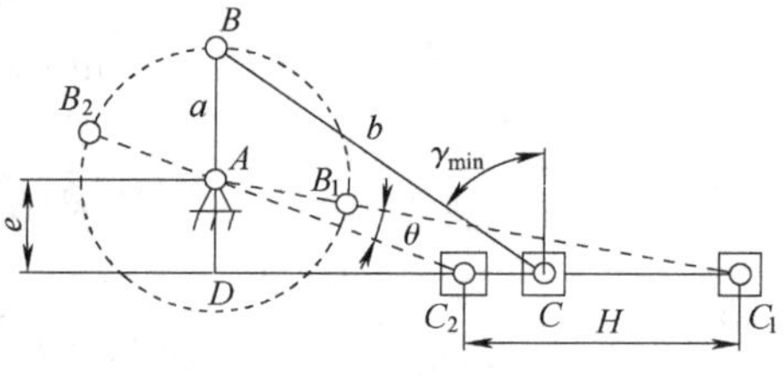

图 3-4-38

因此，若 H、θ(或 K)、$\lambda\left(即曲柄与连杆比\dfrac{a}{b}\right)$ 及 $\gamma_{\min}$ 已知时，由上述方程组可解出 a、b、e，实现曲柄滑块机构的设计．

(七)死点位置

在图 3-4-27 中，C_1AB_1 与 C_2B_2A 的两个共线位置是死点位置．对于死点要克服有害的一面，利用有益的一面.

【例 8】 图 3-4-39 所示为一飞机起落架机构．实线表示起落架放下时的死点位置，连杆 BC 和从动曲柄 CD 成一直线，此时机轮上即使受到很大的力，起落架也不会反转，使飞机的降落更加安全可靠.虚线表示起落架收起时的位置．现已知 $AB=340\text{mm}$，$AD=520\text{mm}$，且 AB_1 在垂直的位置，即 $\alpha=90°$，$\theta=10°$，$\beta=60°$，试求连杆 BC 和从动曲柄 CD 的长.

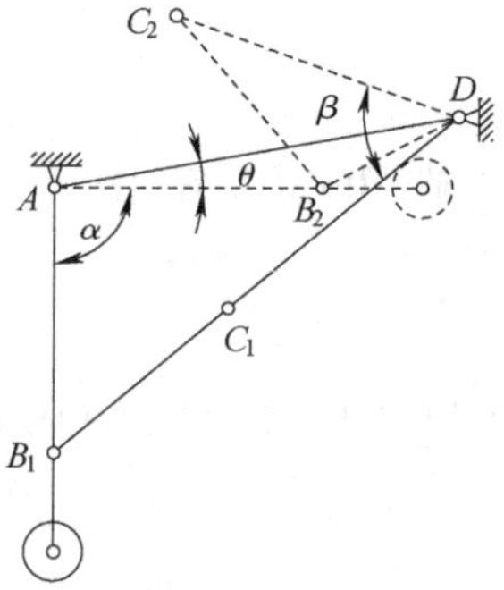

图 3-4-39

分析：设 $BC=x$，$CD=y$，已知 $AB=340\text{mm}$，$AD=520\text{mm}$，$\angle B_1AD=100°$，所以 $\triangle AB_1D$ 是可解的三角形．由余弦定理 $B_1D^2=AB_1^2+AD^2-2AB_1\times AD\cos\angle B_1AD$，求出 $B_1D=x+y$；同理，在 $\triangle AB_1B_2$ 和 $\triangle AB_2D$ 中，求出 B_1B_2 及 B_2D. 在 $\triangle B_1B_2D$ 中，由余弦定理，求出 $\angle B_2DB_1$ 的值．又在 $\triangle B_2DC_2$ 中，再由余弦定理得，$x^2=y^2+B_2D^2-2yB_2D\cos(60°-\angle B_2DB_1)$，与 $B_1D=x+y$ 组成关于 x、y 的方程组．解这一方程组，求出 BC、CD 的值.

问题探究

一个特例性连杆机构在可折叠钢丝床中的应用.

图 3-4-40 是一可折叠钢丝床展开后支撑放置在地面上的简图．现要求折叠以后两头部分翻折到床面之下，便于放置和移动．图中所标 AB 相当于机架，AD 与 BC 相当于摇杆，CD 为连杆．在支撑状态时，A、B、C 处在一直线上，$CD \perp AC$，AD 为 Rt△ACD 的斜边；在折叠过程中，摇杆 BC、AD 运动，Rt△ACD 成逐步变化中的四边形 $ABCD$；最后，摇杆 BC、AD，连杆 AD，都重合于机架 AB，点 B、A、C、D 成一线段，如图 3-4-41所示．那么，AB、BC、CD、DA 应满足什么关系呢？

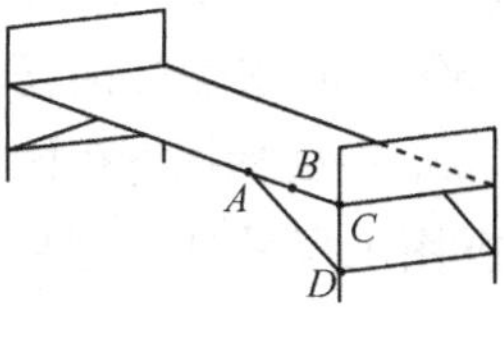

图　3-4-40

容易得到

$$\begin{cases} AC=AB+BC & (1) \\ AB+DA=BC+CD, & (2) \\ AD^2=AC^2+CD^2 & (3) \end{cases}$$

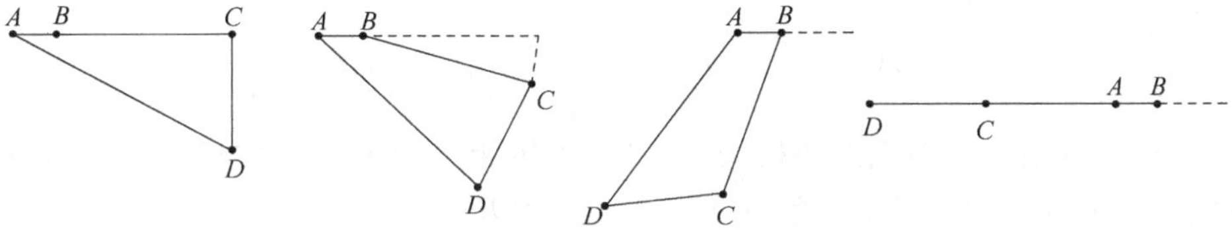

a)　　b)　　c)　　d)

图　3-4-41

将(1)式代入(3)式得

$$AD^2=(AB+BC)^2+CD^2, \qquad (4)$$

由(2)与(4)可知，如果在 AB、BC、CD、DA 中确定任意两杆的长度，那么另外两杆的长度就可以计算而得．

例如，已知 $AB=60\text{mm}$，$CD=160\text{mm}$，设 $BC=x$，$AD=y$，求 x、y．

有方程组 $\begin{cases} 60+y=x+160 \\ y^2=(60+x)^2+160^2 \end{cases}$，解之得 $\begin{cases} x=240 \\ y=340 \end{cases}$.

这样就解决了折叠钢丝床的设计问题．受本例的启发，可以尝试设计生活中的某些折叠方案．

问题思考：在火车、公共汽车等公共场合，为了给人们提供方便，往往会在适当位置设立折叠椅．现设计一个四杆机构来支撑座位的折叠椅，张开时牢固锁定座位，折叠时又能紧靠侧壁，如图 3-4-42 所示，机架 $AD=300\text{mm}$，两铰接点 C、D 间的距离是 225mm，能求出用来做支撑的连杆与从动杆的长度吗？

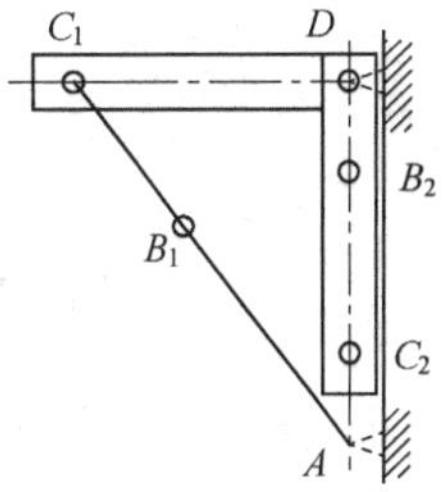

图　3-4-42

练习题 3.4(5.1)

1. 在如图 3-4-43 所示的铰链四杆机构 $ABCD$ 中，$BC=50\text{mm}$，$CD=35\text{mm}$，$AD=30\text{mm}$，取 AD 为机架：(1) 如果该机构能成为曲柄摇杆机构，且 AB 是曲柄，求杆 AB 的取值范围；(2) 如果该机构能成为双曲柄机构，求杆 AB 的取值范围；(3) 如果该机构能成为双摇杆机构，求杆 AB 的取值范围.

2. 有一铰链四杆机构，AB 为曲柄，可绕 A 点转动；BC 是连杆；CD 是摆杆．设曲柄长 $r=$

50mm，连杆长 $L=350$mm，摆杆长 $R=100$mm，曲柄转动中心 A 到摆杆摆动中心 D 的距离 $H=300$mm，求摆杆的摆动角 φ.

3. 一曲柄摇杆机构如图 3-4-44 所示，$DC_1=DC_2=32$mm，$B_1C_1=BC=43$mm，$AB_1=AB_2=12$mm，试根据图示尺寸计算摇杆 DC_1 摆动的最大角度 θ 和极位夹角 α.

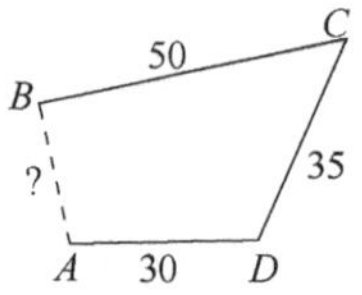

图 3-4-43

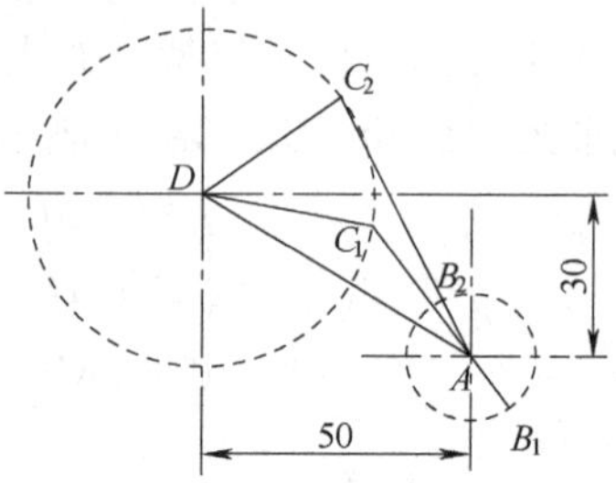

图 3-4-44

4. 在图 3-4-45 所示的曲柄滑块机构中，已知偏置距离 $e=10$mm，曲柄长 $a=20$mm 且为主动件，连杆长 $b=60$mm，试求极位夹角 α 和滑块的行程 H.

5. 一偏置曲柄滑块机构如图 3-4-46 所示，滑块的行程 C_1、C_2 之间的距离为 H，曲柄长度为 l_1，连杆长度为 l_2，极限位置 AC_1 与 AC_2 的极位夹角为 θ，e 为偏置距离.

(1) 求证：$l_2=\sqrt{\left(\dfrac{H}{2\sin\dfrac{\theta}{2}}\right)^2-\left(l_1\cot\dfrac{\theta}{2}\right)^2}$，$e=\left(\dfrac{H}{2}-\dfrac{2l_1^2}{H}\right)\cot\dfrac{\theta}{2}$.

(2) 计算当曲柄长度 $l_1=100$mm，滑块的行程距离 $H=200$mm，行程速比系数 $K=1.4$ 时，连杆 l_2 的长度与偏置距离 e 的值.

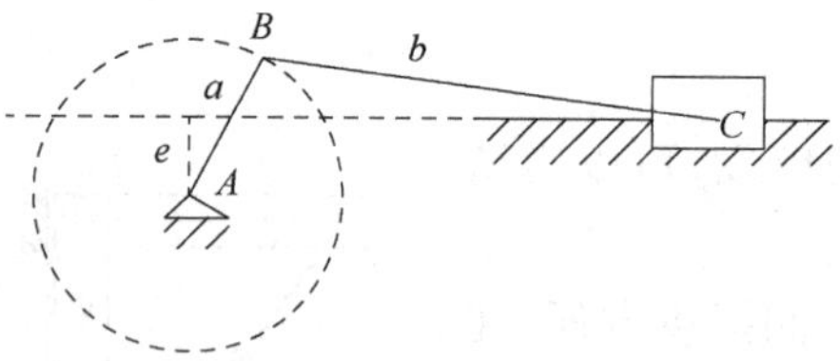

图 3-4-45

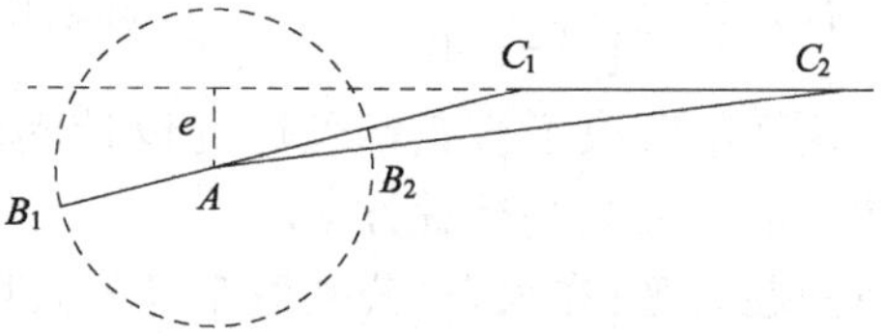

图 3-4-46

6. 设计一偏置曲柄滑块机构，已知滑块的行程速比系数 $K=1.5$，滑块的行程 $C_1C_2=50$mm，导路的偏置距离 $e=20$mm，求曲柄长度 AB 和连杆长度 BC.

7. 一铰链四杆机构的摇杆长 $l_3=170$，机架长 $l_4=280$，$\gamma_{max}=100°$，$\gamma_{min}=40°$，问曲柄和连杆的长度 l_1 和 l_2 为多少合适.

8. 如图 3-4-47 所示，设已知破碎机的行程速比系数 $K=1.2$，颚板长度 $L_{CD}=300$mm，颚板摆角 $\varphi=35°$，曲柄长度 $L_{AB}=80$mm. 求连杆的长度，并验算最小传动角 γ_{min} 是否在允许的范围内.

9. 在图 3-4-48 所示的偏置曲柄滑块机构中，已知滑块行程 $H=80$mm，当滑块处于两个极限位置时，机构的压力角为 30° 和 60°，试求：(1) 杆长 l_{AB}、l_{BC} 及偏置距离 e；(2) 机构的行程速比系数 K；(3) 机构的最大压力角 α_{max}.

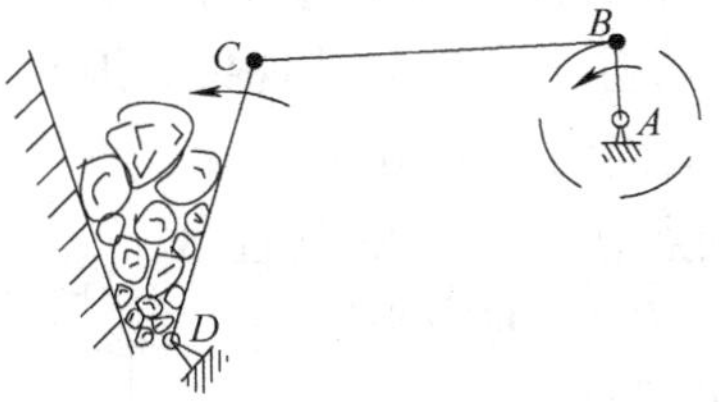

图　3-4-47

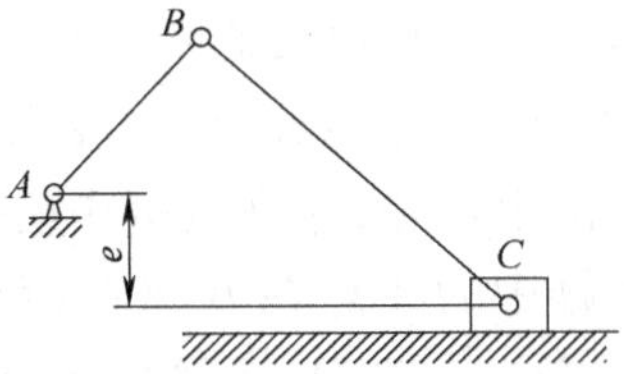

图　3-4-48

(八)连杆机构 AutoCAD 图解法设计简介

在上述内容中,我们已经知道可以用解析的方法设计连杆机构．在实际的设计实践中,除了上述解析法外,还有其他方法．如图解法,尤其是借助 AutoCAD 的图解方法,既保持了传统图解法比较直观、简明的优越性,又克服了传统图解法在精确度上的不足．运用图解法设计连杆机构的关键是抓住连杆机构中各杆在运动中的位置关系与数量关系,找到符合设计要求的连杆机构.

【例 9】　图 3-4-49 所示为车门启闭机构运动简图．要求设计一曲柄滑块机构,利用连杆 BC 实现车门启动过程中达到三个给定位置Ⅰ、Ⅱ、Ⅲ,其中位置Ⅰ是车门关闭状态,位置Ⅱ是车门处于中间状态,位置Ⅲ是车门全开状态．连杆上活动铰链中心 B 和 C 的三个位置为 B_1、C_1,B_2、C_2,B_3、C_3;连杆长度为 l_2.

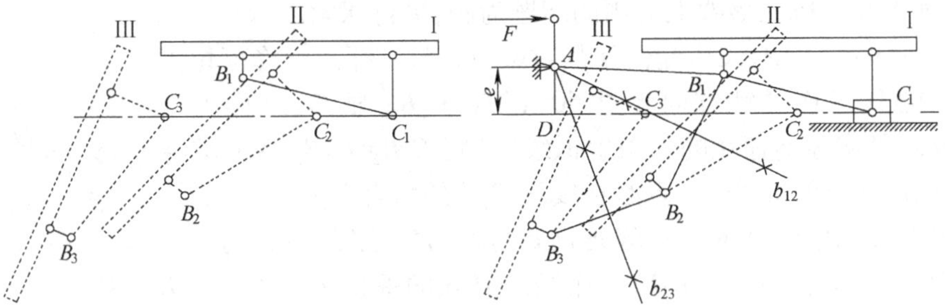

图　3-4-49

分析:C_1、C_2、C_3 三点应是滑块在导路中心线上滑行的三个点．B_1、B_2、B_3 应是曲柄转动中的三个位置点,它们到曲柄另一瑞:即要寻找的转动中心 A 的距离都相等,就是曲柄的长度 l_1,因为 A 点到 B_1、B_2 的距离相等,所以 A 点必在线段 B_1B_2 的垂直平分线上;同理,A 点也必在线段 B_2B_3 的垂直平分线上,两垂直平分线相交就能得到曲柄转动中心 A 点的位置及其 l_1 的长度.

解:(1)进入 AutoCAD 工作界面;选定长度比例尺 u_1;

(2)根据图示的要求作出连杆的三个位置 B_1C_1、B_2C_2、B_3C_3,并使 $B_1C_1=B_2C_2=B_3C_3=\dfrac{l_2}{u_1}$;

(3)作 B_1B_2、B_2B_3 的中垂线 b_{12} 和 b_{23},交点 A 即为要求的曲柄与机架组成的固连铰接中心．AB_1C_1 即为要设计的曲柄滑块机构;

(4)利用标记(查询)功能测出曲柄 AB_1 的长度,A 点到导路中心线 C_1C_3 的偏置距离 AD 和 C_1 到过 A 点垂直于导路中心线的垂线的距离 DC_1;

(5)将图中的尺寸乘以比例尺 u_1,得 $l_1=u_1AB_1$,$e=u_1AD$,A 点位置数据 θ.

(6)保存设计结果.

设计该机构的难点是如何选择车门上的活动铰链 B、C. 如果选择不当，机构尺寸可能过大，也可能使传动角太小以致影响启闭车门的灵活性，甚至发生自锁现象 . 因此，实际设计时，通常要反复多次筛选，才能选择最佳的 B、C 位置和适当的传动角 γ.

问题思考：由上可知，连杆机构中机架的两个端点在运动点的垂直平分线上，如上题中的 A 点在 B 点在运动中的 B_1B_2、B_2B_3 的中垂线 b_{12} 和 b_{23} 上 . 试根据这一点完成下列关于加热炉炉门的设计.

加热炉是冶金机械行业中的一种基本设备 . 其中设计合理的炉门启闭机构是一项重要内容 . 现要求用图解法设计一铰链四杆机构作为加热炉炉门启闭机构 . 如图 3-4-50 所示，已知炉门上两活动铰链的中心距为 50mm，炉门打开成水平位置时，要求炉门温度较低的一面朝上（如虚线所示），固定铰链安装在 y'—y 轴线上，其相关尺寸如图所示，求此铰链四杆机构其余三杆的长度.

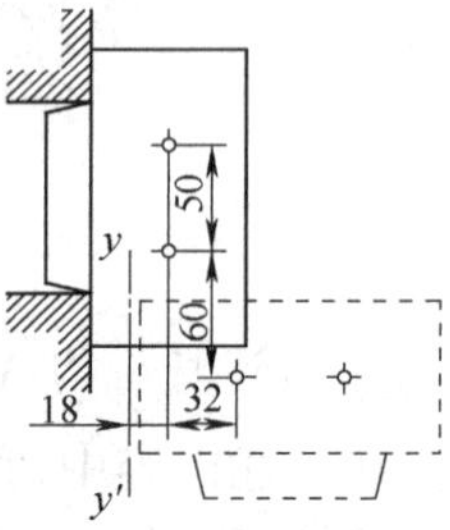

图 3-4-50

问题探究

上述问题如果用解析法处理的话，将比图解法设计要繁杂得多 . 这就使我们产生这样的念头：对解析法求解较繁杂的问题，尝试用图解法去处理能简单些吗？

以关于死点在飞机起落架上应用的问题为例，进行探索.

分析：在图 3-4-51 中，飞机起落架从收架位置放到死点的降落位置时，$\triangle DC_2B_2$ 绕 D 点逆时针方向转过 60° 到 $\triangle DC_1B_2$，显然 $\triangle DC_2B_2 \cong \triangle DC_1B_2$，（$DB_2$ 是实际不存在的一条虚拟线段）则 $C_1B_2 = C_2B_2$，又 $C_2B_2 = C_1B_1$，于是，$C_1B_1 = C_1B_2$，所以 C_1 点必在线段 B_1B_2 的垂直平分线上.

因此，只要按题意作出飞机起落架收架与降落的位置图后，将 DB_2 绕 D 点逆时针方向转过 60° 到 DB_2，再作线段 B_1B_2 的垂直平分线与 DB_1 交于点 C_1，量出 B_1C_1、C_1D，即得所求：$BC = 288.1\text{mm}$，$CD = 380.7\text{mm}$.

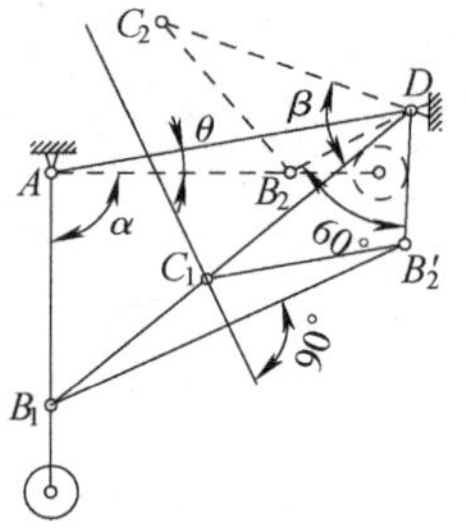

图 3-4-51

可见，尝试用图解法处理解析法求解较繁杂的问题的想法，在一定条件下是可行的.

问题探究

如果要求一曲柄滑块机构满足的条件是：滑块的行程 S，偏置距离 e 及滑块的行程起点到垂直于导路中心线直线的距离 H，如图 3-4-52 所示，那么如何设计这个曲柄滑块机构？

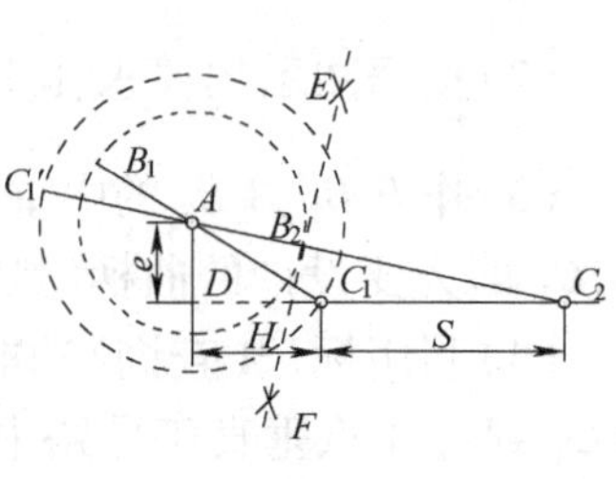

图 3-4-52

根据设计要求可知，曲柄滑块机构的两个极限位置是可以确定的，即连杆 l_2 与曲柄 l_1 的和与差分别为 $AC_2 = l_2 + l_1$ 与 $AC_1 = l_2 - l_1$，如图 3-4-52 所示，若以 A 为圆心，AC_1 长为半径作圆，与 C_2A 的延长线交于 C_1'，则有 $C_1'C_2 = C_1'A + AC_2 = AC_1 + AC_2 = (l_2 - l_1) + (l_2 + l_1) = 2l_2$，于是作 $C_1'C_2$ 的垂直平分线 EF 交 $C_1'C_2$ 于中点

B_2,那么 $B_2C_2=\frac{C_1'C_2}{2}$,就是连杆 l_2,AB_2 就是曲柄 l_1,问题得解.

问题思考:在本问题中,寻找曲柄 l_1 与连杆 l_2 的方法有多种,你能找出其他方法吗?

在生产实践中,往往要根据实际对连杆机构急回特性与滑块行程的需要,先确定行程速比系数 K,滑块行程 S,再按其他要求进行连杆机构的设计.

【例 10】 设计一曲柄滑块机构:行程速比系数为 K,滑块行程为 S.

分析:根据给定行程速比系数 K,利用 K 与极位夹角 θ 的关系:$\theta=180°\frac{K-1}{K+1}$,得极位夹角 θ 的具体值. 假设 A 为曲柄转动中心,如图 3-4-53 所示,C_1、C_2 为滑块行程 S 的起点与终点,则 $\angle C_1AC_2$ 即为极位夹角,$\angle C_1AC_2=\theta$.

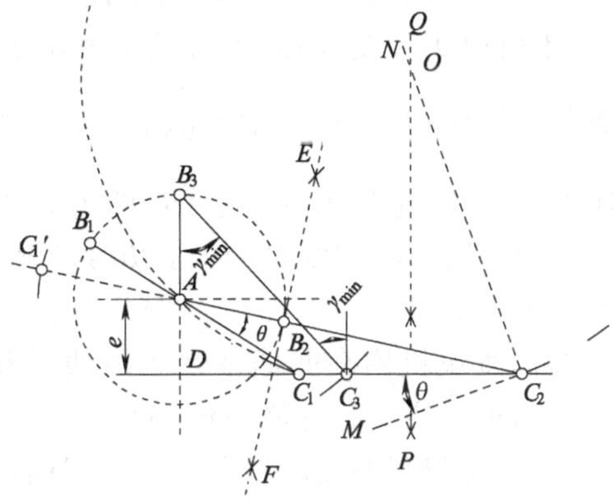

图 3-4-53

因此,要寻找曲柄转动中心 A,就以 C_1C_2 为弦,作出所含圆周角 θ 的圆弧. 作 $\angle MC_2C_1=\theta$,$NC_2\perp MC_2$,再作 C_1C_2 的垂直平分线 PQ 交 NC_2 于 O,以 O 为圆心,OC_1 长为半径画弧,即得所含圆周角 θ 的圆弧.

问题探究

上例中作以 C_1C_2 为弦、含圆周角等于 θ 的圆弧的主要根据是:弦切角等于它所夹弧所对的圆周角. 显然还可有其他的方法寻找其圆心 O. 如在 C_1C_2 的同侧作 $\angle PC_2C_1$、$\angle QC_1C_2$ 都为 $90°-\theta$,得交点 O,这种作法的根据是什么呢?

这样,在所含圆周角 θ 的圆弧上任取一点 A,就能得到满足行程速比系数为 K、滑块行程为 S 的曲柄滑块机构.

由此可以看出,满足这样条件的曲柄滑块机构有无穷个.

在具体设计时,只需按另行增加的条件选定 A 点位置,就可得到满足要求的曲柄滑块机构.

如果增加的条件是偏心距 e,那么将导路中心线 C_1C_2 向上平移距离 e,就与含圆周角 θ 的圆弧相交得 A 点.

如果增加的条件是垂直于导路中心线 C_1C_2 的直线与滑块起点 C_1 的距离 H,那么过 C_1 点作垂直于导路中心线 C_1C_2 的直线,且再将其平移 H 个单位,就与以 C_1C_2 为弦、含圆周角 θ 的圆弧相交得 A 点.

如果增加的条件是曲柄 l_1 与连杆 l_2 的和 l_1+l_2(这主要是从机构安置场地大小优先角度考虑),那么以 C_2 为圆心,l_1+l_2 为半径画弧,交以 C_1C_2 为弦含圆周角 θ 的圆弧于点 A. 事实上,这是个已知行程速比系数 K、滑块行程 S 与曲柄 l_1 与连杆 l_2 的和 l_1+l_2,可以转化为已知 $\triangle AC_1C_2$ 两边一对角,求作 $\triangle AC_1C_2$ 的简单问题.

如果增加的条件是连杆 l_2,那么根据曲柄滑块机构的两个极限位置有:$AC_2=l_2+l_1$,$AC_1=l_2-l_1$,则 $AC_1+AC_2=2l_2$. 若把 A 点视作动点,它到两定点 C_1、C_2 的距离和为定值 $2l_2$,则 A 点的轨迹是椭圆(参见第五章). 所以,以 C_1、C_2 为焦点、$2l_2$ 为长轴长、C_1C_2 的中点为中心作椭圆,

它与以 C_1C_2 为弦含圆周角 θ 的圆弧相交点即为 A 点.

如果增加的条件是曲柄 l_1，那么根据曲柄滑块机构的两个极限位置有：$AC_2=l_2+l_1$，$AC_1=l_2-l_1$，则 $AC_2-AC_1=2l_1$. 若把 A 点视作动点，它到两定点 C_1、C_2 两点的距离差为定值 $2l_1$，则 A 点的轨迹是双曲线（参见第六章）. 所以，以 C_1、C_2 为焦点、$2l_1$ 为实轴长、C_1C_2 的中点为中心作双曲线，它与以 C_1C_2 为弦含圆周角 θ 的圆弧相交点即为 A 点.

得到 A 点后，接下来可以用上面问题研究中介绍的方法确定 l_1 与 l_2；也可以用如图 3-4-54 所示的方法求解 l_1 与 l_2：设 P 是弦 C_1C_2 中垂线与圆的交点，或是作 $\angle MC_1C_2=\angle NC_2C_1=\left(90°-\dfrac{1}{2}\theta\right)$ 交于 P，过 P 作 $PB_2\perp AC_2$ 垂足为 B_2，则 AB_2 即为 l_1，B_2C_2 即为 l_2. 具体证明只要证 $\text{Rt}\triangle PB_1C_1\cong\text{Rt}\triangle PB_2C_2$，$\text{Rt}\triangle PB_1A\cong\text{Rt}\triangle PB_2A$ 即可．这样就完成了整个设计．

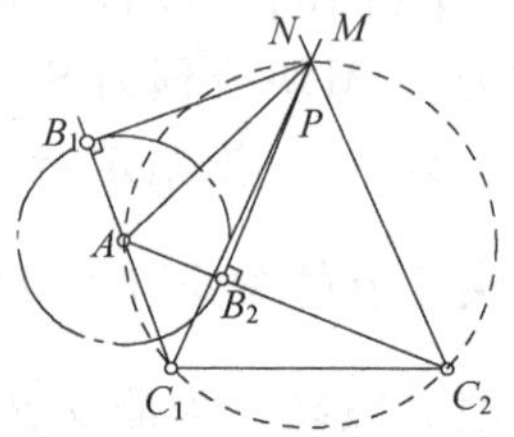

图 3-4-54

曲柄滑块机构在曲柄垂直于滑块导路中心线，且铰链 B 与导路中心线的距离最大时有最小传动角 $\gamma_{\min}$. 在设计的具体过程中，还应注意最小传动角的要求 $\gamma_{\min}\geqslant 35°$，善于调整设计方案，使机构具有良好的传力性能.

在设计中，要充分发挥 AutoCAD 特有的功能作用．如在正交模式下，作相互垂直的直线；在对象捕捉模式下，选中点，垂直捕捉，轻易地作出某线段的中垂线；利用极坐标输入方式作已知角；利用偏移、镜像、旋转功能，作平移、对称、旋转变换，简化作图.

对于在已知行程速比系数 K、滑块行程 S、曲柄 l_1 的条件下，可用图解法设计曲柄滑块机构的问题，下面再介绍另一种较为简单的方法.

【例 11】 已知一曲柄滑块机构的行程速比系数 K、滑块行程 S、曲柄 l_1，用图解法设计此曲柄滑块机构.

解：（1）进入 AutoCAD 工作界面，选定长度比例尺 u_1（见图 3-4-55）；

（2）利用行程速比系数 K 与极位夹角 θ 的关系，得极位夹角 θ 的数值；

（3）作水平线段 $C_1C_2=\dfrac{S}{u_1}$；

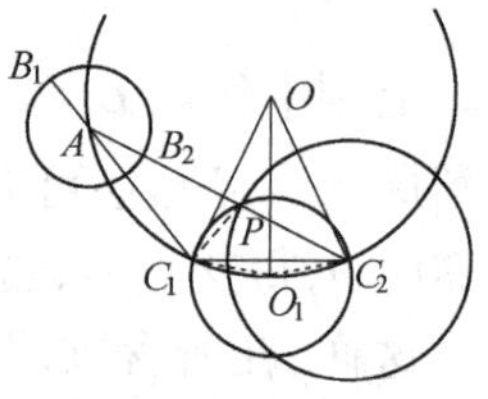

图 3-4-55

（4）作 $\angle C_1C_2O=\angle C_2C_1O=90°-\theta$，交于 O，以 O 为圆心、OC_1 长为半径作 $\odot O$；

（5）以 C_2 为圆心，$2\dfrac{l_1}{u_1}$ 长为半径作 $\odot C_2$；

（6）过 O 作 C_1C_2 的垂线并延长交 $\odot O$ 于 O_1 点，以 O_1 点为圆心、O_1C_1 长为半径作 $\odot O_1$，与 $\odot C_2$ 相交于点 P；

（7）连接 C_2P 并延长交 $\odot O$ 于点 A，则点 A 即为曲柄的固定铰链中心；

（8）以 A 为圆心，$\dfrac{l_1}{u_1}$ 长为半径作 $\odot A$，与 AC_2 交于 B_2 点，B_2C_2 即为所求的连杆；

（9）利用标记（查询）功能测出连杆 B_2C_2 长度，点 A 到导路中心线 C_1C_3 的偏置距离 AD 和 C_1 到过点 A 垂直于导路中心线的垂线的距离 DC_1. 将图中的尺寸乘以比例尺 u_1，得 $l_2=u_1B_2C_2$，$e=u_1AD$，点 A 位置数据为 u_1DC_1；

（10）保存设计结果.

问题思考：你能用平面几何的方法证明上述图解法的正确性吗？

练习题 3.4(5.2)

1. 用图解法设计一曲柄滑块机构．这一曲柄滑块机构的要求是：滑块的行程 $S=319.7$mm，偏置距离 $e=107.7$mm，滑块行程起点到垂直于导路中心线的直线的距离 $H=168.5$mm．即确定曲柄 l_1 与连杆 l_2 的长度．

2. 已知一曲柄滑块机构的曲柄长为 150mm，连杆长 350mm，行程速比系数 $K=1.25$，用图解法设计这一曲柄滑块机构，即求滑块行程 S 和偏置距离 e.

3. 图 3-4-56 所示为偏置曲柄滑块机构．已知 $a=150$mm、$b=400$mm、$e=50$mm，试用图解法求滑块行程 H、机构的行程速比系数 K 和最小传动角 $\gamma_{\min}$.

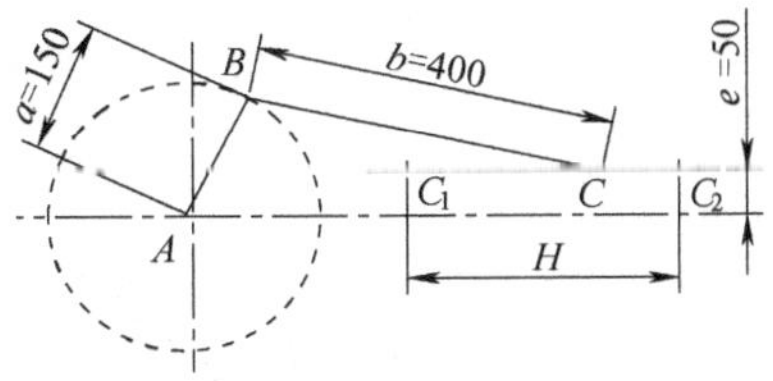

图　3-4-56

复习自测题三

1. 一建设中的圆弧形轻轨弯道的中心线所在圆的半径为 40.4m，所对圆心角为$\frac{3\pi}{4}$，求此弯道中心线的长.

2. 如图 3-5-1 所示，钣金工要制作一端为 30°倾斜面的铁皮管道．现知其中心轴线高 $h=OO'=3$，管道直径为 2，沿 BC 剪开后，以 A 为原点、AD 为 y 轴、底面圆周展开线为 x 轴，建立直角坐标系，则斜面边线在该坐标系中的方程为：$y=3-\frac{\sqrt{3}}{3}\cos x(-\pi\leqslant x\leqslant\pi)$．作出该管道在平面上的展开图.

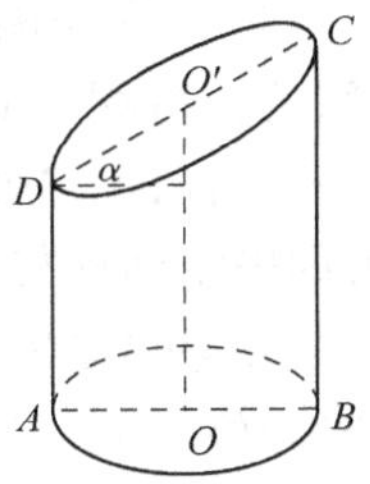

图　3-5-1

3. 一偏心圆零件的定位基准直径 $D=40$mm，要在自定心卡盘上车出偏心距为 $e=4$mm 的圆孔，该圆孔的直径 $d=16$mm，计算在一个卡爪上的垫块厚度 h.

4. 图 3-5-2 所示为一圆头型零件，因车削加工的需要，试根据图示尺寸（单位为 mm）计算出图中圆锥小端直径 d 和圆头高度 L.

5. 图 3-5-3 所示为一不带圆弧车刀车外圆的示意图．已知进刀量为 f，即工件每转一转，刀具移动 f，方向为从 A 移向 B，有残留△ABC，其主偏角为 α，副偏角为 β，求证：残留△ABC 的高度 $R_z=\frac{f\sin\alpha\sin\beta}{\sin(\alpha+\beta)}$.

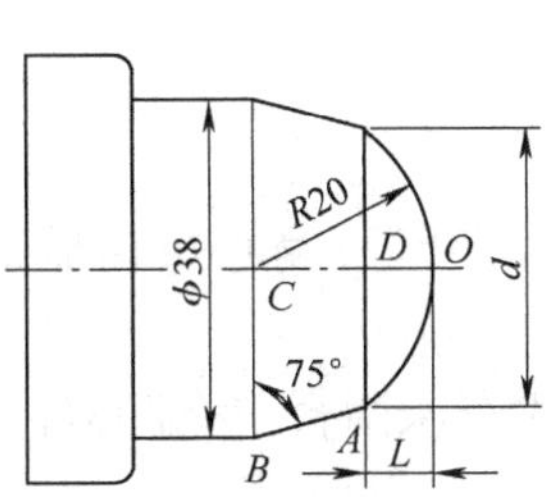

图　3-5-2

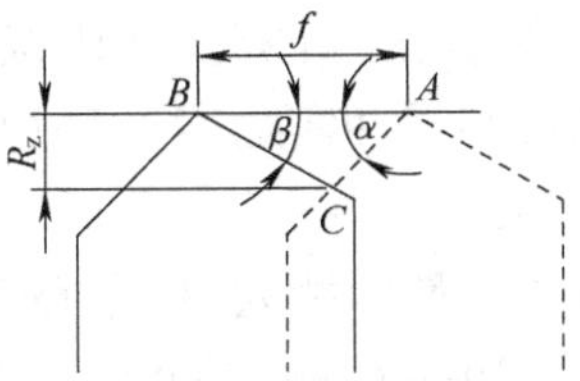

图　3-5-3

6. 某企业要新建一控制室．如图 3-5-4 所示，已知仪表高为 m，仪表底边距地面为 n，工作人员坐在椅子上眼睛离地的高度一般是 1.2m．试确定工作人员坐的位置，使得观察控制屏幕的效果最好．

7. 在图 3-5-5 所示的铰链四杆机构中，各杆的长度为 $l_1=28\text{mm}$，$l_2=52\text{mm}$，$l_3=50\text{mm}$，$l_4=72\text{mm}$．试求：当取杆 4 为机架时，该机构的极位夹角 θ，杆 3 的最大摆角 φ，最小传动角 $\gamma_{\min}$ 和行程速比系数 K．

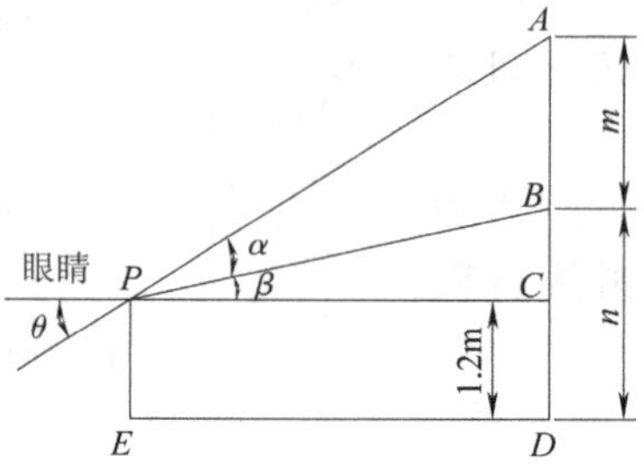

图　3-5-4

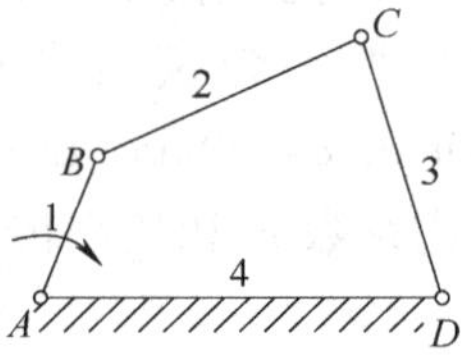

图　3-5-5

8. 在偏置曲柄滑块机构中，已知曲柄 $l_1=20\text{mm}$，连杆 $l_2=70\text{mm}$，偏置距离 $e=10\text{mm}$．分别用图解法与解析法求：曲柄为原动件时滑块行程 H、极位夹角 θ、机构最大压力角．

9. 设计一偏置式曲柄滑块机构，已知行程速比系数 $K=1.4$，滑块的冲程 $H=60\text{mm}$，连杆长度 b 与曲柄 a 之比 $b/a=\lambda=3$．求曲柄长度 a、连杆长度 b 及偏置距离 e．

10. 已知一偏置曲柄滑块机构滑块行程速比系数 $K=1.5$，滑块行程 $C_1C_2=50\text{mm}$，导路偏置距离 $e=20\text{mm}$．试分别用解析法与 AutoCAD 图解法设计这一偏置曲柄滑块机构，即确定曲柄长度 l_1 和连杆长度 l_2．

11. 图 3-5-6 所示为一试验用小电炉的炉门装置，在关闭时为位置 E_1，开启时为位置 E_2，试设计一四杆机构来操作炉门的启闭（尺寸见图，单位为 mm）．在开启时炉门应向外开启，炉门与炉体不得发生干涉．而在关闭时，炉门应有一个自动压向炉体的趋势（图中 S 为炉门质心位置）．B、C 为两活动铰链所在位置．

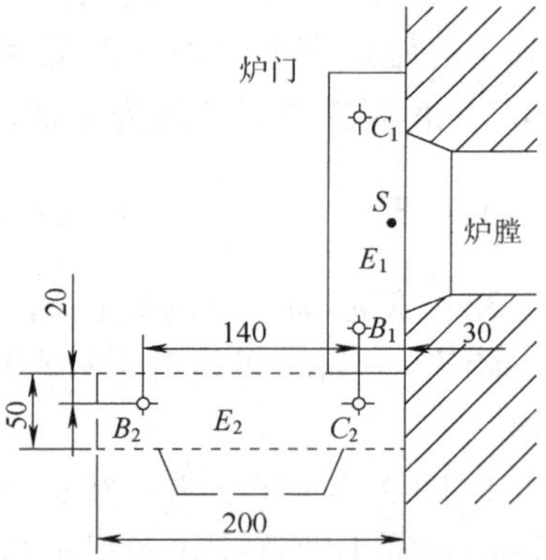

图　3-5-6

实践作业

实践课题一

课题名称：偏心零件加工计算及其认识．

材料准备：常见偏心零件实物若干（偏心短轴、偏心套等；偏心短轴加工图样一份，演示用加工偏心短轴材料两套）．

现场准备：实习指导教师两人，自定心卡盘式卧式车床两台，车偏心件用刀具等材料．

知识应用：已知两边一对角，用余弦定理求第三边．

操作步骤：

(1) 偏心零件的认识．展示各类偏心零件实物，用PPT介绍其基本应用场景，让学生认识常用偏心零件．

(2) 计算用自定心卡盘加工偏心零件所需垫片的厚度．人手一份关于“偏心短轴”零件的图样，如图3-5-7所示．要在自定心卡盘上加工此零件，根据图样计算一个卡爪上的垫片厚度(偏心距$e=4$)．

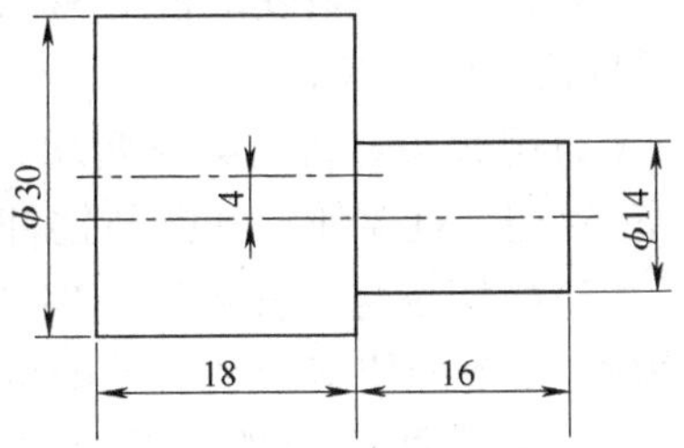

图　3-5-7

掌握对偏心零件找正的方法，作出计算用示意图，写出具体计算过程．

主要计算过程为：

设垫片厚度为x．

参考图3-0-1可知　　$x+r=R+e$，即$x+15=R+4$，$x=R-11$，

在$\triangle OAP$中，偏心距$OP=e=4\text{mm}$，$OA=r=15\text{mm}$，$\angle OPA=60°$，

由余弦定理得

$$OA^2=PA^2+PO^2-2PA\times PO\cos\angle OPA,$$

$$15^2=R^2+4^2-2R\times4\times\cos60°,$$

$$R^2-4R-209=0,$$

解关于R的一元二次方程得$R=\dfrac{4\pm\sqrt{(-4)^2-4\times(-209)}}{2}$，

$$R_1=\frac{4+\sqrt{852}}{2}\approx16.60,R_2=\frac{4-\sqrt{852}}{2}=-12.60(\text{不合题意，舍去}),$$

所以$x=R-11=16.60-11=5.60(\text{mm})$．

(3) 装夹偏心零件．在实习教师的指导下，寻找厚度为5.60mm的垫片，并装夹偏心零件．

(4) 观摩实习指导教师加工偏心零件．

(5) 见习测量偏心零件的偏心距．教师边讲解边测量所加工零件的偏心距．实测结果是多少？与要求是否相符？若有误差，误差是多少？分析产生误差的可能原因．

实践课题二

课题名称：曲柄摇杆机构工作原理的认识与摆动角的计算．

问题模型：参考图3-4-27所示的曲柄摇杆机构，设曲柄为AB，连杆为BC，摇杆为CD，机架为DA. 观察它的工作过程，理解四杆关系，求最大摆动角．

方法原理：

利用三角形三边关系得到四杆机构中a、b、c、d的关系．

选定四杆长度：曲柄$AB=a$、连杆$BC=b$、摇杆$CD=c$、机架$DA=d$；

已知三边，利用余弦定理求角．

材料准备：硬纸板条(或细木条)若干，大头钉(或大头针)4个，平面光滑薄小木板1块，白纸1张，量角器1个，有刻度的直尺1把，笔1支．

操作步骤：

(1) 根据构成曲柄摇杆机构的条件，选定4根硬纸板条，分别在4根硬纸板条的两端钻上

小孔,用笔标记每条硬纸板上两孔间的边线,用刻度尺量取 4 条边线的长度,确认符合构成曲柄摇杆机构的条件;

(2)用大头钉将机架条两瑞孔分别穿上曲柄条与摇杆条,然后将机架条固定在铺有白纸的小平板上,且要使曲柄条与摇杆条能绕孔转动;

(3)曲柄条与摇杆条另一瑞的孔分别与连杆条两瑞的孔穿接,穿接孔用大头针或其他合适物件,只要能使其顺利活动即可,这样就构建了一个演示用曲柄摇杆机构;

(4)转动曲柄,在观察曲柄摇杆机构运动情况的基础上,分别标记两个极限位置,在白纸上留下极限位置时各硬纸板条两端孔在纸上的记号;

(5)移去纸板条,选择合适的标记孔,将所在极限位置的线连接出来;

(6)用量角器量出最大摆动角 $\varphi=\angle C_1DC_2$ 的度数;

(7)根据量取的 4 条边线的长度数据,用余弦定理计算最大摆动角 φ 的大小,即

$$\begin{aligned}\varphi &= \angle C_1DC_2=\angle ADC_2-\angle ADC_1\\ &=\arccos\frac{AD^2+DC_2^2-AC_2^2}{2AD\times DC_2}-\arccos\frac{AD^2+DC_1^2-AC_1^2}{2AB\times BC_1}\\ &=\arccos\frac{d^2+c^2-(b+a)^2}{2dc}-\arccos\frac{d^2+c^2-(b-a)^2}{2dc};\end{aligned}$$

(8)比较两种方法得到的结果是否相符. 若有误差,误差是多少? 分析产生误差的可能原因. 若误差较大,则重新进行测量与计算.

实践课题三

课题名称:用 AutoCAD 设计曲柄滑块机构.

问题模型:已知曲柄滑块机构行程速比系数 K、滑块行程 H、偏置距离 e,求曲柄长度 l_1 与连杆长度 l_2.

问题实例:用 AutoCAD 图解法设计一个偏置曲柄滑块机构. 要求滑块行程 $H=100\text{cm}$,行程速比系数 $K=1.25$,偏置距离 $e=15\sqrt{3}\,\text{cm}$,求曲柄长度 l_1 与连杆长度 l_2.

方法原理:①行程速比系数 K 与极位夹角 θ 的关系:$\theta=180°\dfrac{K-1}{K+1}$;②极限位置时曲柄与连杆的关系;③滑块行程 H 所对圆弧含定角的知识等.

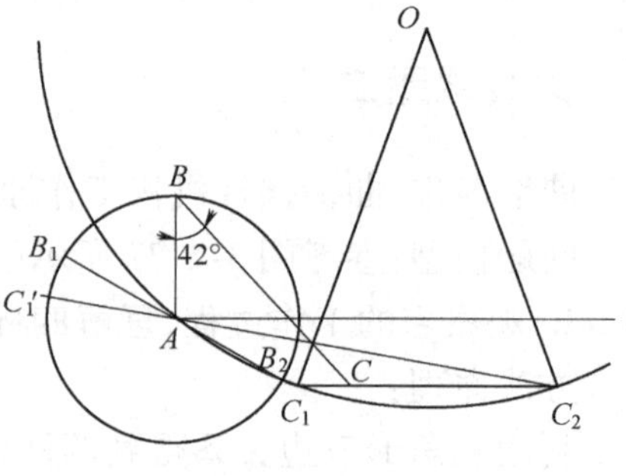

图 3-5-8

操作步骤(参考图 3-5-8):

(1)进入 AutoCAD 工作界面,选定相关技术参数,特别是精确度;

(2)选定长度比例尺 $u_1=1:20$;

(3)根据 $\theta=180°\dfrac{K-1}{K+1}$,由 $K=1.25$ 得极位夹角 $\theta=20°$;

(4)作水平线段 $C_1C_2=\dfrac{H}{u_1}=50\text{mm}$;

(5)作 $\angle C_1C_2O=\angle C_2C_1O=90°-20°=70°$,得交点 O,以 O 为圆心、OC_1 长为半径作⊙O;

(6)将 C_1C_2 所在直线偏置距离 $e'=\frac{e}{u_1}=\frac{150\sqrt{3}}{20}=12.9904(\text{mm})$，与⊙$O$ 相交于 A 点，得 A 为曲柄的固定铰链中心；

(7)以 A 为圆心，AC_1 长为半径画弧与 C_2A 的延长线交于 C'_1，取 C'_1C_2 的中点 B_2，那么 B_2C_2 为连杆，AB_2 为曲柄；

(8)利用标记(查询)功能测出 $B_2C_2=49.67\text{mm}$，$AB_2=23.83\text{mm}$，于是曲柄 $l_1=u_1AB_2=20\times23.83=476.6(\text{mm})$，连杆 $l_2=u_1B_2C_2=20\times49.67=993.4(\text{mm})$. 测得最小传动角 $\angle ABC=\gamma_{\min}=42°$，符合机构传力要求；

(9)保存设计结果.

运用 AutoCAD 设计时尽可能利用其技术优势简化作图，如本例中用偏移功能作 C_1C_2 所在直线的偏移、用对象捕捉功能取 C'_1C_2 的中点 B_2 等. 将 AutoCAD 图解法与解析法所得结果进行比较，发现 AutoCAD 条件下图解法的结果精确度基本满足了一般设计的要求.

第四章 求基点坐标与直线和圆方程

我们已经知道，数控机床数字化处理过程中，确定零件轮廓线上基点坐标是一项重要的任务.

图 4-0-1 所示为一零件局部的示意图及其轮廓图，图中基点有 A、B、C，其中基点 C 的坐标不能直接得到，如何求基点 C 的坐标呢?

分析可知，基点 C 是直线 AC 与 BC 的交点，求出这两条直线的交点坐标，就能得到基点 C 的坐标.

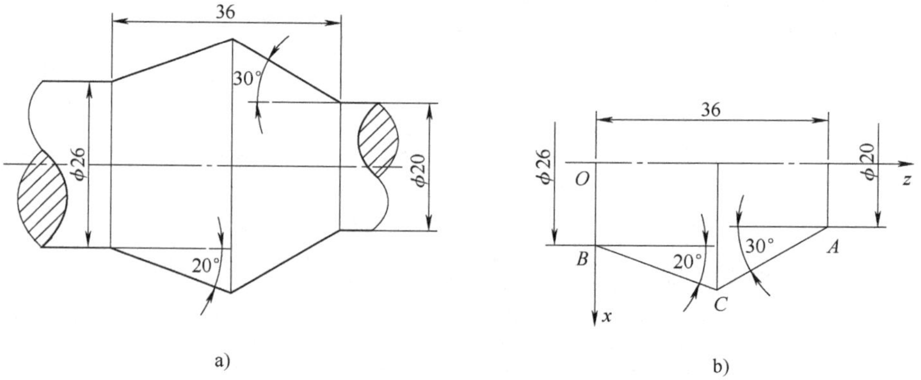

图 4-0-1

一般地，基点的实质是两条曲线(包括直线)的交点．那么，如何由任意两条曲线求出其交点的坐标呢?

第一节 平面内的曲线和方程

在平面直角坐标系下，平面上的一点和一对有序实数(x,y)之间建立了一一对应的关系．利用这种关系，可以知道有序实数对 x、y 构成的关系式与对应点在平面内形成的轨迹间的联系.

一、曲线与方程

我们知道：符合某种条件的点的集合叫作符合这种条件的点的轨迹．这种轨迹的图形可以是直线、射线、圆，当然还有线段、弧等．为此，我们可以把这种轨迹的图形称为曲线.

一般地，点对应于一对有序实数，如果点的位置变动，那么点的坐标也随之变动，点的变动在一定的条件制约下，点的轨迹成为一条曲线，这种制约反映在点的坐标 x 与 y 的关系中，可用其二元方程表示，现用 $F(x,y)=0$ 表示，这个方程 $F(x,y)=0$，就叫作**曲线的方程**．就是说，一条曲线可以用代数的方程表示．反过来，在一个二元方程 $F(x,y)=0$ 中，把它的实数解作为点的坐标 $P_1(x_1,y_1)$、$P_2(x_2,y_2)$、$P_3(x_3,y_3)$……定出各点，且各点顺次连接在一起，就形成了一条曲线．就是说，代数中的方程可以用曲线表示．这个曲线叫作**方程的轨迹或图像**.

我们知道了曲线和方程的这种关系，就可以：

(1)已知一个关于 x、y 的二元方程，画出它的曲线；

(2)已知一条曲线的性质，求出它的方程.

二、基点与曲线方程的关系

根据曲线与方程的关系易知，两条曲线交点的坐标就是这两个曲线方程的公共实数解，即这两个曲线方程组成的方程组的实数解；反过来，若两个曲线方程组成的方程组有几组实数解，则两条曲线就有几个交点．若方程组没有实数解，则两条曲线没有交点.

所以，求曲线的交点就是求对应方程组的解.

因此，在数字化处理的过程中，求基点的坐标就可以看成是求构成基点的两个几何元素对应曲线方程组的解；进一步，就是要求曲线的方程.

练习题 4.1

1. 简要说明基点与它所在曲线方程的关系.
2. 构成基点 A 的两个几何元素对应曲线是 $y=x^2$ 与 $y=2x-1$，求基点 A 的坐标.

第二节　直线型基点与直线方程

几何元素直线与直线构成的基点是最常见的．在图 4-0-1 中，基点 C 是直线 AC 与 BC 的交点，只要知道了直线 AC 与直线 BC 的方程，求它们方程组的解，就得到了它们的交点坐标．这样，基点 C 的坐标就确定了．那直线的方程是如何表述的呢？

一、直线的方程

我们知道，一次函数 $y=kx+b(k\neq0)$ 在平面直角坐标系中的图像是一条直线．它也可以看成是关于 x、y 的二元一次方程，并且能够知道以二元一次方程 $y=kx+b$ 的解作为坐标的点都在此直线上；反过来，此直线上的点的坐标都是这个二元一次方程 $y=kx+b$ 的解．所以这个二元一次方程 $y=kx+b$ 就是这条直线的方程，反之亦然.

一般地，对于二元一次方程：$Ax+By+C=0$（A、B 不同时为零）的图像都是一条直线，它叫作直线的一般式方程.

二、直线方程的几种形式

为了各种情形的需要，还可得到直线方程的其他表述形式.

(一)点斜式方程

台球运动中,球杆击球的事实告诉我们:一个点与一个方向就决定了一条直线．这个方向用直线的倾斜角与斜率的概念加以描述.

直线的倾斜角:设一条直线与 x 轴相交,如果把 x 轴依逆时针方向转到与这条直线重合时所成的角设为 α,则称 α 是**直线的倾斜角**,如图 4-2-1 所示.

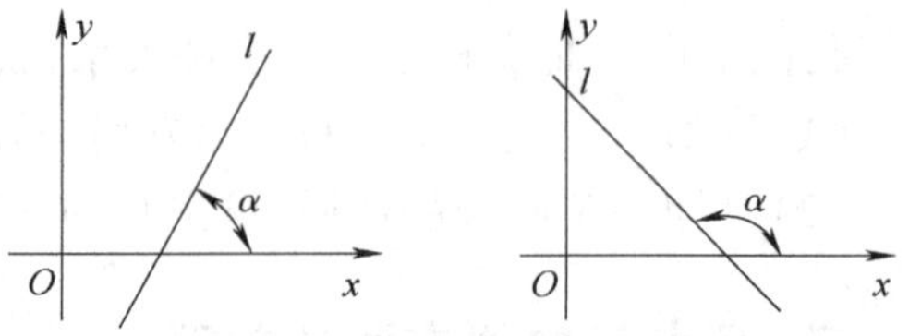

图 4-2-1

当直线 l 与 x 轴重合或平行时,规定直线 l 的倾斜角 $\alpha=0°$. 所以,直线的倾斜角 α 的范围是 $0°\leqslant\alpha<180°$.

直线的斜率:一条直线倾斜角的正切,称为这条**直线的斜率**,用 k 表示,即 $k=\tan\alpha$.

如果直线过 $P_1(x_1,y_1)$、$P_2(x_2,y_2)$ 两点,且不与 x 轴垂直(即 $x_1\neq x_2$),那么斜率为 $k=\dfrac{y_2-y_1}{x_2-x_1}$. 即直线的斜率等于直线上任意两点的纵坐标的差与对应横坐标的差的比.

若已知直线的斜率为 k,且经过定点 $P_1(x_1,y_1)$,那么该直线的方程是 $y-y_1=k(x-x_1)$. 这个方程叫作直线的**点斜式方程**.

(二)两点式方程

在生产活动中,先定两个点,就可划出一条直线的现象普遍存在,例如钳工的划线．这些事实说明了两点决定一条直线．若直线经过已知两点 $P_1(x_1,y_1)$、$P_2(x_2,y_2)$,则根据同一直线上的斜率相等,就有此直线的方程是 $\dfrac{y-y_1}{y_1-y_2}=\dfrac{x-x_1}{x_1-x_2}$,这个方程叫作直线的**两点式方程**.

【例】 已知一零件的示意图如图 4-2-2 所示,在建立图示的坐标系下,求圆 O_1、圆 O_2 与圆 O_3 各连心线所在直线的方程.

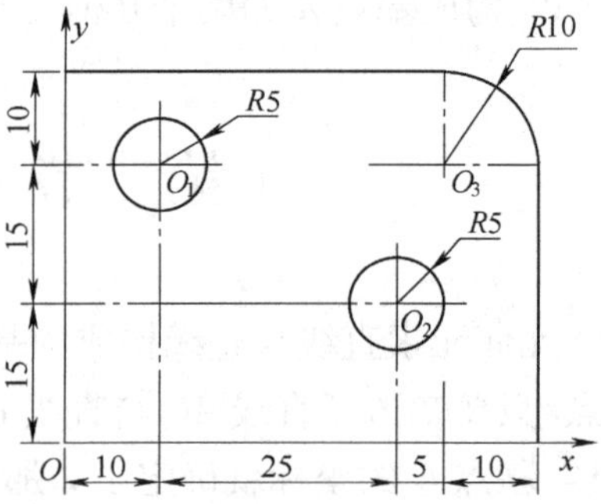

图 4-2-2

解:据图中标注数据可知:$O_1(10,30)$、$O_2(35,15)$、$O_3(40,30)$.

显然,O_1O_3 的直线方程是 $y=30$;

由两点式方程,得所求 O_1O_2 的直线方程是

$$\frac{y-30}{30-15}=\frac{x-10}{10-35},$$

即

$$3x+5y-180=0;$$

同理,O_2O_3 的直线方程是 $3x-y-90=0$.

(三)斜截式方程

已知一点是 y 轴上的一特殊点,即若直线与 y 轴相交于点 $B(0,b)$,斜率为 k,则根据点斜式方程,有这条直线的方程是 $y-b=k(x-0)$,即 $y=kx+b$,我们把这条直线与 y 轴的交点 $(0,b)$ 的纵坐标 b 叫作它在 y 轴上的纵截距,这个方程叫作**斜截式方程**.

问题思考:"截距"的概念是指距离吗?

【例】 图 4-2-3 所示为一零件的轮廓图,试根据图示,求出直线 AC、BC、AB 和 DE 的方程.

解:由图中标示数据可知:直线 AC 在 y 轴上的截距是 17,倾斜角是 150°,所以,AC 所在直线的方程是 $y=\tan150°x+17$,即 $y=-\frac{\sqrt{3}}{3}x+17$;

同理,BC 所在直线的方程是　　　　　　　$y=\frac{\sqrt{3}}{3}x-17$;

AB 在 y 轴上,AB 直线的方程是　　　　　　$x=0$;

$OC=OA\cot30°=17\sqrt{3}$,则直线 DE 的方程是 $x=-(35-17\sqrt{3})$.

(四)截距式方程

若已知两点:直线与 x 轴的交点 $A(a,0)$,与 y 轴的交点 $B(0,b)$,则据两点式方程,得 $\frac{x-a}{a-0}=\frac{y-0}{0-b}$,$\frac{x}{a}-1=-\frac{y}{b}$,即 $\frac{x}{a}+\frac{y}{b}=1$(其中 $a\neq0,b\neq0$),这个方程叫作直线的**截距式方程**.其中 a 叫作直线在 x 轴上的横截距.

【例】　如图 4-2-4 所示,已知正方形 $ABCD$ 的边长是 4,对角线 AC、BD 的交点 O 为坐标原点,E、F 分别为 AO、BO 的中点,求直线 EF 的方程.

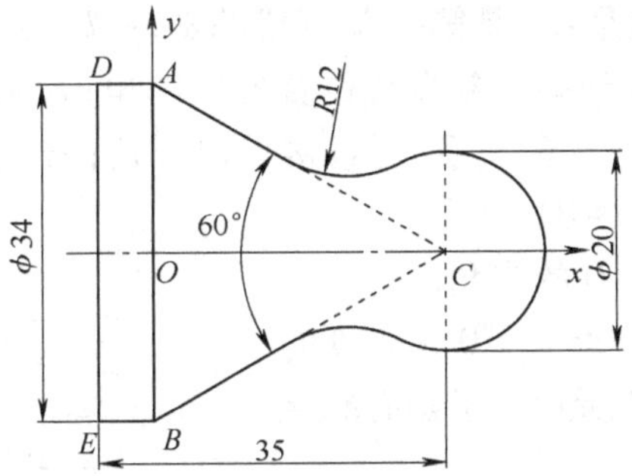

图　4-2-3

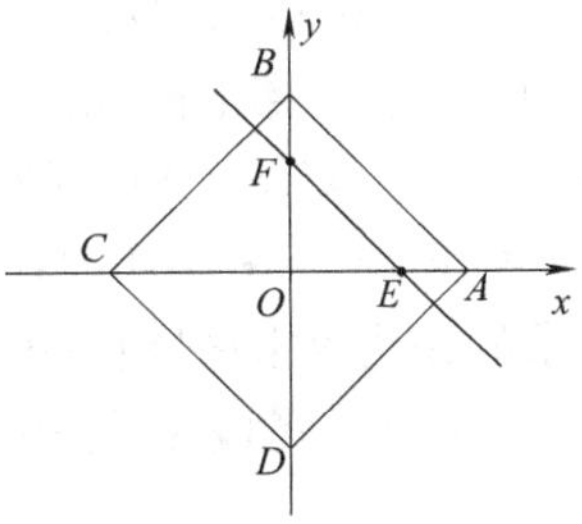

图　4-2-4

解:根据题意,对角线 AC、BD 长是 $4\sqrt{2}$,E、F 点的坐标分别是 $(\sqrt{2},0)$,$(0,\sqrt{2})$.由截距式方程得

$$EF:\frac{x}{\sqrt{2}}+\frac{y}{\sqrt{2}}=1,\text{就是 } x+y-\sqrt{2}=0.$$

问题思考:前面我们学习了直线方程的五种表达形式,一般情况下,如何灵活选用它们来求未知直线的方程呢?用点斜式方程要注意什么?斜截式、截距式和两点式呢?

三、两直线的关系及点到直线的距离

我们知道,同一平面内的两条直线有相交与平行(包括重合)两种情形.若相交,就有交点、夹角与垂直的问题;若平行,就有其之间平行的条件与距离的问题.这些问题,像图 4-0-1 中求两直线的交点一样,在数控加工的数字化中及其他生产实践中也常会遇到.现在我们来认识这些问题.

设直线 $l_1:y=k_1x+b_1$,直线 $l_2:y=k_2x+b_2$,它们与 x 轴的倾斜角分别是 α_1,α_2.

(一)两直线的平行

若直线 l_1 和直线 l_2 斜率不存在,就是与 x 轴的倾斜角都为 90°,显然 l_1 和 l_2 平行.

如图 4-2-5 所示，$l_1 // l_2 \Leftrightarrow k_1 = k_2$.

（二）两直线的交角

如图 4-2-6 所示，直线 l_1 和 l_2 的夹角 θ_1 是指 l_1 按逆时针方向转到 l_2 的角；直线 l_2 和 l_1 的夹角 θ_2 是指 l_2 按逆时针方向转到 l_1 的角；显然 θ_1 与 θ_2 互补．若 l_1 和 l_2 平行，则规定 $\theta=0°$. 所以，两直线的夹角 θ 是 $0°\leqslant\theta<180°$.

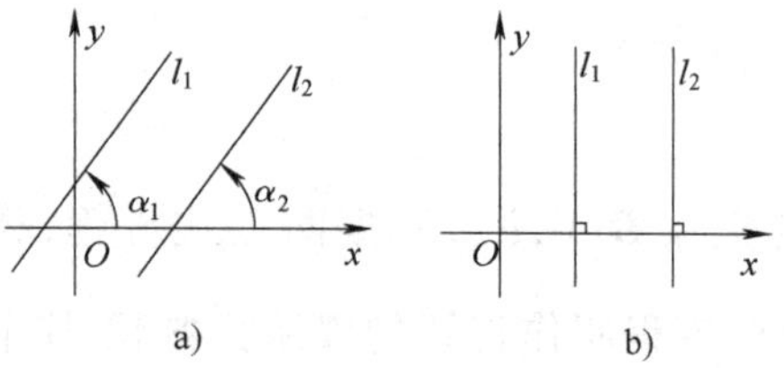

图 4-2-5

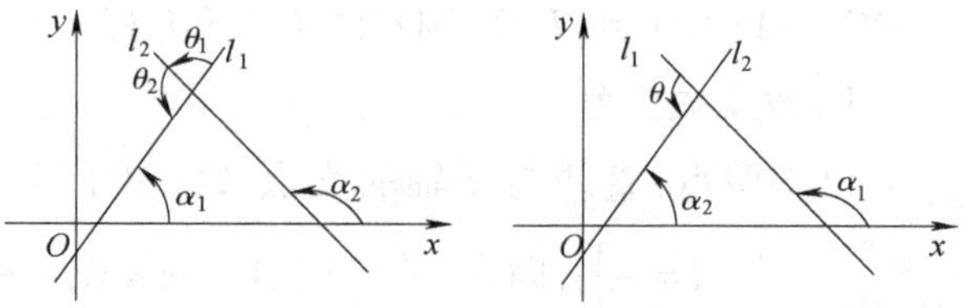

图 4-2-6

都有 $\tan\theta=\dfrac{\tan\alpha_2-\tan\alpha_1}{1+\tan\alpha_2\tan\alpha_1}$，就有两直线的交角公式：$\tan\theta=\dfrac{k_2-k_1}{1+k_2k_1}$.

上述两直线的交角公式在使用中，要注意的是：k_1 是第一条直线的斜率，k_2 是第二条直线的斜率，所求夹角是第一条直线按逆时针方向转到第二条直线位置形成的角；若 k_1 与 k_2 中有一个不存在，即有一条直线倾斜角为 90°，则利用互余关系，可直接求出交角；若 k_1 与 k_2 均不存在，即两条直线都垂直于 x 轴，则 $l_1 // l_2$，夹角 $\theta=0°$.

【例】 求直线 $2x-3y+5=0$ 到直线 $x+2y+2=0$ 的夹角.

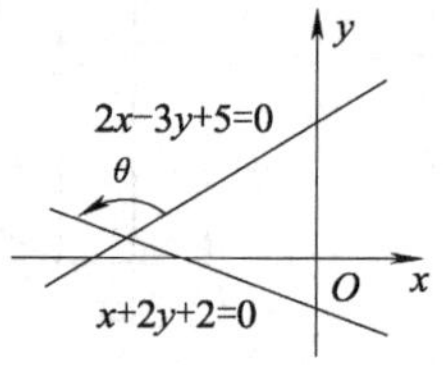

图 4-2-7

解：设所求的角为 θ，则据题意可知，直线 $2x-3y+5=0$ 是角 θ 的始边，直线 $x+2y+2=0$ 是角 θ 的终边，如图 4-2-7 所示．于是有 $k_{始}=\dfrac{2}{3}$，$k_{终}=-\dfrac{1}{2}$，所以

$$\tan\theta=\frac{k_{终}-k_{始}}{1+k_{终}\,k_{始}}=\frac{-\dfrac{1}{2}-\dfrac{2}{3}}{1-\dfrac{1}{2}\times\dfrac{2}{3}}=-\frac{7}{4},$$

θ 为钝角，$\theta\approx119°45'$.

假如上题不指明求哪一个角，只说求两条直线间的夹角，那么两条直线中的任一条都可成为始边，则所求角有两种可能，但两者应互为补角.

（三）两直线的垂直

$$l_1\perp l_2\Leftrightarrow k_1k_2=-1.$$

问题思考：若 $l_1\perp l_2$，且 l_1 的斜率 k_1 不存在，那么 l_2 的斜率 k_2 情况如何呢？

【例】 图 4-2-8 所示为一零件箱体的一部分，直线 CB 与弧 BD 相切于 B，且切点 B 的坐标为（80，60），与 y 轴相交于 C，求 OC 的长.

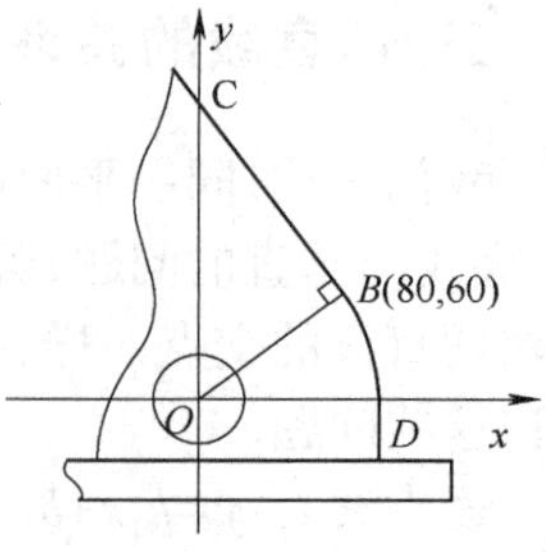

图 4-2-8

解：因为直线 OB 的斜率 $\quad k_1=\dfrac{60}{80}=\dfrac{3}{4}$,

直线 CB 与弧 BD 相切于 B，则 $CB\perp OB$，设直线 CB 的斜率为 k_2，则 $k_1k_2=-1$，直线 CB 的斜率 k_2 为 $-\frac{4}{3}$，于是，直线 CB 的方程是

$$y-60=-\frac{4}{3}(x-80)，即\ y=-\frac{4}{3}x+\frac{500}{3},$$

所以 $OC=\frac{500}{3}$.

（四）点到直线的距离

一般地，已知点 $P_0(x_0,y_0)$，直线 $l:Ax+By+C=0$，那么，设点 P_0 到直线 l 的距离为 d，则 $d=\frac{|Ax_0+By_0+C|}{\sqrt{A^2+B^2}}$，此式称为**点到直线的距离公式**.

练习题 4.2

1. 根据下列条件求直线的方程：

(1) 经过点 $P(-3,2)$，且平行于直线 $x+2y-4=0$；

(2) 在 y 轴上截距是 -2，且与倾斜角为 30°的一直线的交角为 45°；

(3) 过点 $P\left(-\frac{1}{2},2\right)$，且垂直于斜率为 $\frac{2}{3}$ 的直线；

(4) 经过原点，且与 $P(2,1)$ 的距离等于 $\frac{3\sqrt{5}}{5}$.

2. 已知直线 $l_1:A_1x+B_1y+C_1=0$ 与直线 $l_2:A_2x+B_2y+C_2=0$ 相交，设 l_1 与 l_2 的交角为 α，试证：$\tan\alpha=\frac{A_1B_2-A_2B_1}{A_1A_2+B_1B_2}$.

3. 求证两平行直线 $l_1:Ax+By+C_1=0$ 与 $l_2:Ax+By+C_2=0$ 间的距离公式是 $d=\frac{|C_1-C_2|}{\sqrt{A^2+B^2}}$；用公式求两平行直线 $3x-2y-1=0$ 与 $6x-4y+2=0$ 间的距离.

4. 在直线 $5x-12y=60$ 上求一点 P，使得点 P 与点 $M(4,0)$ 间的距离最短 .

第三节　直线方程的应用举例

一、在求直线型基点坐标中的应用

直线型基点是两直线的交点，所以只要求两直线方程组成的方程组的解.

现在我们一起来解决本章开头图 4-0-1 中提出的问题.

建立如图 4-3-1a 所示的坐标系，则点 A 的坐标是 $(36,-10)$，点 B 的坐标是 $(0,-13)$.

因为直线 CA 的斜率 $k_{CA}=\tan30°=0.577$，所以直线 CA 的方程是 $y+10=0.577(x-36)$，即 $0.577x-y-30.772=0$.

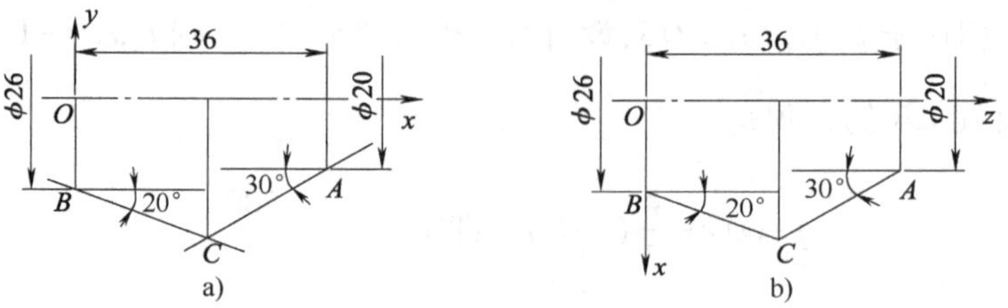

图 4-3-1

又因为直线 BC 的斜率 $k_{BC}=\tan(180°-20°)=-\tan20°=-0.364$，所以直线 BC 的方程是 $y+13=-0.364(x-0)$，即 $0.364x+y+13=0$.

解方程组 $\begin{cases}0.577x-y-30.772=0\\0.364x+y+13=0\end{cases}$，得 $\begin{cases}x=18.89\\y=-19.88\end{cases}$.

在图 4-3-1a 所示的坐标系中，C 点的坐标是 $(18.89,-19.88)$，然而，按照数控机床加工零件的要求，建立以左端面旋转中心为坐标原点的工件坐标系，如图 4-3-1b 所示，则基点坐标见表 4-3-1：

表 4-3-1　基点坐标

		A	B	C
x	直径方式编程	20	26	39.76
	半径方式编程	10	13	19.88
z		36	0	18.89

【例】　已知一零件的轮廓图，如图 4-3-2 所示，试求：(1) 轮廓线 BC 与 CD 所在直线的方程；(2) 基点 A、B、C、D 和 E 的坐标.

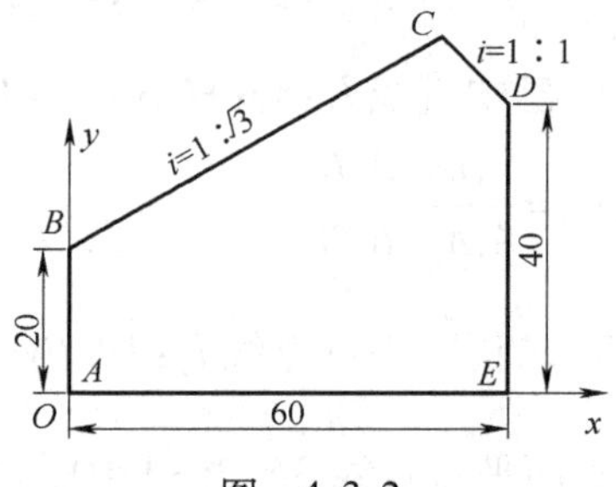

图 4-3-2

解：(1) 由 BC 边 $i=1:\sqrt{3}$ 知 BC 边所在直线的斜率 $k=\tan\alpha=i=\dfrac{\sqrt{3}}{3}$，又知截距 b 为 20，则 BC 的直线方程是 $y=\dfrac{\sqrt{3}}{3}x+20$；

由 CD 边的 $i=1:1$ 知 CD 边所在直线的斜率 $k=-i=-1$，又知 D 点坐标是 $(60,40)$，则 CD 的直线方程是 $y-40=-x+60$，即 $y=-x+100$.

(2) C 是直线 $y=\dfrac{\sqrt{3}}{3}x+20$ 与直线 $y=-x+100$ 的交点.

解方程组 $\begin{cases}y=\dfrac{\sqrt{3}}{3}x+20\\y=-x+100\end{cases}$，得 $\begin{cases}x=50.71\\y=49.29\end{cases}$.

所以：$A(0,0)$、$B(0,20)$、$C(50.71,49.29)$、$D(60,40)$ 和 $E(60,0)$.

二、在二元线性变量关系中的应用

对于二元变量关系的相关量的确定问题，借助直线方程可以得到较好的解决.

【例】 一根金属棒在30℃时长14.205m，在60℃时长14.211m．已知长度y(m)和温度x(℃)的关系能用直线方程表示，试写出这条直线方程，并求金属棒在80℃时的长度．

解：设所求的直线方程是$y=kx+b$，则根据题意有

$$\begin{cases}14.211=60k+b\\14.205=30k+b\end{cases},解之得\begin{cases}k=0.0002\\b=14.199\end{cases}.$$

所以所求的直线方程是$y=0.0002x+14.199$．

在80℃时，金属棒的长度$y=0.0002\times80+14.199=14.215$(m)．

三、在机械零件计算中的应用

【例1】 如图4-3-3所示，一工件的轮廓线为$OABCD$，C和D为切点，为了合理下料，试求出尺寸H与CB的长度．

解：根据题意，得$k_{AB}=\tan(180°-120°)=\sqrt{3}$，

因$CB\perp AB$，则$k_{AB}\cdot k_{CB}=-1$，即$k_{CB}=-\dfrac{1}{\sqrt{3}}$．

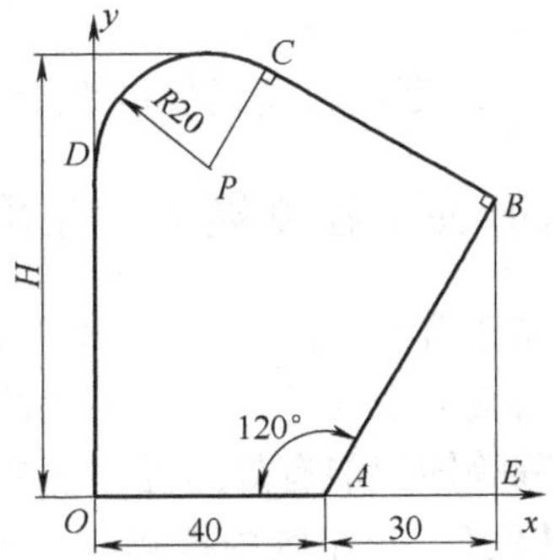

图　4-3-3

在Rt△AEB中，$BE=AE\tan60°=30\sqrt{3}$，点B的坐标是$(70,30\sqrt{3})$，

直线CB的方程是$y-30\sqrt{3}=-\dfrac{1}{\sqrt{3}}(x-70)$，即$x+\sqrt{3}y-160=0$，

设点P的坐标是$(20,y_0)$，因为CB与⊙P的弧相切，所以点P到直线CB的距离是20，有

$$\frac{|20+\sqrt{3}y_0-160|}{\sqrt{1^2+(\sqrt{3})^2}}=20，y_0=57.74（y_0'=103.93\ 不合题意，舍去），$$

则$H=57.74+20=77.74$．

由图知CB的长度即为点$P(20,57.74)$到直线AB的距离，

直线AB的方程是$y-0=\sqrt{3}(x-40)$，即

$$\sqrt{3}x-y-40\sqrt{3}=0，$$

$$d_{CB}=\frac{|20\sqrt{3}-57.74-40\sqrt{3}|}{\sqrt{(\sqrt{3})^2+(-1)^2}}=46.19.$$

则CB的长度是46.19．

问题思考：在求得P点坐标后，能用另外的方法直接求CB的长度吗？

【例2】 某安装工地采用加装固定托板的方法对成105°角转弯连接的管道加固．现需要在托板上划线钻孔装固定件，试根据图4-3-4及标注尺寸，求划线时所需要的h_1、h_2、h_3和h_4的尺寸数据．(单位m，精确到0.01)

解：建立如图4-3-4所示的直角坐标系，

则点C的坐标是(4.5，2.7)，其余点的坐标可以是$A(1,y_A)$、$B(3.5,y_B)$、$D(x_D,3.7)$和$E(x_E,6.2)$．

直线 CA 的方程是 $y=\frac{2.7}{4.5}x=0.6x$,

当 $x_A=1$ 时,有 $y_A=0.6$;

当 $x_B=3.5$ 时,有 $y_B=2.1$.

设直线 CE 的斜率为 k_1,因直线 CE 与直线 CA 的交角为 105°,由两直线的交角公式得

$$\tan 105°=\frac{0.6-k_1}{1+0.6k_1}, \text{即} -3.732=\frac{0.6-k_1}{1+0.6k_1},$$

解之得 $k_1\approx -3.50$,

直线 CE 的方程是 $y-2.7=-3.5(x-4.5)$,即 $3.5x+y-18.45=0$.

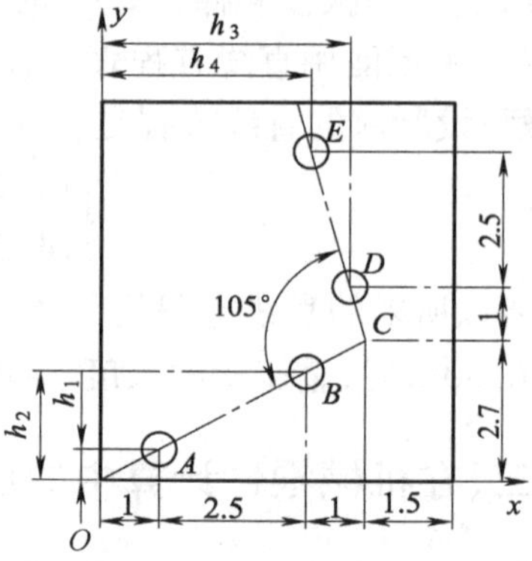

图 4-3-4

当 $y_D=3.7$ 时,有 $3.5x_D+3.7-18.45=0, x_D\approx 4.21$;

当 $y_E=6.2$ 时,有 $3.5x_E+6.2-18.45=0, x_E\approx 3.5$.

所以,划线时所需要的 h_1、h_2、h_3 和 h_4 四个尺寸分别是 0.6m、2.1m、4.21m 和 3.5m.

四、在工程测量中的应用

在建筑物的法定线、拔地等最小距离的测量,道路中心线交点坐标的计算,通道挖掘贯通方向与交会坐标等类似的工程测量中,将实际问题抽象为点、线的位置与数量关系后,运用直线方程等知识能有效地处理这些问题.

【例】 某小区内拟建一公寓Ⅰ,如图 4-3-5 所示,拟建公寓的要求是:公寓Ⅰ南外墙线与实地现有的建筑物Ⅱ北围墙平行且相距为 25.50m;公寓Ⅰ西外墙线上点到建筑物Ⅲ东围墙最近距离为 10m. 在对公寓Ⅰ放线中,主要是确定 1#点的位置. 现以建筑物Ⅱ北围墙所在直线为 x 轴,便于测量建筑物Ⅲ东围墙所在直线上两点 A 与 B 坐标位置的直线为 y 轴,建立直角坐标系,测得 A 点坐标为$(-10,16.63)$,B 点的坐标为$(-4,27.02)$. 试求出 1#点的坐标.

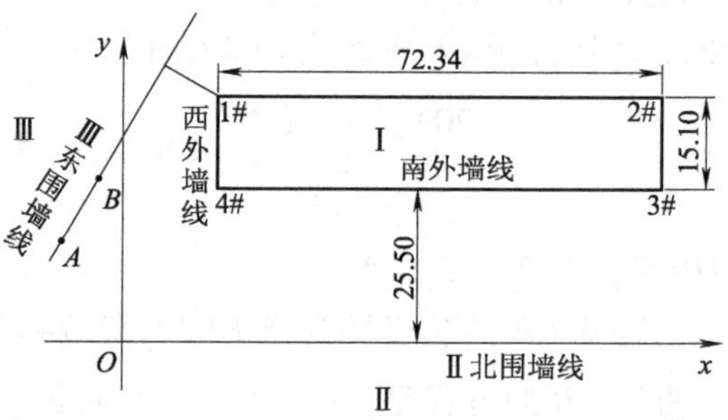

图 4-3-5

解:根据题意,得直线 AB 的方程是

$$\frac{y-16.63}{16.63-27.02}=\frac{x+10}{-10+4},$$

$$10.39x-6y+203.68=0,$$

1#点与 2#点所在直线的方程是

$$y=25.50+15.10=40.60.$$

因拟建公寓Ⅰ西外墙线上点到建筑物Ⅲ东围墙最近距离为 10m,设 1#点坐标是$(x_0,40.60)$,故它到直线 AB 的距离是 10m.

$$10=\frac{|10.39x_0-6\times 40.60+203.68|}{\sqrt{10.39^2+(-6)^2}},$$

$$x_0=15.39.$$

则 1#点的坐标是(15.39,40.60).

根据 1#点的坐标,易得 2#、3#与 4#三点的坐标分别为(87.73,40.60)、(87.73,25.50)与(15.39,25.50),这样,就可以顺利地进行拟建公寓Ⅰ的放线.

问题思考:如果 x 轴不在建筑物Ⅱ北围墙所在直线上时,类似地在这北围墙所在直线上再取 C、D 两点的坐标值,在这样的情况下,1#点的坐标如何求呢?

五、在求最大(小)角问题中的应用

【例】 观察屏是工业自动化管理中最基本的设备。已知某观察屏幕与水平线呈 α 的倾斜角放置($90°\leqslant\alpha<180°$),如图 4-3-6 所示,已知屏幕上下之间的宽度为 AB,且它所在直线与过人眼视点的水平线的交点为 O,$AO=a$,$BO=b(a>b\geqslant 0)$,问人离 O 点距离多远时观察效果最佳.

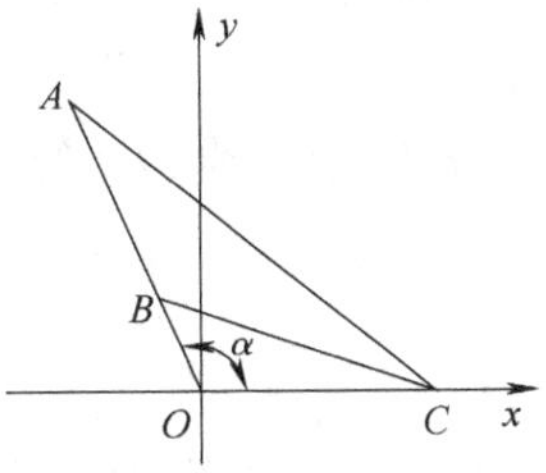

图 4-3-6

解:设最佳视点为 C,以 O 为原点,OC 为 x 轴的正半轴建立如图所示的坐标系.

要使观察效果最佳,就要在 x 轴上找一点 $C(x_0,0)(x_0>0)$,使视角 $\angle ACB$ 最大.

根据三角函数定义知:$A(a\cos\alpha,a\sin\alpha)$,$B(b\cos\alpha,b\sin\alpha)$,于是直线 AC、BC 的斜率分别为

$$k_{AC}=\frac{a\sin\alpha}{a\cos\alpha-x_0}=\tan\angle xCA,k_{BC}=\frac{b\sin\alpha}{b\cos\alpha-x_0}=\tan\angle xCB,$$

因为

$$\tan\angle ACB=\frac{\tan\angle xCB-\tan\angle xCA}{1+\tan\angle xCB\tan\angle xCA}=\frac{k_{BC}-k_{AC}}{1+k_{BC}k_{AC}},$$

所以

$$\tan\angle ACB=\frac{\dfrac{b\sin\alpha}{b\cos\alpha-x_0}-\dfrac{a\sin\alpha}{a\cos\alpha-x_0}}{1+\dfrac{b\sin\alpha}{b\cos\alpha-x_0}\times\dfrac{a\sin\alpha}{a\cos\alpha-x_0}}$$

$$=\frac{x_0(a-b)\sin\alpha}{ab-x_0(a+b)\cos\alpha+x_0^2}$$

$$=\frac{(a-b)\sin\alpha}{\dfrac{ab}{x_0}+x_0-(a+b)\cos\alpha}.$$

因为 $\angle ACB$ 为锐角,$x_0>0$,$\dfrac{ab}{x_0}+x_0\geqslant 2\sqrt{ab}$,所以当且仅当 $\dfrac{ab}{x_0}=x_0$,即 $x_0=\sqrt{ab}$ 时,$\dfrac{ab}{x_0}+x_0$ 有最小值 $2\sqrt{ab}$,那么 $\tan\angle ACB\leqslant\dfrac{(a-b)\sin\alpha}{2\sqrt{ab}-(a+b)\cos\alpha}$,即 $\tan\angle ACB$ 有最大值,就是当 $x_0=\sqrt{ab}$ 时,$\angle ACB$ 为最大角.

于是,人离 O 点距离为 $\sqrt{ab}$ 时观察效果最佳.

问题探究

由平面几何的有关结论知,在一直线上找一点对线段的视角最大的最佳点,就是以该线段

为弦，与此直线相切的圆的切点.

现在要在过人眼视点水平线上找一点 C，使得对 AB 的视角 $\angle ACB$ 最大. 利用上面的平面几何知识能找到它另外的解法吗?

建立如图 4-3-7 所示的坐标系，设过 A、B 且与水平视线 x 轴相切于点 C 的圆 M 的半径为 r，C 点的坐标是$(x_0,0)$.

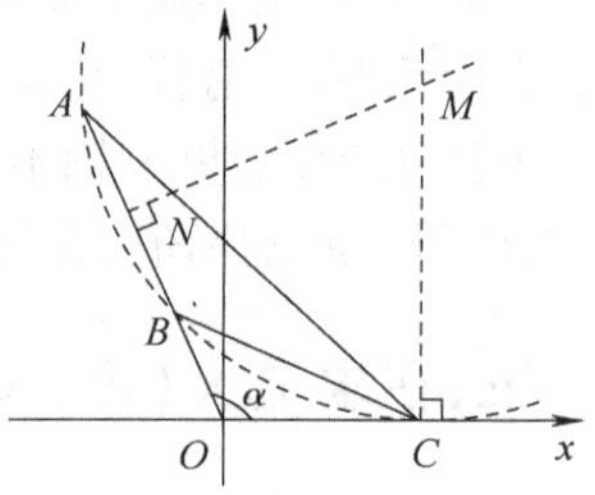

图 4-3-7

因为 OC 是圆 M 的切线，所以 $OC\perp MC$，则 M 点的坐标为(x_0,r);

根据三角函数定义知：$A(a\cos\alpha,a\sin\alpha)$，$B(b\cos\alpha,b\sin\alpha)$，$AB$ 的中点坐标为$\left(\dfrac{(a+b)\cos\alpha}{2},\dfrac{(a+b)\sin\alpha}{2}\right)$，

AB 的中垂线 MN 的方程是 $y-\dfrac{(a+b)\sin\alpha}{2}=-\dfrac{1}{\tan\alpha}\left[x-\dfrac{(a+b)\cos\alpha}{2}\right]$，

即
$$x\cos\alpha+y\sin\alpha=\frac{a+b}{2},$$

M 点(x_0,r)在直线 MN 上，有
$$x_0\cos\alpha+r\sin\alpha=\frac{a+b}{2};$$

据 $MA=r$，有
$$\sqrt{(x_0-a\cos\alpha)^2+(r-a\sin\alpha)^2}=r,$$

整理得
$$x_0^2-2a(x_0\cos\alpha+r\sin\alpha)+a^2=0,$$

于是
$$x_0^2-2a\left(\frac{a+b}{2}\right)+a^2=0,\text{则 } x_0=\sqrt{ab}.$$

问题思考：(1)你能证明上述探索中用到的平面几何结论吗? 即已知点 A、B 是 $\angle MON$ 的边 ON 上的两个定点，点 C 是边 OM 上的一动点，求证：当且仅当$\triangle ABC$ 的外圆与边 OM 相切于点 C 时，$\angle ACB$ 最大.

(2)在上述问题中，若设 $OC=x_0=c$，则上式 $x_0=\sqrt{ab}$，即为 $c^2=ab$，从 $c^2=ab$ 式子的特征上，你能想到什么? 试一试.

练习题 4.3

1. 图 4-3-8 所示是一零件的一部分，试建立适当的坐标系，确定其基点及坐标(用直径方式表示).

2. 图 4-3-9 所示是一零件的一部分，用轮廓铣加工，试建立适当的坐标系，确定其基点及坐标.

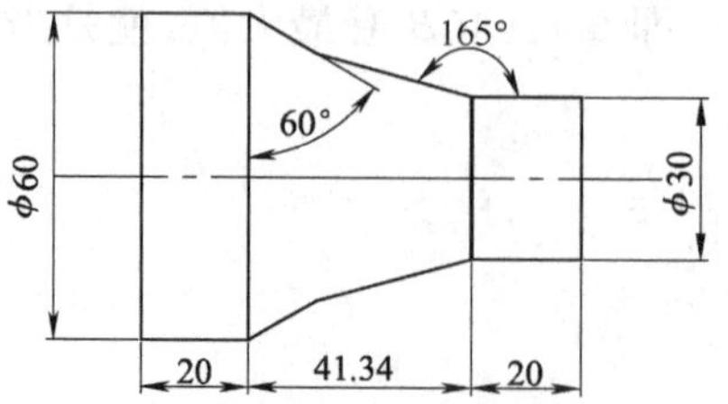

图 4-3-8

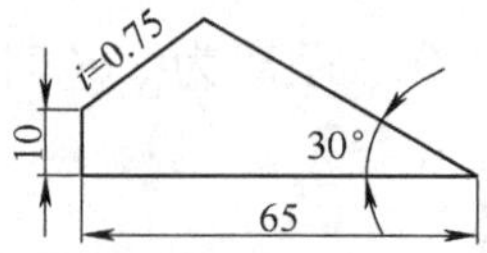

图 4-3-9

3. 图 4-3-10 所示为一电路板示意图．在设计的过程中，需要从点 P 连一线段到 AB，且使得该线段最短，试根据图示尺寸计算这条线段的长．

4. 一根弹簧挂 6kg 的物体时，长 11cm；挂 9kg 的物体时，长 17cm，已知弹簧长度 l(cm) 和所挂物体的重量 W(kg) 的关系可用直线方程来表示，请求这个方程，并根据这个方程求出弹簧长为 13cm 时所挂物体的重量．

5. 如图 4-3-11 所示，一箱体上有 A、B、C 三个孔，建立图示的坐标系后，其坐标分别是 $A(40,40)$、$B(100,120)$、$C(160,30)$，试求 A 孔中心到 B、C 孔中心连线的距离.

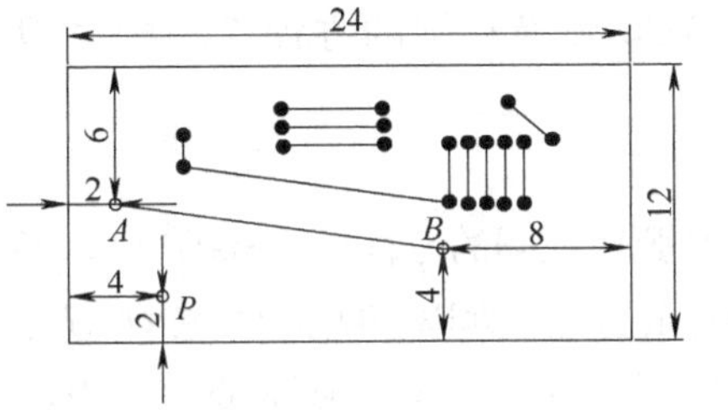

图　4-3-10

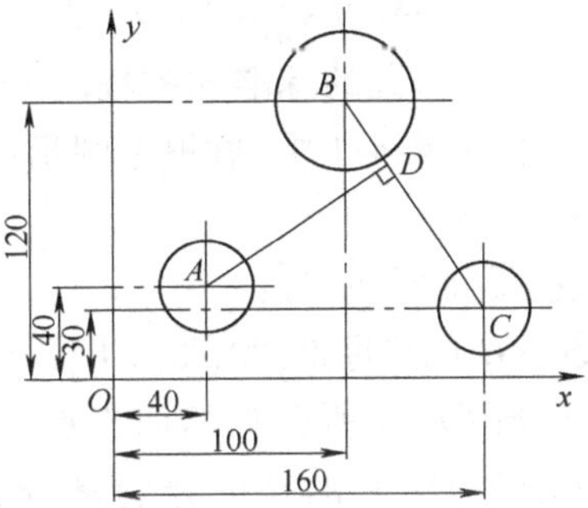

图　4-3-11

6. 图 4-3-12 所示是一实验型无人机的机翼示意图，设计要求两机翼的翼展 $l=128.00$cm，翼弦 $b_0=40.12$cm，前缘后掠角 $\alpha_0=33°$，后缘后掠角 $\alpha_1=15°$．试求：(1) 机翼前缘边线 AB、后缘边线 CD 所在直线的方程；(2) 翼弦 b_1 的长度及飞机机翼的平面总面积．

7. 已知一零件的尺寸如图 4-3-13 所示，在对其进行加工的过程中，需要知道点 M 到直线 AB 的距离，试建立合适的坐标系后，求出点 M 到直线 AB 的距离.

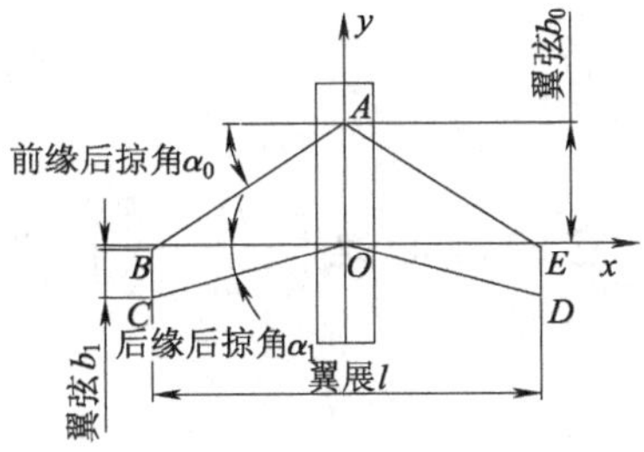

图　4-3-12

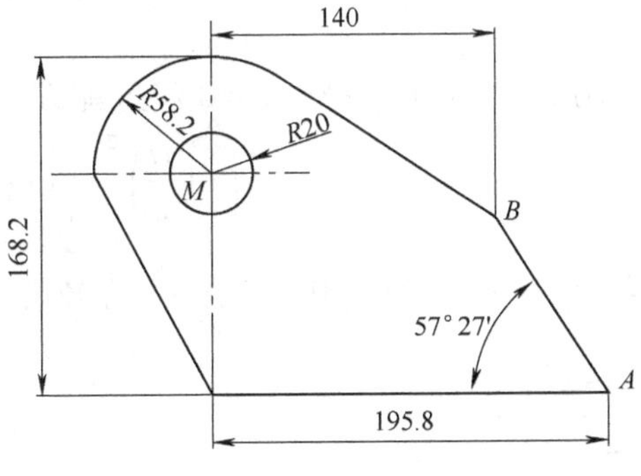

图　4-3-13

第四节　直线和圆构成的基点与圆方程

在加工轮廓图的基点中，直线与圆弧相交、相切构成的基点是普遍的情形．如：

在图 4-4-1 所示的零件中，A、B、C、D、E 为基点．据图容易得 A、B、D、E 的坐标值；C 点坐标不能迅速得到.但注意到 C 点是直线与圆弧的切点，根据曲线与方程的关系可知，只要知道对应的直线与圆的方程，求其联立方程的解，就能得基点 C 的坐标．因此，要求圆弧所在圆的方程．

为此，我们在认识圆的方程的知识后，实施其基点的求解．

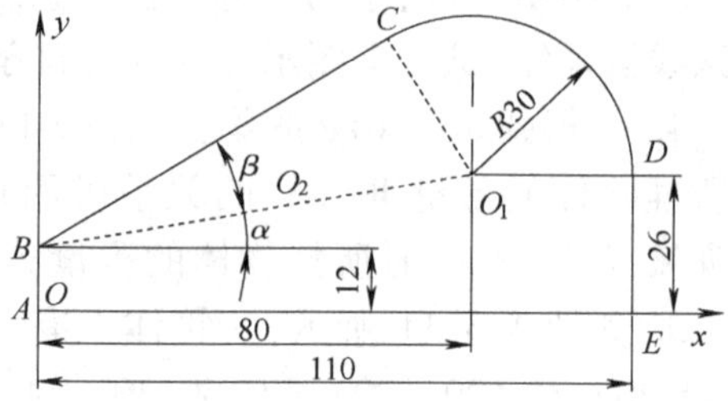

图　4-4-1

一、圆的标准式方程

圆心是 $C(a,b)$、半径是 r 的圆的方程是

$$(x-a)^2+(y-b)^2=r^2.$$

这个方程叫作**圆的标准式方程**.

【例】　在图 4-4-1 中，试根据图示标注，求：(1) CD 弧所在圆的方程；(2) 经过 O_1、B、C 三点的圆方程.

解：根据图示标注，有：

(1) 圆心 O_1 的坐标是(80,26)，半径是 30，所以 CD 弧所在圆的方程是 $(x-80)^2+(y-26)^2=30^2$；

(2) BC 与 CD 弧所在圆相切于点 C，则 $\angle BCO_1$ 是直角，所以 BO_1 是经过 O_1、B、C 三点圆的直径；又因为 O_1、B 的坐标分别是(80,26)与(0,12)，所以圆心坐标是 $O_2(40,19)$，圆半径是 $\frac{1}{2}\sqrt{(80-0)^2+(26-12)^2}=\sqrt{1649}$，则过 O_1、B、C 三点的圆方程是 $(x-40)^2+(y-19)^2=1649$.

二、圆的一般式方程

方程 $x^2+y^2+Dx+Ey+F=0$ 叫作**圆的一般式方程**，它以二次项系数相同，不等于零，且缺少一次项的形式特征，作为一个二元二次方程表示圆的必要条件，由三个独立的条件求出圆方程.

因为方程 $x^2+y^2+Dx+Ey+F=0$ 经过配方可以化成

$$\left(x+\frac{D}{2}\right)^2+\left(y+\frac{E}{2}\right)^2=\frac{D^2+E^2-4F}{4}.$$

①若 $D^2+E^2-4F>0$，则方程的轨迹是一个圆，它的圆心是 $\left(-\frac{D}{2},-\frac{E}{2}\right)$，半径是 $r=\frac{\sqrt{D^2+E^2-4F}}{2}$；

②若 $D^2+E^2-4F=0$，即 $r=0$，则方程轨迹缩成一点 $\left(-\frac{D}{2},-\frac{E}{2}\right)$，称为点圆；

③若 $D^2+E^2-4F<0$，方程无实数解，则方程没有轨迹，称为虚圆.

三、点与圆的位置关系

显然，点 $P_1(x_1,y_1)$ 与圆 $(x-a)^2+(y-b)^2=r^2$ 的位置关系有：

(1) $P_1(x_1,y_1)$ 在圆内 $\Leftrightarrow\sqrt{(x_1-a)^2+(y_1-b)^2}<r$；

(2) $P_1(x_1,y_1)$ 在圆上 $\Leftrightarrow\sqrt{(x_1-a)^2+(y_1-b)^2}=r$；

(3) $P_1(x_1,y_1)$ 在圆外 $\Leftrightarrow \sqrt{(x_1-a)^2+(y_1-b)^2}>r$.

四、直线与圆的位置关系

我们知道，直线与圆有相交、相切和相离三种位置关系，它们的这种关系与对应的方程之间又有什么联系呢？我们可以得到表 4-4-1 结论.

表 4-4-1　直线与圆的位置及方程关系

位置关系	相交	相切	相离
交点情况	有两个交点	有且仅有一个交点	没有交点
图形表示	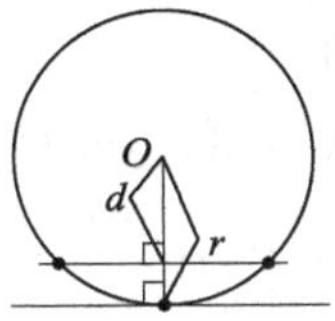	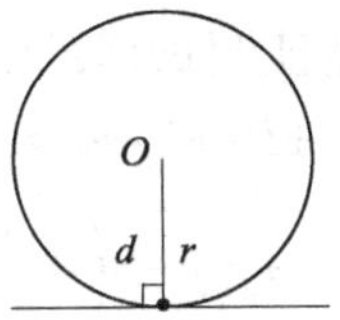	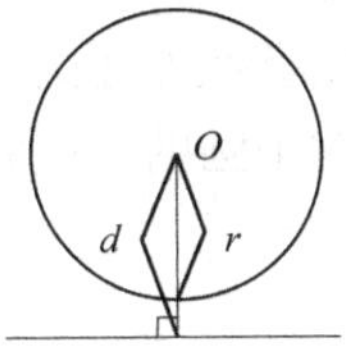
圆心距与半径	$d<r$	$d=r$	$d>r$
直线方程与圆方程之间的关系	$\begin{cases}(x-a)^2+(y-b)^2=r^2\\ Ax+By+C=0\end{cases}$		
	$\dfrac{\lvert Aa+Bb+C\rvert}{\sqrt{A^2+B^2}}<r$	$\dfrac{\lvert Aa+Bb+C\rvert}{\sqrt{A^2+B^2}}=r$	$\dfrac{\lvert Aa+Bb+C\rvert}{\sqrt{A^2+B^2}}>r$
	方程组有两组不同的实数解	方程组仅有一组解（即两组相同实数解）	方程组没有实数解
	方程组消去 y，得到 $px^2+qx+t=0$		
	$\Delta>0$	$\Delta=0$	$\Delta<0$

五、圆的切线方程

我们利用圆的切线的判定定理及性质定理等，易得圆的切线方程.

（一）经过圆上一点的圆的切线方程

设 $P_0(x_0,y_0)$ 是圆 $x^2+y^2=r^2$ 上一点，l 是过 P_0 点的切线，则 $|OP_0|=r$，且 $l\perp OP_0$.

因为 OP_0 的斜率是 $\dfrac{y_0}{x_0}$，所以它的垂线 l 的斜率是 $-\dfrac{x_0}{y_0}$，则切线 l 的方程是 $y-y_0=-\dfrac{x_0}{y_0}(x-x_0)$，即 $x_0x+y_0y=x_0^2+y_0^2$，又因 $P_0(x_0,y_0)$ 是圆 $x^2+y^2=r^2$ 上的一点，应有 $x_0^2+y_0^2=r^2$，则所求的切线方程是 $x_0x+y_0y=r^2$.

为了方便，人们把经过切点垂直于切线的直线叫作**法线**．因切线与法线互相垂直，它们斜率的积为 -1，即互为负倒数．在圆中的法线就是切点与圆心连线（过切点的半径）所在的直线.

问题探究

至此，你能得到求过圆 $x^2+y^2=r^2$ 上一点 $P_0(x_0,y_0)$ 的切线方程的简单方法吗？

观察切线方程 $x_0x+y_0y=r^2$ 的形式，其简单方法是用 x_0x、y_0y 分别替代圆 $x^2+y^2=r^2$ 中的 x^2、y^2，即得切线方程 $x_0x+y_0y=r^2$.

既然如此，我们会产生这样的念头：对于过圆的标准式方程 $(x-a)^2+(y-b)^2=r^2$ 上一点 $P_0(x_0,y_0)$ 的切线方程，能做如下类比猜想吗？

用 $(x_0-a)(x-a)$、$(y_0-b)(y-b)$ 分别替代圆的标准式方程中的 $(x-a)^2$、$(y-b)^2$，得其切线方程是 $(x_0-a)(x-a)+(y_0-b)(y-b)=r^2$.

用类似上述的求解方法，能证明这样的猜想是成立的.

对于圆的一般式方程 $x^2+y^2+Dx+Ey+F=0$，过圆上一点 $P_0(x_0,y_0)$ 的切线方程是

$$x_0x+y_0y+D\left(\frac{x+x_0}{2}\right)+E\left(\frac{y+y_0}{2}\right)+F=0.$$

观察这一切线方程的形式，可知其简单方法是用 x_0x、y_0y、$\frac{x+x_0}{2}$ 和 $\frac{y+y_0}{2}$ 分别替代圆的一般式方程 $x^2+y^2+Dx+Ey+F=0$ 中的 x^2、y^2、x 和 y，即得切线方程 $x_0x+y_0y+D\left(\frac{x+x_0}{2}\right)+E\left(\frac{y+y_0}{2}\right)+F=0$.

（二）经过圆外一点的圆的切线方程

设 $P_1(x_1,y_1)$ 是圆 $x^2+y^2=r^2$ 外的一点，l 是过 P_1 点且与圆相切的直线.

根据上述求过圆上切点的圆的切线方程可知，只要切点已知，此切线方程也就容易得到了.所以求经过圆外一点的圆的切线方程的关键是求切点.

设所求切线的切点是 $P_0(x_0,y_0)$，则切线方程是 $x_0x+y_0y=r^2$，它是过点 $P_1(x_1,y_1)$ 的直线，所以 $x_1x_0+y_1y_0=r^2$；又因为 $P_0(x_0,y_0)$ 在圆上，它的坐标满足圆的方程，有 $x_0^2+y_0^2=r^2$.

解方程组 $\begin{cases} x_0^2+y_0^2=r^2 \\ x_1x_0+y_1y_0=r^2 \end{cases}$，求出 x_0 和 y_0，就可以得到所求的切线方程了.

练习题 4.4

1. 写出下列各圆的方程：

(1)圆心 $M(3,-2)$，半径是 $\sqrt{3}$；(2)圆心 $M(2,5)$，经过点 $P(1,3)$.

2. 求过点 $A(0,0)$、$B(1,1)$、$C(4,2)$ 的圆方程，并求圆心坐标和圆的半径.

3. 一个圆过点 $P(0,10)$，且与 x 轴相切于原点，试求这个圆的方程，并分别判断点 $A(5,5)$、$B(-2,3)$ 和 $C(6,8)$ 与这个圆的位置关系.

4. 求一倾斜角的正切值为 3 且与圆 $x^2+y^2=4$ 相切的直线方程.

5. 求过点 $P(2,0)$ 且与圆 $x^2+y^2-6x-4y+12=0$ 相切的切线方程.

第五节　圆的方程的应用举例

圆以最完美的几何图形在机械中有着广泛的应用.

一、在求直线与圆构成的基点坐标中的应用

我们一起来解决本章开头提出的问题，即直线与圆弧相交、相切构成的基点的计算问题.

【例 1】 已知如图 4-4-1 所示的零件，A、B、C、D、E 为基点，在数控机床上加工，编程时需要计算各基点的坐标值，试根据图示尺寸求出各点坐标.

分析：建立如图 4-4-1 所示的直角坐标系，

显然，A、B、D、E 基点的坐标分别是 $A(0,0)$、$B(0,12)$、$D(110,26)$、$E(110,0)$，重点是求 C 点的坐标. C 点是直线与圆弧的切点. 根据曲线与方程的关系可知，只要知道直线与圆的方程，求联立方程的解，即得 C 点坐标.

解：因为 O_1 坐标是(80,26)，$\odot O_1$ 半径为 30，所以 $\odot O_1$ 的方程是 $(x-80)^2+(y-26)^2=30^2$.

$$BO_1=\sqrt{(80-0)^2+(26-12)^2}=2\sqrt{1649}\approx 81.216,$$

由

$$\tan\alpha=\frac{26-12}{80}=\frac{7}{40}\approx 0.175,$$

$$\sin\beta=\frac{30}{81.216}\approx 0.3694,\ \cos\beta=\sqrt{1-0.3694^2}\approx 0.9292,$$

$$\tan\beta=\frac{\sin\beta}{\cos\beta}=\frac{0.3694}{0.9292}\approx 0.3975,$$

$$\tan(\alpha+\beta)=\frac{\tan\alpha+\tan\beta}{1-\tan\alpha\tan\beta}=\frac{0.175+0.3975}{1-0.175\times 0.3975}\approx 0.6153,$$

得直线 BC 的方程是

$$y=0.6153x+12,$$

$$\text{解方程组}\begin{cases} y=0.6153x+12 \\ (x-80)^2+(y-26)^2=30^2 \end{cases}，\quad \text{得}\begin{cases} x=64.279 \\ y=51.551 \end{cases}.$$

即 C 点的坐标为(64.279,51.551).

问题探究

(1)能有其他的方法求直线 BC 的斜率 k 吗？

直线 BC 与 $\odot O_1$ 相切，那么它们对应方程组的解应该相等. 其中，根的判别式 $\Delta=0$.

$$\begin{cases} y=kx+12 & (1) \\ (x-80)^2+(y-26)^2=30^2 & (2) \end{cases}$$

将式(1)代入式(2)，整理得

$$(k^2+1)x^2-(28k+160)x+5696=0,$$

$$\Delta=(28k+160)^2-4(k^2+1)\times 5696=0,$$

$$1375k^2-560k-176=0,$$
$$k_1=0.6153, k_2=-0.2080(\text{不合题意,舍去}).$$

或,因直线 BC 与 $\odot O_1$ 相切,所以有 $d=r$,即 $O_1(80,26)$ 到直线 $y=kx+12$ 的距离为半径30,即

$$\frac{|80k-26+12|}{\sqrt{k^2+1}}=30,$$

两边平方,整理得 $1375k^2-560k-176=0$(以下略).

(2)我们会感觉到解切线方程与圆组成的二元二次方程组运算较麻烦.有相对简单的方法吗?

注意到法线与切线垂直,在已知切线的斜率后,可知其法线的斜率,法线 O_1C 的斜率为 $-\frac{1}{0.6153}\approx-1.6252$,求出法线方程 $y-26=-1.6252(x-80)$.因切线与法线的交点即为切点 C,它们的方程组成较为简单的二元一次方程组 $\begin{cases}y=0.6153x+12\\y-26=-1.6252(x-80)\end{cases}$,它的解即为切点 C 的坐标.这种解法相对简便一点.

若注意到 $O_1C\perp BC$,BO_1 是过 B、C、O_1 三点的圆 O_2 的直径,BO_1 中点 O_2 的坐标是(40,19),则有 $\odot O_2$ 的方程是 $(x-40)^2+(y-19)^2=1649$,C 点是 $\odot O_1$ 与 $\odot O_2$ 的交点,解它们组成的二元二次方程组 $\begin{cases}(x-40)^2+(y-19)^2=1649\\(x-80)^2+(y-26)^2=30^2\end{cases}$,符合题意的一组解即为 C 点坐标.显然这种解法的运算还是有点麻烦.

如图4-5-1所示.作适当的垂线 CF、O_1G,有 $\text{Rt}\triangle CFB\backsim\text{Rt}\triangle O_1GC$,就有 $\frac{CF}{FB}=\frac{O_1G}{GC}$,设 $O_1G=m$,有 $\frac{14+\sqrt{30^2-m^2}}{80-m}=\frac{m}{\sqrt{30^2-m^2}}$,可转化为 $1649m^2-36000m+158400=0$,解之得 $m_1=15.7214$,$m_2=6.1100$(不合题意,舍去).于是,C 点横坐标 $x=80-15.7214=64.2790$,纵坐标 $y=26+\sqrt{30^2-15.7214}=51.5510$.

问题思考:(1)以上各种解法运用的主要知识点是什么?(2)在具体求解上各有什么特点?哪种方法较有普遍意义?

【例2】 已知一零件如图4-5-2所示,试建立适当的坐标系,求出轮廓线的基点坐标.

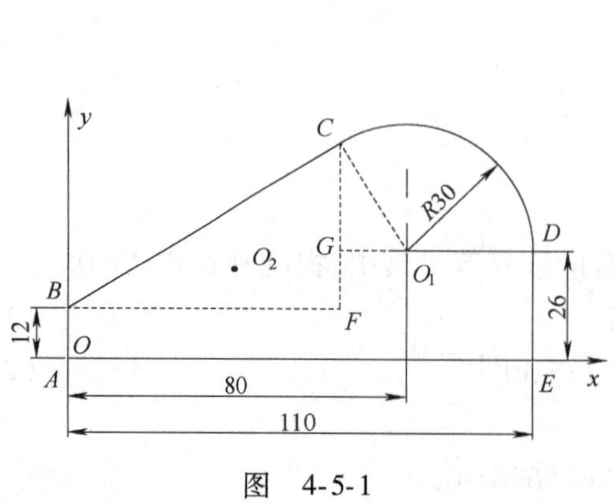

图 4-5-1

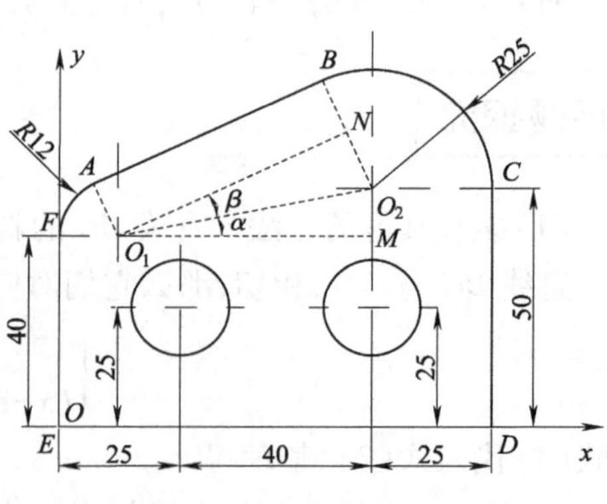

图 4-5-2

解:建立图示的坐标系,基点是 A、B、C、D、E、F,且易知 $C(90,50)$、$D(90,0)$,$E(0,0)$、$F(0,40)$.

AB 是$\odot O_1$ 与$\odot O_2$ 的外公切线,现要求切点 A、B 的坐标,先求直线 AB 的斜率.

由图可知,在 $\text{Rt}\triangle O_1MO_2$ 中,

$$\tan\alpha=\frac{50-40}{25+40-12}=\frac{10}{53}\approx 0.1887,\alpha=10°41'.$$

在 $\text{Rt}\triangle O_1NO_2$ 中,

$$O_1O_2=\sqrt{(50-40)^2+(40+25-12)^2}\approx 53.9351,$$

$$\sin\beta=\frac{NO_2}{O_1O_2}=\frac{25-12}{53.9351}\approx 0.2410,\beta=13°57'.$$

切线 AB 的斜率 $k=\tan(\alpha+\beta)=\tan(10°41'+13°57')\approx 0.4585$,

因法线与切线互相垂直,所以法线 AO_1 的斜率是$-\dfrac{1}{k}=\approx -2.1810$,

法线 AO_1 的方程为 $y-40=-2.1810(x-12)$,$\odot O_1$ 方程为$(x-12)^2+(y-40)^2=12^2$,

解方程组$\begin{cases}y-40=-2.1810(x-12)\\(x-12)^2+(y-40)^2=12^2\end{cases}$,得$\begin{cases}x_1\approx 7.00\\y_1\approx 50.91\end{cases}$,$\begin{cases}x_2\approx 17.00\\y_2\approx 29.09\end{cases}$(舍去).

所以 A 点的坐标是(7.00,50.91).

同理,解方程组$\begin{cases}y-50=-2.1810(x-65)\\(x-65)^2+(y-50)^2=25^2\end{cases}$,得$\begin{cases}x_1\approx 54.52\\y_1\approx 72.70\end{cases}$,$\begin{cases}x_2\approx 75.48\\y_2\approx 27.30\end{cases}$(舍去).

所以 B 点的坐标是(54.52,72.70).

问题思考:(1)解方程组中两组解舍去的根据是什么?它有几何意义吗?(2)能回避用解二元二次方程组的解法吗?即如上例,解切线与法线方程组成的一次方程组,较简单求切点坐标.

二、在含圆弧的零件计算中的应用

【例 1】 图 4-5-3 所示为一自行车的飞轮齿廓曲线的一部分,其中 AB 是一段圆弧,它的圆心是 O 点,半径是 4mm,圆心角 α 为 60°;BC 也是一段圆弧,它的圆心是 M,半径是 10mm,试求圆弧 AB、BC 所在圆的方程.

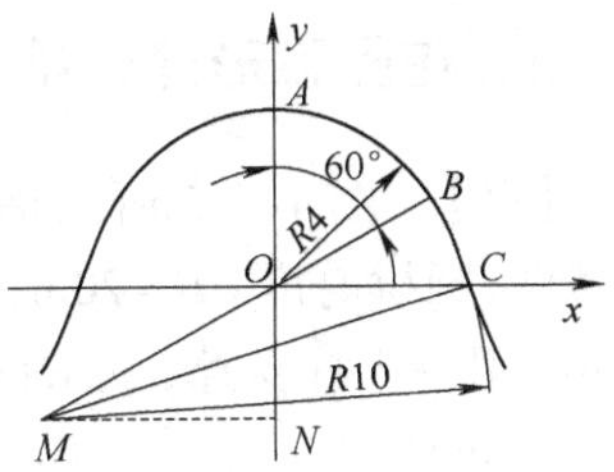

图　4-5-3

解:建立如图所示的坐标系,则圆弧 AB 所在圆的方程是$x^2+y^2=4^2$.

过 M 作 y 轴的垂线 MN,在 $\text{Rt}\triangle MNO$ 中

$$\angle MON=60°,MO=MB-OB=10-4=6,$$

$$ON=MO\sin 60°\approx 6\times 0.866=5.196,$$

$$MN=MO\cos 60°=6\times 0.5=3,$$

点 M 的坐标是(−5.196,−3),则圆弧 BC 所在圆的方程是

$$(x+5.196)^2+(y+3)^2=10^2.$$

【例 2】 通常画一般圆弧时,只需用一根没有伸缩性的绳子,固定其一端,再拉紧绳子移动其另一端,即可画出圆弧.但是在大型的机械制造过程中,如制造万吨级远洋货轮时,工人经常需要作半径长达几百米的大圆弧.要画出半径长达几百米的大圆弧就不宜采用上述方

法，因为这样画起来极不方便．在实际操作中，工人师傅常采用描点法画图，为了计算方便，设所需画出大圆弧的半径为 R，则用称为抛物线 $y=\frac{x^2}{2R}$上的曲线弧近似地代替大圆弧，试说明这种画图方法的合理性．

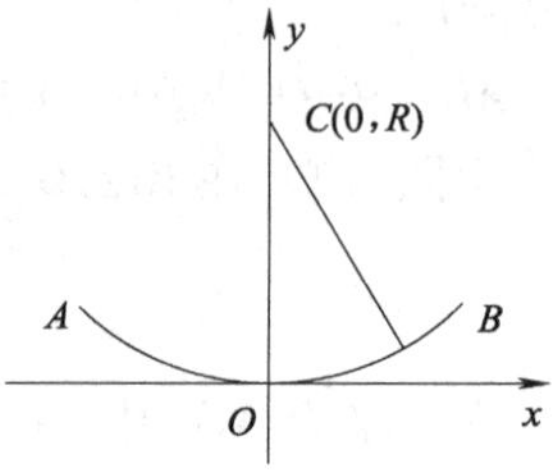

图 4-5-4

解：设所画大圆弧的半径为 R. 以 AB 弧的中点 O 为原点，过 O 点的切线为 x 轴，AB 弧所在圆的圆心 C 与 O 所在直线为 y 轴，建立如图 4-5-4 所示的直角坐标系，则圆 C 的方程是 $x^2+(y-R)^2=R^2$，因为 AB 弧在下半个圆周上，所以 AB 弧上的点的坐标应满足 $y=R-\sqrt{R^2-x^2}$，直接运用此式计算 AB 弧上若干点的坐标，还是有点麻烦，于是，将它做如下变形

$$\begin{aligned}y&=R-\sqrt{R^2-x^2}\\&=R\left(1-\frac{1}{R}\sqrt{R^2-x^2}\right)\\&=R\left(1-\sqrt{1-\frac{x^2}{R^2}}\right)\\&=R\left(1-\sqrt{1-\frac{x^2}{R^2}+\frac{x^4}{4R^4}-\frac{x^4}{4R^4}}\right)\\&=R\left[1-\sqrt{\left(1-\frac{x^2}{2R^2}\right)^2-\frac{1}{4}\left(\frac{x}{R}\right)^4}\right].\end{aligned}$$

由题意知，R 比 x 的绝对值大得多，则$\frac{|x|}{R}$比 1 小得多，式中的$\frac{1}{4}\left(\frac{x}{R}\right)^4$会非常小，一般精度下可忽略不计，上式就化为 $y\approx R\left[1-\sqrt{\left(1-\frac{x^2}{2R^2}\right)^2}\right]\approx R\left[1-\left(1-\frac{x^2}{2R^2}\right)\right]=\frac{x^2}{2R}$.

可见，用抛物线 $y=\frac{x^2}{2R}$上的曲线弧近似地代替大圆弧，这种画法是合理的.

在传统作业中，这种取近似值来简化操作的方法，在满足精度要求的前提下有较多的应用.

三、在圆弧形建造结构问题中的应用

【例】 图 4-5-5 所示是某圆拱桥的一孔圆拱的示意图，圆拱跨度 $AB=20\text{m}$，拱高 4m，在建造时需每隔 4m 用一支柱支撑，试求四个支柱的长度．（精确到 0.01m）

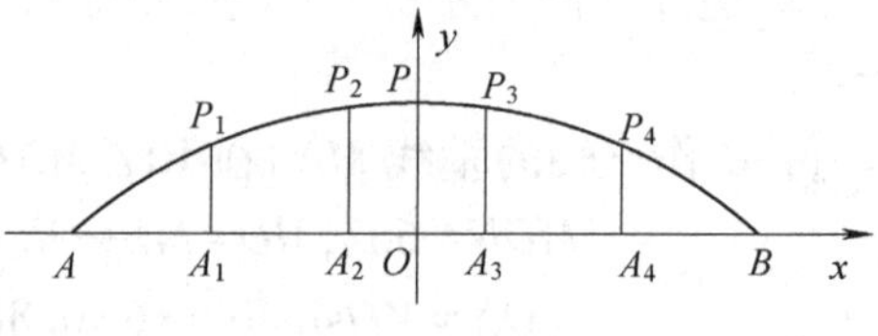

图 4-5-5

解：建立图示的坐标系，AB 所在的直线为 x 轴，圆心在 y 轴上.

设圆心的坐标为$(0,b)$，圆半径为 r，则圆的方程是 $x^2+(y-b)^2=r^2$.

因为点 $P(0,4)$、$B(10,0)$ 在圆上，所以有方程组

$$\begin{cases}0^2+(4-b)^2=r^2\\10^2+(0-b)^2=r^2\end{cases}，解之得\begin{cases}b=-10.5\\r^2=14.5^2\end{cases},$$

则圆的方程是　　　　　　$x^2+(y+10.5)^2=14.5^2$.

把点 P_1 的横坐标 $x=-6$ 代入圆方程，得

$$(-6)^2+(y+10.5)^2=14.5^2,$$

因点 P_1 纵坐标 $y>0$，所以

$$y=\sqrt{14.5^2-(-6)^2}-10.5\approx13.2-10.5=2.70(\mathrm{m}).$$

同理可得，点 P_2 纵坐标

$$y=\sqrt{14.5^2-(-2)^2}-10.5\approx14.361-10.5\approx3.86(\mathrm{m}).$$

所以四个支柱的长度是 $P_1A_1=P_4A_4=2.70\mathrm{m}$，$P_2A_2=P_3A_3=3.86\mathrm{m}$.

问题思考：如果不建立直角坐标系，那么这个问题如何解决呢？

四、在圆形区域问题中的应用

【例】 一艘轮船在沿直线返回港口的途中，接到气象台的台风预报：台风中心位于轮船正西 80km 处，受到影响的范围为半径为 r(km) 的圆形区域．轮船的航向为西偏北 45°，且不改变航线，假设台风中心不移动，试问：r 在什么范围内，轮船在航行中不会受台风的影响？

分析：如果这艘轮船的航线不经过台风影响的圆形区域，那么就不受影响，反之则受影响，因此我们可以选择在直角坐标系中讨论该问题.

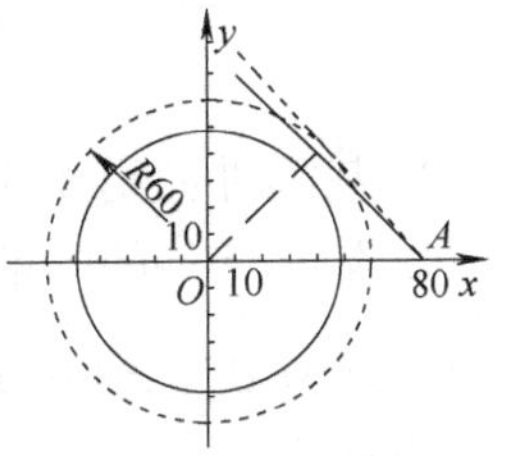

图 4-5-6

解：以台风中心 O 为原点，正东方向为 x 轴的正方向，建立如图 4-5-6所示的直角坐标系，则轮船接到台风预报时的位置 A 的坐标是(80,0)，轮船航线所在直线的倾斜角为 135°，则它的直线方程为

$$y-0=\tan135°(x-80)，即\ x+y-80=0.$$

要使轮船航行不受影响，则航线要与以 r 长为半径的圆相离，就是要使台风中心 O 到航线所在直线的距离 $d=\dfrac{|1\times0+1\times0-80|}{\sqrt{1^2+1^2}}\mathrm{km}\approx56.577\mathrm{km}>r$，即 $r<56.77\mathrm{km}$ 时，轮船在航行中不会受台风的影响.

问题探究

(1)若 $r=60\mathrm{km}$ 时，轮船在航行途中受到台风影响的航程是多少 km？

轮船受台风影响的航程，就是航线所在直线与圆相交所成弦的长度 $2\sqrt{r^2-d^2}=2\sqrt{60^2-56.577^2}\approx39.95(\mathrm{km})$.

(2)在 $r=60\mathrm{km}$ 时，为了使轮船不受台风影响，就必须调整航向，应如何调整呢？

轮船要不受台风影响，台风中心 O 到航线的距离应大于 $r=60\mathrm{km}$. 设调整后的航线所在直线的斜率为 k，方程为 $y-0=k(x-80)$，即 $kx-y-80k=0$，假设直线与圆相切，则 $\dfrac{|k\times0-1\times0-80k|}{\sqrt{k^2+(-1)^2}}=60$，解得 $k_1=-1.1339$，$k_2=1.1339$(不合题意，舍去)，则直线的倾斜角的正切值 $\tan\alpha=k_1=-1.1339$，$\alpha=180°-48°35'=131°25'$，所以轮船的航向应调整为西偏北大于 48°35′，才不受台风影响.

练习题 4.5

1. 有一块板状零件，厚度为 15mm，廓形如图 4-5-7 所示，要在立式数控铣床上对其进行加工，试建立工件坐标系并求出廓形中各基点的坐标.

2. 要铣削如图 4-5-8 所示的薄板零件的轮廓，试判定其基点，建立适当的坐标系，求出基点坐标.

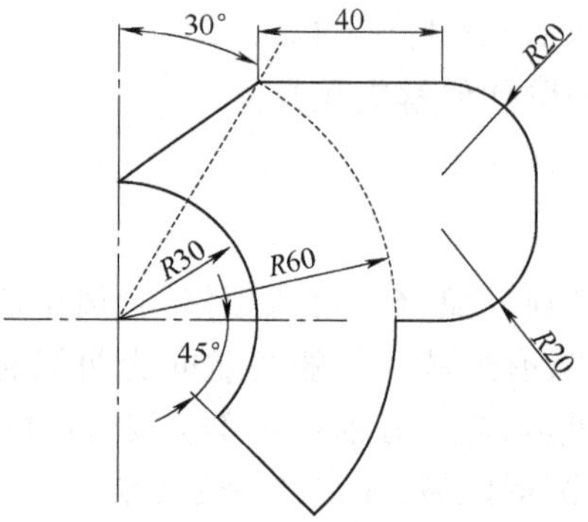

图　4-5-7

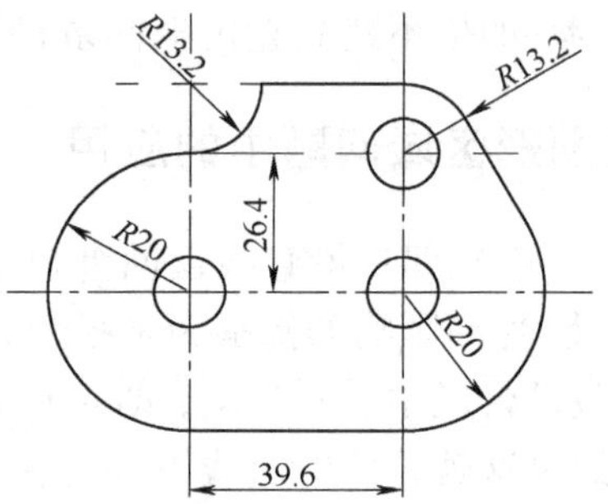

图　4-5-8

3. 某零件如图 4-5-9 所示，进行数控车削时需要知道它的基点及圆心的坐标，试求之.

4. 某一零件的局部平面轮廓如图 4-5-10 所示，半径 $R10$ 圆弧的圆心为 O_1，分别与直线相切的切点为 B、C，试根据图示求：(1) 直线 AB、直线 OC 的方程；(2) $\overset{\frown}{BC}$ 所在圆的方程；(3) 切点 B、C 的坐标.

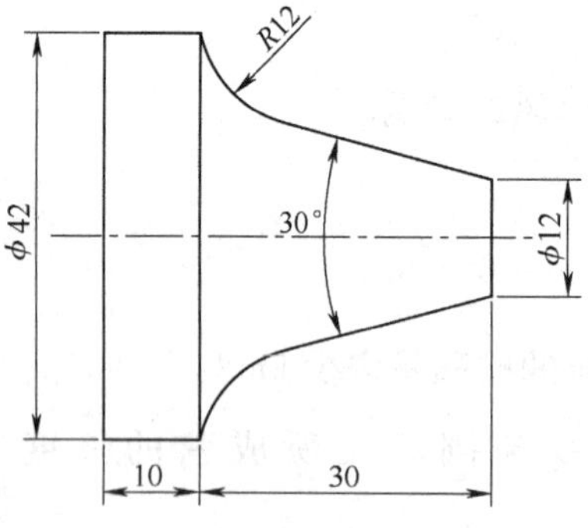

图　4-5-9

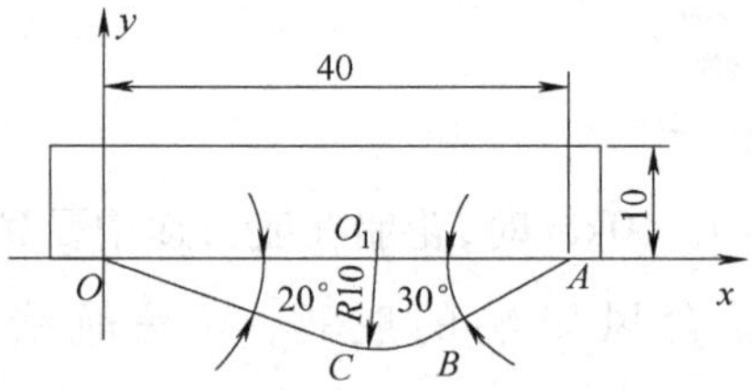

图　4-5-10

5. 一个凸凹模零件的尺寸如图 4-5-11 所示，在数控铣床上加工它的外轮廓，试在图示的坐标系下完成：(1) 写出 $\odot O_1$ 与 $\odot O_3$ 的方程；(2) 求出直线 AB、CD 的方程；(3) 求出 O_4 点的坐标，写出 $\odot O_4$ 的圆方程；(4) 求出 A、B、C、D、E、F、G 和 H 各点的坐标.

6. 如图 4-5-12 所示，某城市在一大商场 A 的东偏北 30°方向，距离为 $10\sqrt{3}$ km 的 B 处新建了一高铁车站；在 A 正南方向，距离为 20km 的 C 处有一公交车站；现规划在 B、C 之间修一条轻轨线路，但是在 A 的东南方向，距离为 $10\sqrt{2}$ km 的 D 处，在它 500m 为半径的区域内有一古建筑群要保护，轻轨线路需要避让. 问在这一要求下，B、C 之间的轻轨线路能否直线铺设？

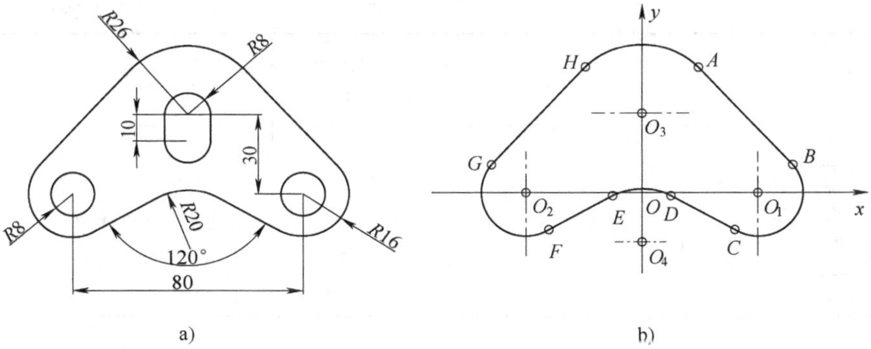

图　4-5-11

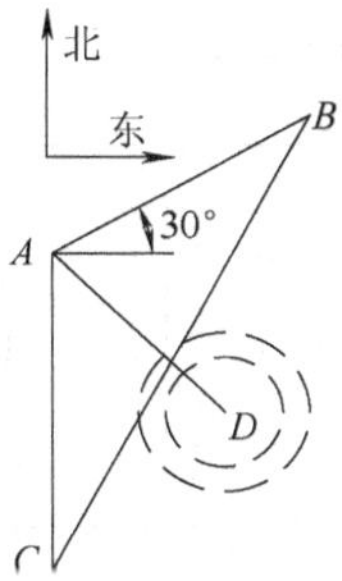

图　4-5-12

第六节　圆与圆构成基点与对应圆方程的关系

圆弧与圆弧的相连是机械轮廓线中最普遍的曲线连接，在求圆弧与圆弧相切或相交构成的基点坐标的过程中，要正确判断其相互关系，运用对应的方程处理.

我们知道，任何一个圆都对应一个二元二次方程，两圆在平面上的各种关系，可以转化为对应方程间的关系见表 4-6-1：

表 4-6-1　圆与圆之间的位置及方程关系

位置关系	图形表示	交点情况	圆心距 d 与两半径 R、r 的关系	方程间的关系
外离	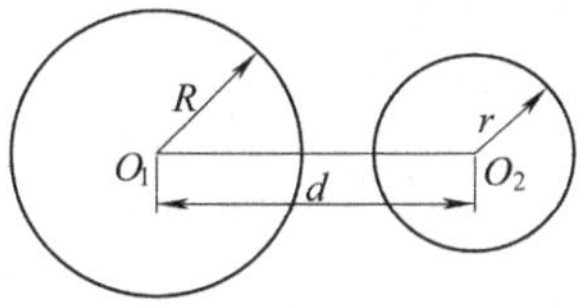	没有交点	$d>R+r$	方程组没有实数解
外切	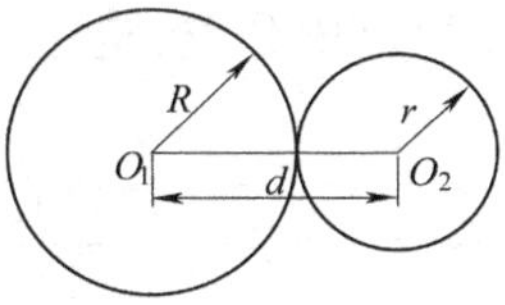	有且只有一个交点	$d=R+r$	方程组仅有一组解（即两组相同实数解）
相交	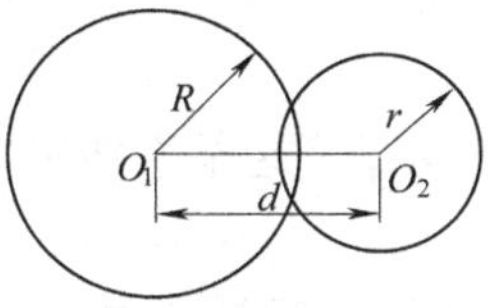	有两个交点	$\|R-r\|<d<R+r$	方程组有两组不同的实数解
内切	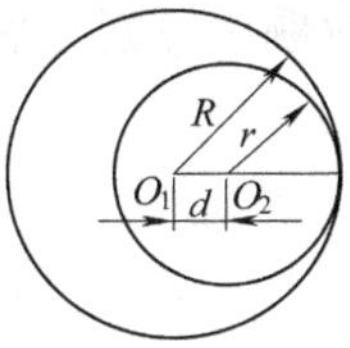	有且只有一个交点	$d=\|R-r\|$	方程组仅有一组解

（续）

位置关系	图形表示	交点情况	圆心距 d 与两半径 R、r 的关系	方程间的关系
内含	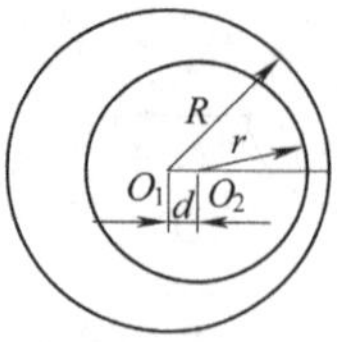	没有交点	$d<\|R-r\|$	方程组没有实数解

特别地，两圆相切⇔对应的方程组仅有一组解；切点坐标⇔对应方程组的解.

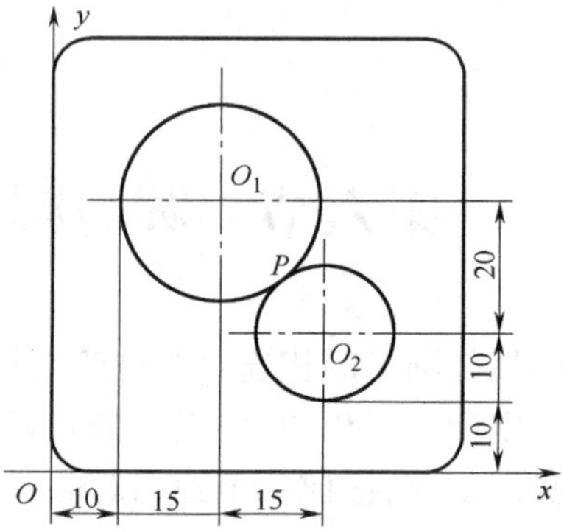

图 4-6-1

【例】 如图 4-6-1 所示，已知⊙O_1 与⊙O_2 是互相外切的某零件上的两圆孔，试根据图示求其切点的坐标.

解：建立如图 4-6-1 所示的坐标系，则知 $O_1(25,40)$，$O_2(40,20)$，它们的半径分别为 15 和 10，于是，⊙O_1 的方程是 $(x-25)^2+(y-40)^2=15^2$，⊙O_2 的方程是 $(x-40)^2+(y-20)^2=10^2$.

将两圆的方程联立为方程组，即

$$\begin{cases}(x-25)^2+(y-40)^2=15^2 & (1)\\(x-40)^2+(y-20)^2=10^2, & (2)\end{cases}$$

式(1)展开整理得 $$x^2+y^2=50x+80y-2000, \quad (3)$$

式(2)展开整理得 $$x^2+y^2=80x+40y-1900, \quad (4)$$

由式(3)和式(4)得 $$y=\frac{3}{4}x+\frac{5}{2}, \quad (5)$$

式(5)与式(3)组成方程组，解之得 $x=34$，$y=28$.

所以⊙O_1 与⊙O_2 外切的切点 P 的坐标是(34,28).

问题探索：当两圆相切时，切点可以看作两圆心连接线段的定比分点，定比由相切时的半径关系决定.

在上题中，切点 P 分线段 O_1O_2 的比为 $\lambda=\frac{O_1P}{PO_2}=\frac{15}{10}=1.5$，$x=\frac{25+1.5\times40}{1+1.5}=34$，$y=\frac{40+1.5\times20}{1+1.5}=28$，则切点 P 的坐标是(34,28).

当两圆相切时，切点也可以看作两圆心所在直线与圆的交点，求这条直线的方程与圆的方程组成的方程组的解，方程组的解即为切点坐标.

至此，求解两圆相切切点坐标的方法有三种：解两圆方程组法；解连心线的直线方程与圆方程的方程组法；切点分连心线段的定比分点公式法．在具体解题中，应灵活选择.

练习题 4.6

1. 求圆心在原点与圆 $x^2+y^2-8x-9=0$ 内切的圆的方程.

2. 求证圆$(x+2)^2+(y+2)^2=5$与圆$(x-2)^2+(y-6)^2=80$外切,并求切点的坐标.

第七节 圆与圆构成基点的求法举例

知晓了圆与圆构成基点与对应圆方程的关系,就可灵活地求它们的基点坐标了.

【例1】 图4-7-1a所示为一数控车削的零件图,试完成:(1)分析轮廓线的组成,判定基点;(2)求出基点及参考点的坐标.

解:因为零件呈对称性形状,所以其轮廓图可只绘一半,如图4-7-1b所示. 轮廓线由线段OA、AB与BC,弧$\overset{\frown}{CD}$与弧$\overset{\frown}{DE}$组成;其基点是A、B、C、D,其中C点是线段BC与弧$\overset{\frown}{CD}$的切点,D点是弧$\overset{\frown}{CD}$与弧$\overset{\frown}{DE}$的外切点,对应的参考点圆心是O_2、O_1.

A点坐标是(0,17).

$$FO_1=FB\cot30°=17\sqrt{3}\approx29.446,OF=OO_1-FO_1=35-29.446=5.554,$$

B点坐标是(5.554,17).

圆心O_2是与直线BC平行且距离为12的直线PQ和以O_1为圆心、10+12长为半径的圆弧$\overset{\frown}{MN}$的交点.

因为直线BC过点O_1,倾斜角为$180°-30°=150°$,$k=\tan150°=-\dfrac{\sqrt{3}}{3}$,

所以直线BC的方程是$y-0=-\dfrac{\sqrt{3}}{3}(x-35)$,即$y=-\dfrac{\sqrt{3}}{3}x+\dfrac{35\sqrt{3}}{3}$.

在$\mathrm{Rt}\triangle O_1HQ$中,$O_1Q=\dfrac{O_1H}{\sin30°}=24$,于是$Q$点坐标是(59,0),

所以直线PQ的方程是$y-0=-\dfrac{\sqrt{3}}{3}(x-59)$,即$y=-\dfrac{\sqrt{3}}{3}x+\dfrac{59\sqrt{3}}{3}$.

圆弧$\overset{\frown}{MN}$所在圆的方程是$(x-35)^2+y^2=22^2$,解方程组$\begin{cases}y=-\dfrac{\sqrt{3}}{3}x+59\dfrac{\sqrt{3}}{3}\\(x-35)^2+y^2=22^2\end{cases}$,得

$$\begin{cases}x_1\approx25.032\\y_1\approx19.610\end{cases},\begin{cases}x_2\approx56.967\\y_2\approx3.522\end{cases}(舍去),$$

即圆心O_2点的坐标是(25.032,19.610).

以点O_2(25.032,19.610)为圆心、12长为半径的圆弧$\overset{\frown}{CD}$在切点C处的切线BC的方程是直线$y=-\dfrac{\sqrt{3}}{3}x+\dfrac{35\sqrt{3}}{3}$,那么法线方程是$y-19.610=\sqrt{3}(x-25.032)$.

解方程组$\begin{cases}y=-\dfrac{\sqrt{3}}{3}x+\dfrac{35\sqrt{3}}{3}\\y=\sqrt{3}x-25.032\sqrt{3}+19.610\end{cases}$得$\begin{cases}x\approx19.032\\y\approx9.218\end{cases}$,即切点$C$的坐标是(19.032,9.218).

D点是半径分别为10、12的圆O_1与圆O_2的外切点,是O_1O_2的内分点,定比$\lambda=\dfrac{10}{12}=\dfrac{5}{6}\approx0.8333$,

由定比分点公式得 $O_2(25.032,19.610)$，则

$$x_D=\frac{35+0.8333\times25.032}{1+0.8333}\approx30.469,$$

$$y_D=\frac{0+0.8333\times19.610}{1+0.8333}\approx8.913,$$

即切点 D 的坐标是 $(30.469,8.913)$.

在进行数控加工时，若建立以左端面旋转中心点为坐标原点的工件坐标系，如图 4-7-1c 所示，基点、参考点的坐标见表 4-7-1.

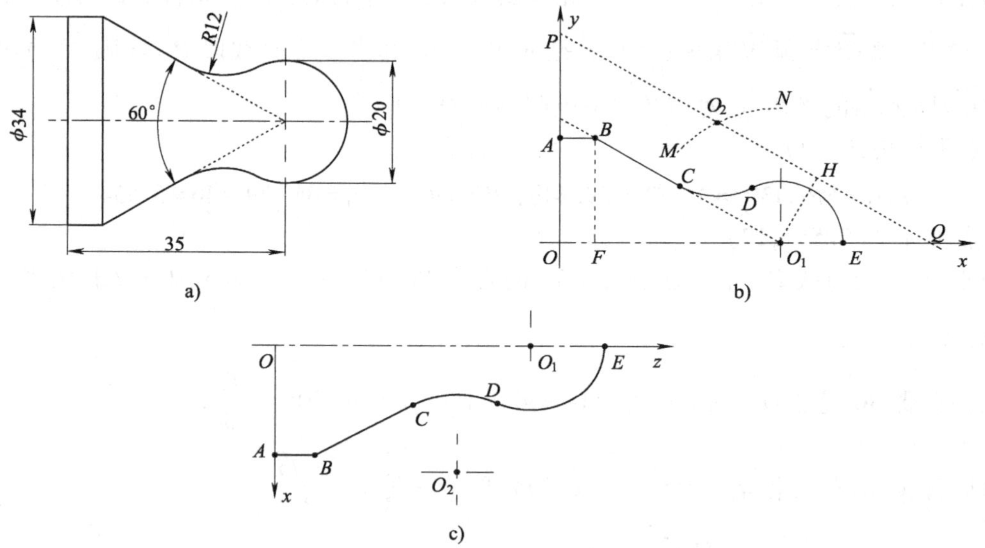

图 4-7-1

表 4-7-1 基点、参考点的坐标

		A	B	C	D	E	O_1	O_2
x	半径值	17	17	9.218	8.913	0	0	19.610
	直径值	34	34	18.436	17.826	0	0	39.220
z		0	5.554	19.032	30.469	45	35	25.032

【例 2】 图 4-7-2a 所示的片状凸轮已经加工完成：以外圆表面和 B 平面定位加工端面 A 和 ϕ22H7 的内孔，再加工端面 B 和 ϕ4H7 的工艺孔；现要以已加工过的两个孔和一个端面定位，在数控铣床上铣削凸轮外表面曲线，需要建立适当的坐标系，求其基点坐标.

解：如图 4-7-2b 所示，该零件轮廓由圆弧 $\overset{\frown}{AB}$、圆弧 $\overset{\frown}{BC}$、线段 CD、圆弧 $\overset{\frown}{DE}$、圆弧 $\overset{\frown}{EF}$、圆弧 $\overset{\frown}{FG}$、线段 GH、圆弧 $\overset{\frown}{HA}$ 组成．基点有 A、B、C、D、E、F、G、H，参考点有 O、O_1、O_2、O_3、O_4.

建立图示的坐标系，计算各点坐标如下：

A 点是圆弧 $\overset{\frown}{AB}$ 与圆弧 $\overset{\frown}{HA}$ 的内切点，坐标为 $A(0,38)$.

B 点是圆弧 $\overset{\frown}{AB}$ 与圆弧 $\overset{\frown}{BC}$ 的内切点，坐标：$x=-38\sin7.5°\approx-4.9600$，$y=-38\cos7.5°\approx-37.6750$，即 $B(-4.9600,-37.6750)$.

C 点、D 点是圆弧$\widehat{BC}$、圆弧$\widehat{DE}$与内公切线 CD 的切点.为了方便,我们将它的示意图局部放大,如图 4-7-2c 所示.我们设法求出圆 O_2 的方程、切点 C 处的法线方程,解两者组成的方程组,得解为 C 点的坐标.

圆弧$\widehat{BC}$的圆心 O_2 点的坐标:$x=-(38-11)\sin7.5°\approx-3.524$, $y=-(38-11)\cos7.5°\approx-26.7680$,其方程为$(x+3.5240)^2+(y+26.7680)^2=11^2$.

圆弧$\widehat{DE}$的圆心 O_3 点的坐标:$x=-(22+11)\cos25°\approx-29.9080$, $y=-(22+11)\sin25°\approx-13.9460$,其方程为$(x+29.9080)^2+(y+13.9460)^2=11^2$.

在 Rt$\triangle O_2PO_3$ 中

$$\tan\alpha=\frac{PO_3}{PO_2}=\frac{|26.7680-13.9460|}{|29.9080-3.5240|}=\frac{12.8220}{26.3840}\approx0.4860, \alpha=25°55'.$$

在 Rt$\triangle O_2QO_3$ 中,可知

$$\begin{aligned}O_2O_3&=\sqrt{(26.7680-13.9460)^2+(29.9080-3.5240)^2}\\&=\sqrt{12.8220^2+26.3840^2}\approx\sqrt{164.4037+696.1155}=29.3346,\end{aligned}$$

$$\sin\beta=\frac{QO_3}{O_3O_2}=\frac{11+11}{29.3346}\approx0.7500, \beta=48°35'.$$

切线 CD 平行于直线 O_2Q,则斜率 $k=\tan\gamma=-\tan(\alpha+\beta)=-\tan74°30'\approx-3.6059$,法线 $CO_2\perp CD$,其斜率为$-\frac{1}{k}\approx0.2773$,法线 CO_2 的方程为

$$y+26.768=0.2773(x+3.5240), \text{即 } y=0.2773x-25.7908.$$

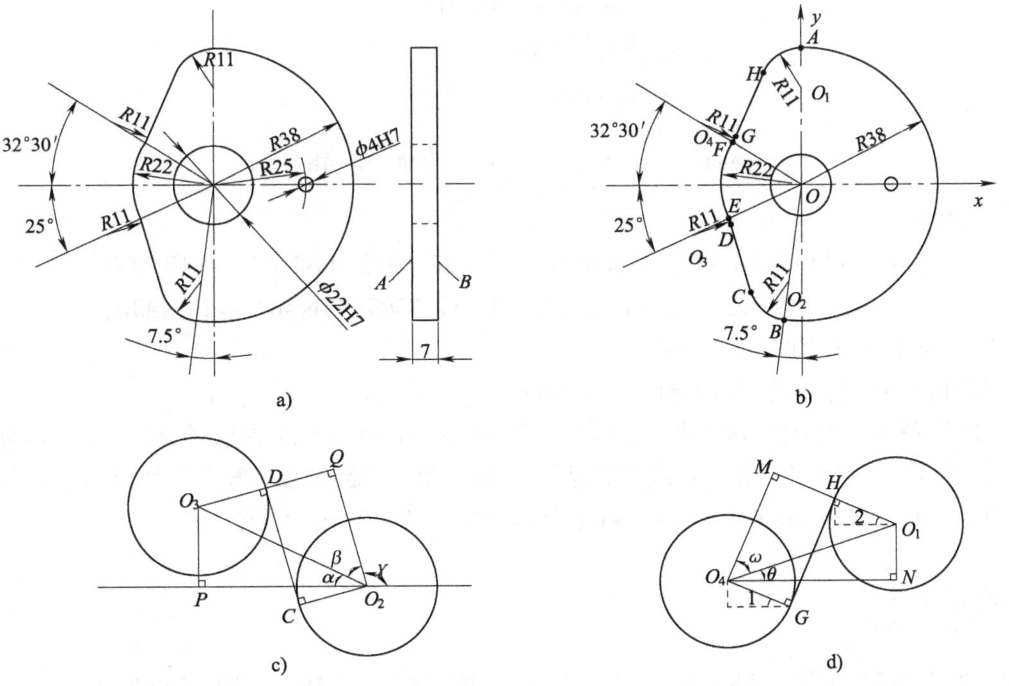

图　4-7-2

解方程组 $\begin{cases} y=0.2773x-25.7908 \\ (x+3.5240)^2+(y+26.7680)^2=11^2 \end{cases}$,

得 $\begin{cases} x_1=-14.1240 \\ y_1=-29.7070 \end{cases}$, $\begin{cases} x_2=7.0760 \\ y_2=-23.8290 \end{cases}$(不合题意,舍去),

则 C 点坐标为$(-14.1240,-29.7070)$.

同理,解方程组 $\begin{cases} y=0.2773x-5.5625 \\ (x+29.9080)^2+(y+13.9460)^2=11^2 \end{cases}$,得 D 点坐标为$(-19.3080,-11.0080)$.

E 点坐标:$x=-22\cos25°\approx-19.9390$,$y=-22\sin25°\approx-9.2970$.

F 点坐标:$x=-22\cos32.5°\approx-18.5550$,$y=22\sin32.5°\approx11.8210$.

G 点、H 点是圆弧$\overset{\frown}{FG}$、圆弧$\overset{\frown}{HA}$与内公切线 GH 的切点. 观察它局部放大的示意图 4-7-2d,发现在求得 O_4 点坐标和角 ω、θ 后,不必像上述求 C 点的坐标那样,繁琐地解方程组. 采用如下的方法也能求得 G 点、H 点的坐标.

圆弧$\overset{\frown}{FG}$的圆心 O_4 点的坐标:$x=-33\cos32.5°\approx-27.8319$,$y=33\sin32.5°\approx17.7309$,

圆弧$\overset{\frown}{HA}$的圆心 O_1 点的坐标是$(0,27)$,

在 $\text{Rt}\triangle O_1NO_4$ 中

$$\tan\theta=\frac{NO_1}{O_4N}=\frac{|27-17.7309|}{|0+27.8319|}\approx0.3330,\theta=18°25'.$$

在 $\text{Rt}\triangle O_1NO_4$ 中,可知

$$\begin{aligned} O_4O_1 &=\sqrt{(0+27.8319)^2+(27-17.7309)^2} \\ &=\sqrt{774.6147+85.9162} \\ &\approx\sqrt{860.5309} \\ &\approx29.3348, \end{aligned}$$

$$\sin\omega=\frac{O_1N}{O_4O_1}=\frac{11+11}{29.3348}\approx0.7500,\beta=48°35'.$$

G 点坐标:

$$x=x_{O_4}+11\cos\angle1=x_{O_4}+11\sin(\theta+\omega)x=-27.8319+11\sin67°\approx-17.7060,$$

$$y=y_{O_4}-11\sin\angle1=y_{O_4}-11\cos(\theta+\omega)=17.7309-11\cos67°\approx13.4330,$$

则 G 点坐标为$(-17.7060,13.4330)$.

同理得 H 点坐标为$(-10.1260,31.2970)$.

问题思考:(1)比较计算切点 C、D 与计算切点 G、H 两种不同的求解方法.(2)这种数形结合用三角函数计算内公切线切点的方法可称为三角法,能将此三角法用到类似的计算外公切线切点上吗?(3)能找到用这种三角法求这类基点的一般化计算公式吗?

练习题 4.7

1. 图 4-7-3 所示是一圆球形手柄零件图,试求出进行数控加工时的基点坐标.

2. 某工件的轮廓尺寸如图 4-7-4 所示,试建立适当的坐标系,写出各圆弧所在圆的方程,并求出其轮廓的基点坐标.

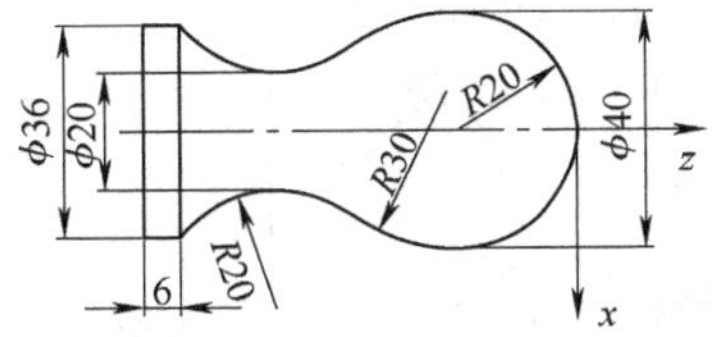

图　4-7-3

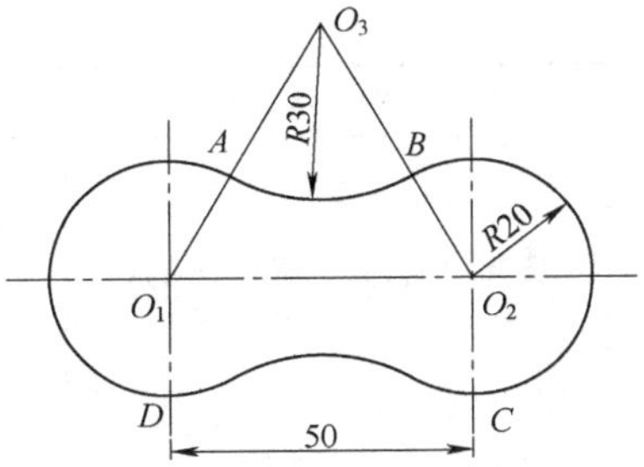

图　4-7-4

3. 图 4-7-5 所示是一手柄零件图．试建立适当的坐标系，用直径方式求它的基点坐标．

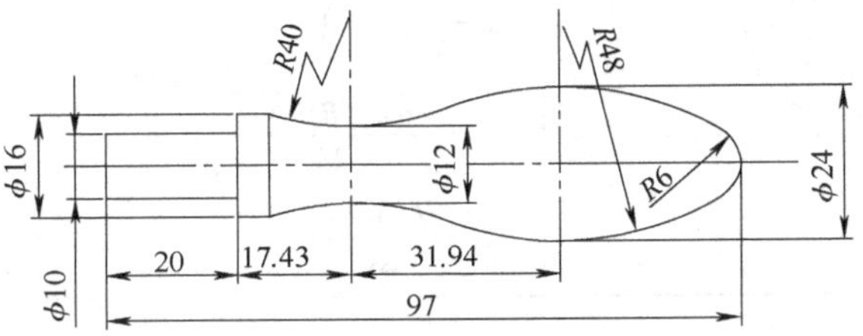

图　4-7-5

第八节　基点计算过程的标准化

一个零件的轮廓往往是由许多不同的几何元素组成的，在准确判断它们相互间的构成关系后，针对不同类型的基点，采用不同的方法求解的过程中，常常要联立方程组求解，但此计算过程比较繁琐，为简化计算，可以将计算过程标准化．

为此，我们把直线与圆弧相交或相切，圆弧与圆弧相交或相切，直线与两圆相切等类型基点的标准化计算列成表 4-8-1 和表 4-8-2．

表 4-8-1　列方程求直线与圆弧的交点或切点

类型	图　示	联立方程与推导计算公式	说　明
（一）直线与圆相交	已知：$k,B,(x_0,y_0),R$ 求：(x_C,y_C) 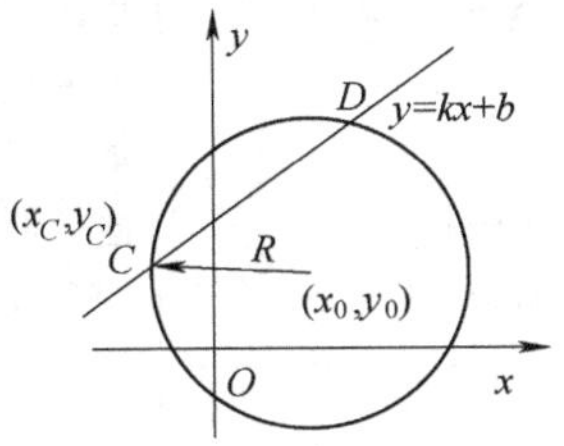	方程：$\begin{cases}(x-x_0)^2+(y-y_0)^2=R^2\\ y=kx+b\end{cases}$ 公式：$A=1+k^2$ $B=2[k(b-y_0)-x_0]$ $C=x_0^2+(b-y_0)^2-R^2$ $x_C=\dfrac{-B\pm\sqrt{B^2-4AC}}{2A}$ $y_C=kx_0+b$	公式也可用于求解直线与圆相切时的切点坐标．当直线与圆相切时，取 $B^2-4AC=0$，对应 $x_C=-\dfrac{B}{2A}$，其余算式不变

（续）

类型	图　示	联立方程与推导计算公式	说　明
（二）两圆相交	已知：(x_1,y_1)，R_1；(x_2,y_2)，R_2 求：(x_C,y_C) 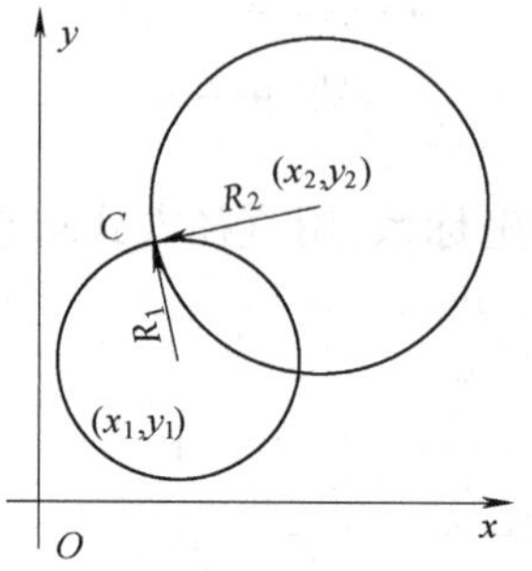	方程：$\begin{cases}(x-x_1)^2+(y-y_1)^2=R_1^2\\(x-x_2)^2-(y-y_2)^2=R_2^2\end{cases}$ 公式：$\Delta x=x_2-x_1$，$\Delta y=y_2-y_1$ $D=\dfrac{(x_2^2+y_2^2-R_2^2)-(x_1^2+y_1^2-R_1^2)}{2}$ $A=1+\left(\dfrac{\Delta x}{\Delta y}\right)^2$ $B=2\left[\left(y_1-\dfrac{D}{\Delta y}\right)\dfrac{\Delta x}{\Delta y}-x_1\right]$ $C=\left(y_1-\dfrac{D}{\Delta y}\right)^2+x_1^2-R_1^2$ $x_C=\dfrac{-B\pm\sqrt{B^2-4AC}}{2A}$ $y_C=\dfrac{D-\Delta x x_C}{\Delta y}$	当两圆相切时，$B^2-4AC=0$，公式可用于求两圆相切时的切点 公式中求解 x_C 时，其较大的值取“+”，较小的值取“-”

表 4-8-2　用三角函数法求直线与圆弧的交点或切点

类型	图　示	推导后的计算公式	说　明
（一）直线与圆相切	已知：(x_1,y_1)，(x_2,y_2)，R 求：(x_C,y_C) 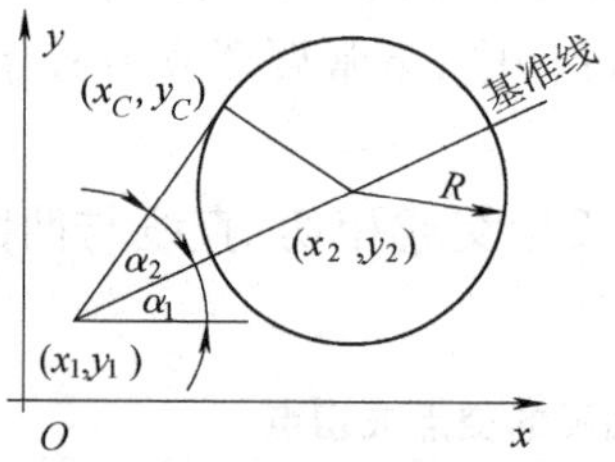	$\Delta x=x_2-x_1$，$\Delta y=y_2-y_1$ $\alpha_1=\arctan(\Delta y/\Delta x)$ $\alpha_2=\arcsin(R/\sqrt{\Delta x^2+\Delta y^2})$ $\beta=\lvert\alpha_1\pm\alpha_2\rvert$ $x_C=x_2\pm R\lvert\sin\beta\rvert$ $y_C=y_2\pm R\lvert\cos\beta\rvert$	要注意公式中角度的方向，因过圆外一点的切线有两条，具体到哪一条要由 α_2 前面的“±”选取，直线相对于基准线逆时针方向旋转时为“+”，反之为“-”。x_C 在 x_2 右边取“+”，左边取“-”；y_C 在 y_2 上方取“+”，下方取“-”。（以下类似情况取号相同）
（二）直线与圆相交	已知：(x_1,y_1)，(x_2,y_2)，R 求：(x_C,y_C) 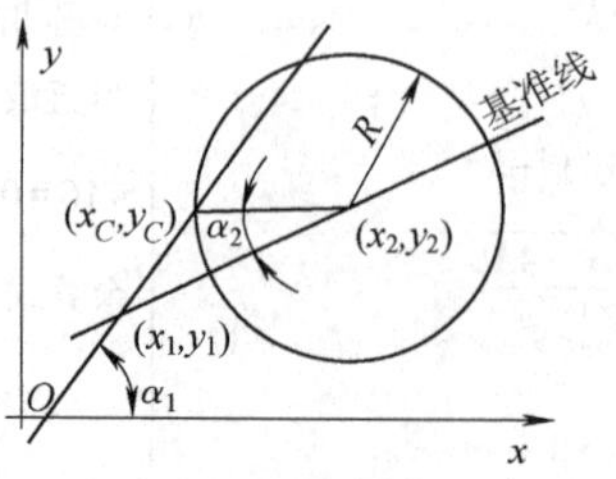	$\Delta x=x_2-x_1$，$\Delta y=y_2-y_1$ $\alpha_2=\arcsin\left\lvert\dfrac{\Delta x\sin\alpha_1-\Delta y\cos\alpha_1}{R}\right\rvert$ $\beta=\lvert\alpha_1\pm\alpha_2\rvert$ $x_C=x_2\pm R\lvert\cos\beta\rvert$ $y_C=y_2\pm R\lvert\sin\beta\rvert$	公式中的角度是有向角，α_1 取角度绝对值不大于 90° 范围内的那个角，这个角是直线与 x 轴逆时针方向所成的，取“+”，反之为“-”

（续）

类型	图　示	推导后的计算公式	说　明
（三）圆与圆相交	已知：(x_1,y_1)，R_1；(x_2,y_2)，R_2 求：(x_C,y_C) 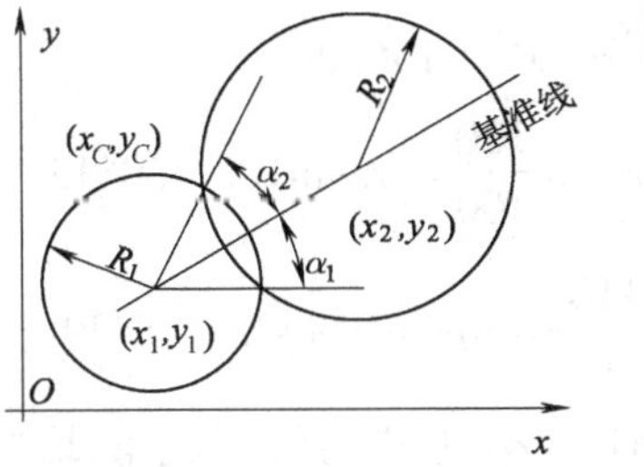	$\Delta x=x_2-x_1$，$\Delta y=y_2-y_1$ $d=\sqrt{\Delta x^2+\Delta y^2}$ $\alpha_1=\arctan(\Delta y/\Delta x)$ $\alpha_2=\arccos\dfrac{R_1^2+d^2-R_2^2}{2R_1 d}$ $\beta=\mid\alpha_1\pm\alpha_2\mid$ $x_C=x_1\pm R_1\cos\mid\beta\mid$ $y_C=y_1\pm R_1\sin\mid\beta\mid$	两圆相切时，α_2 为零．两圆相交的另一交点的坐标根据公式中的“±”选取，结合图形，正确选取 x 值和 y 值相互间的搭配
（四）直线与两圆相切	已知：(x_1,y_1)，R_1；(x_2,y_2)，R_2 求：(x_C,y_C) 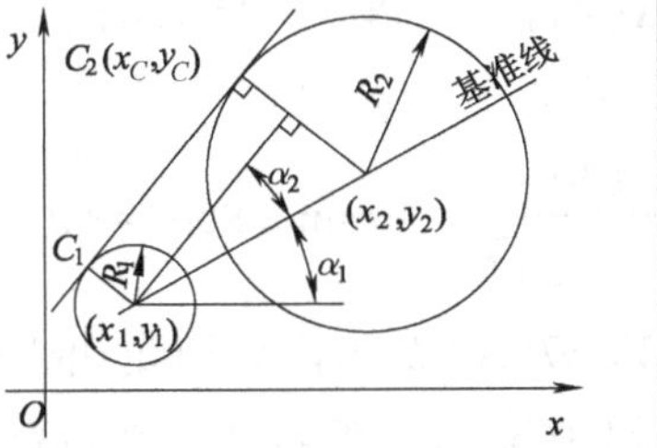	$\Delta x=x_2-x_1$，$\Delta y=y_2-y_1$ $\alpha_1=\arctan(\Delta y/\Delta x)$ $\alpha_2=\arcsin\dfrac{R_2\pm R_1}{\sqrt{\Delta x^2+\Delta y^2}}$ $\beta=\mid\alpha_1\pm\alpha_2\mid$ $x_{C_1}=x_1\pm R_1\sin\beta$ $y_{C_1}=y_1\pm R_1\mid\cos\beta\mid$ 同理，$x_{C_2}=x_2\pm R_2\sin\beta$ $y_{C_2}=y_2\pm R_2\mid\cos\beta\mid$	求 α_2 角度时，内公切线用“+”，外公切线用“-”．R_2 为大圆半径，R_1 为小圆半径

特别需要指出的是，利用上述表中推导的公式，采用标准化计算的过程中，应尽可能地与图形结合，在数形结合下，提高计算的效率．

【例】 图 4-8-1 所示为一数控铣削零件的轮廓图，试在分析轮廓线组成的基础上用三角函数法求解基点坐标．

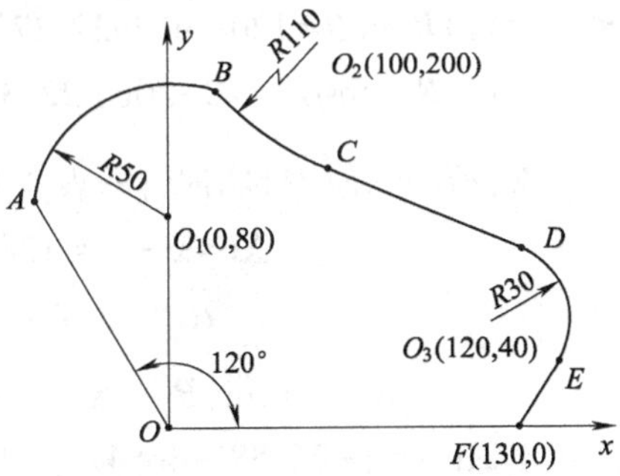

图　4-8-1

解：轮廓线是由线段 OA 与弧$\overset{\frown}{AB}$相交，弧$\overset{\frown}{AB}$与弧$\overset{\frown}{BC}$相交，弧$\overset{\frown}{BC}$与线段 CD 相切，弧$\overset{\frown}{DE}$与线段 CD、线段 EF 相切，线段 FO 与线段 OA 相交组成 120°角．基点为 A、B、C、D、E、F、O.

A 点：直线 OA 与弧$\overset{\frown}{AB}$的交点，即表二类型（二）.

因为 α_1 是直线 OA 与轴的夹角，要取角度绝对值不大于 90°范围内的那个角是 60°，它是直线 OA 与 x 轴逆时针方向所成角，取“+”号，所以 $\alpha_1=60°$，则有

$$\Delta x=x_2-x_1=0,\Delta y=y_2-y_1=80-0=80,$$

$$\alpha_2=\arcsin\left|\frac{\Delta x\sin\alpha_1-\Delta y\cos\alpha_1}{R}\right|=\arcsin\left|\frac{0\sin60°-80\cos60°}{50}\right|=\arcsin0.8=53°8',$$

$$\beta=|\alpha_1\pm\alpha_2|=|60°-53°8'|=6°52'$$，(直线相对基准线是顺时针，α_2 前取“-”)

$$x_A=x_2\pm R|\cos\beta|=0-50|\cos6°52'|=-49.641$$，(x_A 在 x_2 的左边，取“-”)

$$y_A=y_2\pm R|\sin\beta|=80+50\sin6°52'=85.981.$$ (y_A 在 y_2 的上边，取“+”)

B 点：弧$\overset{\frown}{AB}$与弧$\overset{\frown}{BC}$相交点，即表 4-8-2 的类型(三)，则

$$\Delta x=x_2-x_1=100-0=100,\Delta y=y_2-y_1=200-80=120,$$

$$d=\sqrt{\Delta x^2+\Delta y^2}=\sqrt{100^2+120^2}=156.205,$$

$$\alpha_1=\arctan(\Delta y/\Delta x)=\arctan\frac{120}{100}=\arctan1.2=50°12',$$

$$\alpha_2=\arccos\frac{R_1^2+d^2-R_2^2}{2R_1d}=\arccos\frac{50^2+156.205^2-110^2}{2\times50\times156.205}=\arccos0.9475=18°39',$$

$$\beta=|\alpha_1\pm\alpha_2|=|50°12'+18°39'|=68°51'$$，(α_2 是逆时针形成角，取“+”)

$$x_B=x_1\pm R_1\cos|\beta|=50\cos68°51'=18.041$$，(x_B 在 x_1 的右边，取“+”)

$$y_B=y_1\pm R_1\sin|\beta|=80+50\sin68°51'=126.631.$$ (y_B 在 y_1 的上方，取“+”)

C 点与 D 点：弧$\overset{\frown}{BC}$和弧$\overset{\frown}{DE}$与线段 CD 内切点，即表 4-8-2 的类型(四)，则

$$\Delta x=x_2-x_1=100-120=-20,\Delta y=y_2-y_1=200-40=160,$$

$$\alpha_1=\arctan(\Delta y/\Delta x)=\arctan(-0.8)=-82°52',$$

$$\alpha_2=\arcsin\frac{R_2+R_1}{\sqrt{\Delta x^2+\Delta y^2}}=\arcsin\frac{110+30}{\sqrt{(-20)^2+160^2}}=\arcsin0.8682=60°15',$$

$$\beta=|\alpha_1\pm\alpha_2|=|-82°52'+60°15'|=22°37'$$，(CD 为内公切线，取“+”)

$$x_C=x_2-R_2\sin\beta=100-110\sin22°37'=57.692$$，(x_C 在 x_2 的左边，取“-”)

$$y_C=y_2-R_2|\cos\beta|=200-110\cos22°37'=98.462$$，(y_C 在 y_2 的下方，取“-”)

同理 $x_D=x_1+R_1\sin\beta=120+30\sin22°37'=131.538$，($x_D$ 在 x_1 的右边，取“+”)，

$y_D=y_1+R_1|\cos\beta|=40+30\cos22°37'=67.692.$ (y_D 在 y_1 的上方，取“+”).

E 点：FE 与弧$\overset{\frown}{ED}$的切点，即表 4-8-2 的类型(一).

$$\Delta x=x_2-x_1=120-130=-10,\Delta y=y_2-y_1=40-0=40,$$

$$\alpha_1=\arctan(\Delta y/\Delta x)=\arctan(-4)=-75°58',$$

$$\alpha_2=\arcsin(R/\sqrt{\Delta x^2+\Delta y^2})=\arcsin(30/\sqrt{(-10)^2+40^2})=46°41',$$

$$\beta=|\alpha_1\pm\alpha_2|=|-75°58'-46°41'|=122°39'$$，(直线 FE 相对于 FO_3 顺时针形成 α_2，取“-”)

$$x_E=x_2\pm R|\sin\beta|=120+30|\sin122°39'|=145.259$$，(x_E 在 x_2 的右边，取“+”)

$$y_E=y_2\pm R|\cos\beta|=40-30|\cos122°39'|=23.815.$$ (y_E 在 y_2 的下方，取“-”)

F 点和 O 点：$F(130,0)$，$O(0,0)$.

则各基点的坐标为：

	A	B	C	D	E	F	O
x	-49.641	18.401	57.692	131.538	145.259	130	0
y	85.981	126.631	98.462	67.692	23.815	0	0

练习题 4.8

1. 数控加工如图 4-8-2 所示的零件，试求出它的基点及参考点的坐标.

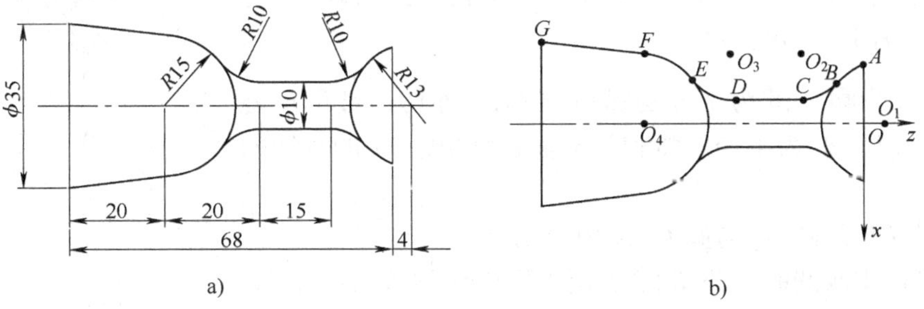

图　4-8-2

2. 某零件的平面轮廓如图 4-8-3 所示，在加工过程中要求直线$\widehat{BC}$与圆弧$\widehat{CD}$的切点 C 到 AE 的距离，试计算.

3. 在数控车床上车削如图 4-8-4 所示零件，需要求出半径为 $R18$ 的圆弧所在圆心 O_1 的坐标及与半径 $R12.5$ 圆弧相切的切点 A 的坐标．请分别用列方程组法、三角函数法求解.

4. 如图 4-8-5 所示，在数控铣床上加工平面凸轮零件外轮廓，试建立合适的坐标系，求出加工时需要的各基点的坐标.

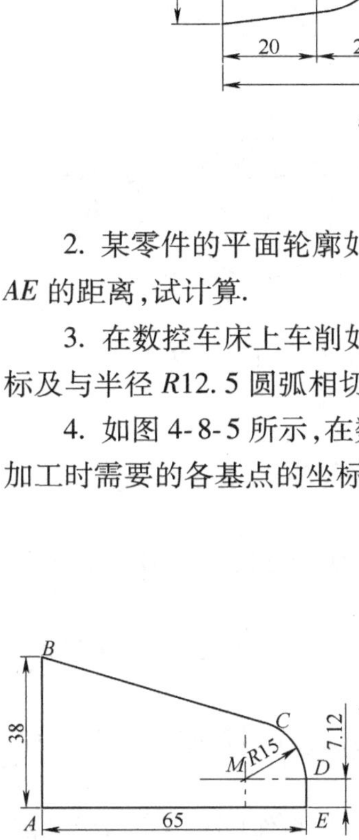

图　4-8-3

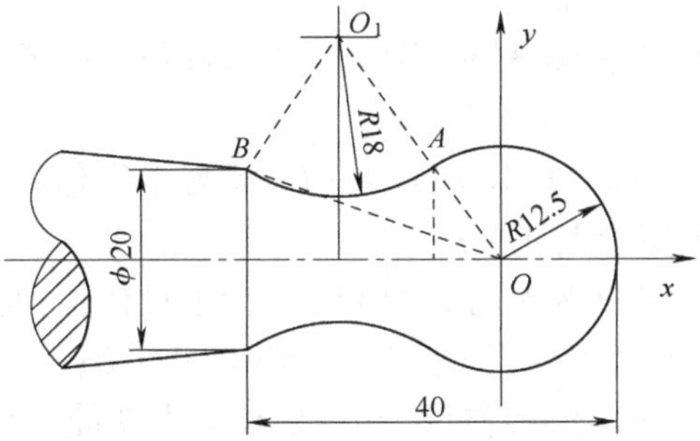

图　4-8-4

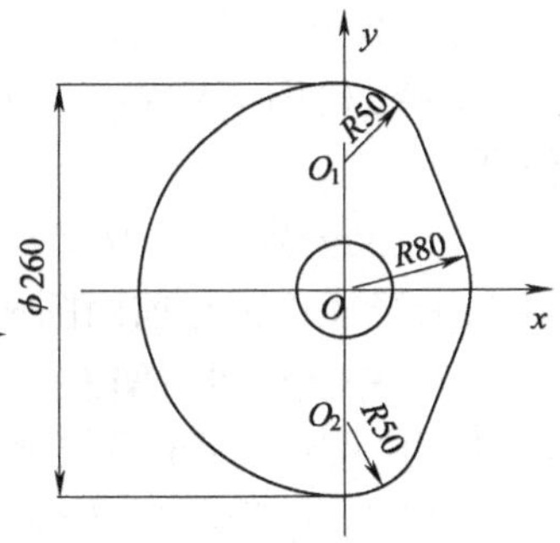

图　4-8-5

第九节　基点的 CAD 作图法计算简介

利用绘图软件作图求基点是目前流行的一种求基点的方法．常用的软件有 AutoCAD 和 CAXA 电子图板．采用绘图软件作图求基点具有操作简便、避免繁杂计算、精度高、出错率少等优点.

在用绘图软件作图求基点中要注意：善于运用数学中的几何性质，正确进行绘图分析，不能有差错；一般情况下按 1∶1 的比例绘制，尺寸标注的精度单位设置要符合要求，通常为小数点后三位；点的捕捉要精准，为此可以随时关闭暂时不用的点捕捉功能.

【例】　图 4-9-1 所示为一凸轮的平面图，数控铣削凸轮的外轮廓，试用 CAD 绘图分析法求它的基点坐标.

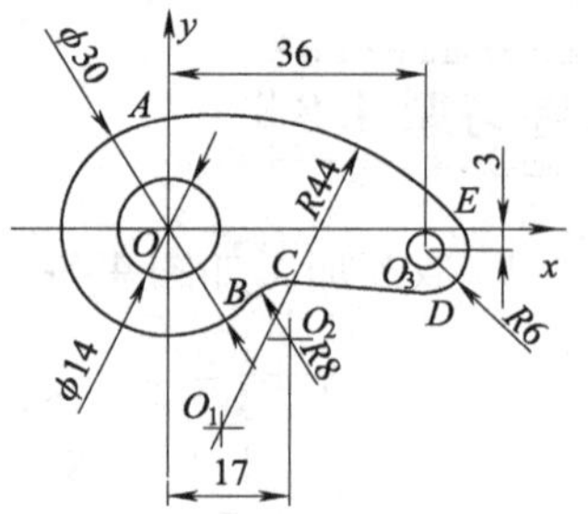

图 4-9-1

分析:(1)以 O 为圆心、15 为半径的圆弧$\widehat{AB}$,以 O_3 为圆心、6 为半径的弧$\widehat{DE}$均内切于弧$\widehat{AE}$,弧$\widehat{AE}$的半径为 44,由内切两圆半径关系知:O_1 点是以 O 为圆心、(44−15)为半径的弧与以 O_3 为圆心、(44−6)为半径的弧的交点;

(2)以 O_2 为圆心、8 为半径的弧$\widehat{BC}$与弧$\widehat{AB}$外切,所以 O_2 是以 O 为圆心、(15+8)为半径的弧和与 y 轴右侧相距 17 的直线的交点;

(3)直线 CD 是圆 O_2 与圆 O_3 的内公切线.

利用 CAD **作两圆的内公切线**的作图要点是:如图 4-9-2 所示,设圆 O_1、圆 O_2 的半径分别是 R、$r(R \geqslant r)$,以 O_1 为圆心、$(R+r)$长为半径作圆,打开"对象捕捉",选择"切点捕捉"命令,过 O_2 点作$(R+r)$长为半径圆的切线 OP,选择"偏移"命令,将 OP 偏移 r 个单位,即得圆 O_1 与圆 O_2 的内公切线 AB.

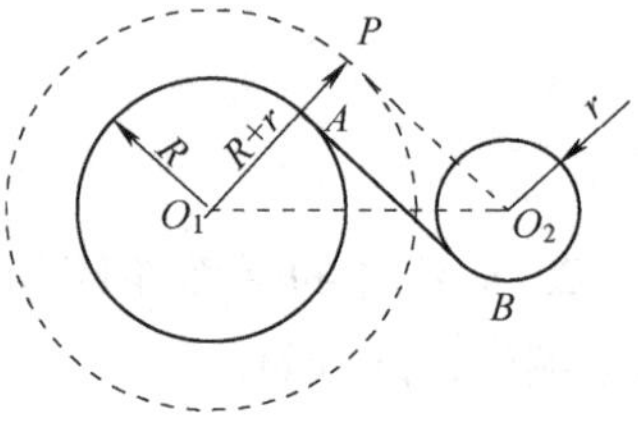

图 4-9-2

外公切线的作法与之类似,不同的是将"$(R+r)$长"改为"$(R-r)$长".

在利用 CAD 作图中,要充分发挥 CAD 的功能,简化几何作图.

CAD 绘图求基点:

(1)作基准线 x 轴、y 轴,交点为 O;

(2)x 轴向下平移 3,y 轴向右偏移 36,设交点为 O_3;分别以 O、O_3 为圆心,15、6 长为半径作圆;

(3)又分别以 O、O_3 为圆心,(44−15)与(44−6)长为半径作弧,交于点 O_1,以 O_1 为圆心、44 长为半径作圆与前两圆相切于点 A、E;

(4)将 y 轴向右偏移 17,以 O 为圆心、(15+8)长为半径作弧,与前偏移 17 的直线交于 O_2,以 O_2 为圆心、8 为半径作圆与 15 为半径的圆 O 外切得切点 B;

(5)以 O_2 为圆心、(8+6)长为半径作圆,利用切点捕捉功能,过 O_3 点作(8+6)长为半径圆的切线 O_3P,选择"偏移"命令,将 O_3P 偏移 6,即得切线 DC;

(6)利用"删除""打断"等命令修整作图.

(7)选择"标注"命令,得相关数据,根据图示位置调整成坐标值,见下表.

	A	B	C	D	E	O	O_1	O_2	O_3
x	−4.028	11.087	17.652	35.511	40.514	0	7.414	17	36
y	14.502	−10.103	−7.519	−8.98	0.953	0	−28.036	−15.492	−3

练习题 4.9

1. 一零件如图 4-9-3 所示,试作出它的轮廓图,并用 CAD 绘图法求它的基点坐标及其参考点的坐标(用直径方式表示).

2. 在数控车床上车削如图 4-9-4 所示的零件,作出它的轮廓图,用 CAD 绘图法求它的基点坐标及其参考点的坐标(用直径方式表示).

3. 有一类"心形"的平面凸轮如图 4-9-5 所示,现在数控铣床上加工它的外轮廓. 试分别用解析法与 CAD 绘图法求它的基点及参考点的坐标.

4. 在数控车床上车削如图 4-9-6 所示的零件,试分别用解析法与 CAD 绘图法求其基点坐标.

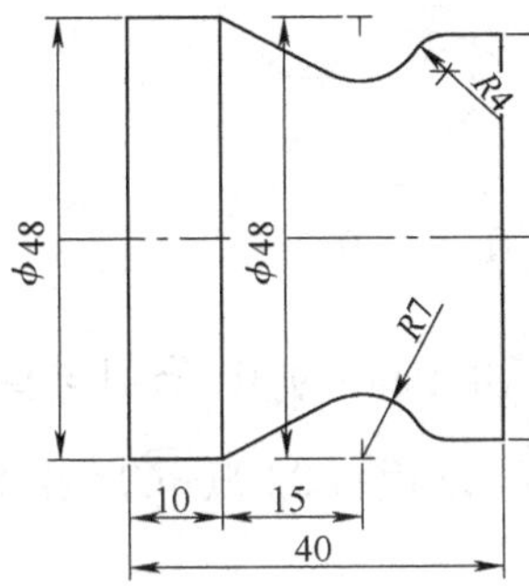

图　4-9-3

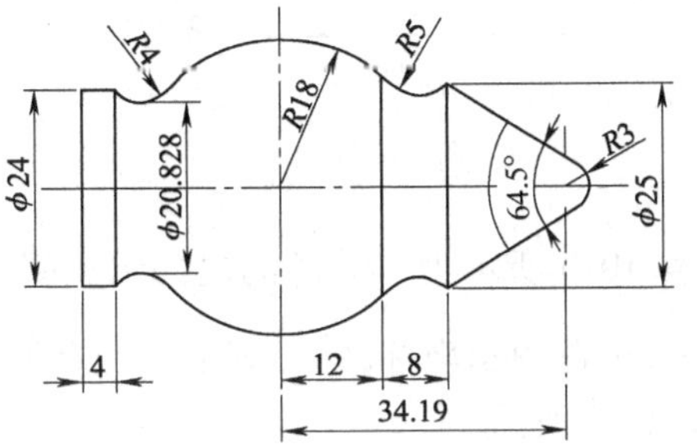

图　4-9-4

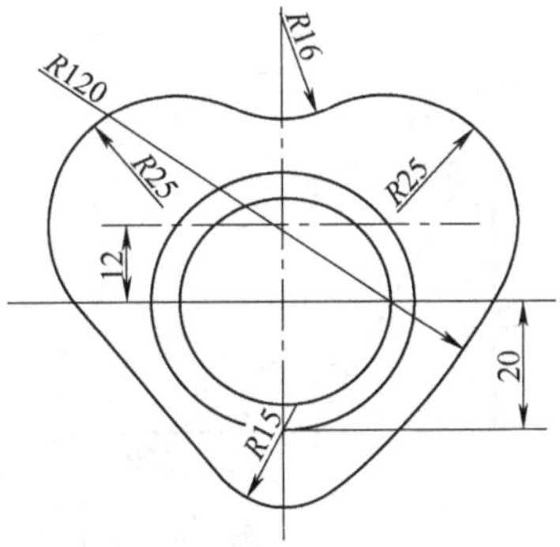

图　4-9-5

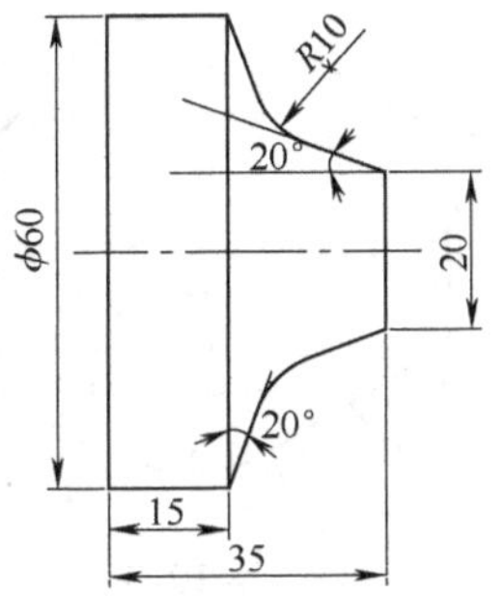

图　4-9-6

复习自测题四

1. 基点是两几何元素的交点,求基点的坐标与这两个元素所在的曲线方程有什么关系?

2. 由直线和圆弧组成的平面轮廓,在进行数控编程时数值计算的主要任务是求各(　　)坐标.

A. 节点　　B. 基点　　C. 切点　　D. 交点

3. 已知一零件的局部结构和尺寸如图 4-10-1 所示,在铣削型腔时需要计算图中 B、C 孔中心所在直线与水平线的交角以及尺寸 H. 试建立适当的坐标系后求之.

4. 已知,图 4-10-2 所示为一爪支架的示意图,孔中心 A 到直线 BC 的距离 AD 是一检验尺寸,试求之.

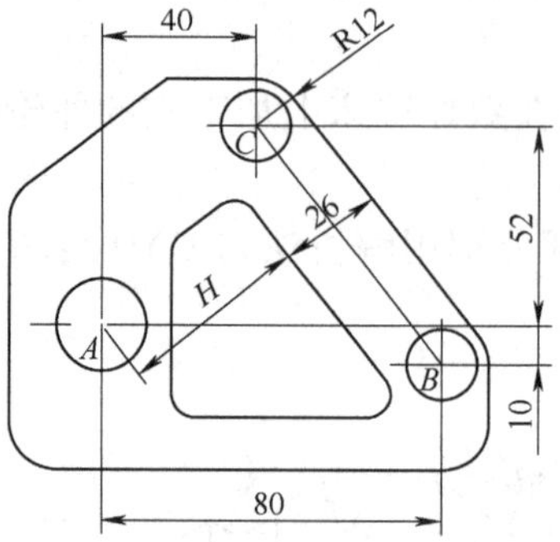

图 4-10-1

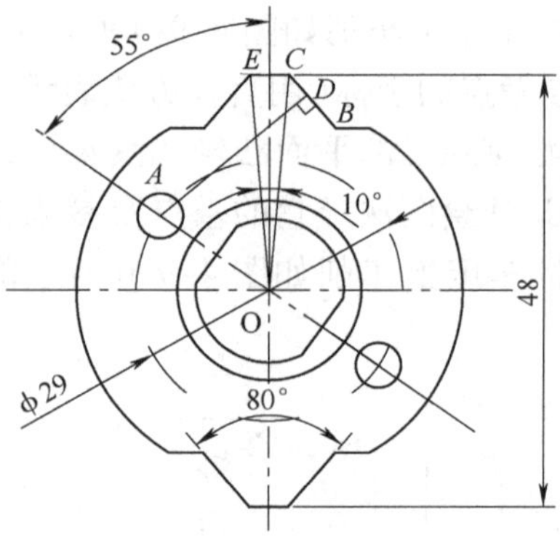

图 4-10-2

5. 图 4-10-3 所示为一零件的局部示意图，半径 $R15$ 圆弧的圆心为 M，分别与直线相切的切点为 B、C，试在图示坐标系下，求：(1) 直线 AB、直线 CD 的方程；(2) 弧 $\overset{\frown}{BC}$ 所在圆的方程；(3) 切点 B、C 的坐标.

6. 在数控铣床上铣削如图 4-10-4 所示的平面零件外轮廓. 试分别用解析法与 CAD 绘图法求其基点坐标.

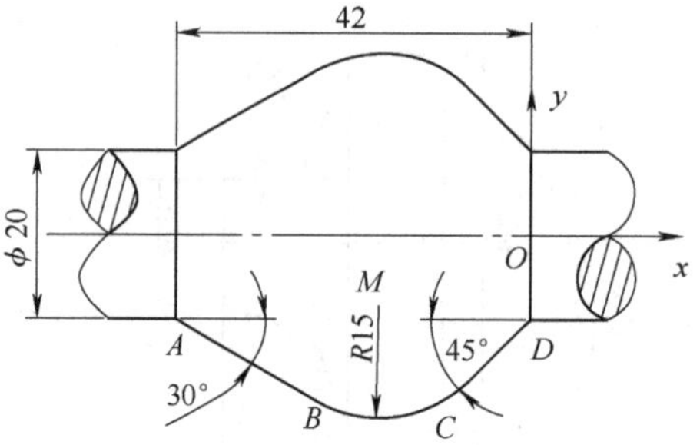

图 4-10-3

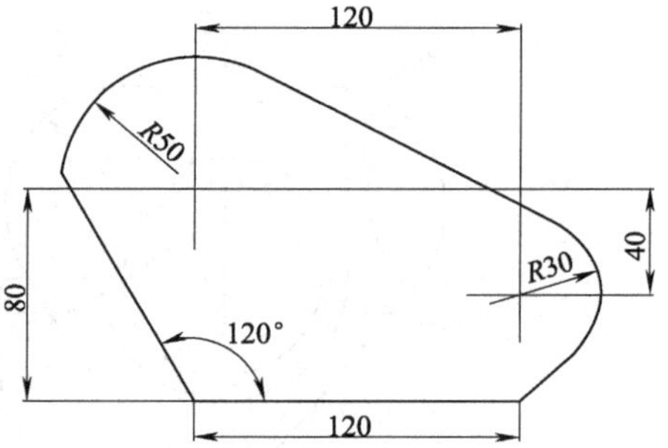

图 4-10-4

实践作业

实践课题

课题名称：球体与锥体连接类零件的加工.

准备：球体与锥体连接类零件加工图样一份，如图 4-10-5 所示，实习指导教师二人，数控车床两台，加工材料与工具两套.

知识应用：主要是基点的确定，直线方程、圆方程及其切点坐标等的求解.

操作步骤：

(1) 作零件轮廓图，并判定不同轮廓曲线间的关系.

图 4-10-6 所示为其轮廓图，弧 $\overset{\frown}{OA}$ 与弧 $\overset{\frown}{AB}$ 为外切，A 为切点；弧 $\overset{\frown}{AB}$ 与线段 BC 相切，B 为切点；线段 BC 与线段 CD 相交. 所以基点是 A、B、C、D，其中 O_1、O_2 分别是圆弧所对应圆的圆心.

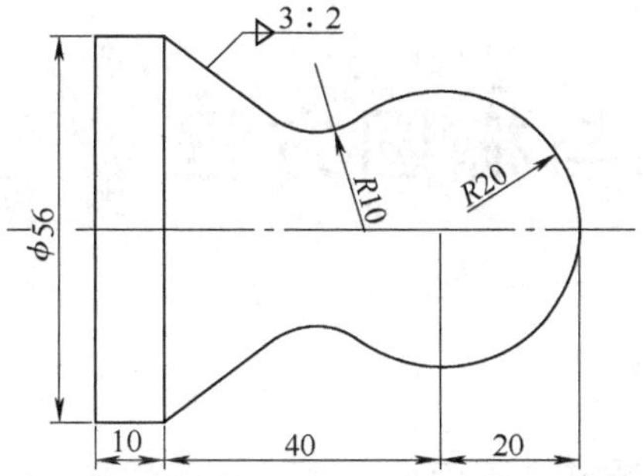

图　4-10-5

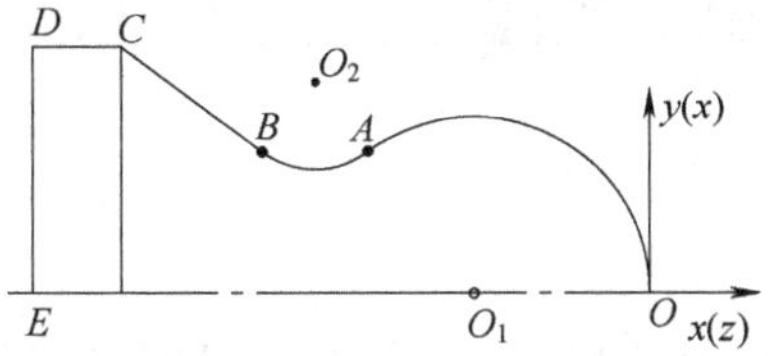

图　4-10-6

(2)计算基点坐标.

建立图示的坐标系，圆 O_1 的方程是 $(x+20)^2+y^2=20^2$，O_1、D 与 C 点的坐标分别是 $(-20,0)$、$(-70,28)$ 与 $(-60,28)$.

因为锥度 $C=3:2$，所以直线 CB 的斜率 $k=-\frac{1}{2}C=-\frac{3}{4}$，则直线 CB 的方程是 $y-28=-\frac{3}{4}(x+60)$，即 $3x+4y+68=0$.

设 O_2 的坐标是 (a,b)，则圆 O_1 的方程是 $(x-a)^2+(y-b)^2=10^2$，又知它与直线相切，与圆 O_2 外切，则有 $\begin{cases}\frac{|3a+4b+68|}{\sqrt{3^2+4^2}}=10\\ \sqrt{(a+20)^2+b^2}=30\end{cases}$，解之得 $a=-38$，$b=24$.

所以，圆 O_2 的方程是 $(x+38)^2+(y-24)^2=10^2$.

由直线 CB 与圆 O_1 的方程，求其相切的切点坐标是 $B(-44,16)$；由圆 O_1 与圆 O_2 的方程，求其外切的切点坐标是 $A(-32,16)$.

故基点坐标是 $A(-32,16)$、$B(-44,16)$、$C(-60,28)$、$D(-70,28)$，参考点 $O_1(-20,0)$、$O_2(-38,24)$.

在数控编程坐标系下，基点及相关点的坐标见表 4-10-1：

表 4-10-1　基点及相关点坐标

		A	B	C	D	O_1	O_2
z		-32	-44	-60	-70	-20	-38
x	半径方式编程	16	16	28	28	0	24
	直径方式编程	32	32	56	56	0	48

(3)在实习教师的指导下，装夹并加工零件.

第五章 车椭圆孔与椭圆方程

在安装管道的过程中，常常会遇到管子与安装基准平面成一个 α 角的情形，为了要固定管子与基准平面之间的连接，需要在管子端面焊上一个安装用的圆环，此圆环的内孔与管子端面形状一致，如图 5-0-1 所示.

那么，管子端面形状是一个什么图形呢？在切割管道的连接斜面时，切割线的角度与这个图形的形状间有什么关系呢？在普通车床上能加工这样的圆环内孔吗？

问题探究

在这个问题中，圆是我们已经熟悉的图形，且知圆的方程形式有 $(x-a)^2+(y-b)^2=r^2$ 等，现在遇到的新问题与我们熟知的知识有什么联系呢？端面图形所在平面与圆面成 α 角的联系，凭直觉我们就能从两者的 α 角这个联系点入手，去寻求端面图形上的点与圆上的点之间的联系.

如图 5-0-2 所示，设平面与圆柱横截面成 α 角，P 为平面与圆柱面交线上任一点，在 xOy 坐标平面上，P 点的坐标为 (x,y)，P 点在俯视图上的投影为 P'.

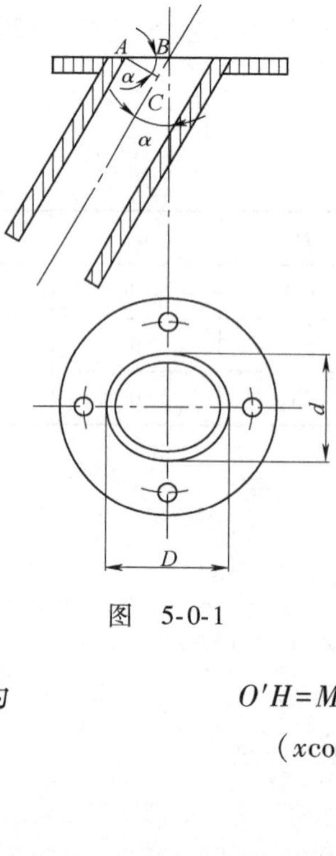

图 5-0-1

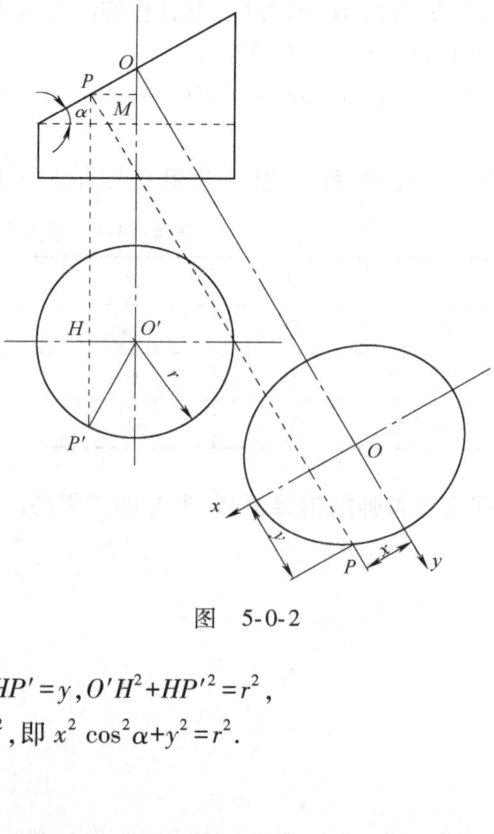

图 5-0-2

因为 $O'H=MP=x\cos\alpha, HP'=y, O'H^2+HP'^2=r^2,$

所以 $(x\cos\alpha)^2+y^2=r^2$，即 $x^2\cos^2\alpha+y^2=r^2$.

x^2 项与 y^2 项的系数分别是$\cos^2\alpha$ 与 1，因为 $0°<\alpha<90°$，$\cos^2\alpha\neq1$，则方程 $x^2\cos^2\alpha+y^2=r^2$ 的图形不能是圆，但是，它却是一个确定的轨迹图形，通常人们称之为椭圆．那么，如何像描述圆一样，用数学语言来准确地描述椭圆这类图形呢？

第一节　椭圆的定义

椭圆像圆一样也是一种常见的图形．例如，当阳光垂直照射一块圆板时，圆板的影子是圆形，但一般情况下阳光是斜着照射圆板的，即有一个倾斜角时，圆板的影子都是椭圆形；将盛有水的水杯适当倾斜，杯中水面轮廓所形成的图形是椭圆；圆柱体的斜截面是椭圆；油罐车的贮油体通常做成椭圆体；还有椭圆形的隧道等.

一、椭圆的定义

先做一实验：一个工人师傅画椭圆的常用方法．如图 5-1-1 所示，取两只小钉子把它钉在平板上，用一根定长（没有伸缩）的绳子，并把它结成一个圈套在这两个钉子上，然后把笔插入圈内并拉紧，使笔尖顺势在平板上移动一圈，笔尖所画出的图形，就是一个椭圆．

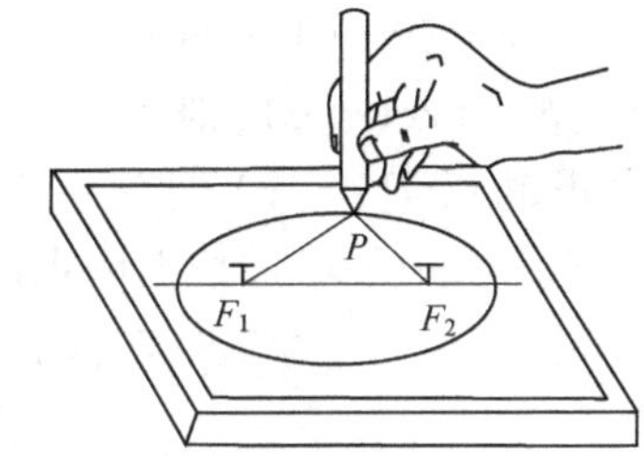

图　5-1-1

椭圆的定义：平面内一个动点到两个定点的距离的和等于定长的点的轨迹叫作**椭圆**．这两个定点叫作**焦点**，两个焦点间的距离叫作**焦距**.

二、圆柱体的截交线是椭圆的几何证明

前面提及的管子与安装基准平面成一个 α 角的连接形成的图形，可以看成平面与立体表面相交后所产生的交线，通常称为**截交线**.

现在运用椭圆的定义证明这一截交线是椭圆.

如图 5-1-2 所示，设圆柱体底面半径为 r. 在圆柱体斜截面上方放置一个半径为 r、与圆柱体内壁和斜截面都相切的球，它与斜截面产生了一个切点 F_1；在圆柱体斜截面下方也放一个半径为 r、与圆柱体内壁和斜截面都相切的球，它与斜截面产生了另一个切点 F_2. 由于球外一点到球的各方向上的切线都相等，所以，斜截面边界上的动点 P 到斜截面上的两个切点的距离的和 PF_1+PF_2 总是等于这个点到上、下两圆球与圆柱体内壁相切处的距离的和 $PM+PN$，在矩形 MO_1O_2N 中，$PM+PN=O_1O_2=$定值（即上、下两圆球的球心距离），这就是说，截交线上任一点到两个定点（切点）的距离的和是定值．所以根据椭圆定义得这个斜截面的截交线是椭圆.

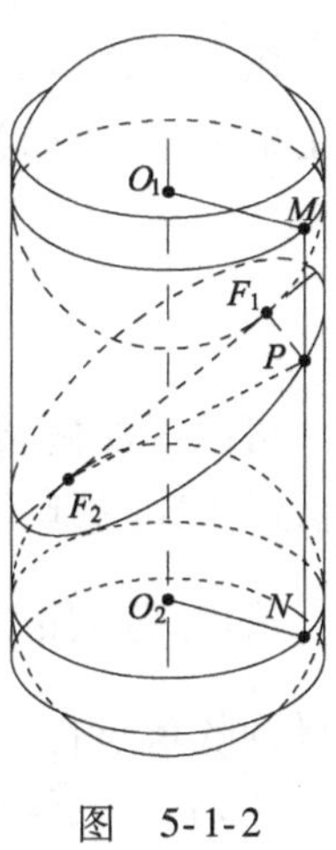

图　5-1-2

练习题 5.1

1. 一个篮球在太阳光下的影子，在大多数情况下是什么图形？并亲自操作观察.

2. 用图钉、细线、铅笔等工具仿照课本中画椭圆的方法，画一个焦距为 60mm、动点到两焦点的距离和为 100mm 的椭圆.

3. 将直径为200mm的圆形薄板水平放置在非垂直照射的太阳光(也可用手电光)下，圆形薄板在地面上影子的形状是一个椭圆，观察这个椭圆长、短两个方向的长度与半径的大小关系．当太阳光线与水平面的夹角变化时，椭圆长、短两个方向的长度如何变化？当太阳光线与水平面的夹角是60°时，测量椭圆长、短两个方向的长度又分别是多少？

第二节　椭圆的标准方程

我们根据椭圆的定义来探究椭圆的方程.

取经过焦点 F_1 和 F_2 的直线为 x 轴，线段 F_1F_2 的垂直平分线为 y 轴，建立直角坐标系，如图5-2-1所示.

设 $P(x,y)$ 是椭圆上任意一点．设焦距为 $2c$，即 $|F_1F_2|=2c(c>0)$，则 F_1 和 F_2 的坐标分别是 $(-c,0)$ 和 $(c,0)$；又设动点 $P(x,y)$ 到两定点的距离和为 $2a$，即 $|PF_1|+|PF_2|=2a(a>0)$，根据两点间的距离公式有

$$\sqrt{(x+c)^2+y^2}+\sqrt{(x-c)^2+y^2}=2a \tag{1}$$

$$\sqrt{(x+c)^2+y^2}=2a-\sqrt{(x-c)^2+y^2},$$

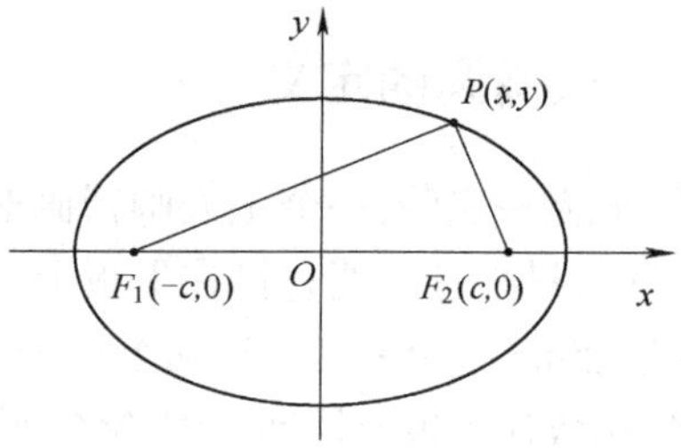

图　5-2-1

两边平方，并整理得

$$a^2-cx=a\sqrt{(x-c)^2+y^2},$$

再两边平方，整理得

$$(a^2-c^2)x^2+a^2y^2=a^2(a^2-c^2) \tag{2}$$

由于在 $\triangle PF_1F_2$ 中，$|PF_1|+|PF_2|>|F_1F_2|$，即 $2a>2c$，$a>c>0$，所以 $a^2-c^2>0$，为了表达形式上的简洁，不妨设 $a^2-c^2=b^2(b>0)$，并把它代入式(2)，得

$$b^2x^2+a^2y^2=a^2b^2,$$

$$\frac{x^2}{a^2}+\frac{y^2}{b^2}=1 \tag{3}$$

可以说明椭圆上的任意点 P 的坐标满足式(1)，就必然满足式(3)．满足式(3)的实数对 (x_0,y_0) 也满足式(1)，就是满足曲线与方程的关系.

所以，我们把方程 $\frac{x^2}{a^2}+\frac{y^2}{b^2}=1$ 叫作**椭圆的标准方程**．它所表示的椭圆的焦点在 x 轴上，焦点是 $F_1(-c,0)$、$F_2(c,0)$，焦距为 $2c$，这里 $a>b>0$，$c^2=a^2-b^2$.

如图5-2-2所示，如果椭圆的焦点在 y 轴上，且焦点坐标是 $F_1(0,-c)$，$F_2(0,c)$，那么将焦点在 x 轴上的椭圆方程 $\frac{x^2}{a^2}+\frac{y^2}{b^2}=1$ 中的 x 与 y 互换，这时得到的椭圆方程是 $\frac{y^2}{a^2}+\frac{x^2}{b^2}=1$，这里仍然有焦距为 $2c$，$a>b>0$，$c^2=a^2-b^2$．这个方程也叫作椭圆的标准方程.

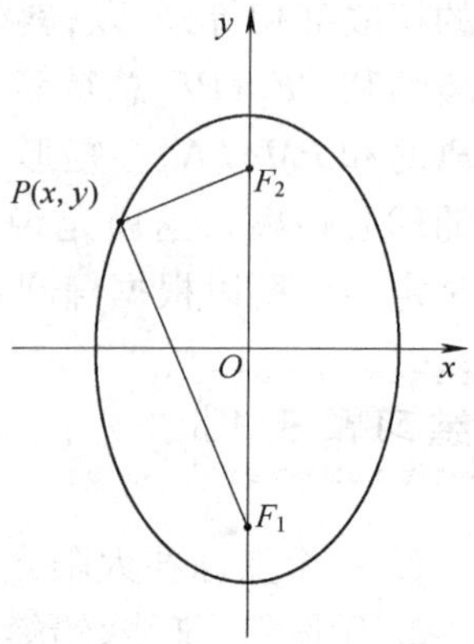

图　5-2-2

问题思考：(1) 在椭圆标准方程的三个量 a、b、c 中，哪个量一

定最大？它与其他两个量有什么关系？这个关系式与学过的哪一关系式相似，但本质又不一样呢？(2)椭圆焦点所在坐标轴的不同，与它的标准方程有什么联系？又与椭圆的长、短轴在坐标轴上的位置有什么关系？

练习题 5.2

1. 根据下列条件，写出椭圆的标准方程.

(1) $a=5$，$b=4$，焦点在 x 轴上；

(2) 两个焦点的坐标是 $(-1,0)$ 和 $(1,0)$，动点到两个焦点的距离的和是 4；

(3) $a=13$，$b=12$，焦点在 y 轴上.

2. 将本章开头问题中“圆环内孔边沿”轨迹方程化成椭圆的标准方程，并写出它的 a、b、c 值及焦点坐标.

第三节　椭圆的性质

我们根据椭圆的标准方程 $\frac{x^2}{a^2}+\frac{y^2}{b^2}=1(a>b>0)$ 可以知道椭圆的几何性质，如图 5-3-1 所示.

1. 范围

根据标准方程，显然有 $\frac{x^2}{a^2}\leqslant 1$，$\frac{y^2}{b^2}\leqslant 1$，所以 $|x|\leqslant a$，$|y|\leqslant b$，这说明椭圆在直线 $x=\pm a$ 和 $y=\pm b$ 所围成的矩形内.

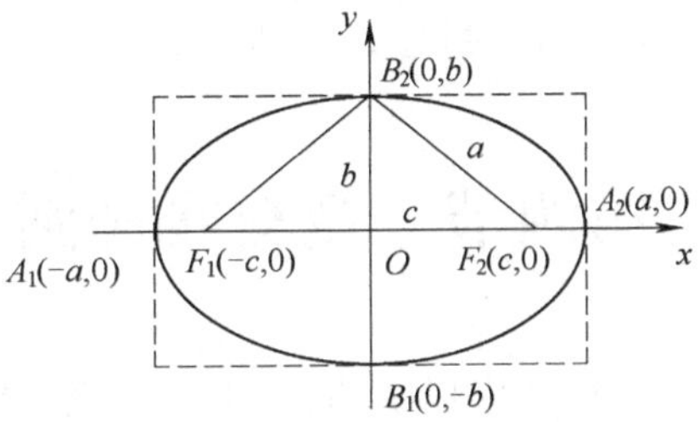

图　5-3-1

2. 对称性

坐标轴是椭圆的对称轴，原点是椭圆的对称中心. 椭圆的对称中心叫作**椭圆的中心**.

3. 顶点

椭圆与 x 轴的两个交点为 $A_1(-a,0)$ 和 $A_2(a,0)$；与 y 轴的两个交点为 $B_1(0,-b)$ 和 $B_2(0,b)$. 椭圆与它的对称轴的四个交点，叫作**椭圆的顶点**.

4. 长轴、短轴

线段 A_1A_2、B_1B_2 分别叫作**椭圆的长轴与短轴**. 它们的长分别是 $A_1A_2=2a$，$B_1B_2=2b$. a、b 分别叫作**椭圆的长半轴的长与短半轴的长**. c 叫作**椭圆的半焦距**. 椭圆短轴的端点到两个焦点的距离相等，且等于长轴的长.

5. 离心率

用焦距的长与长轴的长的比表示椭圆的扁平程度，这个比叫作**椭圆的离心率**，用 e 表示，即 $e=\frac{c}{a}$. 离心率越大，椭圆就越扁平.

6. 准线方程

椭圆定义的另一种表述：平面内一个动点到定点的距离与它到定直线的距离比是小于 1 的常数，则这个动点的轨迹是**椭圆**. 定点就是**焦点**，定直线称为椭圆的**准线**. 两条准线的位置如图 5-3-2 所示 .

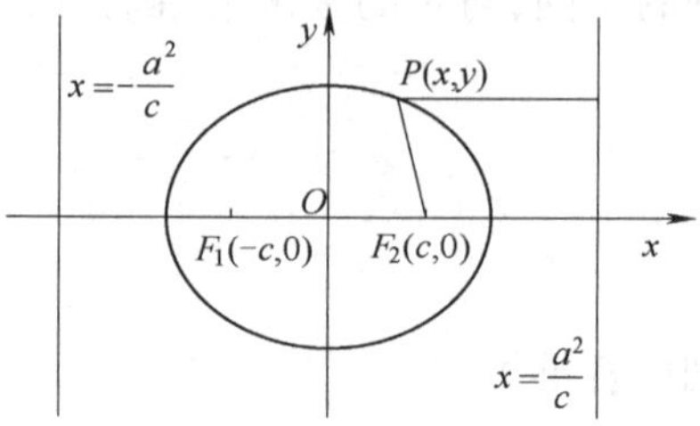

图 5-3-2

问题思考:你能参照椭圆$\frac{x^2}{a^2}+\frac{y^2}{b^2}=1$ 的几何性质得到椭圆$\frac{y^2}{a^2}+\frac{x^2}{b^2}=1$ 的几何性质吗?

练习题 5.3

1. 写出下列椭圆的长轴及短轴长、焦点坐标、离心率、顶点坐标、准线方程,并画出它们的图形.

(1)$\frac{x^2}{25}+\frac{y^2}{16}=1$;(2)$9x^2+y^2=81$.

2. 已知圆 O_1:$(x-4)^2+y^2=169$,圆 O_2:$(x+4)^2+y^2=9$,有一动圆内切于圆 O_1、外切于圆 O_2,求该动圆圆心 P 的轨迹 .

第四节　截交线椭圆与其截面倾角及圆柱半径等的关系

本章开头提出的:管子斜端面形状是一个什么图形的问题在上述介绍过程中已经得到了解决 .

现在寻求其截交线椭圆与其截面倾角 α、圆柱半径 r 与椭圆形状的关系.

如图 5-4-1 所示,设截面椭圆与圆柱底平面的交角为 α,椭圆的长轴长 $2a$,短轴长 $2b$,圆柱半径为 r.

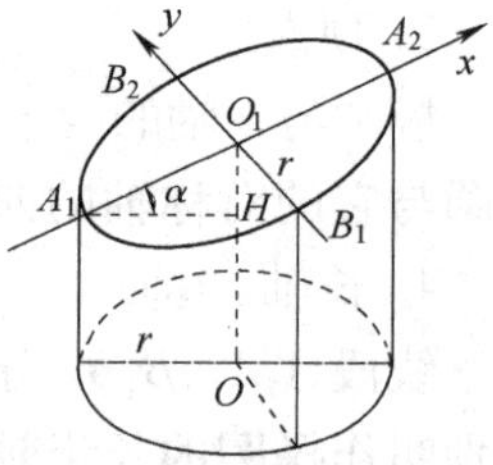

图 5-4-1

则椭圆短轴长 $2b=2r$,$b=r$,椭圆长轴 $2a$ 方向与交角方向一致,$\frac{r}{a}=\cos\alpha$,则 $a=\frac{r}{\cos\alpha}$. 于是,a、b、r、α 之间的关系为 $b=r=a\cos\alpha$.

【例】 一底面半径为 1 的圆柱体被一个与圆柱底面倾斜角为 30°的平面所截,求截交线椭圆的方程.

解:建立如图 5-4-1 所示的坐标系,则

$$A_1O_1=\frac{A_1H}{\cos\alpha}=\frac{1}{\cos30^\circ}=\frac{2\sqrt{3}}{3},B_1O_1=1,$$

于是所求截交线椭圆的方程是$\frac{x^2}{\left(\frac{2\sqrt{3}}{3}\right)^2}+\frac{y^2}{1^2}=1$.

问题思考：圆柱截交线椭圆的长、短轴随着截面倾角的变化会发生变化吗？若不变，则是多少？若变化，如何变化？

练习题 5.4

1. 现有　长轴长为 26、短轴长为 10 的椭圆孔与圆管连接，问选用圆管的内直径是多少？加工该圆管的截面时，需要知道的截面与圆管管壁侧面直线的夹角是多少？

2. 有一几何体是由圆柱被一个平面截得．已知截面是一个椭圆，其长轴长是 5、短轴长是 4，被截后的圆柱最短素线长 3，则其最长素线长为多少？这个几何体的体积为多少？

第五节　椭圆的切线及其性质

我们规定，像圆一样，当直线与椭圆仅有一个交点时，就称这条**直线与椭圆相切**．这条直线称为椭圆的切线，这个交点称为椭圆的切点，过切点且垂直于切线的直线称为该点的法线.

圆可以看成当椭圆的长、短轴相等时的特例．圆与椭圆的这种联系，对我们认识椭圆的切线有帮助.

如果 $P(x_0,y_0)$ 是椭圆$\frac{x^2}{a^2}+\frac{y^2}{b^2}=1(a>b>0)$上的一点，那么过该点的椭圆切线方程是$\frac{x_0x}{a^2}+\frac{y_0y}{b^2}=1$.

如果椭圆$\frac{x^2}{a^2}+\frac{y^2}{b^2}=1(a>b>0)$的切线的斜率是 k，那么该切线的方程是 $y=kx\pm\sqrt{k^2a^2+b^2}$.

我们可以知道，经过椭圆上一点的法线平分这点与两焦点连线所夹的角．这个结论可运用到光学上，由于反射角等于入射角，因此，从椭圆的一个焦点发出的光线，经过反射后，都会集中到另一个焦点．同样由椭圆的一个焦点发出的声音，经反射后，也都会汇聚到另一个焦点上.这一性质叫作**椭圆的光学性质**.

练习题 5.5

1. 有一椭圆形的游戏球盘的边缘是椭圆形壁，把它水平放置后，击打盘中的球，球碰到椭圆形壁就会弹回，如此进行游戏活动．现有椭圆形球盘的长轴长为 $2a$，短轴长为 $2b$，焦距为 $2c$，静止放在焦点 F 的小球，从焦点 F 出发，经椭圆壁反弹后第一次回到 F 点，则这时小球所经过的路程是多少？

2. 某公园准备仿古建造一回音壁．此壁由半个椭圆形围墙组成，围墙两端点 A、B 之间相距 260m，在 A、B 的连线上有 M、N 两个路口，各自离端点 A、B 的距离均为 10m，设计要求在 M 路口的人都能听到另一路口 N 的人的轻声说话，成“耳语廊”现象．求这一椭圆的方程.

第六节　椭圆及其方程的应用

下面列举椭圆在机械中的应用.

一、在圆柱斜面切割中的应用

我们已经知道,圆柱的截交线是椭圆,而且这个椭圆的长、短半轴长分别为 a、b,当截面倾角为 α、圆柱底面半径为 r 时,有关系式:$b=r=a\cos\alpha$. 利用这个关系,就能顺利进行圆柱斜面的切割操作.

【例 1】　在连接某管道的过程中,要将长轴长为 60mm、短轴长为 30mm 的椭圆管道与圆形管道进行对接,问对接的圆形管道的直径 D 是多少? 用来对接的圆形管道倾斜面应如何实施切割操作?

解:因为圆柱的截交线是椭圆,所以由题意知与椭圆管对接的圆形管道的直径是椭圆的短轴长,即 $D=2r=2b=30\text{mm}$.

设截面倾角为 α,则 $\cos\alpha=\dfrac{r}{a}=\dfrac{b}{a}=\dfrac{15}{30}=\dfrac{1}{2}$,则 $\alpha=60°$.

所以,将圆管固定后,使切割线与圆管轴线(或管壁边线)成 30°角即可实施切割操作.

【例 2】　节流阀是广泛适用于各类工业生产输送管路中作为介质切断或调节流的通用设备.某型号的手动节流阀是通过手轮与阀杆的螺纹进退,调节与阀杆连接的阀瓣角度的方式来改变节流截面和控制流体流量的,图 5-6-1 是它的截面示意图 . 若节流阀阀瓣的倾斜角 $\alpha=60°$,求它流通的截面积 .

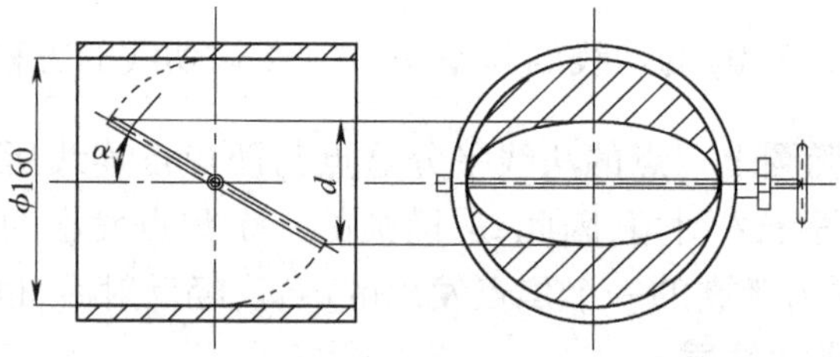

图　5-6-1

解:圆形阀瓣从封闭状态转动开启后,它的侧面投影是圆倾斜后的投影图形,即椭圆 . 因此,图中阴影部分两月牙形面积是圆面积减去椭圆面积.

椭圆面积等于椭圆长、短半轴与圆周率的积,即 $s=ab\pi$.

因为

$$a=\frac{1}{2}\times160=80(\text{mm}),b=80\times\cos30°=40\sqrt{3}(\text{mm}),$$

所以,阴影部分面积 $=80^2\pi-80\times40\sqrt{3}\pi\approx2692.86(\text{mm}^2)$.

二、在车削椭圆孔(轴)中的应用

在普通车床上能加工椭圆孔吗? 这是在本章开头实例中遇到的一个问题.

在普通车床上,车刀的进给方向与车床主轴方向一致时,工件被车削成圆柱或圆孔.

圆柱截交线是椭圆的事实告诉我们,要在圆柱截面上产生椭圆,这个圆面就要与圆柱面形成一个倾角,这也可以看成是圆柱的中心轴线与圆面的中心垂线也成一个倾角,于是我们会有这样的想法产生,即圆柱截交线是椭圆的逆向问题:

如果柱体的斜截面是一个圆,那么这个柱体沿轴线方向的投影是椭圆.

这个猜想成立吗?

证明:如图 5-6-2 所示,设截面圆的半径为 R,点 P 为该圆上的任一点,它在俯视图中的投影为$P''(x,y)$. 则有 $x=H'P'=O'P'\cos\alpha=OH\cos\alpha=OP\sin\beta\cos\alpha=R\sin\beta\cos\alpha$,于是

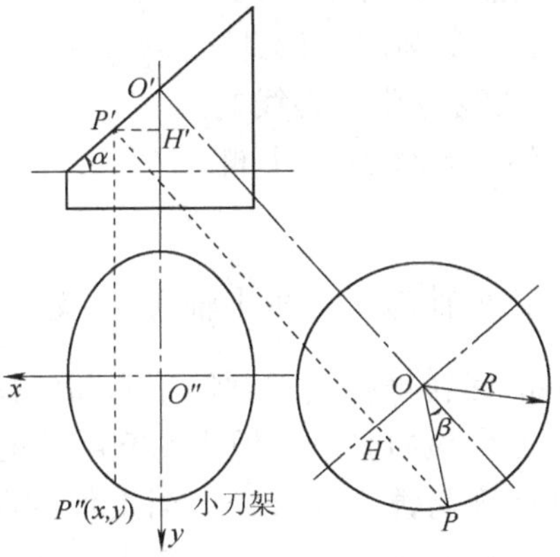

图　5-6-2

$$\frac{x}{R\cos\alpha}=\sin\beta \tag{1}$$

$$y=HP=OP\cos\beta=R\cos\beta,$$

于是

$$\frac{y}{R}=\cos\beta \tag{2}$$

式(1)的平方加上式(2)的平方,得

$$\frac{x^2}{(R\cos\alpha)^2}+\frac{y^2}{R^2}=\sin^2\beta+\cos^2\beta=1$$

即

$$\frac{y^2}{R^2}+\frac{x^2}{(R\cos\alpha)^2}=1.$$

这是一个长轴在 y 轴、短轴在 x 轴,且长轴长和短轴长分别为 $2R$ 和 $2R\cos\alpha$ 的椭圆.

因此,猜想成立.

如此,当车刀进给方向与工件前进方向成一个角时,让车刀做圆周运动成为斜截面,则工件被车削成在其投影方向上的柱体,即被加工成椭圆柱体(或椭圆孔). 这就是说把车刀装夹到原本装夹工件的位置上,而工件则被装夹到原本安装刀具的地方,彼此转换. 在车工机械中这种方法被称为飞刀切削. 它是通过改变刀具和工件的装夹方法,来提高大曲率狭长工件切削效率的一种加工模式. 它的原理是将刀具径向安装在圆柱形的刀盘前端,再将刀盘安装在车床主轴上,使其随主轴高速旋转,故称为“飞刀”. 安装在工作台上的工件随之直线进给,实

现切削.

于是,我们有下列车削椭圆孔(轴)的方法.

1. 车削椭圆孔

将圆环安装在斜滑板上,且与车床主轴线成 α 角,如图 5-6-3 所示,车刀用刀排装在主轴上以 $\frac{D}{2}$ 为半径旋转,移动滑板即可车削出长轴长为 D、短轴长为 d 的椭圆孔. 其中 α 由 $\cos\alpha=\frac{d}{D}$ 确定.

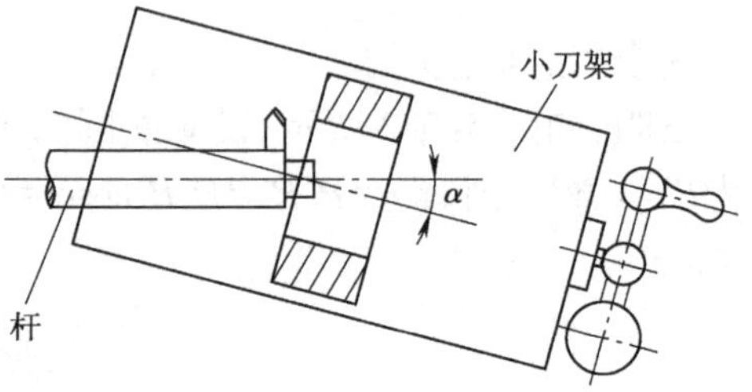

图 5-6-3

2. 镗削椭圆孔

通常镗床的镗刀在镗削时,镗刀刀尖的运动轨迹是一个圆,但当机床立铣头转过一个角度时,这个圆在工作台台面上的投影便是一个椭圆. 因此,在立铣头转过 α 角(即镗刀回转轴线与孔中心线的夹角)后,利用工作台垂向进给,能镗出一个椭圆孔.

主要操作方法是:根据椭圆长半轴为 a 与短半轴为 b,以及 $\cos\alpha=\frac{b}{a}$,计算出 α 值,将立铣头转过 α 角,并把机床镗刀刀尖的回转半径调整到等于椭圆的长半轴 a,从而使工件的椭圆长轴与工作台横向平行,短轴与工作台纵向平行. 镗出的椭圆孔的长半轴为 a、短半轴为 b.

在具体镗削中,要注意工件厚度与镗刀杆直径. 当工件的厚度较大或立铣头的偏转角度较大时,镗刀杆的直径 d 应满足:$d<2a\cos2\alpha-2H\sin\alpha$,其中 H 为工件厚度(mm),α 为立铣头偏转角(°).

3. 车削椭圆轴

椭圆轴可以用飞刀法车削,刀盘轴线与工件成 α 角,走刀方向与工件轴线(主轴中心线)一定,而工件则固定不动. 刀盘旋转轴线与工件轴线之间的夹角为 α,同理,$\cos\alpha=\frac{b}{a}$,其中 a、b 分别是椭圆的长半轴长和短半轴长.

问题思考:镗床能加工椭圆短轴吗?

三、在轧制椭圆管计算中的应用

研究表明,管道的截面形状不同对流动与传热也会有不同的影响. 椭圆管具有良好的流动性与传热性,在电力、冶金、炼油、化工等领域得到了广泛的应用. 如电厂暖风器,钢铁厂的循环水冷却器、罩式炉退火冷却器、空气油冷却器,轻工业的蒸气—空气加热器、压缩机中的冷却管等.

椭圆管一般按其长、短轴的尺寸要求选用无缝钢管轧制而成.

【例】 某工厂为了制造电站用直接空冷冷凝器,要将钢管轧制为椭圆管,要求该椭圆管的长轴长和短轴长分别为 100mm 和 20mm,问应选用的钢管内径是多少?

解:根据题意知,把钢管轧制为椭圆管,应该是轧制后椭圆管的周长与原钢管的周长相等,即由圆形变成周长相等的椭圆形.

一般情况下,椭圆的周长等于以该椭圆短半轴长为半径的圆周长($2\pi b$)加上 4 倍的该椭圆长半轴长(a)与短半轴长(b)的差.

因此,椭圆周长 L 的近似公式是 $L=2\pi b+4(a-b)$.

因为 $2a=100$,$2b=20$,设所选用的钢管内径为 D,则

$$D\pi=2\pi b+4(a-b)=2\pi\times10+4\times(50-10),$$

$$D=20+\frac{160}{\pi}=20+\frac{160}{3.14}\approx70.96(\text{mm}).$$

故应选用内径为 70.96mm 钢管轧制.

问题思考:能从两者的面积关系入手寻求上题的解法吗?圆形管截面面积与其轧制后的椭圆管截面面积相等吗?

四、在椭圆形结构物体计算中的应用

【例 1】 运油车的贮油罐是一个横卧的椭圆柱体,它的横截面的外轮廓线是一个椭圆,工人师傅在制作过程中要切割椭圆盖. 现要切割一个宽度为 3m、高度为 1.8m 的椭圆盖,请计算出划线放样时需要的焦距数据.

解:设椭圆的标准方程为 $\frac{x^2}{a^2}+\frac{y^2}{b^2}=1(a>b>0)$.

根据题意知,椭圆的宽度即为长轴长 $2a=3$,椭圆的高度即为短轴长 $2b=1.8$.

因为 $a^2-c^2=b^2$,所以

$$c=\sqrt{a^2-b^2}=\sqrt{1.5^2-0.9^2}=1.2.$$

故焦距 $2c$ 为 2.4m.

【例 2】 大阪国际机场是人类围海造地建造海上机场的伟大壮举,它被人们比作一具精准的仪器,同时也是数学与科技的结晶. 为了解决地面建筑高度与因高度致负荷加重而影响地面沉降所产生的矛盾;同时能在地面沉降后可以随时调节建筑支柱的高度,建筑师们采用了薄壳顶棚结构.整个顶棚屋面的纵断面是一个巨大椭圆上的一部分曲线,如图 5-6-4 所示,这个椭圆的中心在地下 20km 的深处,图示呈对称的 AB 曲线段即为其纵剖面上的椭圆线段. 试根据图示设计尺寸(单位:m),求出该椭圆的方程.

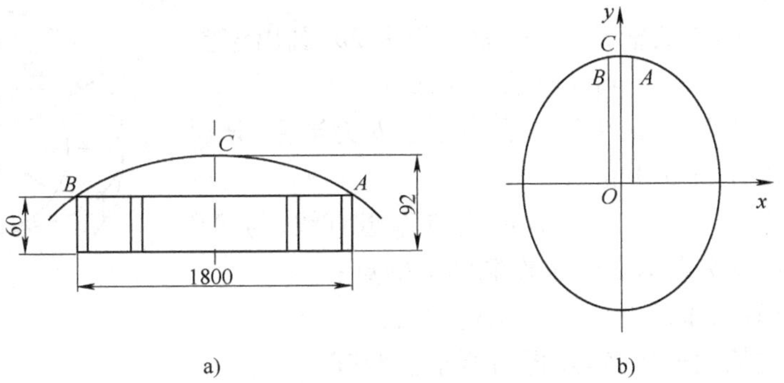

图　5-6-4

解:以距顶棚最高点 20092m 处为坐标原点,曲线段 AB 的对称轴为 y 轴,建立如图 5-6-4 所示的坐标系,则可知椭圆上三点的坐标分别是 $A(900,20060)$、$B(-900,20060)$、$C(0,20092)$.

设所求的椭圆方程为 $$\frac{x^2}{m^2}+\frac{y^2}{n^2}=1.$$

因为 $C(0,20092)$ 是 y 轴上的点，所以 $n=20092$.

又将 $A(900,20060)$ 代入椭圆方程 $\frac{x^2}{m^2}+\frac{y^2}{20092^2}=1$，得 $\frac{900^2}{m^2}+\frac{20060^2}{20092^2}=1$，解之得 $m\approx15952.8$.

则所求的椭圆方程是 $$\frac{x^2}{15952.8^2}+\frac{y^2}{20092^2}=1.$$

问题思考：为什么在设所求的椭圆方程时，不设 $\frac{x^2}{a^2}+\frac{y^2}{b^2}=1$，而设了 $\frac{x^2}{m^2}+\frac{y^2}{n^2}=1$，即在选用字母上做了变化呢？

五、在画椭圆图形中的应用

椭圆和谐对称，且以其颇具动感的形态深受人们的喜爱，在生活中要制作许多椭圆形物件，为此常要画椭圆.

【例 1】 已知椭圆的焦距为 $2c$、长轴长为 $2a$，用直尺和圆规画出该椭圆.

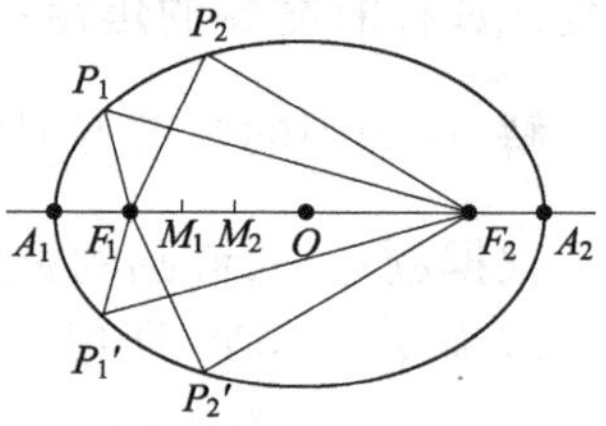

图 5-6-5

画法：如图 5-6-5 所示.

(1) 作线段 F_1F_2，使 $|F_1F_2|=2c$；

(2) 取 F_1F_2 的中点为 O，在 F_2F_1、F_1F_2 的延长线上，分别取点 A_1、A_2，且使 $|OA_1|=|OA_2|=a$；

(3) 在线段 F_1F_2 上任取一点 M_1，分别以点 F_1、F_2 为圆心，A_1M_1、A_2M_1 长为半径画弧，得交点 P_1、P'_1. 改变 M_1 的位置，如 M_2，M_3…用同样的方法作出点 P_2，P'_2，P_3，P'_3…

(4) 把 $A_1,P_1,P_2,P_3,\cdots,A_2,\cdots,P'_3,P'_2$、$P'_1$ 顺次连成光滑曲线，就得到所求的椭圆.

问题思考：(1) 上例中椭圆画法的依据是什么？

(2) 若条件改为：已知椭圆焦距为 $2c$、短轴长为 $2b$，那么还能用这种方法画椭圆吗？

(3) 若条件是：椭圆长轴长为 $2a$、短轴长为 $2b$，那么还能用这种方法画椭圆吗？

【例 2】 已知椭圆的长轴长为 $2a$、短轴长为 $2b$，画出该椭圆. **画法：**画此椭圆还有如图 5-6-6 所示的作法：

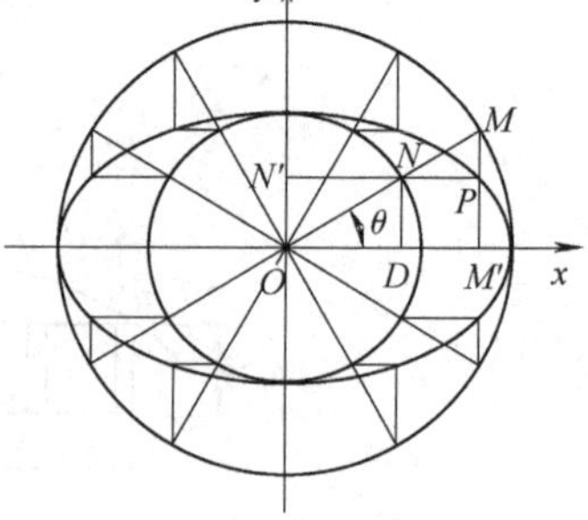

图 5-6-6

(1) 以中心点为圆心 O，长半轴 a 和短半轴 b 为半径，分别画大⊙A 和小⊙B（A、B 与 O 重合）；

(2) 过中心点作若干射线，与⊙A 的交点作竖直线，与⊙B 的交点作水平线，两线交点即为所求作椭圆上的点；

(3) 重复上述作图，求出椭圆上一系列的点；

(4) 用光滑曲线依次连接各点，即得所求的椭圆.

问题探究

能证明这种同心圆法画椭圆的正确性吗？

如图 5-6-6 所示，设 $P(x,y)$ 是所作交点中的任一点．记 $\angle M'OM=\theta$，并称像 OM 与 Ox 这样的夹角 θ 为椭圆在 P 点的**离心角**．则在 $\triangle OM'M$ 中，$\cos\theta=\dfrac{x}{a}$；在 $\triangle ODN$ 中，$\sin\theta=\dfrac{y}{b}$，于是得 $\dfrac{x^2}{a^2}+\dfrac{y^2}{b^2}=\cos^2\theta+\sin^2\theta=1$．由此可知，设 $P(x,y)$ 在椭圆上，即所作图形是椭圆 $\dfrac{x^2}{a^2}+\dfrac{y^2}{b^2}=1$．

在实际操作中，工人师傅还发明了如图 5-6-7 所示的称为**“四心法”**的椭圆的近似画法．

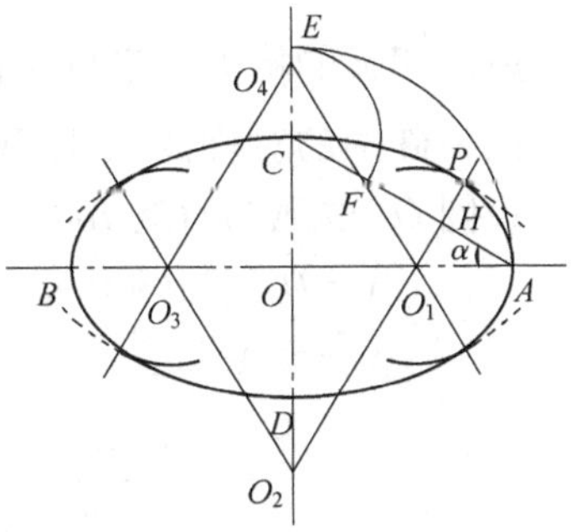

图　5-6-7

(1)画出长轴 AB 和短轴 CD，连接 AC；

(2)在 AC 上截取 CF，使其等于 AO 与 CO 之差 CE；

(3)作 AF 的垂直平分线 HO_1，使其分别交 AO 和 OD（或其延长线）于 O_1 和 O_2 点．以 O 为对称中心，找出 O_1 的对称点 O_3 及 O_2 的对称点 O_4，则 O_1、O_2、O_3 及 O_4 各点为所求的四圆心．分别通过 O_2 和 O_1，O_2 和 O_3，O_4 和 O_1，O_4 和 O_3 作连线；

(4)分别以 O_2 和 O_4 为圆心，O_2C（或 O_4D）为半径画两弧；再分别以 O_1 和 O_3 为圆心，O_1A（或 O_3B）为半径画两弧，使所画四弧的接点分别位于 O_2O_1、O_2O_3、O_4O_1 和 O_4O_3 的延长线上，即得所要画的椭圆．

问题探究

在“四心法”画椭圆的过程中，能否先根据所要画椭圆的长、短轴的长，计算得到“四心法”画圆弧的半径值，再直接去画椭圆呢？

根据“四心法”画椭圆的步骤，可以做如下探索：

如图 5-6-7 所示，设椭圆的长、短半轴的长分别是 a、b．

在 $\mathrm{Rt}\triangle AOC$ 中，$CA=\sqrt{a^2+b^2}$．

因为
$$CF=CE=a-b,\ HA=\frac{CA-CF}{2}=\frac{\sqrt{a^2+b^2}-(a-b)}{2}.$$

同理，
$$CH=\frac{CA+CF}{2}=\frac{\sqrt{a^2+b^2}+(a-b)}{2}.$$

因为
$$\mathrm{Rt}\triangle AHO_1\backsim\mathrm{Rt}\triangle AOC,\text{所以}\frac{O_1A}{CA}=\frac{HA}{OA},$$

$$\begin{aligned}O_1A&=\frac{HA\times CA}{OA}\\&=\frac{\sqrt{a^2+b^2}-(a-b)}{2}\ \sqrt{a^2+b^2}\ \frac{1}{a}\\&=\frac{a^2+b^2-(a-b)\sqrt{a^2+b^2}}{2a}.\end{aligned}$$

同理，
$$O_2C=\frac{a^2+b^2+(a-b)\sqrt{a^2+b^2}}{2b}.$$

因此,“四心法”画椭圆的圆半径可直接通过计算求得.

问题思考:能用其他方法求“四心法”画椭圆的圆半径,即求 O_1A 与 O_2C 吗?“四心法”中圆心 O_1、O_2、O_3 及 O_4 的坐标各是多少?

问题探究

所画四弧的接点一定分别位于 O_2O_1、O_2O_3、O_4O_1 和 O_4O_3 的延长线上吗?

因为椭圆的对称性,所以我们只须以第一象限为例说明.

设圆 O_1 的弧与直线 HO_1 的交点为 $P(x,y)$,则

$$\begin{aligned}y&=O_1P\sin(90°-\alpha)\\&=O_1A\cos\alpha\\&=\frac{a^2+b^2-(a-b)\sqrt{a^2+b^2}}{2a}\ \frac{a}{\sqrt{a^2+b^2}}\\&=\frac{\sqrt{a^2+b^2}-(a-b)}{2},\end{aligned}$$

$$\begin{aligned}x&=OO_1+O_1P\cos(90°-\alpha)\\&=(OA-O_1A)+O_1A\sin\alpha\\&=\left[a-\frac{a^2+b^2-(a-b)\sqrt{a^2+b^2}}{2a}\right]+\frac{a^2+b^2-(a-b)\sqrt{a^2+b^2}}{2a}\ \frac{b}{\sqrt{a^2+b^2}}\\&=\frac{\sqrt{a^2+b^2}+(a-b)}{2}.\end{aligned}$$

设圆 O_2 的弧与直线 HO_1 的交点为 $P'(x',y')$,则

$$\begin{aligned}x'&=O_2P'\sin\angle CO_2P'\\&=O_2C\sin\alpha\\&=\frac{a^2+b^2+(a-b)\sqrt{a^2+b^2}}{2b}\ \frac{b}{\sqrt{a^2+b^2}}\\&=\frac{\sqrt{a^2+b^2}+(a-b)}{2},\end{aligned}$$

$$\begin{aligned}y'&=O_2P'\cos\angle CO_2P'-O_2O\\&=O_2C\cos\alpha-(O_2C-OC)\\&=\frac{a^2+b^2+(a-b)\sqrt{a^2+b^2}}{2b}\ \frac{a}{\sqrt{a^2+b^2}}-\left[\frac{a^2+b^2+(a-b)\sqrt{a^2+b^2}}{2b}-b\right]\\&=\frac{\sqrt{a^2+b^2}-(a-b)}{2}.\end{aligned}$$

由此可知 $P'(x',y')$ 与 $P(x,y)$ 重合,且为其圆弧的切点.

问题思考:能证明 $P(x,y)$ 点为其内切点吗?

能用这种圆弧代替椭圆曲线在数控车床上对椭圆回转体进行粗加工吗?

六、在制作椭圆规中的应用

我们能像用圆规画圆那样轻松地画椭圆吗？下面介绍一种常见的椭圆规.

如图 5-6-8 所示，制作一个刚性的十字架，它的中间是一个滑槽，一杆上设有两个可以在这个杆上移动定位且能在滑槽中滑动的螺旋扣滑块，在杆的一个端点上装有笔尖，将此杆称为滑杆.当选择确定的螺旋扣在滑杆上的位置后，滑杆在十字架滑槽中滑动，笔尖就画出椭圆.

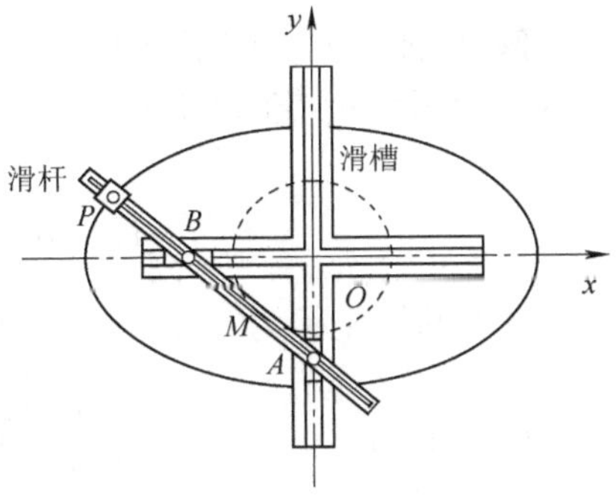

图　5-6-8

对这种椭圆规绘制椭圆的原理可做如下推导.

以十字槽建立如图 5-6-8 所示的坐标系，设两螺旋扣滑块 A、B 间的距离为 $2r$，中点 M 的坐标为 (x_0,y_0)，则 $A(0,2y_0)$、$B(2x_0,0)$，根据直角三角形斜边中线的性质，得中点 M 的轨迹方程是 $x_0^2+y_0^2=r^2$（即图中虚线圆），设笔尖 P 的坐标 $P(x,y)$ 与 $B(2x_0,0)$ 的距离为 s，由距离公式得

$$\begin{cases}(x-2x_0)^2+y^2=s^2\\x^2+(y-2y_0)^2=(s+2r)^2\end{cases},\Rightarrow\begin{cases}x_0=\dfrac{x-\sqrt{s^2-y^2}}{2}\\y_0=\dfrac{y-\sqrt{(s+2r)^2-x^2}}{2}\end{cases}.$$

将以上两式代入点 M 的轨迹方程 $x_0^2+y_0^2=r^2$ 中，即转化为 P 点的轨迹方程．有

$$\left(\frac{x-\sqrt{s^2-y^2}}{2}\right)^2+\left[\frac{y-\sqrt{(s+2r)^2-x^2}}{2}\right]^2=r^2,$$

化简，得

$$s^2+2sr-x\sqrt{s^2-y^2}=y\sqrt{(s+2r)^2-x^2},$$

两边平方，整理得

$$\frac{x}{s+2r}=\frac{\sqrt{s^2-y^2}}{s},$$

两边平方，即有

$$\frac{x^2}{(s+2r)^2}+\frac{y^2}{s^2}=1.$$

由此可得：用椭圆规绘制的椭圆，其短半轴为笔尖到 x 轴上滑块的距离 PB，长半轴即笔尖到 y 轴上滑块的距离 PA.

问题探究

若设 $PA=a$、$PB=b$，则椭圆规绘制的椭圆方程是$\dfrac{x^2}{a^2}+\dfrac{y^2}{b^2}=1$，所以调节椭圆规上螺旋扣滑块 A、B 与笔尖 P 的距离分别为 $PA=a$，$PB=b$，就能得椭圆$\dfrac{x^2}{a^2}+\dfrac{y^2}{b^2}=1$.

问题思考：你能制作这样的椭圆规吗？能设滑杆与 x 轴夹角 α，证明它的轨迹为椭圆吗？

七、在数控车削编程中的应用

在数控设备上，对于椭圆曲线的编程虽然不像直线与圆那样直接，但仍然要知晓基点或节

点的坐标等.

【例1】 图5-6-9为一零件的示意图,在数控车床上加工时,编程原点设在右端面与中心轴线的交点上,试求图中 O、A、B、O' 四点的坐标.

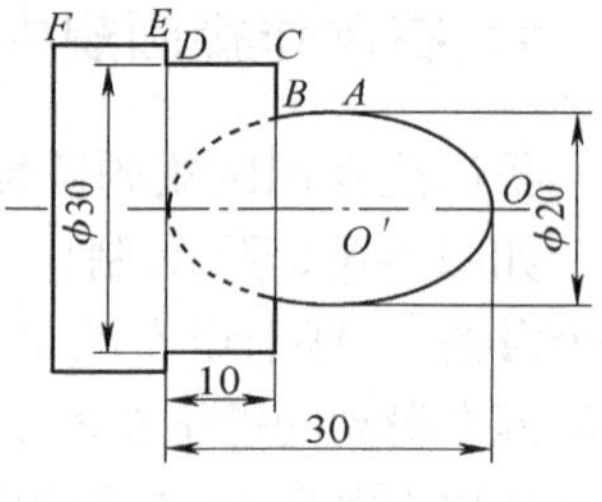

图 5-6-9

解:由图可知,在以椭圆中心为坐标原点的平面直角坐标系 $O'xy$ 下,椭圆的标准方程为

$$\frac{x^2}{15^2}+\frac{y^2}{10^2}=1.$$

B 点的横坐标为 $$x=-\left(\frac{30}{2}-10\right)=-5.$$

纵坐标为 $$y=\frac{10}{15}\sqrt{15^2-x^2}=\frac{2}{3}\sqrt{15^2-(-5)^2}\approx 9.427.$$

在编程坐标系 Oxz 下,$O'(0,-15)$、$O(0,0)$、$A(10,-15)$、$B(9.427,-20)$.

【例2】 用毛坯为 $\phi30\text{mm}\times80\text{mm}$ 的棒料,在数控车床上加工如图5-6-10所示的零件.编程原点设在右端面与中心轴线的交点上,求:(1)椭圆轮廓所在椭圆的标准方程;(2)在编程坐标系下椭圆中心点坐标及椭圆轮廓相关的基点 A、B 的坐标.

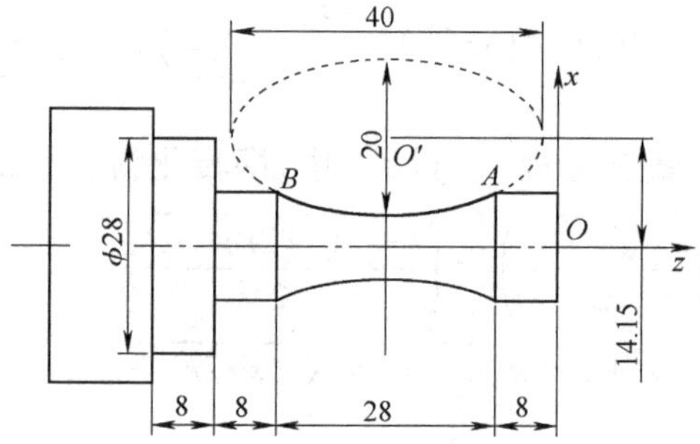

图 5-6-10

解:在以椭圆中心为坐标原点的 $O'xy$ 坐标系下.

由图可知,椭圆的长半轴长20mm(x 轴),短半轴长10mm(y 轴),所以椭圆的标准方程是 $\frac{x^2}{20^2}+\frac{y^2}{10^2}=1$.

因为 A 点横坐标为 $x=14$,有 $\frac{14^2}{20^2}+\frac{y^2}{10^2}=1$,所以它的纵坐标

$$y=-10\sqrt{1-\frac{14^2}{20^2}}=-\sqrt{51}\approx -7.141,$$

则 A 点坐标为 $(14,-7.141)$.

同理,B 点坐标为 $(-14,-7.141)$.

在编程坐标系 Oxz 下,即编程原点在右端面与中心轴线的交点上时.

椭圆中心的 x 坐标是14.15,z 坐标是 $-\left(\frac{28}{2}+8\right)=-22$,即 $(14.15,-22)$.

基点 A 的 x 坐标是 $14.15-7.141=7.009$,z 坐标是 -8,即 $(7.009,-8)$;同理基点 B 的坐标

是(7.009,-36).

由于椭圆标准方程所在坐标系往往与编程坐标系不同,为了计算方便,先在椭圆标准方程所在坐标系中计算的量,在编程坐标系下,还要进行转换. 这种转换关系类似于绝对坐标系与相对坐标系的关系,也可以用坐标轴的平移公式转换.

八、在流量计中的应用

椭圆齿轮流量计是一种容积式流量计,它的测量部分主要由两个相互啮合的椭圆齿轮及其外壳的计量室所构成. 相互啮合的椭圆齿轮,与上、下盖板构成一个密封的初月形空腔(由于齿轮的转动,所以不是绝对密封的)作为一次排量的计算单位. 当被测液体经管道进入流量计时,由进、出口处产生的压力差推动一对齿轮连续旋转,不断地把经初月形空腔计量后的液体输送到出口处,如图 5-6-11 所示,椭圆齿轮的转数与每次排量四倍的乘积即为被测液体流量的总量.

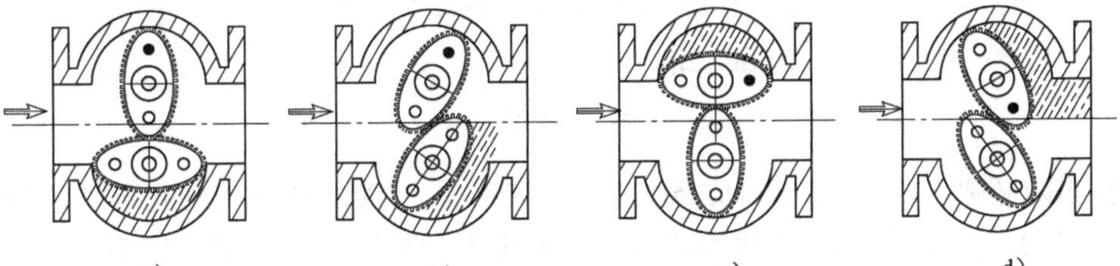

图　5-6-11

椭圆齿轮流量计在能源计量、过程自动化管理、环境监测等领域都有广泛的应用.

【例】　已知一椭圆流量计的入口口径是 D,内壳直径为 d,椭圆齿轮齿的高为 h,两椭圆中心的距离恰好等于入口直径 D,如图 5-6-12 所示,求椭圆齿轮的方程.

解:设椭圆的标准方程为$\frac{x^2}{a^2}+\frac{y^2}{b^2}=1(a>b>0)$.

由题意可知,椭圆流量计的内壳直径就是椭圆的长轴长,

即$2a=d$(包含椭圆齿轮的外边沿椭圆),$a=\frac{d}{2}$,所以有

$$AC'=AC+CC'=a+D=\frac{1}{2}d+D,$$

$$AC'=2a+(b-h)=d+b-h,$$

$$d+b-h=\frac{1}{2}d+D,$$

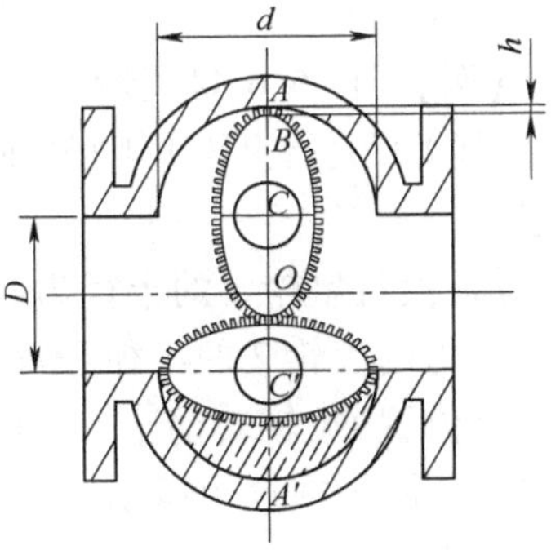

图　5-6-12

所以,$b=D+h-\frac{1}{2}d$.

则所求椭圆的标准方程是$\frac{x^2}{\left(\frac{d}{2}\right)^2}+\frac{y^2}{\left(\frac{2D+2h-d}{2}\right)^2}=1$.

九、在变速传动中的应用

椭圆齿轮是非圆齿轮中最常用的一种齿轮. 两个相同的椭圆齿轮在传动时,随着偏心率

的变化,可以得到不同的变化曲线,称为变速运动. 因此,椭圆齿轮常在机床、自动化、仪表仪器等传动机构中得到应用.

【例】 如图 5-6-13 所示,两个全等的椭圆齿轮分别绕焦点 O_1、O_2 回转. 现设椭圆齿轮 1 是主动轮,以 ω_1 做匀角速度转动,从动轮 2 就以变化的角速度 ω_2 转动. 根据需要,设计椭圆齿轮的长、短轴及主动轮速度,就能得到变速的从动轮速度. 求证:两椭圆齿轮在啮合滚动的工作过程中,转动轴心间的距离是定值.

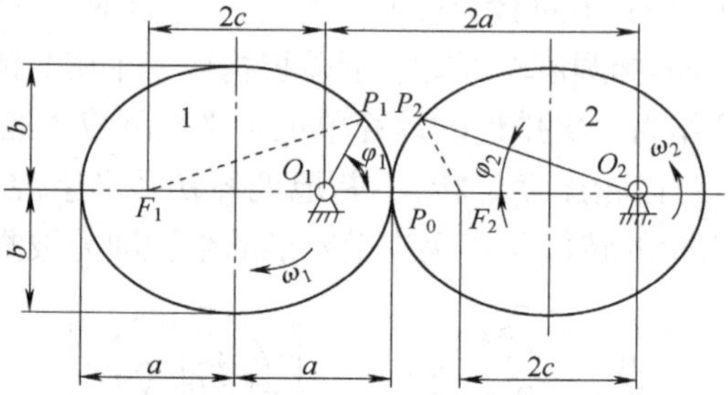

图 5-6-13

证明: 当两椭圆齿轮啮合滚动时,椭圆 1 上任意一点 P_1 滚动到 O_1O_2 轴心连线上时,椭圆 2 上与之对称的 P_2 点同样滚动到 O_1O_2 轴心连线上,重合为一点 P_0,则有 $P_1P_0=P_2P_0$, $P_1F_1=P_2O_2$;又根据椭圆定义知:$P_1F_1+P_1O_1=2a$,所以 $P_2O_2+P_1O_1=2a$=定值,即两椭圆齿轮在啮合滚动过程中转动轴心间的距离是定值.

十、在行星轮传动中的应用

行星轮传动是一种应用广泛的传动形式,这种传动形式与椭圆运动轨迹相结合是一种常见的形式.

【例】 图 5-6-14 所示为一种行星轮椭圆机构. 行星轮 1 在内齿轮 2 内运动,内齿轮 2 为固定齿轮,其半径是行星轮 1 半径的两倍,固定在行星轮 1 上的杆 AP 随行星轮 1 一起运动. 求 P 点的轨迹.

解: 设行星轮 1 的半径为 r,则内齿轮 2 的半径为 $2r$.

因为内齿轮 2 的半径是行星轮 1 半径的两倍,所以行星轮 1 从初始位置 Oy 轴转动至 Ox 轴的半圈,轮 1 在轮 2 上经过的路程是 1/4 圈. 在这个运动过程中 B 必在 y 轴上,由对称性可知,只考虑轮 1 在轮 2 上经过 1/4 路径的情形即可.

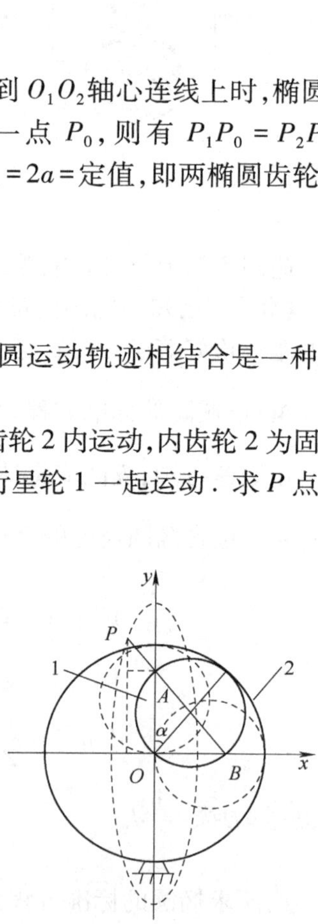

图 5-6-14

1—行星轮 2—内齿轮

设 P 点的坐标是 (x,y), $PA=a$,转过的角度为 α,则

$$\frac{y}{BP}=\sin(90°-\alpha),\text{即}\frac{y}{2r+a}=\cos\alpha,$$

$$\frac{-x}{AP}=\cos(90°-\alpha),\text{即}\frac{-x}{a}=\sin\alpha,$$

于是 $$\frac{x^2}{a^2}+\frac{y^2}{(2r+a)^2}=\cos^2\alpha+\sin^2\alpha=1.$$

所以 P 点的轨迹方程是中心位于行星机构的中心,长半轴长为 $2r+a$、短半轴长为 a 的椭圆.

改变 r、a 的值,会得到不同的椭圆轨迹．同样地,若改变行星轮与固定轮半径之间的关系,则 P 点的轨迹也会发生变化.

十一、椭圆光学性质的应用

椭圆的光学性质常被用来设计一些照明设备与聚热装置.

【例】 跟踪聚热装置在设计中要满足:热源点固定于点 F_1,在标准工作情况下,加热点在 F_2,$F_1F_2=80$cm,聚热的椭圆镜面的长半轴长为 50cm. 当加热点 F_2 沿长轴微调一个距离 Δd 到 F_3 时,若要在保持长半轴不变的情况下实现对 F_3 的跟踪加热,那么椭圆镜面应做怎样的改变? 以正的 Δd 表示焦距加大,反之亦然.

解:如图 5-6-15 所示,在标准工作情况下,设椭圆镜面的中心为 O,长轴热源端的顶点为 A,则椭圆长半轴长 $a=50$、半焦距 $c=40$,于是椭圆短半轴长

$$b=\sqrt{a^2-c^2}=\sqrt{50^2-40^2}=30.$$

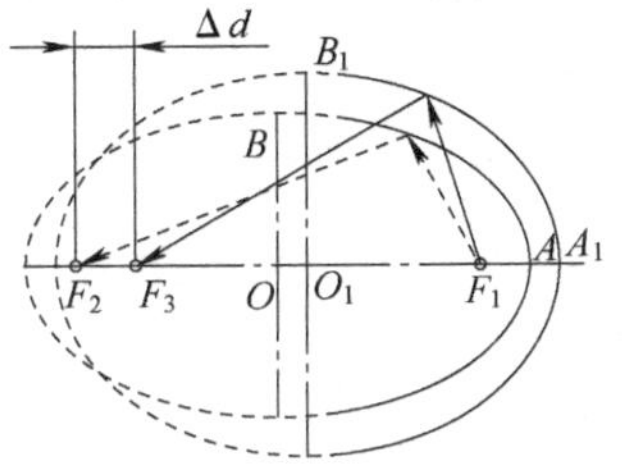

图　5-6-15

当加热点 F_2 微调 Δd 到 F_3 时,为了要实现固定热源点 F_1 对 F_3 的跟踪加热,就应使 F_1、F_3 成为新椭圆的焦点,$F_1F_3=80+\Delta d$,调整后的半焦距 $c_1=40+\dfrac{\Delta d}{2}$,椭圆中心 O 将偏移$\dfrac{\Delta d}{2}$至 O_1. 因为长半轴不变,所以顶点 A 也偏移$\dfrac{\Delta d}{2}$至 A_1,即 $O_1A_1=OA=50$. 那么,短半轴调整的改变量 Δb 应满足:

$$(30+\Delta b)^2=50^2-c_1^2=50^2-\left(40+\frac{\Delta d}{2}\right)^2,$$

即

$$60\Delta b+(\Delta b)^2=-40\Delta d-\left(\frac{\Delta d}{2}\right)^2.$$

因为是微调,$|\Delta d|$和$|\Delta b|$都是一个很小的量,故可以忽略$(\Delta b)^2$ 与$\left(\dfrac{\Delta d}{2}\right)^2$ 不计,有

$$60\Delta b\approx-40\Delta d,\text{即 }\Delta b\approx-\frac{2}{3}\Delta d.$$

于是,当加热点 F_2 沿长轴微调一个距离 Δd 到 F_3 时,要在保持长半轴不变的情况下实现对 F_3 的跟踪加热,椭圆镜面应做这样的改变:椭圆顶点 A 同向偏移 Δd 的 1/2,短半轴长改变 $|\Delta d|$的 2/3,且当 $\Delta d>0$ 时是缩小,当 $\Delta d<0$ 时是放大.

十二、在驱动技术中的应用

实验结果表明,椭圆运动驱动技术具有频率响应快、步距小和设计简单等优点,它也因此而得到快速的推广和应用.

椭圆运动驱动技术的原理是:对于空间中的一点 P,在沿 x 轴方向以正弦曲线形式运动的同时,在与 x 轴垂直的 y 轴方向做余弦曲线形式的运动,该点形成的实际运动轨迹是椭圆．这一原理可用被称为李萨如图形的图 5-6-16表示．

【例】 为了提高电火花加工的稳定性,电火花加工设备中的电极驱动不再采用电动机或者齿轮等驱动方式,而是采用较为先进的椭圆运动驱动技术,它在 x 轴方向的运动方程是

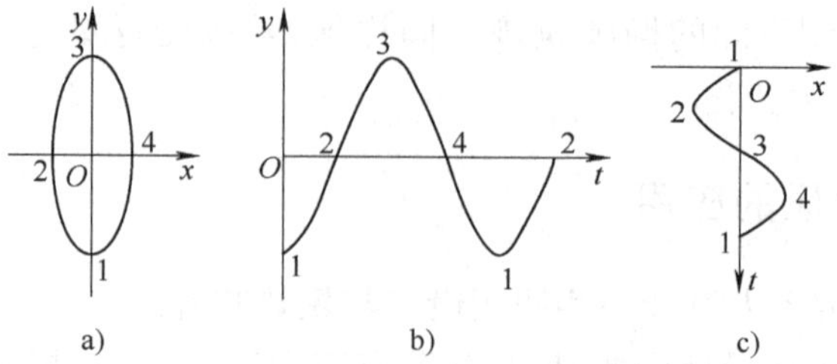

图 5-6-16

$x=x_0+a\sin(2\pi ft)$;同时在 y 轴方向的运动方程是 $y=y_0+b\sin\left(2\pi ft\pm\dfrac{\pi}{2}\right)$. 求证:该运动轨迹为椭圆.

证明:由 $x=x_0+a\sin(2\pi ft)$,得

$$\frac{x-x_0}{a}=\sin(2\pi ft),\tag{1}$$

由

$$\begin{aligned}y&=y_0+b\sin\left(2\pi ft\pm\frac{\pi}{2}\right)\\&=y_0+b\cos(2\pi ft),\end{aligned}$$

得

$$\frac{y-y_0}{b}=\cos(2\pi ft),\tag{2}$$

式(1)与式(2)两式平方后相加,得

$$\frac{(x-x_0)^2}{a^2}+\frac{(y-y_0)^2}{b^2}=\sin^2(2\pi ft)+\cos^2(2\pi ft),$$

即

$$\frac{(x-x_0)^2}{a^2}+\frac{(y-y_0)^2}{b^2}=1.$$

它表示一个椭圆中心在(x_0,y_0)的椭圆.

实际上,若以点(x_0,y_0)为新坐标原点 O'建立直角坐标系 $O'x'y'$,有 $x'=x-x_0$,$y'=y-y_0$,此方程就成为椭圆的标准方程$\dfrac{x'^2}{a^2}+\dfrac{y'^2}{b^2}=1$.

十三、在曲柄滑块机构设计中的应用

在类似于曲柄滑块机构的设计中,当分析出某些点具有椭圆的相关特性时,可以运用椭圆知识给予解决.

【例】 已知要构建的一曲柄滑块机构的行程速比系数为 K,滑块行程为 S,连杆长度为 l_2. 试用图解法设计此曲柄滑块机构.

分析:(1)根据给定行程速比系数 K,利用 K 与极位夹角 θ 的关系:$\theta=180°\dfrac{K-1}{K+1}$,得极位夹角 θ 的具体值;

(2)如图 5-6-17 所示,C_1、C_2 为滑块行程 S 的起点与终点,即 $C_1C_2=S$,作以 C_1C_2 为弦、含圆周角等于 θ 的圆弧$\overset{\frown}{C_1mC_2}$;

(3)根据曲柄滑块机构在两个极限位置时有:$AC_2=l_2+l_1$,$AC_1=l_2-l_1$,可知 $AC_1+AC_2=2l_2$,

即 A 点到两定点 C_1、C_2 的距离之和为定值 $2l_2$. 由椭圆定义知,A 点在以 C_1、C_2 为焦点、长半轴长为 l_2 的椭圆上;

(4)作 C_1C_2 的中垂线 MN,以 C_2 为圆心、l_2 长为半径画弧交 MN 于点 B,则 MB 即椭圆短半轴,至此,可以作椭圆与圆弧 $\widehat{C_1mC_2}$ 交点 A 即曲柄转动中心. 设 AC_2 与以 C_2 为圆心、l_2 为半径的圆的交点为 B_2,则 AB_2 即为 l_1;

(5)利用标记(查询)功能测出 AB_2 的长度,A 点到导路中心线 C_1C_2 的偏置距离 AD,以及 C_1 到过 A 点垂直于导路中心线的垂线的距离 DC_1. 将图中的尺寸乘以作图时所用的比例尺 u_1,即可得所要尺寸.

具体 AutoCAD 作图略.

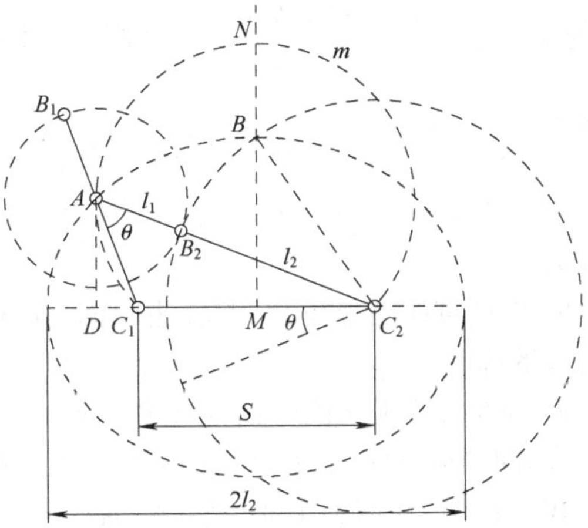

图　5-6-17

练习题 5.6

1. LED 灯是一种新型的环保照明光源. 其中,椭圆 LED 灯是出光面为椭圆形结构的灯. 图 5-6-18 所示为椭圆 LED 日光灯的横截面简图,请根据图示尺寸求出其中椭圆形结构所对应的椭圆方程.

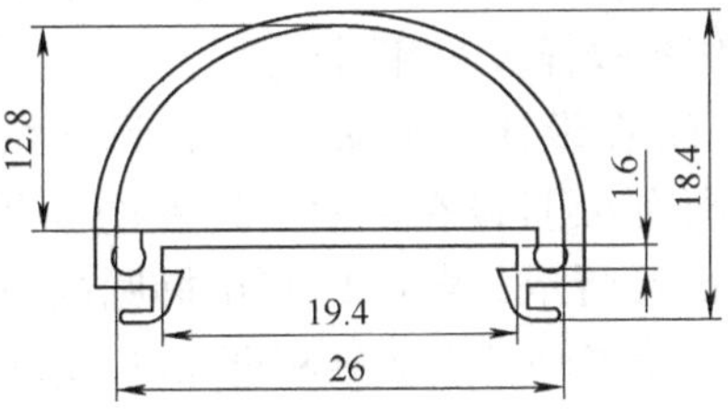

图　5-6-18

2. 某型号的手动节流阀内径是 120mm. 设定和阀杆连接的阀瓣与管道截面成 0°时为封闭状态,成 90°时为全部打开状态. 它的截面示意图参见图 5-6-1. 若节流阀阀瓣的倾斜角 α 为 30°~45°,那么它的流通截面积改变了多少? 能不能以此来标注流量的变化?

3. 用红外线发热元件作为热源,由多面椭圆反射面构成的反射炉称为椭圆聚焦红外线镜面反射炉. 热源产生的红外线通过椭圆反射面反射,聚焦到中心炉管上,使中心炉管聚集大量热能,从而使炉管快速升温. 由于它具有极高的反射效率及小型化等特点,常用做样品高温加热试验用热炉. 若一椭圆聚焦红外线镜面反射炉的椭圆反射面方程是 $\frac{x^2}{5^2}+\frac{y^2}{4^2}=1$(单位:dm),则中心炉管离开椭圆镜面底的距离是多少?

4. 坐落在我国首都北京的国家大剧院造型新颖、构思独特,是传统与现代、浪漫与现实的结合. 大剧院建筑屋面呈半椭圆形,其平面投影东西方向长轴长度为 212.20m,南北方向短轴长度为 143.64m,试求该椭圆的方程.

5. 用直尺和圆规作一椭圆,其长轴长为 8cm,短轴长为 5cm.

6. 利用直尺、圆规,用“四心法”作一长半轴长为 30mm,短半轴长为 20mm 的椭圆.

7. 已知:如图 5-6-19 所示,用“四心法”画一长半轴长为 a、短半轴长为 b 的椭圆. 圆 O_1 与圆

O_3 的半径为 $r=\dfrac{a^2+b^2-(a-b)\sqrt{a^2+b^2}}{2a}$,圆 O_2 与圆 O_4 的半径是 $R=\dfrac{a^2+b^2+(a-b)\sqrt{a^2+b^2}}{2b}$,$O_1$、$O_3$ 在 x 轴上,O_2、O_4 在 y 轴上,$A(a,0)$,$B(-a,0)$,$C(0,b)$,$D(0,-b)$. 求证:圆 O_1 内切于圆 O_2,并求切点 P 的坐标.

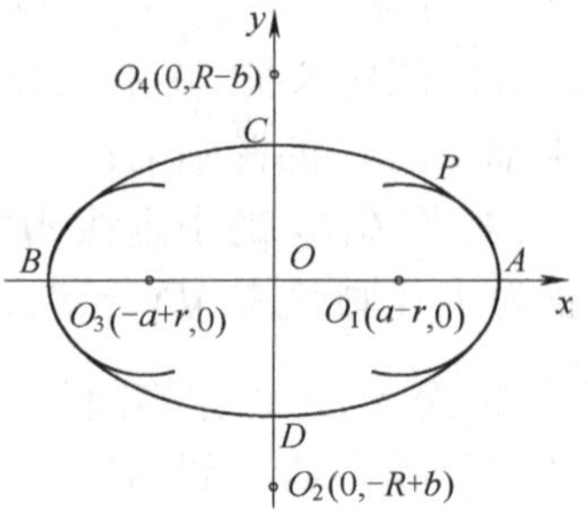

图 5-6-19

8. 用计算四心半径的“四心法”作长半轴长为 10,短半轴长为 6 的椭圆.

9. 现在镗床上镗削一长轴长为 80mm,短轴长为 60mm 的椭圆孔,问镗床立铣头转过的 α 角是多少? 机床镗刀刀尖的回转半径是多少?

10. 在普通车床上车削一椭圆短轴. 已知此椭圆短轴的截面椭圆的长半轴长为 45mm、短半轴长为 40mm,求用飞刀法车削时,刀盘旋转轴线与工件轴线间夹角 α 的大小.

11. 图 5-6-20 所示为椭圆矩形翅片管基本结构图之一. 图中椭圆孔所标尺寸是用来穿插椭圆管的要求尺寸,试求轧制这种规格椭圆管的圆管外径.

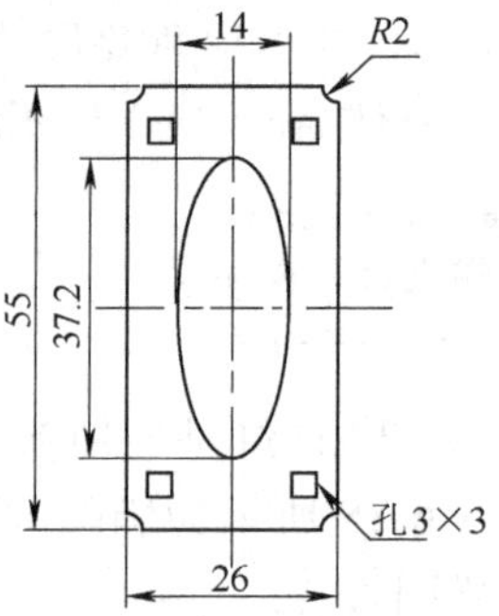

图 5-6-20

12. 气缸与活塞是发动机中常见的主要构件. 气缸是圆柱形的空腔,但为了克服发动机工作时热膨胀的副作用,活塞截面一般被设计为椭圆形. 椭圆度 Δ 是反映活塞椭圆特性的一个量,它用 $\Delta=D-d$ 表示,其中 D、d 分别表示椭圆的长轴长和短轴长.

某摩托车的活塞直径为 50mm,椭圆度 Δ 为 0.12~0.15mm,问如何制作检验样板的椭圆孔?

13. 在设计一椭圆齿轮流量计时,椭圆长半轴长为 a,椭圆齿轮的齿高为 h,且设在截面上齿槽的面积等于齿顶的面积,安装椭圆轮的两轴中心距离为 l,如图 5-6-21所示. 求:(1)写出椭圆的方程;(2)根据椭圆的面积等于圆周率 π 乘该椭圆长半轴长 a 与短半轴长 b 的乘积即 πab. 求,其计量室中截面小月牙形的面积.

14. 已知一零件如图 5-6-22 所示. 现要在数控车床上加工这一零件,试作出它的轮廓图,确定基点(或节点、参考点),并用直径、半径两种方式写出其坐标.

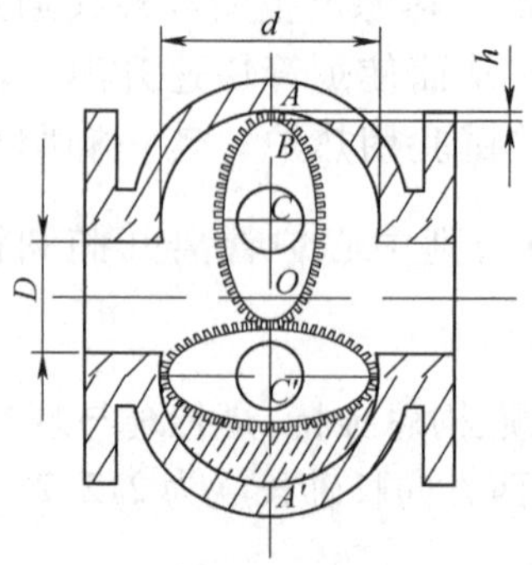

图 5-6-21

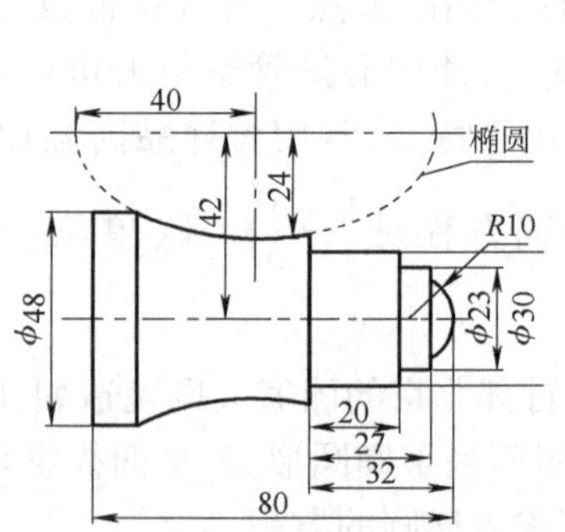

图 5-6-22

15. 已知一曲柄滑块机构的行程速比系数为 $K=1.5$,滑块行程 $S=400$mm,连杆长度为 $l_2=380$mm. 试运用椭圆定义的图解法来设计此曲柄滑块机构.

复习自测题五

1. 现要切割内径为 10cm 的圆管,切割面与圆管圆口平面的倾斜角为 60°,求切割出的斜面椭圆孔的椭圆方程.

2. 已知一平面椭圆孔的最长端的距离为 12cm,最短端的距离为 8cm,则与此椭圆孔对接的圆管的内径是多少?对接面与圆管的轴截面的夹角是多少?

3. 在镗床上铣削长轴长为 60mm、短轴长为 30mm 的椭圆内孔法兰,立铣头转过的角度是多少?镗刀刀尖的旋转半径是多少?

4. 在普通车床上用飞刀法车削椭圆柱,已知椭圆柱的短轴长为 193.2mm,长轴长为 200mm,求架在车床滑板上的车刀进给方向与车床主轴线的夹角.

5. 某异型制管厂要生产 40mm×100mm(椭圆短轴长为 40mm、长轴长为 100mm)的椭圆管.问应选用圆管口径尺寸为多少的圆管来进行轧制?

6. 浇制椭圆形混凝土立柱,一般要用两个等半椭圆形的预制外壳. 在制作时,每个半椭圆形的预制外壳边缘还要加做 0.03m 宽的紧固折边. 现要浇制长轴长为 0.8m、短轴长为 0.6m、高为 3.8m 的混凝土立柱,则制作这样一个半椭圆形的预制外壳,需薄板铁皮多少?

7. 活塞主要由活塞头部、活塞裙部与活塞内腔构成. 活塞裙部又分顶部、中凸部与底部三个层次,它们均加工成椭圆形. 某型号活塞裙部的尺寸是顶部椭圆长、短半轴尺寸:44.9、42.5;中凸部椭圆长、短半轴尺寸:44.95、42.55;底部椭圆长、短半轴尺寸:44.92、42.52(单位:mm). 请问应如何在镗床上加工这三块检验样板.

8. 如图 5-7-1 所示,某检验员通常利用一个直径为 1cm 和一个直径为 2cm 的标准圆柱,通过插入的方法来检测直径为 3cm 的圆柱. 现为了保证检验质量,增加两个相同直径的标准圆柱插入.求这两个相同圆柱的直径是多少?

9. 一行星轮椭圆机构的内齿轮 2 为固定齿轮,它的半径为 10,系杆作为主动件带动行星轮 1 在轮 2 内运动,即轮 1 在内紧贴轮 2 转动,轮 1 的半径是 5,固定在轮 1 上的杆的一端在轮 1 的圆心,另一端在轮 1 外且距轮 1 圆心距离为 7,随轮 1 的运动而运动. (1)求证轮 1 在轮 2 内转两圈,相当于在轮 2 内壁上转一圈;(2)求固定杆外端的轨迹方程.

10. 图 5-7-2 所示为一零件的示意图. (1)试作出它的轮廓图;(2)求它的基点或节点(含参考点)坐标.

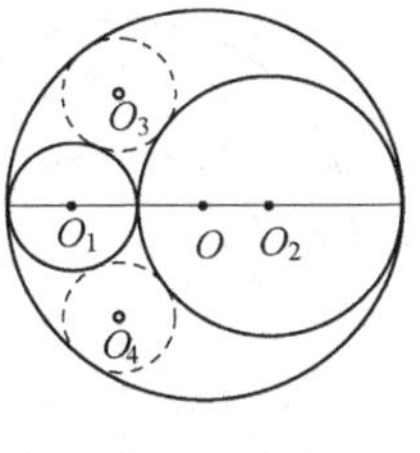

图　5-7-1

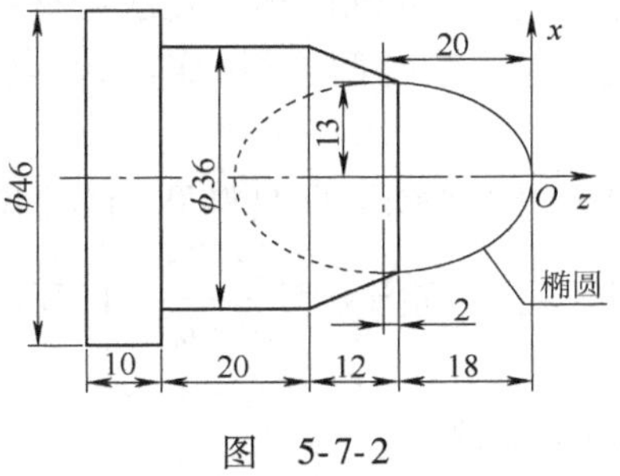

图　5-7-2

11. 已知在一曲柄滑块机构中,行程速比系数 $K=1.25$,滑块行程 $S=40$mm,连杆长度 $l=29.5$mm. 试运用椭圆定义的图解法设计此曲柄滑块机构.

实践作业

实践课题一

课题名称：圆柱斜面切割倾斜角 α 的计算及操作.

材料准备：50mm 镀锌管若干；管道安装中关于管子与平面椭圆孔倾斜连接图样若干份，如图 5-7-3 所示.

现场准备：实习指导教师两名，钳工工作台，以及配套的台虎钳、锯等.

知识应用：掌握圆柱斜截面是椭圆的知识. 根据椭圆方程 $\frac{x^2}{a^2}+\frac{y^2}{b^2}=1$，利用公式 $\cos\alpha=\frac{b}{a}$ 计算出切割圆管倾斜角 α 的值.

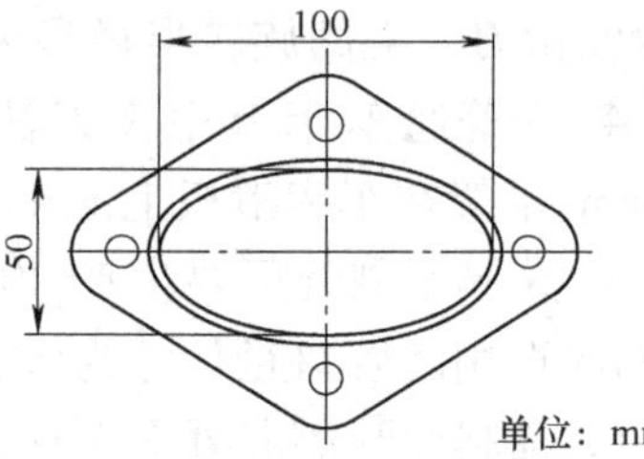

图 5-7-3

操作步骤：

（1）认识圆管与平面是如何连接的. 展示平面椭圆孔与圆管倾斜连接的实物情形，并用幻灯片介绍其基本的应用场景.

（2）根据图示尺寸选定与椭圆孔连接的管内径大小，即椭圆短轴长 $2b$ 为所需圆管的内直径.

（3）计算平面椭圆孔与圆管倾斜连接的倾斜角 α，即

$$\cos\alpha=\frac{b}{a}=\frac{25}{50}=\frac{1}{2},\alpha=60^\circ.$$

（4）锯削斜管. 在实习教师的指导下，用靠模法划锯削线，装夹圆管，调整锯刀方向，实施锯割（可用靠模法）等.

（5）检验加工后圆管的倾斜度.

实践课题二

课题名称：镗床加工椭圆孔时倾斜角 α 的计算及操作.

材料准备：常见椭圆孔零件实物若干；外圆内椭圆孔法兰加工图样若干份，如图 5-7-4 所示（单位：cm）；演示用加工外圆内椭圆孔法兰材料两套. 检验加工后椭圆孔用椭圆模板两套.

现场准备：实习指导教师两人，镗床两台，镗刀刀具及相关材料.

知识应用：理解圆柱的斜截面是椭圆，而斜截面是圆的圆柱是椭圆柱的原理. 已知椭圆方程 $\frac{x^2}{a^2}+\frac{y^2}{b^2}=1$，利用公式 $\cos\alpha=\frac{b}{a}$ 计算出加工椭圆用 α 值.

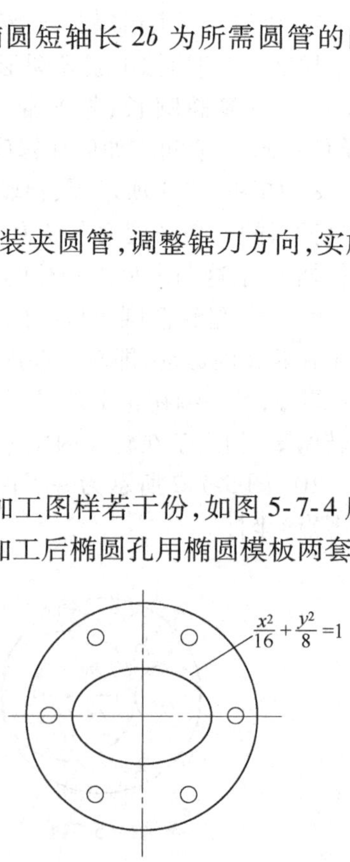

图 5-7-4

操作步骤：

（1）认识椭圆孔（椭圆轴）零件. 展示椭圆孔（椭圆轴）零

件实物，并用幻灯片介绍其基本的应用场景，从而使学生认识常用的椭圆孔（椭圆轴）零件.

（2）用镗床加工椭圆孔零件时，必须要知道倾斜角 α. 据图知，在椭圆$\frac{x^2}{16}+\frac{y^2}{8}=1$ 中，$a=4$，$b=2\sqrt{2}$，$\cos\alpha=\frac{b}{a}=\frac{2\sqrt{2}}{4}$，则 $\alpha=45°$. 所以在镗床上加工此椭圆孔时，镗床立铣头应转过 45°角.

（3）实习外圆内椭圆孔法兰零件的装夹．在实习指导教师的指导下，装夹椭圆孔法兰零件．使工件的椭圆长轴与工作台的横向平行，短轴与工作台的纵向平行.

（4）调整立铣头角度及刀尖工作半径．在实习指导教师的指导下，将立铣头转过 α 角，把机床镗刀刀尖的回转半径调整到等于椭圆长半轴 $a=4$.

（5）观摩实习指导教师加工零件.

（6）见习用椭圆模板测量加工后的椭圆孔.

实践课题三

课题名称：椭圆规的制作.

材料准备：①20cm×20cm×5cm 块材一块；②6mm×8mm×300mm 条杆一根；③15mm×20mm×30mm 块材两块；④螺母、螺钉若干；⑤铅笔；⑥椭圆规设计结构示意图，如图 5-7-5 所示.

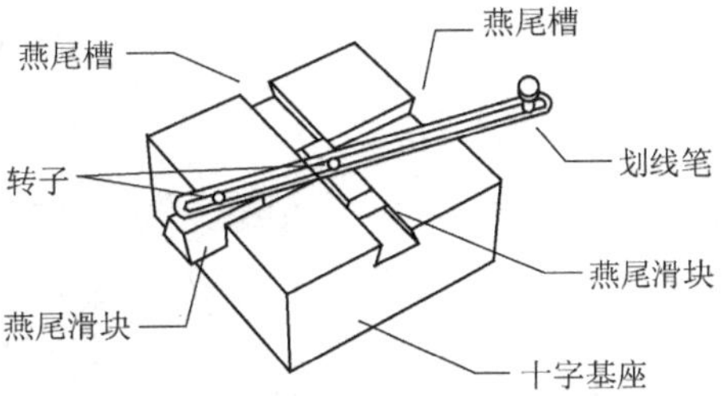

图　5-7-5

现场准备：实习指导教师两人，铣床、钻床（两台），配套铣刀，钻头等工具.

知识应用（参阅本章第六节的图 5-6-8）：在线段 AP 上，B 为 AP 间的一定点．若 A、B 两点分别在互相垂直的两直线上滑动．令 $PA=a$，$PB=b$，AB 的中点为 M. 则会有下面两个结论：（1）M 点的轨迹方程是 $x^2+y^2=\left(\frac{a-b}{2}\right)^2$；（2）$P$ 点的轨迹方程是$\frac{x^2}{a^2}+\frac{y^2}{b^2}=1$.

操作步骤：

在教师的指导（或帮助）下，完成下列任务.

（1）阅读椭圆规设计结构示意图（见图 5-7-5），理解椭圆规工作过程及原理.

（2）用 20cm×20cm×5cm 块材加工十字形燕尾槽.

（3）用 6mm×8mm×300mm 条杆加工滑杆，中间铣沟槽，可使滑块在沟槽中滑动；也能使装笔的空心螺柱在沟槽中滑动与固定.

（4）用 15mm×20mm×30mm 块材两块，加工成与上述十字形燕尾槽相匹配的燕尾块，在燕尾块上加工与滑杆连接用的镙孔.

（5）用螺母、螺钉连接滑块、滑杆、空心螺柱等，在燕尾槽中加注适当的润滑油.

（6）根据给定椭圆的长、短轴的长，用椭圆规画出相应的椭圆.

实践课题四

课题名称：运用椭圆定义的 AutoCAD 设计曲柄滑块机构.

问题模型：已知曲柄滑块机构的行程速比系数为 K、滑块行程为 S、连杆长度为 l_2，求偏置

距离 e 和曲柄长度 l_1 等.

问题实例:设计一偏置曲柄滑块机构．要求滑块行程 $S=500\text{mm}$,行程速比系数 $K=1.5$,连杆 $l_2=465\text{mm}$,求曲柄长度 l_1 与偏置距离 e.

方法原理:(1)行程速比系数 K 与极位夹角 θ 的关系为 $\theta=180°\dfrac{K-1}{K+1}$;(2)极限位置时曲柄、连杆的关系;(3)滑块行程 S 所对圆弧含定角的知识等.

操作步骤:

(1)利用行程速比系数 K 与极位夹角 θ 的关系:$\theta=180°\dfrac{K-1}{K+1}$,由 $K=1.5$ 得极位夹角 $\theta=36°$;

(2)进入 AutoCAD 工作界面,选定相关技术参数,特别是精确度;

(3)选定长度比例尺 $u_1=10$;

(4)作水平线段 $C_1C_2=\dfrac{S}{u_1}=50\text{mm}$;

(5)如图 5-7-6 所示,C_1、C_2 分别为滑块行程 S 的起点与终点,即 $C_1C_2=50\text{mm}$,作以 C_1C_2 为弦、含圆周角 $\theta=36°$的圆弧$\overparen{C_1mC_2}$;

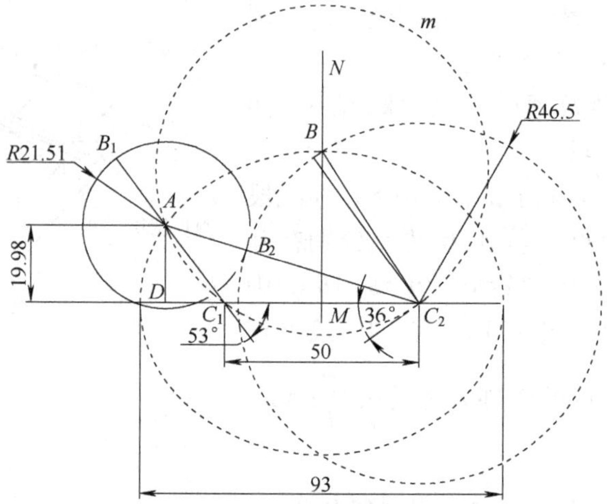

图 5-7-6

(6)根据曲柄滑块机构在两个极限位置时有:$AC_2=l_2+l_1$,$AC_1=l_2-l_1$,可知 $AC_1+AC_2=2l_2$,即 A 点到两定点 C_1、C_2 的距离之和为定值 $2l_2$. 由椭圆定义知,A 点在以 C_1、C_2 为焦点,长半轴长为 l_2 的椭圆上;

(7)作 C_1C_2 的垂线 MN,以 C_2 为圆心,$\dfrac{l_2}{u_1}=46.5\text{mm}$ 为半径画弧交 MN 于点 B,则 MB 即为椭圆短半轴,至此,可以作椭圆与圆弧 C_1mC_2 交点 A 即曲柄转动中心．设 AC_2 与以 C_2 为圆心、46.5mm 为半径的圆的交点为 B_2,则 $l_1=u_1AB_2$;

(8)利用标记(查询)功能测出 AB_2 的长度,A 点到导路中心线 C_1C_2 的偏置距离 AD. 根据比例尺 u_1 计算,$l_1=10\times21.51=215.1(\text{mm})$,$e=10\times19.98=199.8(\text{mm})$. 同时,通过查询得到压力角为 53°;

(9)保存设计结果.

第六章 曲面搅拌轮制作与双曲线方程

在环保、化工、能源、轻工等行业中，曲面搅拌机是搅拌混合作业中常用的一种机械设备．在该设备的制造中，需要根据曲面搅拌轮的曲线形态放样，如图 6-0-1 所示．

这是一种什么样的曲线呢？能像圆和椭圆等曲线那样有规律地作出吗？我们也能对它展开研究吗？

这种曲线对我们来说是一种新的曲线——双曲线．

图 6-0-1

第一节 双曲线的定义及标准方程

双曲线在工业生产中也有很多应用．发电厂的冷却塔、贮煤场的漏斗、钢管校直机，甚至机器人对声源的搜索，还有导航等，都与双曲线有联系．

一、双曲线定义

像椭圆的情况那样，做一个类似的实验：如图 6-1-1 所示，取两根不等长的细绳子，分别把一端固定在两个不同的定点上，另一端同时穿进能紧箍细绳的扣子内，使笔紧贴扣子，然后两细绳同步放长同样的长度，扣子慢慢地往后缩，且确保笔尖到两定点的距离之差不变，沿着各个方向完成这种操作，笔尖顺势就在左、右两边各画出一条曲线．这样的轨迹称为双曲线．

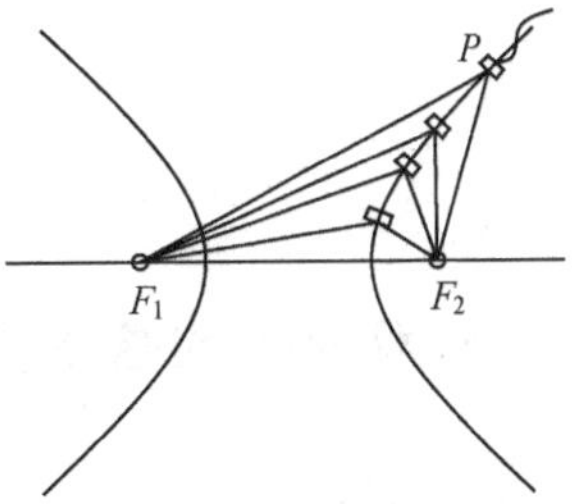

图 6-1-1

借鉴定义椭圆的经验，设定点是 F_1 和 F_2，$|F_1F_2|=2c$，笔尖看成是一个动点 P，那么不论动点 P 移动到何处，它到两个定点 F_1 和 F_2 的距离之差 $||PF_1|-|PF_2||$ 总等于定长 $2a$．

于是有了双曲线的定义：平面内一个动点到两个定点的距离之差的绝对值等于定长的点的轨迹叫作**双曲线**．这两个定点叫作**焦点**，两个焦点间的距离叫作**焦距**．

二、双曲线的标准方程

取经过焦点 F_1 和 F_2 的直线为 x 轴，线段 F_1F_2 的垂直平分线为 y 轴，建立直角坐标系，如图 6-1-2 所示．

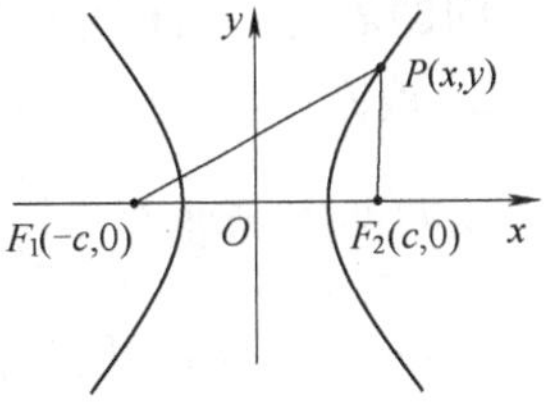

图 6-1-2

设 $P(x,y)$ 是双曲线上任意一点，$|F_1F_2|=2c(c>0)$，则 F_1、F_2 的坐标分别是 $(-c,0)$、$(c,0)$；又设动点 $P(x,y)$ 到两焦点 F_1、F_2 的距离差的绝对值为定长 $2a(a>0)$，即 $|PF_1|-|PF_2|=\pm 2a$，令

$c^2-a^2=b^2(b>0)$，方程$\frac{x^2}{a^2}-\frac{y^2}{b^2}=1$称为**双曲线的标准方程**.

如果双曲线的焦点在y轴上，且焦点坐标是$F_1(0,-c)$和$F_2(0,c)$，如图6-1-3所示，那么将焦点在x轴上的双曲线方程$\frac{x^2}{a^2}-\frac{y^2}{b^2}=1$中的$x$、$y$互换，就能得到这时的双曲线方程是$\frac{y^2}{a^2}-\frac{x^2}{b^2}=1$，这里仍然有焦距为$2c$，且有$c^2-a^2=b^2$，$c>a>0$，$c>b>0$. 这个方程也叫作双曲线的标准方程.

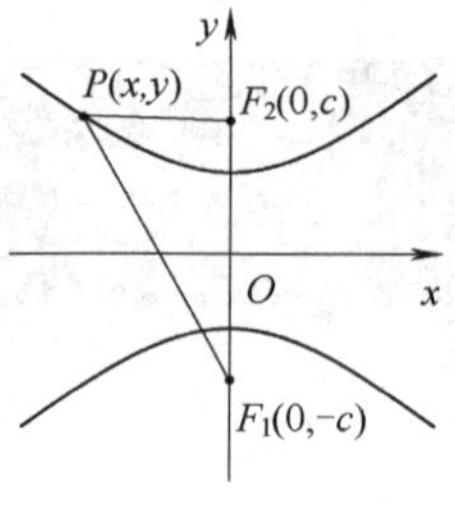

图 6-1-3

问题思考：(1)在双曲线标准方程的a、b、c三个量中，哪个量一定最大？它与其他两个量有什么关系？这与椭圆方程中a、b、c三个量的关系一致吗？(2)双曲线焦点所在坐标轴的不同与它的标准方程有什么联系？

练习题 6.1

1. 已知双曲线的焦点坐标分别为$F_1(-5,0)$和$F_2(5,0)$，双曲线上一点P到两焦点的距离差的绝对值为8，求该双曲线的标准方程.

2. 求适合下列条件的双曲线的标准方程：

(1)焦点在x轴上，$a=4$，$b=3$；

(2)焦点在y轴上，$a=5$，$c=8$.

3. 已知动圆M与圆C_1：$(x+4)^2+y^2=2$外切，与圆C_2：$(x-4)^2+y^2=2$内切，求动圆心M的轨迹方程.

第二节　双曲线的性质

一、双曲线的基本性质

与椭圆情形一样，分析双曲线的标准方程$\frac{x^2}{a^2}-\frac{y^2}{b^2}=1(a>0,b>0)$可得到双曲线的性质，如图6-2-1与图6-2-2所示.

1. 对称性

坐标轴是双曲线的对称轴，原点是双曲线的对称中心. 双曲线的对称中心叫作**双曲线的中心**.

问题思考：双曲线的对称性在画双曲线时有什么作用？

2. 范围

由双曲线标准方程$\frac{x^2}{a^2}-\frac{y^2}{b^2}=1$，得$y=\pm\frac{b}{a}\sqrt{x^2-a^2}$，可知$x^2-a^2\geqslant 0$，即$x\geqslant a$或$x\leqslant -a$，说明双曲线在$x=-a$和$x=a$两条平行直线的外侧，左侧的一支是$|PF_1|-|PF_2|=-2a$，右侧的一支是$|PF_1|-|PF_2|=2a$.

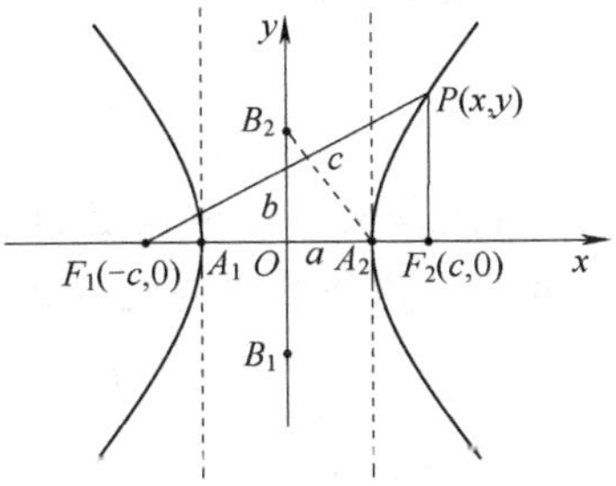

图　6-2-1

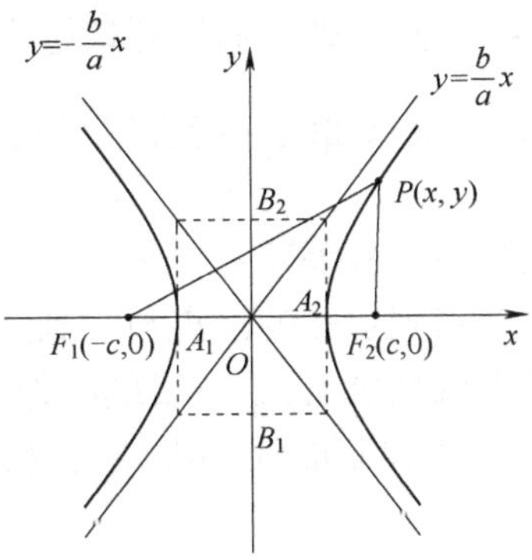

图　6-2-2

又有 $x=\pm\frac{a}{b}\sqrt{y^2+b^2}$，可知 y 不论取任何实数，x 总是有意义的.

根据对称性，我们来观察曲线的变化趋势，在第一象限就可以了．由关系式$y=\frac{b}{a}\sqrt{x^2-a^2}$可知，当 x 从 a 开始逐渐增大时，y 对应从 0 开始也随之逐渐增大．当 x 趋向于无穷时，y 也趋向无穷．因此，双曲线在第一象限内是无限伸展的，或者说是无界的．所以要画出整个双曲线的图像是不可能的，只能画出它的一部分，但要反映出它的无限伸展的趋势.

3. 顶点

双曲线与 x 轴的两个交点 $A_1(-a,0)$、$A_2(a,0)$ 称为**双曲线的顶点**．双曲线与 y 轴没有交点，但为了研究方便，我们也把点 $B_1(0,-b)$、$B_2(0,b)$ 画在 y 轴上.

4. 实轴和虚轴

线段 A_1A_2 称为**双曲线的实轴**，它的长等于 $2a$，a 称为双曲线的实半轴长；线段 B_1B_2 称为**双曲线的虚轴**，它的长等于 $2b$，b 称为**双曲线的虚半轴长**.

实轴长与虚轴长相等（即 $a=b$）的双曲线称为**等轴双曲线**（也有的叫作等边双曲线）.

5. 渐近线

根据标准方程有 $y=\pm\frac{b}{a}\sqrt{x^2-a^2}=\pm\frac{bx}{a}\sqrt{1-\frac{a^2}{x^2}}$．可以看出，当 x 趋于无穷时，$\frac{a^2}{x^2}$趋于零，就是说当 x 趋于无穷时，双曲线上的点几乎就在直线 $y=\pm\frac{b}{a}x$ 上了.

双曲线的各支曲线向外无限伸展，与两条直线 $y=\pm\frac{b}{a}x$ 越来越接近，但永远不相交．我们把直线 $y=\pm\frac{b}{a}x$ 称为**双曲线的渐近线**.

问题思考：在双曲线图形上如何快速正确地作出渐近线？根据双曲线标准方程如何直接写出渐近线方程？

6. 离心率

与椭圆扁平程度问题相类似，双曲线有开口大小的问题．双曲线焦距的长与实轴的长的比值叫作**双曲线的离心率**，用 e 表示，即 $e=\frac{c}{a}$. 显然，双曲线的离心率一定大于 1，即 $e>1$. 双

曲线的离心率 $e=\frac{c}{a}$越大,则双曲线开口越大;反之则反.

问题思考:试比较双曲线的离心率与椭圆离心率概念的异同.

7. 准线方程

双曲线定义的另一种表述:

平面内一个动点到定点的距离与它到定直线的距离比是大于 1 的常数,则这个动点的轨迹是**双曲线**. 定点就是**焦点**,定直线就叫作双曲线的**准线**. 两条准线的位置如图 6-2-3所示.

问题思考:(1) 比较双曲线的准线与椭圆的准线的异同.

(2) 你能参照双曲线$\frac{x^2}{a^2}-\frac{y^2}{b^2}=1$ 的几何性质得到双曲线$\frac{y^2}{a^2}-\frac{x^2}{b^2}=1$ 的几何性质吗?

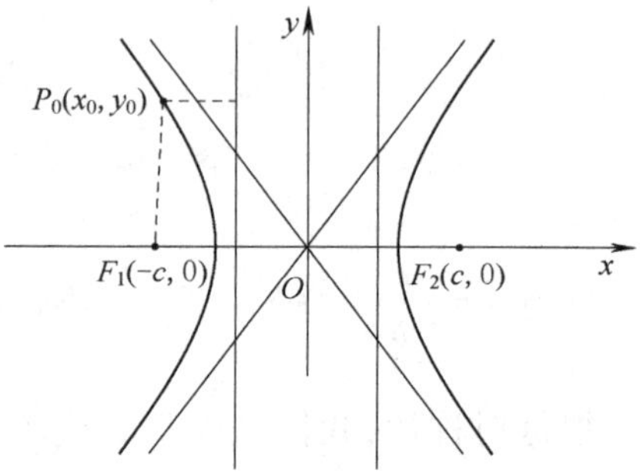

图 6-2-3

二、双曲线的切线及其性质

像椭圆一样,我们规定当直线与双曲线仅有一个交点时,就称这条**直线与双曲线相切**. 这条直线称为双曲线的切线,这个交点称为双曲线的切点.过切点且垂直于切线的直线称为该点的法线.

双曲线的切线与椭圆的切线有相似性.

如果 $P(x_0,y_0)$是双曲线$\frac{x^2}{a^2}-\frac{y^2}{b^2}=1(a>0,b>0)$上的一点,那么过点 $P(x_0,y_0)$的切线方程是 $\frac{x_0x}{a^2}-\frac{y_0y}{b^2}=1$.

如果双曲线 $\frac{x^2}{a^2}-\frac{y^2}{b^2}=1$ $(a>0, b>0)$ 的切线的斜率是 k, 那么该切线的方程是 $y=kx\pm\sqrt{k^2a^2-b^2}$.

问题思考:(1) 根据双曲线$\frac{x^2}{a^2}-\frac{y^2}{b^2}=1$ 的切线方程 $y=kx\pm\sqrt{k^2a^2-b^2}$,你能知道双曲线切线的斜率的取值范围吗?

(2) 把椭圆$\frac{x^2}{a^2}+\frac{y^2}{b^2}=1$ 的切线方程 $y=kx\pm\sqrt{k^2a^2+b^2}$ 与双曲线$\frac{x^2}{a^2}-\frac{y^2}{b^2}=1$ 的切线方程$y=kx\pm\sqrt{k^2a^2-b^2}$进行比较,能有什么发现?

(3) 既然圆 $x^2+y^2=r^2$ 可以看成是椭圆$\frac{x^2}{a^2}+\frac{y^2}{b^2}=1$ 的特例,那么在此情形下,圆的切线方程是什么形式呢?

双曲线切线的性质:经过双曲线上一点的切线,平分这一点与两焦点连线(焦半径)所夹的角.

这个性质的光学(声学)意义是:从双曲线的一个焦点发出的光线或声波,经过这一焦点的双曲线的一支反射后,就像是从另一个焦点发射出来的一样,如图 6-2-4 所示;反过来,光线或声波也能可逆汇聚到它的焦点上．这一性质叫作**双曲线的光学性质**.

【例】 已知双曲线 $C:\frac{x^2}{4}-\frac{y^2}{5}=1$ 的左、右两个焦点分别是 F_1 和 F_2，点 $Q(6,3)$，点 M 是双曲线 C 上的动点，求 $|MQ|+|MF_2|$ 的最小值.

分析：如图 6-2-5 所示，显然，点 $Q(6,3)$ 在双曲线 C 右边一支开口的内部，要求满足 $|MQ|+|MF_2|$ 是最小值的点 M 在右边的一支曲线上．根据双曲线的光学性质猜测点 M 与连线 QF_1 和双曲线 C 右支的交点 P 有关．在曲线 C 上取异于 P 的另一点 P'，由双曲线的定义知

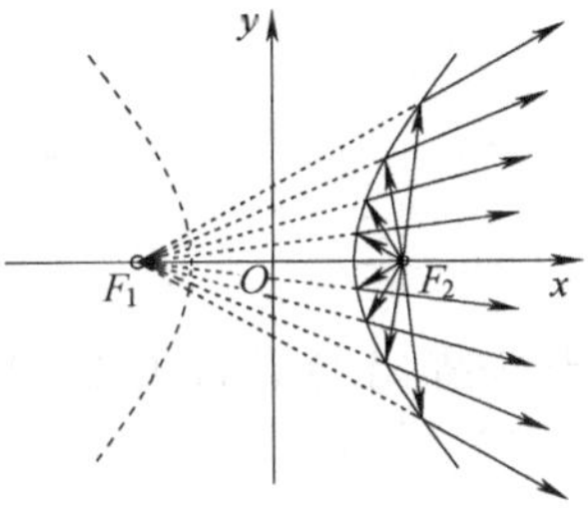

图　6-2-4

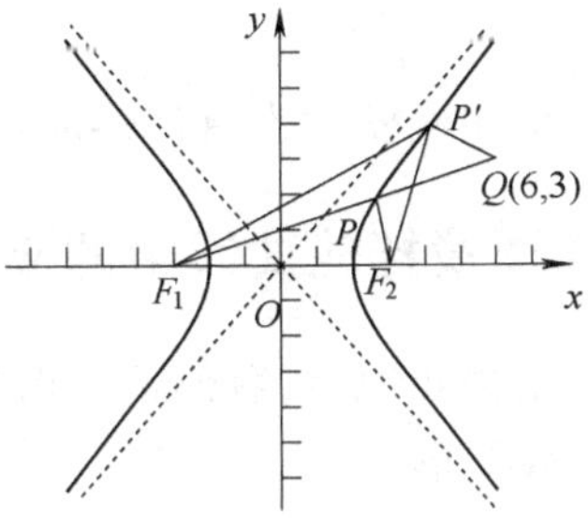

图　6-2-5

$$|PF_1|-|PF_2|=|P'F_1|-|P'F_2|,$$

即
$$|PF_1|+|P'F_2|=|P'F_1|+|PF_2|,$$

又因为
$$|PF_1|+|PQ|\leqslant|P'Q|+|P'F_1|,$$

不等式的两边同加 $|PF_2|$，就有

$$|PF_1|+|PQ|+|PF_2|\leqslant|P'Q|+|P'F_1|+|PF_2|=|P'Q|+|PF_1|+|P'F_2|$$

即
$$|PQ|+|PF_2|\leqslant|P'Q|+|P'F_2|.$$

由此可知，连线 QF_1 和曲线 C 右支的交点 P 就是使得 $|MQ|+|MF_2|$ 取得最小值的点 M.

由双曲线 $C:\frac{x^2}{4}-\frac{y^2}{5}=1$，知 $a=2,b=\sqrt{5},c=3$，焦点坐标为 $F_1(-3,0)$ 和 $F_2(3,0)$，

$$\begin{aligned}|PQ|+|PF_2|&=(|QF_1|-|PF_1|)+|PF_2|\\&=|QF_1|-(|PF_1|-|PF_2|)\\&=|QF_1|-2a\\&=3\sqrt{10}-4,\end{aligned}$$

即 $|MQ|+|MF_2|$ 的最小值为 $3\sqrt{10}-4$.

问题思考：(1)在双曲线中，上例的相关距离之和的最值问题与其光学性质有什么联系？

(2)从椭圆与双曲线存在相似性的角度出发，把上述类似问题放到椭圆中，也能用这样的方法解决类似的问题吗？

练习题 6.2

1. 求下列双曲线的顶点和焦点坐标，以及实轴和虚轴的长：

(1)$\frac{x^2}{16}-\frac{y^2}{9}=1$；　　(2)$4x^2-y^2=16$.

2. 求斜率是-2,并且与双曲线 $x^2-4y^2=9$ 相切的直线方程.

3. 已知中心在原点,焦点在 x 轴上的双曲线与直线 $x-y-2=0$ 相切于点 $P(4,2)$,求这个双曲线的方程.

4. 已知 $A(0,2)$、$B(-2,0)$ 两个定点,试在 $x^2-\frac{y^2}{3}=1$ 上找一点 P,使得 $|PA|+|PB|$ 最小.

第三节　双曲线及其方程的应用

双曲线及其方程在机械中也有许多应用.

一、在放样曲面搅拌轮曲线中的应用

有了双曲线的相关知识后,我们可以解决本章开头提出的双曲线的放样问题了,也就是作出符合条件的双曲线图形.

问题探究

我们是否也能像画椭圆那样,根据双曲线的定义用直尺、圆规"画点连线"作双曲线?

根据椭圆与双曲线之间的相似性,剖析椭圆的直尺、圆规"画点连线"的方法,容易得到双曲线的类似作法如下:

如图 6-3-1 所示,设双曲线的实轴长为 $2a$,焦距为 $2c$.

(1)作线段 F_1F_2,使 $|F_1F_2|=2c$;

(2)另作一线段 $|AA'|=2a$,并在 AA' 的延长线上取一点 M_1,令 $|A'M_1|=t(t>c-a)$;

(3)分别以 F_1、F_2 为圆心,以 $2a+t$ 和 t 为半径作弧交于 P_1 和 P_1',则 P_1 和 P_1' 就是双曲线上的点;改变 t 的长度,可同样地画出 P_2 和 P_2'、P_3 和 P_3' 等点;

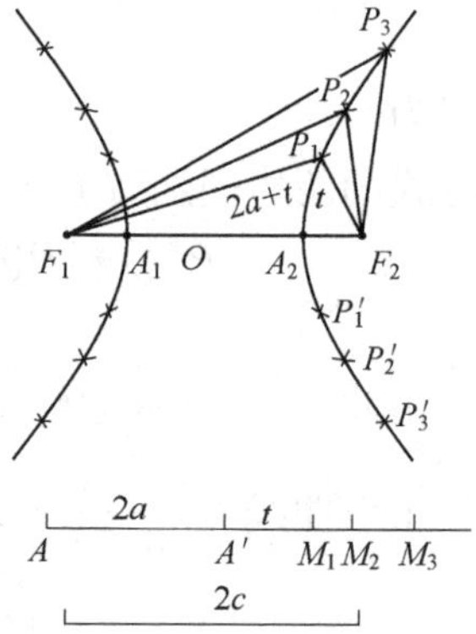

图　6-3-1

(4)用平滑的曲线顺势连接各点,就得到双曲线的一支;交换半径或用对称的方法,画出双曲线的另一支,就得到所画的双曲线.

问题思考:(1)为什么 P_1 和 P_1' 就是实轴长为 $2a$、焦距为 $2c$ 的双曲线上的点?

(2)若将条件改为:已知双曲线焦距 $2c$、虚轴长 $2b$,能用这种方法画双曲线吗?

(3)若条件是:已知双曲线实轴长 $2a$、虚轴长 $2b$,能用这种方法画双曲线吗?

在工业生产实践中通常采用以下这种方法画双曲线.

现在我们可以来解决本章开头提出的曲面搅拌轮的曲线放样问题了.

曲面搅拌机轮体曲面是等轴双曲线 $x^2-y^2=a^2$ 的一支曲线以它的一条渐近线为轴旋转而成的曲面体.

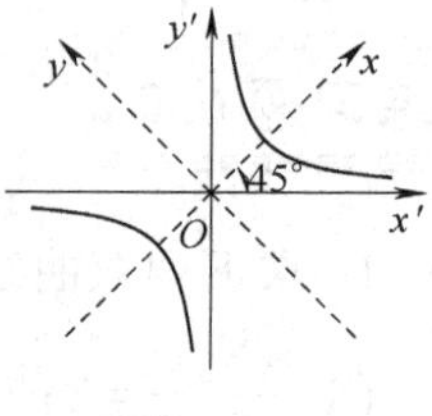

图　6-3-2

为此,我们来考察等轴双曲线 $x^2-y^2=a^2$ 的渐近线,如图 6-3-2 所示,易得到 $x^2-y^2=a^2$ 的渐近线是 $y=x$ 与 $y=-x$,两者显然是象限的角平分线且互相垂直．如果把它们看成坐标轴，相当于原 Oxy 坐标系坐标轴转过 $45°$ 成 $Ox'y'$ 坐标系的坐标轴，双曲线就成为我们曾经学过的反比例函数 $xy=b$ 的图像，由此可知，$xy=b$ 是双曲线在另一种坐标系中的表述形式．

【例】 现有如图 6-3-3a 所示的某型搅拌机曲面叶轮体轴截面图，根据图示尺寸，试求：(1)它的 $xy=b$ 形式的方程；(2)它的标准方程．

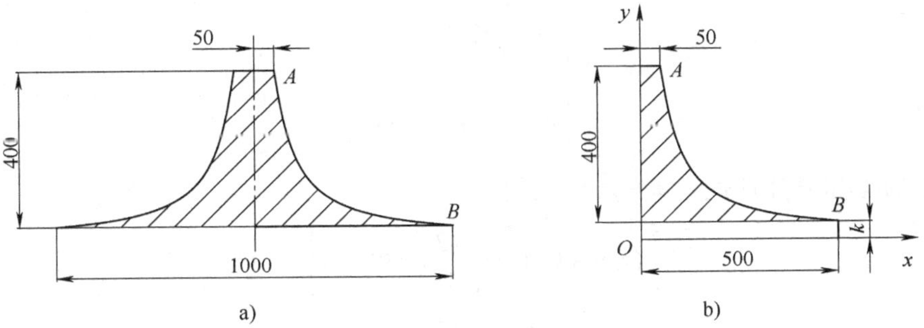

图　6-3-3

解：(1)根据题意，建立如图 6-3-3b 所示的坐标系，设双曲线方程为 $xy=b$.

因为 $A(50,400+k)$ 和 $B(500,k)$ 在曲线上，所以

$$\begin{cases}50(400+k)=b,\\500k=b,\end{cases}$$

解之得

$$k=\frac{400}{9},b=\frac{200000}{9}.$$

则双曲线方程是

$$xy=\frac{200000}{9}.$$

(2)建立如图 6-3-4 所示的坐标系，设等轴双曲线方程是 $x^2-y^2=a^2$，又设 $\angle xOA=\alpha$，$\angle M'OA=\beta$，$|OA|=\rho$，A 点的坐标为(x,y).

$$\begin{aligned}x&=OM\\&=|OA|\cos\alpha\\&=\rho\cos(\beta-45°)\\&=\rho(\cos\beta\cos45°+\sin\beta\sin45°)\\&=\frac{\sqrt{2}}{2}\rho\cos\beta+\frac{\sqrt{2}}{2}\rho\sin\beta,\end{aligned}$$

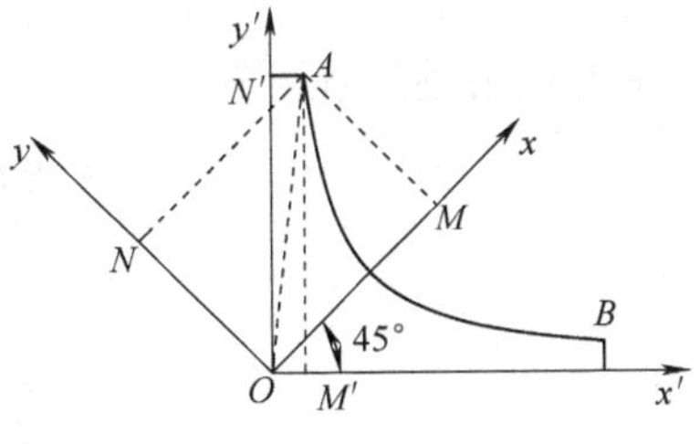

图　6-3-4

$$\begin{aligned}y&=ON\\&=|OA|\sin\alpha\\&=\rho\sin(\beta-45°)\\&=\rho(\sin\beta\cos45°-\cos\beta\sin45°)\\&=\frac{\sqrt{2}}{2}\rho\sin\beta-\frac{\sqrt{2}}{2}\rho\cos\beta,\end{aligned}$$

又 $\rho\sin\beta=M'A=400+k$，$\rho\cos\beta=OM'=50$，所以 A 点的坐标值是

$$\begin{cases}x=\frac{\sqrt{2}}{2}(450+k)\\y=\frac{\sqrt{2}}{2}(350+k)\end{cases},$$

同理 B 点的坐标值是

$$\begin{cases}x=\frac{\sqrt{2}}{2}(500+k)\\y=\frac{\sqrt{2}}{2}(k-500)\end{cases},$$

将 A、B 两点的坐标值分别代入 $x^2-y^2=a^2$，得

$$\begin{cases}\left[\frac{\sqrt{2}}{2}(450+k)\right]^2-\left[\frac{\sqrt{2}}{2}(350+k)\right]^2=a^2\\\left[\frac{\sqrt{2}}{2}(500+k)\right]^2-\left[\frac{\sqrt{2}}{2}(k-500)\right]^2=a^2\end{cases},$$

解之得 $a^2=\frac{400000}{9}, k=\frac{400}{9}$.

所以等轴双曲线的标准方程 $x^2-y^2=\frac{400000}{9}$.

问题探究

从上例我们可以看出，在不同坐标系下的方程 $x^2-y^2=a^2$ 与 $xy=b$ 可以互化．那么它们中的 b 与 a^2 之间是什么关系呢？

设在 $Ox'y'$ 坐标系下的方程是 $x'y'=b$，在 Oxy 坐标系下的方程是 $x^2-y^2=a^2$.

又设任一点 A 在 $Ox'y'$ 坐标系下的坐标是 $A(x',y')$，在 Oxy 坐标系下的坐标是 $A(x,y)$.

由上例解题过程可知

$$\rho\cos\beta=OM'=x', \rho\sin\beta=ON'=y',$$

$$x=\frac{\sqrt{2}}{2}\rho\cos\beta+\frac{\sqrt{2}}{2}\rho\sin\beta=\frac{\sqrt{2}}{2}x'+\frac{\sqrt{2}}{2}y', \quad (1)$$

$$y=\frac{\sqrt{2}}{2}\rho\sin\beta-\frac{\sqrt{2}}{2}\rho\cos\beta=\frac{\sqrt{2}}{2}y'-\frac{\sqrt{2}}{2}x', \quad (2)$$

将式(1)和式(2)代入 $x^2-y^2=a^2$，并整理得 $x'y'=\frac{1}{2}a^2$，则 b 与 a^2 之间的关系是 $b=\frac{1}{2}a^2$.

根据 b 与 a^2 间的关系，我们可以快速地实现等轴双曲线的两种不同方程式之间的变换．

有了其双曲线标准方程，用尺规作图与连线的方法，就可以顺利地实现搅拌机曲面叶轮体上双曲线母线的放样操作.

二、在钢管校直机中的应用

在建筑工地上，在使用过程中脚手架钢管会出现轻度的弯曲，对此，可以用一种钢管校直

机来校直．钢管校直机的主要工作部件是双曲面轧辊．

【例】 已知某型号的钢管校直机上的双曲面轧辊的尺寸如图 6-3-5 所示，现要制作一块此轧辊的检验样板，用于对轧辊曲线的检验，试求出这块检验样板曲线所在的双曲线方程．

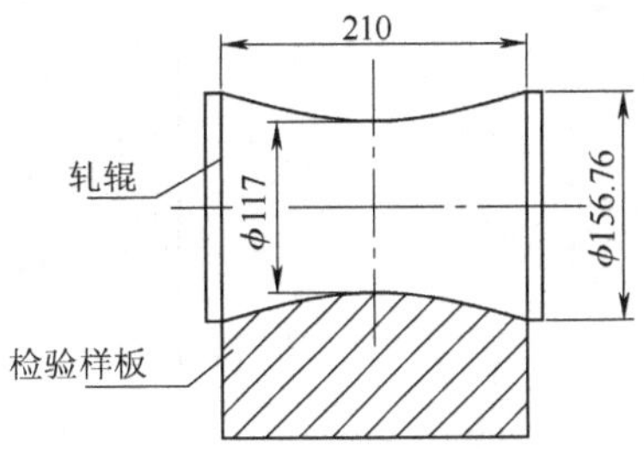

图　6-3-5

解： 以轧辊的中心轴线为 x 轴，垂直中心轴线的对称线为 y 轴，建立直角坐标系．

设双曲线方程为 $-\frac{x^2}{b^2}+\frac{y^2}{a^2}=1$，则由图可知，$2a=117$，$a=58.5$，且点 $\left(\frac{210}{2},\frac{156.76}{2}\right)$，即 $(105,78.38)$ 在双曲线上，有

$$-\frac{105^2}{b^2}+\frac{78.38^2}{58.5^2}=1,$$

解之得 $b\approx117.75$.

于是，所求的检验样板的双曲线方程是 $-\frac{x^2}{117.75^2}+\frac{y^2}{58.5^2}=1$.

三、在四杆机构中的应用

【例】 在如图 6-3-6 所示的四杆机构 $ABCD$ 中，AB 杆与 CD 杆等长，BC 杆与 AD 杆等长，导杆 BE、DF 分别与滑块 1、2 组成移动副，滑块 1、2 铰接于 M 点，求证：M 点的运动轨迹是以 D 点为焦点的双曲线．

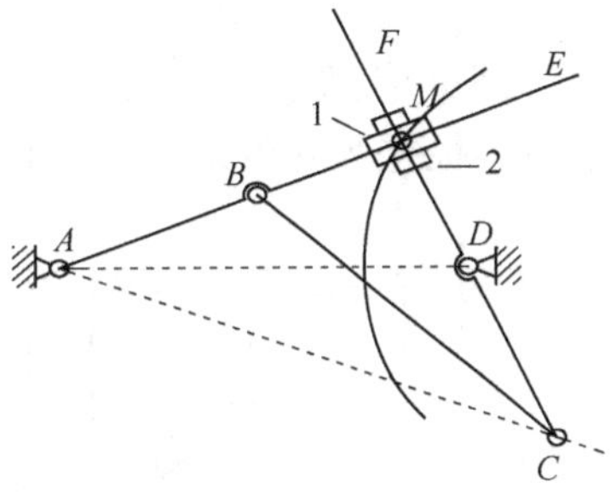

图　6-3-6

证明： 连接 AC，在 $\triangle ABC$ 和 $\triangle CDA$ 中，

因为　　$AB=CD,BC=DA,AC=CA$，

所以　　$\triangle ABC\cong\triangle CDA$，

所以　　$\angle BAC=\angle DCA,MA=MC$.

则 $MA-MD=MC-MD=CD=$ 定值.

由此可知，M 点到两定点 A、D 的距离之差为一常数，所以 M 点的轨迹为双曲线．

四、在普通车床上车削双曲线形面的应用

在加工车削圆柱或圆锥的过程中，当车床尾座顶尖与主轴顶尖间不一致（发生偏移）时，车削面会是一个曲面，这是一个什么样的曲面呢？

如图 6-3-7 所示，设车床尾座顶尖低于主轴顶尖的距离为 H，加工外圆柱的长度为 l，当刀具沿轴向进给，且在 O 点处与两顶尖连线等高，并且水平方向的距离为 a，刀尖处在离 O 点 x 处时，与两顶尖连线的高度差为 h，则 $h=x\tan\alpha$，同样，$\tan\alpha=\frac{H}{l}$，若加工零件圆半径为 y，则有

$$y^2=a^2+h^2=a^2+x^2\tan^2\alpha=a^2+x^2\left(\frac{H}{l}\right)^2,$$

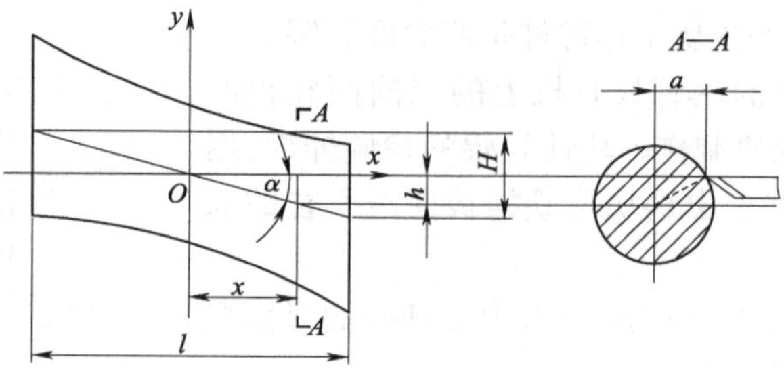

图 6-3-7

整理得

$$\frac{y^2}{a^2}-\frac{x^2}{\left(\frac{al}{H}\right)^2}=1,$$

这就说明,刀尖运动的轨迹为双曲线.

上述过程说明,在用两顶尖夹紧方式车削外圆时,若两顶尖不等高,则车出的表面为双曲线. 也就是说,如果刀尖的运动轨迹(走刀)与工件的回转轴线不平行,即空间交叉,那么车出的零件面为双曲线形面.

于是,我们得到在普通车床上加工双曲线形面的方法:

如图 6-3-8 所示,工件夹紧在卡盘上,刀尖向下安装在斜滑板上,斜滑板转动 α 角,α 角由 $\tan\alpha=\frac{C_1B}{l}=\frac{\sqrt{R^2-(R-h)^2}}{l}=\frac{\sqrt{2Rh-h^2}}{l}$决定,即 $\alpha=\arctan\frac{\sqrt{2Rh-h^2}}{l}$. 车削时手动斜滑板沿 B 至 A 方向进给,车削深度先是从 B 由浅到深至 C,再从 C 由深到浅至 A,就能车出工件大端与狭窄口半径差为 h 的双曲线形面.

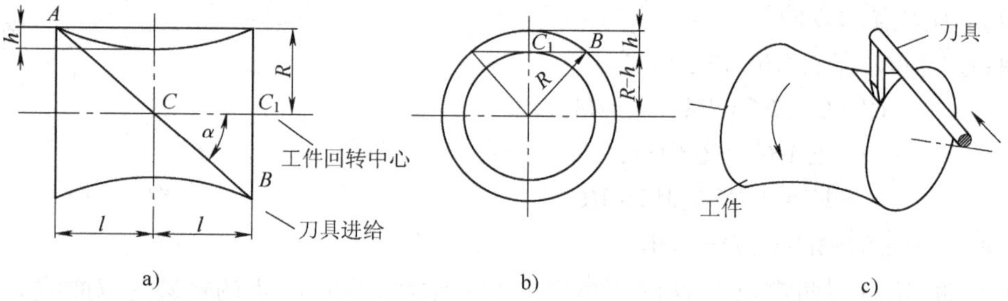

图 6-3-8

同样地,用类似的方法可以车削双曲线内表面,斜滑板转动 α 角的计算方法与车削双曲线外表面相同,如图 6-3-9 所示.

五、在数控车削编程中的应用

在数控设备上,对于双曲线的编程也要知晓其基点或节点的坐标等.

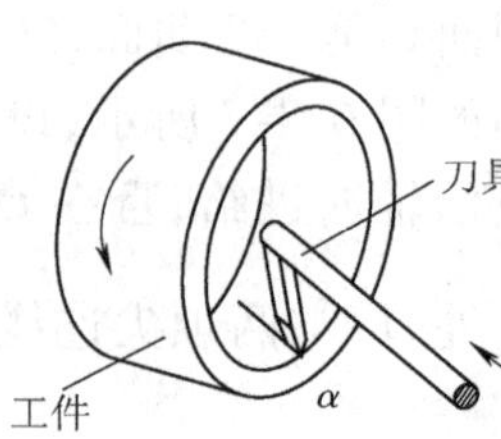

图 6-3-9

【例 1】 用 ϕ40mm×65mm 的圆钢加工如图 6-3-10 所示的零件,图中双曲线的标准方程是$\frac{x^2}{10^2}-\frac{z^2}{13^2}=1$,试建立合适的编程坐标

系，并求出基点和参考点的坐标.

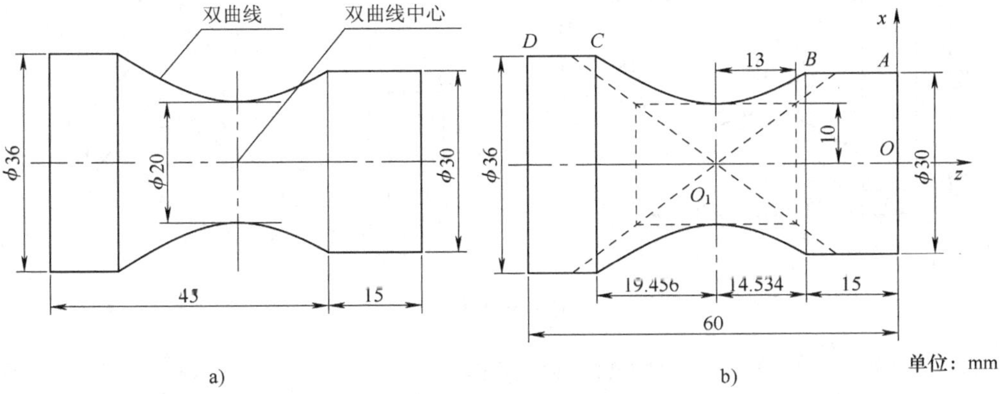

图　6-3-10

解：在 O_1xz 坐标系中，双曲线的标准方程是$\frac{x^2}{10^2}-\frac{z^2}{13^2}=1$.

因为 B 点的 x 坐标是 15，所以$\frac{15^2}{10^2}-\frac{z^2}{13^2}=1$，解之得 $z=\pm13\sqrt{\frac{15^2}{10^2}-1}\approx\pm14.534$.

因为 C 点的 x 坐标是 18，所以$\frac{18^2}{10^2}-\frac{z^2}{13^2}=1$，解之得 $z=\pm13\sqrt{\frac{18^2}{10^2}-1}\approx\pm19.456$.

建立以零件右端面与中心轴线的交点 O 为坐标原点的 Oxz 编程（即工件）坐标系，则零件轮廓线的基点及参考点的坐标如下：

坐标		O	A	B	O_1	C	D
z		0	0	−15	−29.534	−48.99	−60
x	半径方式	0	15	15	0	18	18
	直径方式	0	30	30	0	36	36

其中，双曲线 z 坐标的起点与终点坐标是−15 至−48.99.

问题思考：如果把工件的坐标系原点建立在双曲线对称中心线上，将会怎样？

【例 2】　图 6-3-11a 所示为一零件的示意图，在数控车床上加工时，编程原点设在右端面与中心轴线的交点 O 上，圆弧所在圆的圆心为 O_1 点，双曲线标准方程是$\frac{x^2}{6^2}-\frac{z^2}{8^2}=1$，其中心在 O_2 点，试求基点与参考点的坐标.

解：据题意得图 6-3-11b 所示轮廓图. 双曲线与圆弧为相切关系.

在 O_2xz 坐标系下，双曲线方程是$\frac{x^2}{6^2}-\frac{z^2}{8^2}=1$.

设圆弧（即圆 O_1）所在圆的方程为 $x^2+(z-20)^2=r^2$，则有

$$\begin{cases}\frac{x^2}{6^2}-\frac{z^2}{8^2}=1 & (1)\\ x^2+(z-20)^2=r^2 & (2)\end{cases},$$

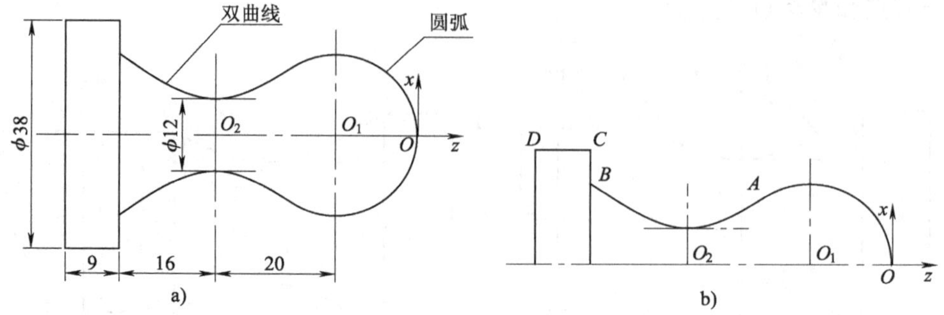

图 6-3-11

由式(1)得 $x^2=36+\frac{9}{16}z^2$，将其代入式(2)，并整理得

$$25z^2-640z+6976-16r^2=0,$$

因为双曲线与圆弧为相切，所以 $\Delta=(-640)^2-4\times25(6976-16r^2)=0$，有

$$r^2=180, r=6\sqrt{5}\approx13.416,$$

则 $z=\frac{-(-640)}{2\times25}=12.8, x\approx\pm11.321$，点 A 坐标是(11.321,12.8).

因 B 点是双曲线与直线的交点，所以有

$$\begin{cases}\frac{x^2}{6^2}-\frac{z^2}{8^2}=1\\ z=-16\end{cases},$$

解得 $$z=-16, x=\pm6\sqrt{5}\approx\pm13.416.$$

于是，编程原点设在右端面与中心轴线的交点 O 上的 Oxz 坐标系中，各基点及参考点的坐标如下：

坐标		O	O_1	A	O_2	B	C	D
z		0	-13.416	-20.616	-33.416	-49.416	-49.416	-58.416
x	半径方式	0	0	11.321	0	13.416	19	19
	直径方式	0	0	22.642	0	26.832	38	38

其中，双曲线 z 坐标的起点与终点坐标是-20.616 和-49.416.

问题思考：在实际加工中，由于曲线 AB 与直线 BC 处要用圆弧过渡，此处产生的基点应如何确定？

在双曲线的轮廓加工编程中，要注意双曲线方程在编程坐标系中的形式，尤其是实轴、虚轴的长短与位置；并准确判断双曲线 z 坐标的起点与终点坐标；要把各坐标统一到编程坐标系中；在用直径方式编程时，注意 x 坐标的值.

六、在双曲线形煤斗中的应用

在贮煤场、钢厂，传统的倒锥形煤斗由于存在收缩率大、内壁不光滑、存在死角等问题，会在运行中发生堵煤现象．把传统的倒锥形煤斗改为双曲线形煤斗，能较好地解决这一

问题．

【例】　现有一贮煤场的双曲线形煤斗的线形示意图如图 6-3-12 所示．试根据图示求该煤斗线形的双曲线方程．

解：根据题意，取 0 点为坐标原点，建立直角坐标系，设双曲线方程为$\frac{x^2}{a^2}-\frac{y^2}{b^2}=1$.

因为点(0.4,0)与点(2,3.2)在双曲线上，所以由 $a=0.4$ 及$\frac{2^2}{0.4^2}-\frac{3.2^2}{b^2}=1$，得 $b^2\approx0.4267$.

于是，该煤斗线形的双曲线方程是$\frac{x^2}{0.16}-\frac{y^2}{0.4267}=1$.

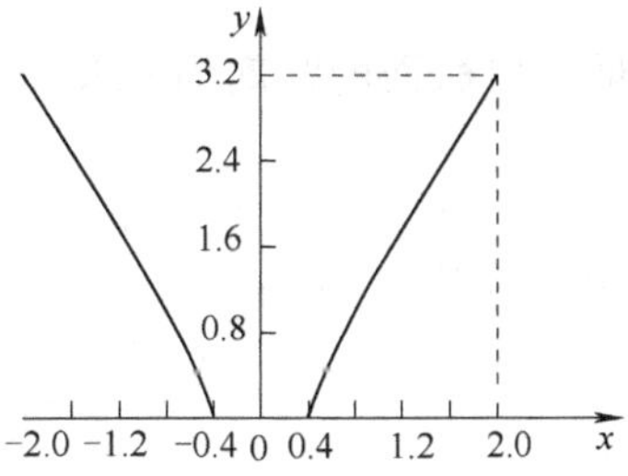

图　6-3-12

实践表明，双曲线地下煤斗的入口直径宜为 3～4m；出口直径一般按给煤机的入口尺寸确定；煤斗的入口斜率≥tan60°.

问题思考：(1)说明上述问题中该线形的入口斜率符合≥tan60°的要求；

(2)若在砌筑双曲线形煤斗时，在双曲线内侧不同的高度上水平放置放样模板，请问模板是什么形状？当高度是 1.6m 时，模板的具体尺寸是多少？

七、在双曲面结构通风冷却塔中的应用

发电厂等企业建造的大型通风冷却塔的塔身巨大，因此为减小建筑物的自重，需要将其设计为每点承受相同压力的等压力体．根据力学分析，以纵剖线为双曲线的塔身能够满足这种要求，所以冷却塔的外形是双曲线的一段绕虚轴旋转所得的曲面．不仅如此，双曲线形通风冷却塔还具有节省建筑材料、空气对流好与冷却效果快的优点.

【例】　如图 6-3-13 所示，双曲线等压力结构通风冷却塔高 55m，塔身底部直径 48m，上口直径为 20m，最细的腰部直径为 16m.

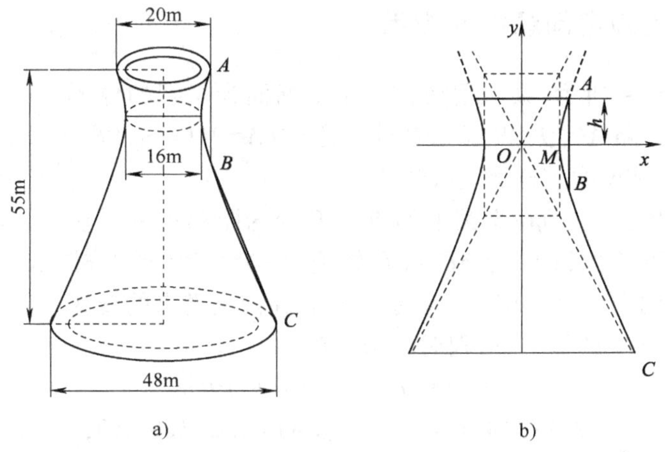

图　6-3-13

(1)它的外形是如何通过双曲线的一段绕虚轴旋转而得到的？

(2)在塔的外面构建维护爬梯，如图中 AB、BC 所示，A 点和 C 点分别在上、下口边沿，B 点

为 AB 垂直地平面与塔外沿的交点．为了准备做维护爬梯的材料，求维护爬梯的总长度．(精确到 0.01m)

解：(1) 根据题意，建立如图 6-3-13b 所示的坐标系，设双曲线方程为 $\frac{x^2}{a^2}-\frac{y^2}{b^2}=1$，上口截面至最小口截面的距离为 h，则 $a=8$，$A(10,h)$，$C(24,-55+h)$，所以

$$\begin{cases}\frac{10^2}{8^2}-\frac{h^2}{b^2}=1\\\frac{24^2}{8^2}-\frac{(55-h)^2}{b^2}=1\end{cases},$$

故有

$$\begin{cases}\frac{h^2}{b^2}=\frac{36}{64}\\\frac{(55-h)^2}{b^2}=\frac{512}{64}\end{cases},\begin{cases}\frac{h}{b}=\frac{3}{4}\\\frac{55-h}{b}=2\sqrt{2}\end{cases},$$

解之得

$$h\approx 11.53, b\approx 15.37.$$

于是，双曲线方程是 $\frac{x^2}{8^2}-\frac{y^2}{15.37^2}=1$.

冷却塔的外形由双曲线 $\frac{x^2}{8^2}-\frac{y^2}{15.37^2}=1$ 在点 $A(10,11.53)$ 与点 $C(24,-43.47)$ 之间的一段绕虚轴旋转所成.

(2) 根据双曲线的对称性，$|AB|=2h=23.06\text{m}$，B 点坐标为 $B(10,-11.53)$，则有

$$|BC|=\sqrt{(10-24)^2+(-11.53+43.47)^2}\text{m}=34.88\text{m}.$$

于是，维护爬梯总长度是 $|AB|+|BC|=57.94\text{m}$.

问题思考：在爬梯的 AB 段装三根横杆加固，三根横杆的安装位置分别在线段 AB(A、B 端点除外的) 的四等分处，则这三根横加固杆的长度分别是多少？

八、在一类位置确定问题中的应用

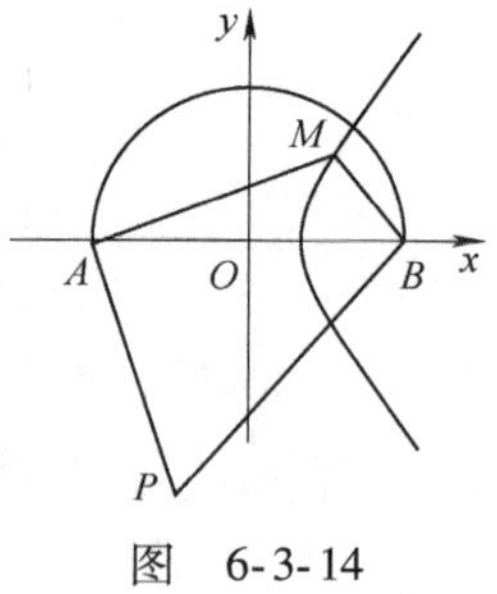

图 6-3-14

【例】 如图 6-3-14 所示，某工程要挖一个横断面为半圆的柱形坑，挖出的土只能沿道路 AP 或 BP 运到 P 处．已知 $PA=100\text{mm}$、$PB=150\text{mm}$、$\angle APB=60°$，试说明怎样运土最省工.

分析：要使运土最省工，即在半圆上的点到 P 处的距离最短．显然，半圆上的点可分为三类：(1) 经 AP 到 P 较近；(2) 经 BP 到 P 较近；(3) 经 AP 或 BP 到 P 的路程同样近．这类点就在前两类点的交界线上，设 M 是该交界线上的任一点，则对点 M，有

$$|MA|+|PA|=|MB|+|PB|,$$

$$|MA|-|MB|=|PB|-|PA|=150-100=50,$$

考察发现点 M 具有到点 A 与到点 B 的距离之差等于常数 50 的特性，由双曲线的定义知，点 M 在以 A、B 为焦点的双曲线的右面一支上.

解：以 AB 所在的直线为 x 轴，线段 AB 的中垂线所在的直线为 y 轴，建立如图所示的直角坐标系，设 $M(x,y)$ 是经 AP 或 BP 到 P 的路程相等的点，则有 $|MA|+|PA|=|MB|+|PB|$，

$|MA|-|MB|=|PB|-|PA|=150-100=50$,则点 M 在以 A、B 为焦点的双曲线的右面一支上,设其双曲线方程为$\frac{x^2}{a^2}-\frac{y^2}{b^2}=1$,则 $2a=50$,$2c=|AB|$.

在$\triangle PAB$ 中,由余弦定理,得

$$|AB|^2=|PA|^2+|PB|^2-2|PA||PB|\cos\angle APB,$$
$$(2c)^2=100^2+150^2-2\times100\times150\cos60°,$$
$$c^2=4375,$$

因为 $c^2=a^2+b^2$,所以 $b^2=c^2-a^2=4375-625=3750$.

点 M 的轨迹是双曲线$\frac{x^2}{625}-\frac{y^2}{3750}=1(x\geqslant25)$在半圆内的一段弧,于是,在此段弧左侧运土经 AP 到 P;在此段弧右侧运土经 BP 到 P,这样用工为最省.

问题思考:在上述实际问题中,是什么样的特征性元素使我们想到把它转化为双曲线的数学问题的?

九、在机器人听觉控制系统中的应用

人可以通过自身具有的双耳效应功能来实现对声源方向的确定,即人能利用双耳的听觉判断声源方位.

如图 6-3-15 所示,设 F_1、F_2 是双耳,声波从声源 M 传来的时间差是 Δt,设声速是 $v=334$m/s,则声源距两耳的距离差

$$|MF_1|-|MF_2|=334\Delta t=\text{定值},$$

当距离差为零时,则声源在人的正前方,即 F_1F_2 的中垂线上;当距离差不为零时,则声源 M 必在以双耳 F_1、F_2 为焦点,$334\Delta t$ 为实轴长的双曲线的一支上.

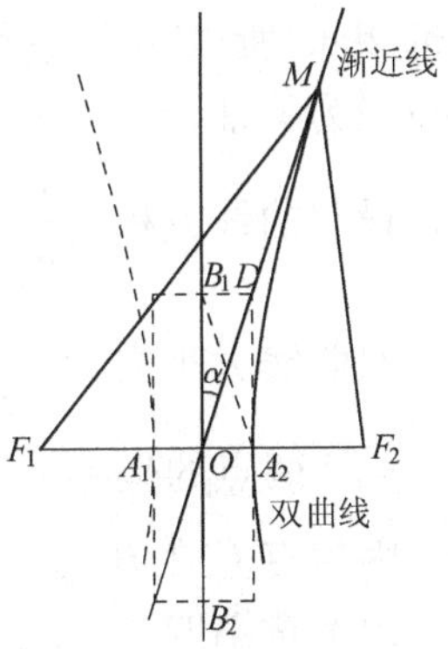

图　6-3-15

【例】　某型号机器人的听觉控制系统仿照人的双耳效应设计而成.机器人两声音收集点为 F_1、F_2,且$|F_1F_2|=21$cm,当这个机器人在行走过程中两耳收集到一声源 M 的声音的时间差为 $\Delta t=3\times10^{-5}$s 时,试建立合适的坐标系,并求出声源 M 所在的双曲线方程.

解:以 F_1F_2 所在直线为 x 轴,F_1F_2 的中垂线为 y 轴,建立直角坐标系.

设所求双曲线方程为　$\frac{x^2}{a^2}-\frac{y^2}{b^2}=1$.

因为 $2c=|F_1F_2|=21\text{cm}=2.1\times10^{-1}\text{m}$,所以 $c=1.05\times10^{-1}\text{m}$,

$2a=|MF_1|-|MF_2|=334\Delta t=334\times3\times10^{-5}\text{m}=1.002\times10^{-2}\text{m}$,$a=5.01\times10^{-3}\text{m}$,

所以

$$b^2=c^2-a^2=(1.05\times10^{-1})^2-(5.01\times10^{-3})^2=1.09999\times10^{-2}.$$

于是,其双曲线方程为　$\frac{x^2}{2.51001\times10^{-5}}-\frac{y^2}{1.09999\times10^{-2}}=1$.

问题研究:当声源 M 距双耳的行程较大时,M 所在的双曲线位置就与其渐近线趋近,此时声源对于人的方向偏角,就可以由渐近线的偏角 α 来确定. 人能够依靠自身的功能判断出偏角的大小,寻找到声源的方向.

那么该如何设计并计算出机器人正前方与声源方向的偏角 α 呢？

如图 6-3-15 所示，设声源 M 所在双曲线的渐近线与其虚轴的偏角为 α. 显然，$\triangle B_1OD \cong \triangle OB_1A_2$，则 $\sin\alpha=\sin\angle OB_1A_2=\dfrac{OA_2}{A_2B_1}=\dfrac{2OA_2}{2A_2B_1}=\dfrac{2a}{2c}=\dfrac{v\Delta t}{s}$（其中 s 是焦距，$|F_1F_2|=s$），由此得出偏角 α.

在上例中，机器人收集到声源 M 的信息后，如何以最短路线向声源 M 靠拢呢？

由上可知
$$\sin\alpha=\frac{v\Delta t}{s}=\frac{334\times3\times10^{-5}}{2.1\times10^{-1}}\approx0.04771,$$
$$\alpha=\arcsin0.04771=2°46',$$
因此，机器人应从现有行走方向向右偏过 2°46′后沿直线行进为最短路线.

十、在距离差最值问题中的应用

双曲线中的最值问题往往与其光学性质联系在一起.

【例 1】 如图 6-3-16 所示，B 地在 A 地的正东方向 4km 处，C 地在 B 地的北偏东 30°方向 2km 处，在河流的沿岸 PQ（曲线）上的任意一点到 A 的距离比到 B 的距离远 2km，现要在曲线 PQ 上选一处 D 建码头，向 B、C 两地转运货物．经测算，从 D 到 B 和从 D 到 C 修建公路的费用都是 a 万元/km，那么修建这两条公路的总费用最低是多少万元？

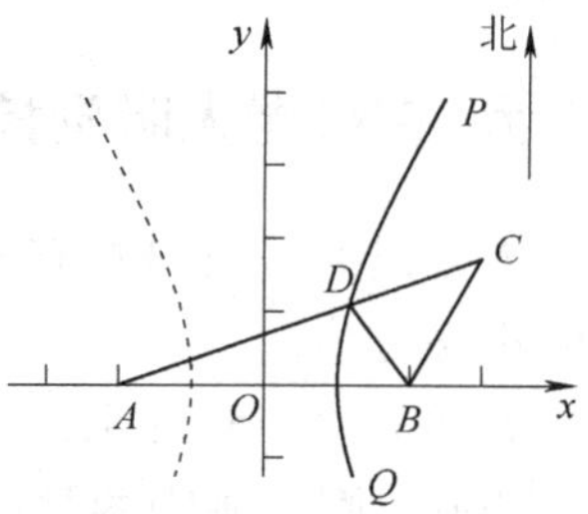

图 6-3-16

解：因为河岸 PQ（曲线）上任意一点到 A 的距离比到 B 的距离远 2km，所以其曲线是以点 A、B 为焦点的双曲线．以 AB 所在的直线为 x 轴，AB 的中垂线为 y 轴，建立图示的直角坐标系．

设双曲线方程为$\dfrac{x^2}{a^2}-\dfrac{y^2}{b^2}=1$，则 $2a=2,a=1;2c=4,c=2;b=\sqrt{3}$.

双曲线方程为 $x^2-\dfrac{y^2}{3}=1$.

A、B 两点的坐标分别是 $A(-2,0)$，$B(2,0)$.

因为点 C 在 B 的北偏东 30°方向 2km 处，所以点 C 坐标是 $C(3,\sqrt{3})$.

由本章第四节例题的结论可知，连线 AC 与双曲线 C 右支的交点即为使 $|DB|+|DC|$ 取得最小值的点 D，有
$$\begin{aligned}|DB|+|DC|&=|DB|+(|AC|-|DA|)\\&=|AC|-(|DA|-|DB|)\\&=\sqrt{(3+2)^2+(\sqrt{3}-0)^2}-2\\&=(2\sqrt{7}-2)\text{km},\end{aligned}$$
则修建这两条公路的总费用最低是$(2\sqrt{7}-2)a$ 万元.

【例 2】 某工厂修建一面积为 144m² 的长方形围栏．围栏一边靠墙，现有长为 50m 的铁丝网，修建成这样的围栏最少要用多少铁丝网？已有的墙最多利用多长？最少利用多长？

解：设长方形围栏的边长分别为 x 和 $y(x>0,y>0)$，则有 $xy=144$，且 $2x+y\leqslant50$.

如图 6-3-17 所示，因为双曲线 $xy=144$ 在第一象限内的一支与直线 $2x+y=50$ 的交点是 $A\left(\frac{25-\sqrt{337}}{2},25+\sqrt{337}\right)$，$B\left(\frac{25+\sqrt{337}}{2},25-\sqrt{337}\right)$，所以满足这两个条件的解集是在双曲线 $xy=144\left(\frac{25-\sqrt{337}}{2}\leqslant x\leqslant\frac{25+\sqrt{337}}{2}\right)$ 上的一段(即图中 A、B 之间的一段).

当过双曲线 A、B 之间的任一点作直线 $2x+y=k(k>0)$ 时，k 就是相应需要的铁丝网的长度.

若直线 $2x+y=k(k>0)$ 与双曲线 $xy=144$ 相切，则相应的 k 值最小.

把 $y=-2x+k$ 代入 $xy=144$ 得关于 x 的二次方程：$2x^2-kx+144=0$，因两者相切，所以 $\Delta=0$，即 $(-k)^2-4\times2\times144=0$，得 $k=24\sqrt{2}$ m.

因此，所需用铁丝网的最短长度为 $k=24\sqrt{2}$ m.

从图 6-3-17 中知，利用已有墙的最大长度由点 A 的纵坐标给出，即 $(25+\sqrt{337})$ m，利用墙的最短长度由点 B 的纵坐标给出，即 $(25-\sqrt{337})$ m.

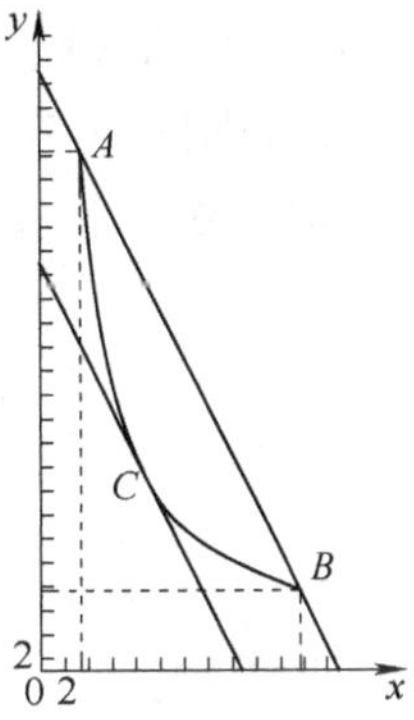

图　6-3-17

十一、在曲柄滑块机构设计中的应用

在类似于曲柄滑块机构的设计中，当分析得到某些点具有双曲线的特性时，可运用双曲线知识给予解决.

【例】　已知要设计的一曲柄滑块机构的行程速比系数为 K，滑块行程为 S，曲柄长度为 l_1. 试用 AutoCAD 图解法设计此曲柄滑块机构.

分析：(1) 根据给定行程速比系数 K，利用 K 与极位夹角 θ 的关系：$\theta=180°\frac{K-1}{K+1}$，得极位夹角 θ 的具体值；

(2) 如图 6-3-18 所示，假设 A 为曲柄转动中心，C_1、C_2 为滑块行程 S 的起点与终点，即 $C_1C_2=S$，作以 C_1C_2 为弦、含圆周角等于 θ 的圆弧 C_1mC_2；

(3) 根据曲柄滑块机构在两个极限位置时有：$AC_2=l_2+l_1$，$AC_1=l_2-l_1$，可知 $AC_2-AC_1=2l_1$，即 A 点到两定点 C_1、C_2 的距离之差为定值 $2l_1$. 由双曲线的定义可知，A 点在以 C_1、C_2 为焦点，半实轴长为 l_1 的双曲线上；

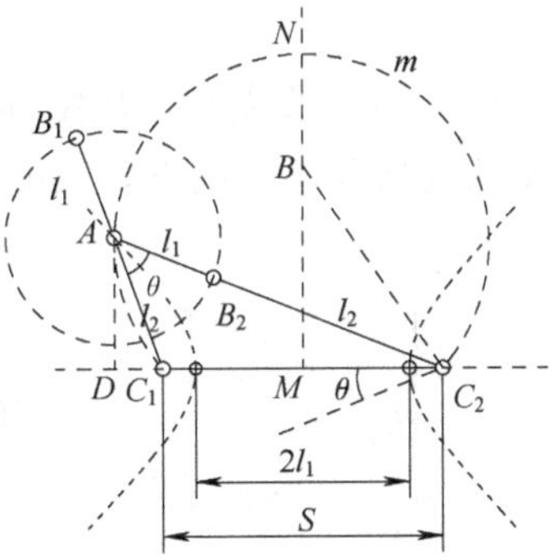

图　6-3-18

(4) 以 C_1、C_2 为焦点，实轴长为 $2l_1$ 作双曲线(具体作法可参见本节“应用一例题”)，得双曲线与圆弧 $\overparen{C_1mC_2}$ 的交点 A，点 A 即为曲柄转动中心；

(5) 以点 A 为圆心、l_1 长为半径的圆与 AC_2 的交点为 B_2，则 C_2B_2 即为 l_2；

(6) 利用标记(查询)功能测出 C_2B_2 的长度、A 点到导路中心线 C_1C_2 的偏置距离 AD，以及 C_1 到过点 A 垂直于导路中心线的垂线的距离 DC_1. 将图中的尺寸乘以作图时所用的比例尺 u_1，即可得所要尺寸.

具体 AutoCAD 作图略.

练习题 6.3

1. 某型号搅拌器的双曲面叶轮如图 6-3-19 所示，且知 $D=1560\text{mm}$，$d=228\text{mm}$，$h=486\text{mm}$，试求其双曲母线的双曲线标准方程，并以 1:50 的比例，利用直尺、圆规，用连线的方法作出它的双曲线段.

2. 如图 6-3-20 所示，零件的一部分是双曲线面，为了检验此加工零件是否合格，要制作一检验样板，试求检验样板曲线的方程.

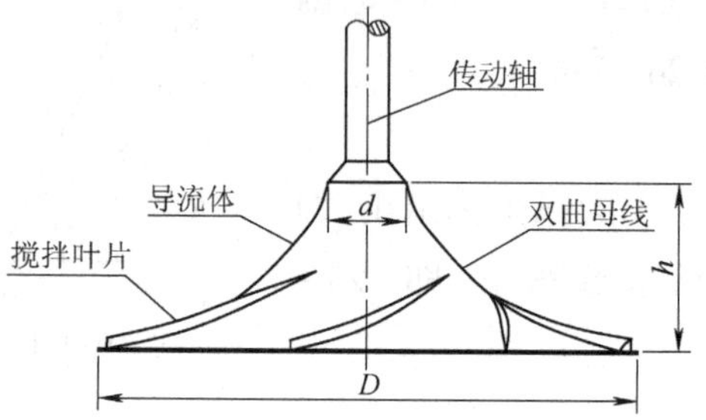

图 6-3-19

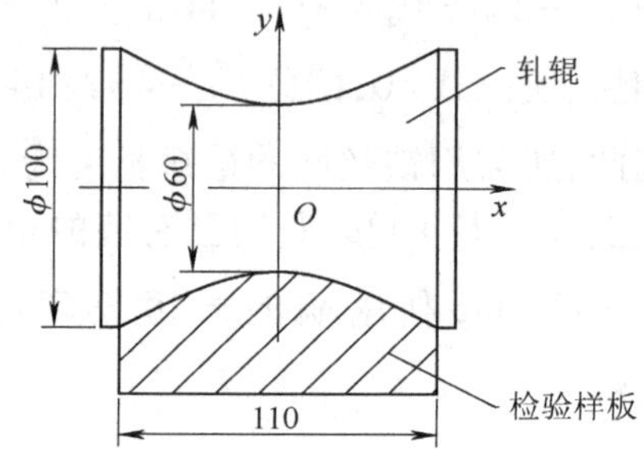

图 6-3-20

3. 用小滑板转动角度车圆锥面时，如果车刀刀尖与工件中心不等高，那么车出的表面将不是锥面，而是双曲线面. 设圆锥角为 α，刀尖比工件中心低 h，以圆锥顶点为原点建立直角坐标系，在 x 处断面，如图 6-3-21 所示. 求证：双曲面方程是 $\dfrac{y^2}{\left(h\tan\dfrac{\alpha}{2}\right)^2}-\dfrac{x^2}{h^2}=1$.

4. 一双曲线面零件如图 6-3-22 所示，现要在普通车床上车削这一零件，试求小滑板斜置角 α 的度数及车刀向下切入的量 h.

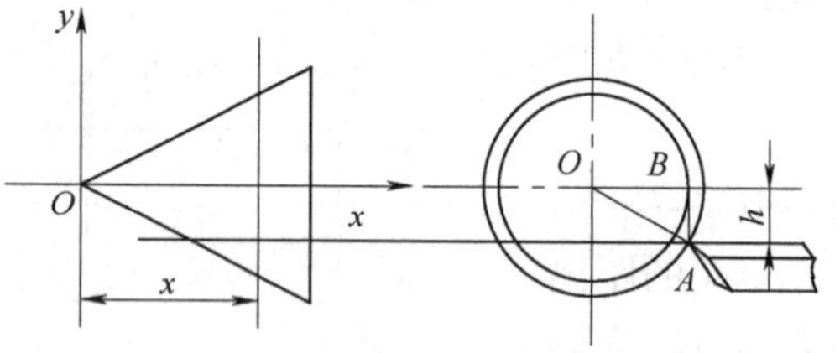

图 6-3-21

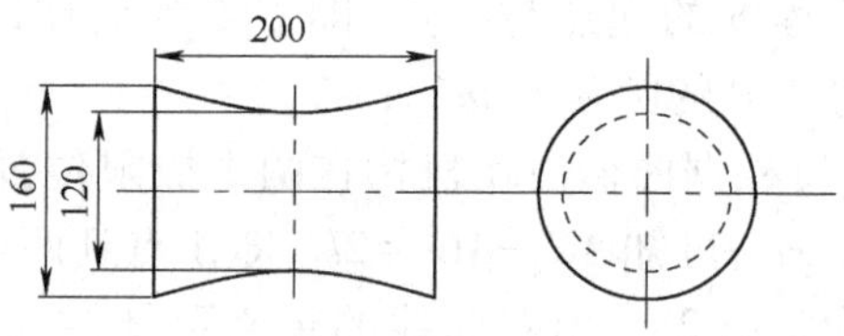

图 6-3-22

5. 用毛坯尺寸为 $\phi 40\text{mm}\times 100\text{mm}$ 的圆钢加工如图 6-3-23 所示的零件，图中双曲线的标准方程为 $\dfrac{x^2}{10^2}-\dfrac{z^2}{13^2}=1$，试建立合适的编程坐标系，并求出基点和参考点的坐标.

6. 如图 6-3-24 所示，矩形 $ABCD$ 是一个物资贮存场，贮存场通往码头 P 的道路有 AP 与 BP 两条，$AB=0.5\text{km}$，$PA=3.1\text{km}$，$PB=3.5\text{km}$. 为了要选择合理的运输路径，使得将贮存场中的物资运往码头 P 的运程较短，需在矩形区域内划设一条分界线，把矩形 $ABCD$ 分成两个区域，从而使每个区域内物资运输的路程都较短. 试求出该界线的方程.

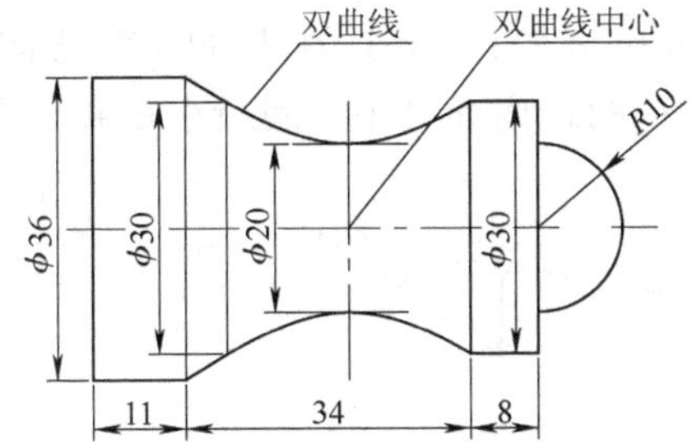

图　6-3-23

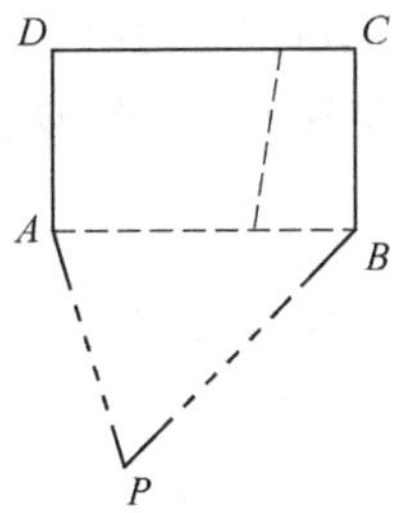

图　6-3-24

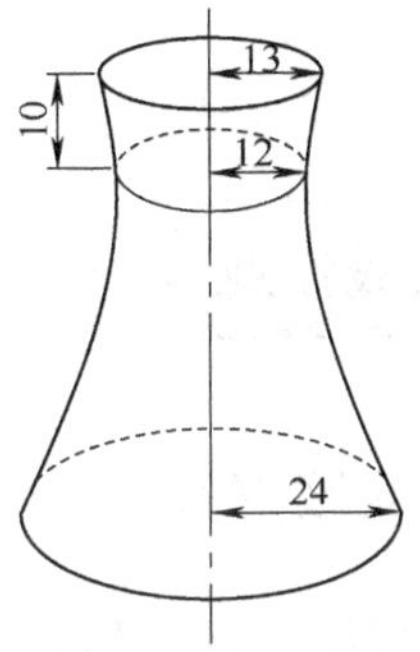

图　6-3-25

7. 图 6-3-25 所示为双曲线形通风塔示意图,设该塔最小横截面半径为 12m,塔顶横截面半径为 13m,塔底横截面半径为 24m,塔顶横截面到最小横截面的距离为 10m,试求:(1)求双曲线的方程及塔高;(2)如果照本节应用七例题中的样子建维护爬梯,求爬梯的总长度.(精确到 0.01m)

8. 某工厂要利用现有足够可使用的墙为一边,围一个面积为 $720\mathrm{m}^2$ 的矩形堆料场,为使围建的用料最少,这个矩形堆料场的长和宽分别是多少?

9. 试用 AutoCAD 图解法,且利用双曲线知识设计一曲柄滑块机构.要求是:曲柄滑块机构的行程速比系数 $K=5:4$,滑块行程 $S=100\mathrm{mm}$,曲柄长度 $l_1=476\mathrm{mm}$.

复习自测题六

1. 一双曲线面辊零件如图 6-4-1 所示,试完成:(1)给出双曲线面辊所在的双曲线方程;(2)现要在普通车床上车削这一零件,试求小滑板斜置角 α 的度数及车刀向下切入的量 h.

2. 图 6-4-2 所示为一零件的轮廓,为了在数控车床上加工这一零件,编程原点设在右端面与中心轴线的交点 O 上. 椭圆中心在 O_1 点,双曲线中心坐标在 O_2 点. 试求:(1)在O_1xz 坐标系下的椭圆的标准方程;(2)在 O_2xz 坐标系下的双曲线的标准方程;(3)加工编程坐标系下的基点和参考点的坐标.

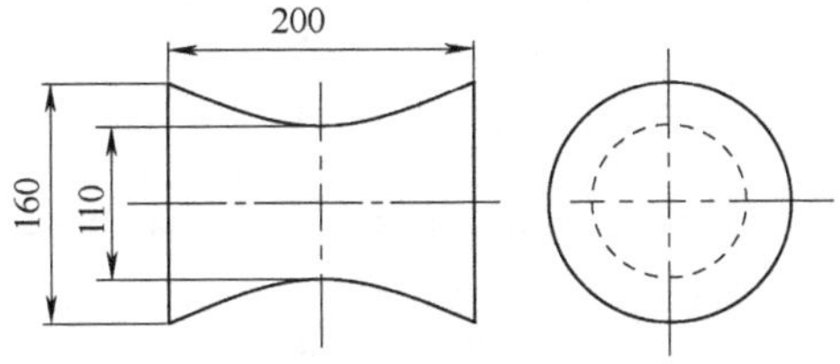

图　6-4-1

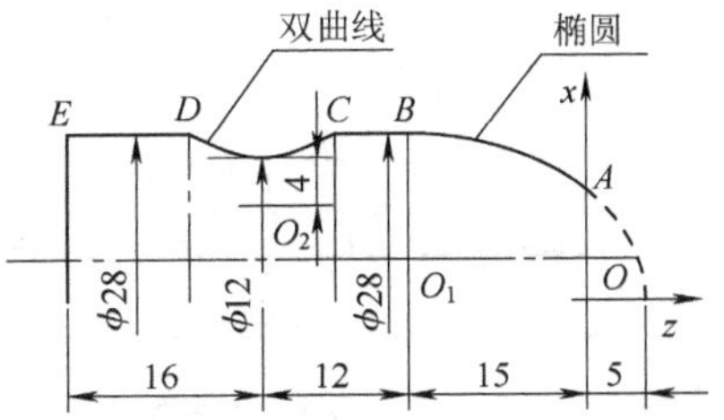

图　6-4-2

3. 用 $\phi40\mathrm{mm}\times110\mathrm{mm}$ 的圆钢加工成如图 6-4-3 所示的零件,试求图中双曲线的标准方程和圆弧所在圆的标准方程;并建立合适的编程坐标系,求出基点和参考点的坐标.

4. 如图 6-4-4 所示,某海湾的海岸线 MQ 呈曲线状,且该曲线上的任一点到点 A 与点 B 的距离差恰好都等于 2km,A 在 B 的正西方向 6km 处;又点 C 在 B 的东北方向的 $2\sqrt{2}$km 处,现要在海岸线上建一码头 M,使得 M 到 B 与 C 的距离和最小. 问最小距离是多少?

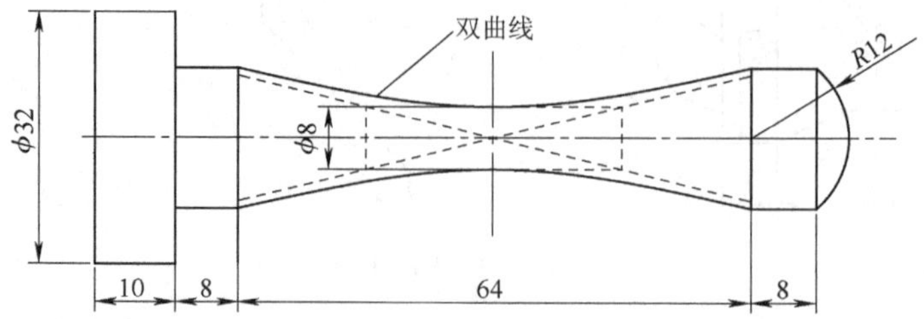

图 6-4-3

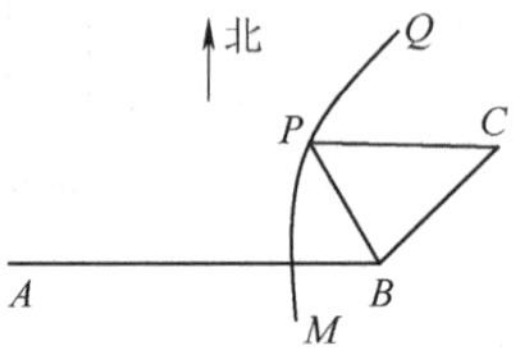

图 6-4-4

实践作业

实践课题一

课题名称:双曲线曲面搅拌轮母线的放样.

材料准备:双曲线曲面搅拌轮示意图一份. 直尺、圆规、笔、硬板纸等.

知识应用:掌握双曲线的定义,能由点坐标求反比例函数,掌握反比例函数与等轴双曲线方程的互化.

操作步骤:

(1)双曲线曲面搅拌轮的认识.

用幻灯片简单介绍双曲线曲面搅拌轮的基本结构、主要用途及其工作原理.

(2)求曲面搅拌轮双曲线母线的方程.

人手一份关于"双曲线曲面搅拌轮"零件示意图的图样,如图 6-4-5 所示. 根据所给图样计算双曲线母线的反比例函数的表达式,并将其化为等轴双曲线的标准方程式.

主要过程如下:

1)根据题意,建立如图 6-4-6 所示的坐标系,设双曲线方程为 $xy=b$.

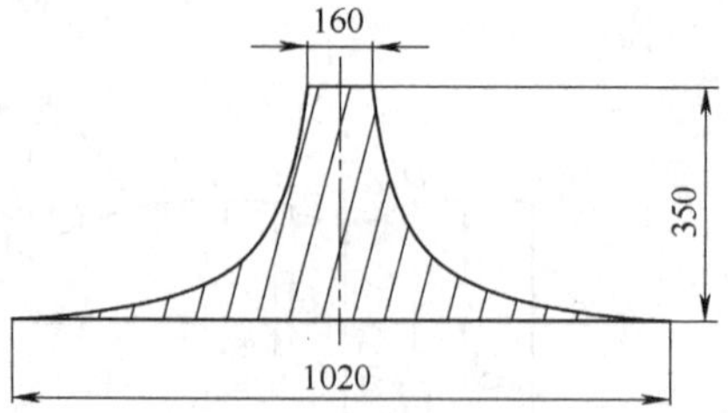

图 6-4-5

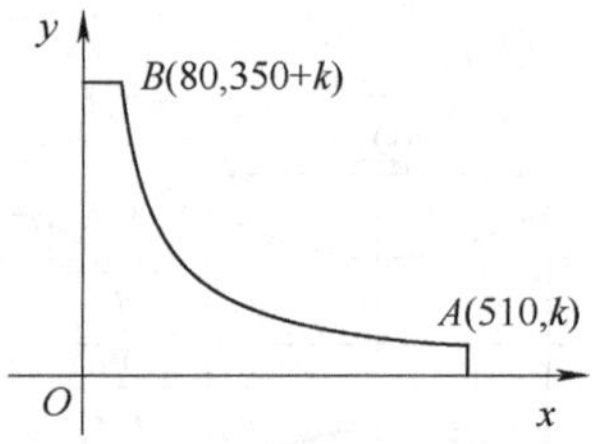

图 6-4-6

因为 $A(510,k)$ 和 $B(80,350+k)$ 在曲线上,所以

$$\begin{cases}510k=b\\80(350+k)=b\end{cases},$$

解之得
$$k=\frac{2800}{43},b=\frac{1428000}{43}.$$

故双曲线方程是 $xy=\frac{1428000}{43}$.

2)根据不同坐标系下的双曲线方程 $x^2-y^2=a^2$ 与 $xy=b$ 的互化关系:$b=\frac{1}{2}a^2$.

3)双曲线方程 $xy=\frac{1428000}{43}$可化为另一坐标系下的标准化方程是 $x^2-y^2=\frac{2856000}{43}$,即 $x^2-y^2\approx 257.718^2$.

(3)由等轴双曲线方程作搅拌轮母线(以 1:10 的比例在硬纸板上模拟操作).

由 $x^2-y^2\approx 257.718^2$ 知双曲线的实轴长为 $2a=515.436$,焦距为 $2c=728.827$.

以 1:10 的比例作图,如图 6-4-7 所示.

1)作线段 F_1F_2,使 $|F_1F_2|=2c=72.8827$;

2)另作一线段 $|AA'|=2a=51.5436$,并在 AA' 延长线上取一点 M_1,令 $|A'M_1|=t(t\geqslant c-a)$;

3)分别以 F_1、F_2 为圆心,以 $2a+t$ 和 t 为半径作弧交于 P_1 和 P_1',则 P_1 和 P_1' 就是双曲线上的点;改变 t 的长度,可同样地画出 P_2 和 P_2'、P_3 和 P_3'、P_4 和 P_4' 等点;

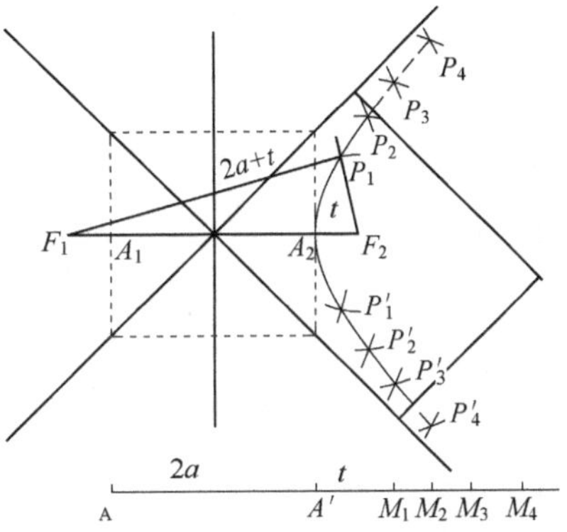

图　6-4-7

4)用平滑的曲线顺势连接各点,就得到双曲线的一支;

5)以此双曲线的渐近线分别向右、向上平移 51、(35+3.8356)个单位,与所作双曲线相交,在图中矩形区域中的双曲线段即为所要求作的搅拌轮的母线.

问题思考:(1)为什么要取图 6-4-7 中矩形区域中的双曲线段为搅拌轮的母线?

(2)在得到双曲线的一支后,还有其他的方法截取双曲线搅拌轮的母线吗?

实践课题二

课题名称:含双曲线轮廓零件的基点计算及车削见习.

材料准备:常见含双曲线曲线零件实物若干;如图 6-4-8 所示的含双曲线曲线的零件加工图样若干份,及演示用加工含双曲线曲线零件的材料两套;制作检验样板用塑料硬板等.

现场准备:数控车床两台,刀具及相关材料等.

知识应用:双曲线方程的求解,基点的确定与求解.

操作步骤:

(1)含双曲线曲线零件的认识.

展示含双曲线曲线的零件实物,用幻灯片介绍其

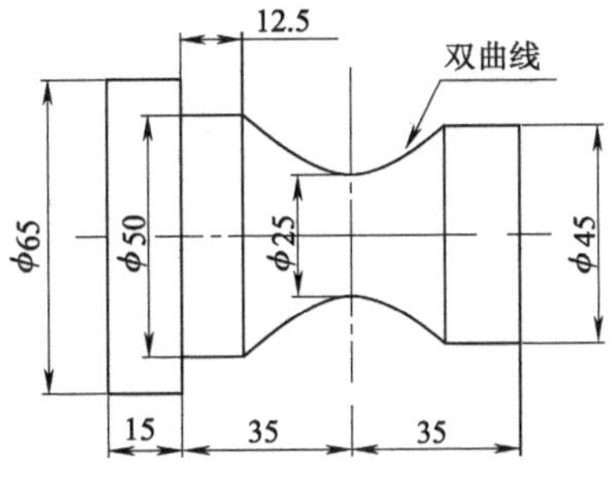

图　6-4-8

若干应用场景，认识常见的含双曲线零件.

(2)计算用数控车床车削该类零件时，基点等坐标的值，写出具体计算过程.

(3)实习圆柱类零件的装夹.

(4)观摩实习指导教师加工零件.

(5)用塑料硬板(替代薄钢板)制作双曲线检验样板，检验已加工零件双曲线的精度.

第七章 太阳灶制作与抛物线方程

太阳灶是利用太阳能辐射，通过聚光获取热量，进行炊事烹饪的一种装置，如图 7-0-1 所示．因为它不烧任何燃料、没有污染，所以获得了较好的推广和应用．

太阳灶的聚光曲面通常是由一种称为抛物线的曲线绕其轴旋转而成．要制作这样的太阳灶，尤其是要确定炊具的摆放位置，取得最佳的聚光效果，就要掌握抛物线的相关知识.

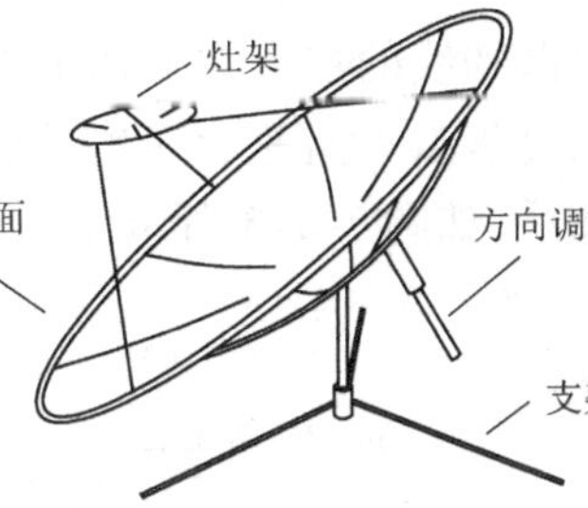

图 7-0-1

第一节 抛物线的定义及标准方程

抛物线是一种我们已经熟悉的图形．例如，建筑物的拱形、卫星电视接收天线、探照灯、汽车前照灯与手电筒的反射镜面等都是抛物线.

一、抛物线的定义

我们已经学习过的二次函数 $y=ax^2$ 的图像是抛物线，且掌握了它的一些性质，但要进一步发挥它在生产实践中的作用，还必须对它进行进一步的认识.

我们知道，圆、椭圆、双曲线是平面内到一个或两个定点的距离具有某种特性的动点的轨迹，那么抛物线又是具有哪类特性的动点轨迹呢?

先做一个实验：如图 7-1-1 所示，将一直尺固定在平板上，视该直尺的一边为一定直线 l，再将一个三角板的较短直角边紧靠直线 l，在另一条直角边的锐角顶点 A 处系上一条细绳，取绳的长与直角边等长．将绳的另一端结系一小钉，并把它钉在平板上的 F 处，则 F 为定点，然后以笔尖紧靠三角板把绳拉紧，并使三角板紧靠 l 移动，笔尖顺势所画的图形就是抛物线.

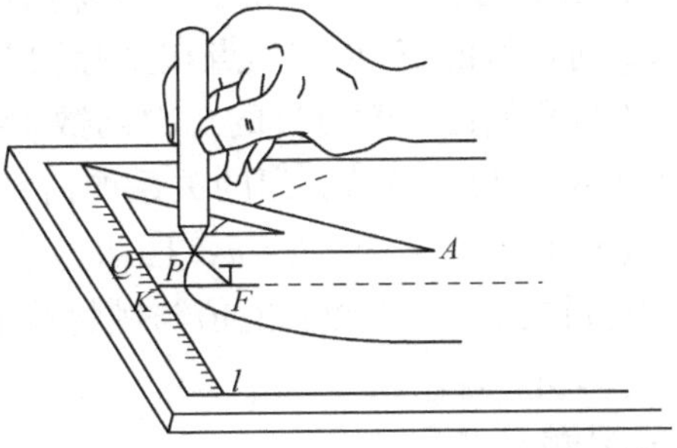

图 7-1-1

由上可知，把笔尖看成是一个动点 P，不论动点 P 移动到何处，它到定点 F 的距离 $|PF|$ 总是等于它到定直线 l 的距离 $|PQ|$．这是因为 $|PF|+|PA|=|PQ|+|PA|$，所以 $|PF|=|PQ|$.

于是，有抛物线的定义：平面内到一个定点的距离和它到一定直线的距离相等的点的轨迹叫作**抛物线**．这个定点叫作抛物线的**焦点**，用 F 表示，这条定直线叫作抛物线的**准线**，用 l 表

示．焦点到准线的距离 $|FK|$ 叫作**焦参数**，用 $p(p>0)$ 表示.

二、抛物线的标准方程

取经过焦点 F，且垂直于准线的直线为 x 轴，设垂足为 K，以 KF 的垂直平分线为 y 轴，建立直角坐标系，如图 7-1-2 所示.

焦点 F 的坐标是 $\left(\frac{p}{2},0\right)$，准线 l 的方程是 $x=-\frac{p}{2}$. 方程 $y^2=2px$ 叫作**抛物线的标准方程**.

如果抛物线的焦点在 y 轴正半轴上，那么抛物线的方程又将如何呢？

取经过焦点 F 且垂直于准线的直线为 y 轴，设垂足为 K，以 KF 的垂直平分线为 x 轴，建立直角坐标系，如图 7-1-3 所示.

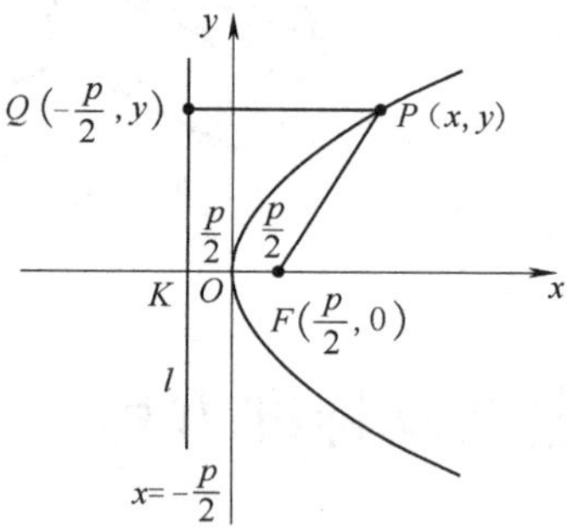

图 7-1-2

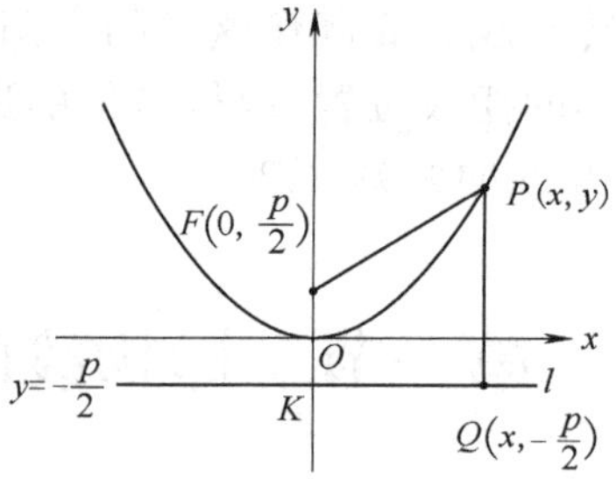

图 7-1-3

于是就有焦点 F 的坐标为 $\left(0,\frac{p}{2}\right)$，准线 l 的方程为 $y=-\frac{p}{2}$，抛物线的方程为 $x^2=2py$.

$x^2=2py$ 称为焦点在 y 轴正半轴上的抛物线标准方程.

同样地，抛物线的焦点分别在 x 轴负半轴和 y 轴负半轴上时所对应的标准方程分别是 $y^2=-2px$ 与 $x^2=-2py$.

问题思考：(1) 在抛物线 $y^2=2px$、$y^2=-2px$、$x^2=2py$ 和 $x^2=-2py$ 这四种形式的标准方程中，$2p$ 前符号的正、负与焦点在坐标轴上的位置有什么关系？

(2) 我们已经学习过的二次函数 $y=ax^2$ 的图像是抛物线，它与哪个抛物线标准方程对应呢？其中 a 与焦参数 p 间的关系如何？

(3) 对于二次函数 $y=ax^2$ 图像抛物线的开口，$|a|$ 值越大，抛物线的开口也就越大；在抛物线的标准方程下，参数 p 的值与抛物线的开口大小有什么关系？

练习题 7.1

1. 根据下列条件，求抛物线的标准方程：

(1) 焦点坐标是 $F(1,0)$；

(2) 焦点在 x 轴的正半轴，且焦点到准线的距离是 5；

(3) 准线方程是 $y=-4$；

(4) 焦参数是 3，且焦点在 x 轴的正方向上.

2. 求下列抛物线的焦点坐标及准线方程：

(1) $y^2=x$；　　(2) $y=4x^2$；　　(3) $y-3x^2=0$；　　(4) $x+2y^2=0$.

第二节　抛物线的性质

一、抛物线的基本性质

我们以标准方程 $y^2=2px$ 为例来认识抛物线的几何性质.

1. 范围

根据标准方程 $y^2=2px$ 和 $p>0$ 知：$x\geqslant 0$，$y=\pm\sqrt{2px}$，抛物线上的点除其原点上一点外都在 y 轴右侧，即开口向右，当 x 值无限增大时，$|y|$ 的值亦无限增大，就是说，抛物线在 y 轴右侧向上、下无限伸展，抛物线为无界曲线.

2. 对称性

抛物线图形关于 x 轴对称．我们把抛物线的对称轴称作**抛物线的轴**．抛物线只有一条对称轴，没有对称中心.

3. 顶点

抛物线与其对称轴线的交点叫作**抛物线的顶点**．抛物线 $y^2=2px$ 的顶点是原点.

4. 离心率

与椭圆和双曲线一样，我们把抛物线上任一点到焦点的距离和该点到准线的距离的比叫作抛物线的离心率，用 e 表示．由抛物线的定义知，$e=1$.

问题思考：(1) 椭圆的离心率可刻画椭圆的扁平程度；双曲线的离心率可刻画双曲线的开口大小程度；抛物线的离心率能刻画抛物线的开口大小吗？抛物线的开口大小可由哪一量来刻画？

(2) 椭圆、双曲线、抛物线离心率的取值范围分别是多少？

(3) 你能类似地得到抛物线另外三种标准方程形式 $x^2=2py$、$y^2=-2px$ 和 $x^2=-2py$ 的性质吗？

一般地，如果一条直线与抛物线有 $A(x_1,y_1)$ 与 $B(x_2,y_2)$ 两个交点，则线段 AB 叫作**抛物线的弦**，线段 AB 的长叫作**弦长**.

问题思考：设斜率为 k 的直线与抛物线的交点为 $A(x_1,y_1)$、$B(x_2,y_2)$，则弦长 AB 的表示形式如何？并将它与椭圆、双曲线的弦长公式进行比较.

在椭圆、双曲线和抛物线中，过焦点且垂直于焦点所在坐标轴的直线与其曲线交两点所得的弦称为**通径**，这时的弦长也称**通径的长**.

问题思考：椭圆 $\dfrac{x^2}{a^2}+\dfrac{y^2}{b^2}=1(a>b>0)$、双曲线 $\dfrac{x^2}{a^2}-\dfrac{y^2}{b^2}=1(a>0,b>0)$ 和抛物线 $y^2=2px(p>0)$ 的通径长分别是多少？

我们把椭圆、双曲线或抛物线上的一点与其焦点的连线叫作这一点的**焦点半径**．在计算焦点弦长时，用焦半径方法计算往往会收到事半功倍的效果.

二、抛物线的切线及其性质

我们规定，当直线与抛物线仅有一个交点，且不平行于其对称轴时，就称这条**直线与抛物线相切**．这条直线称为**抛物线的切线**，这个交点称为抛物线的切点.过切点且垂直于切线的直线称为该点的法线.

如果 $P(x_0,y_0)$ 是抛物线 $y^2=2px(p>0)$ 上的一点，那么过点 $P(x_0,y_0)$ 的切线方程是 $y_0y=2p\left(\frac{x+x_0}{2}\right)$.

如果抛物线 $y^2=2px(p>0)$ 切线的斜率是 k，那么此切线的方程是 $y=kx+\frac{p}{2k}$.

问题思考：抛物线其他三种标准形式 $x^2=2py$、$y^2=-2px$ 和 $x^2=-2py$ 的切线方程的形式分别是什么？

抛物线上任意一点的法线平分过此点的焦半径和过该点与对称轴平行的线所夹的角.

它的光学意义是：从抛物线焦点发出的光线，经过抛物线反射成平行于对称轴的光线，如图 7-2-1 所示；反过来，平行对称轴的光线经抛物线反射后汇聚到焦点.

这称作**抛物线的光学性质**.

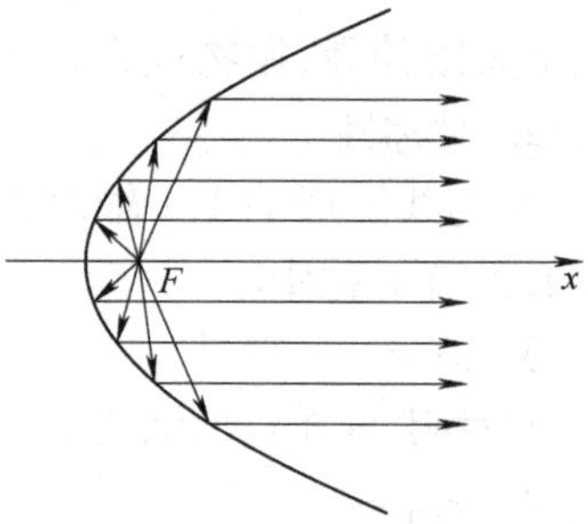

图 7-2-1

练习题 7.2

1. 根据下列条件，求抛物线的标准方程：

(1) 以原点为顶点，x 轴为对称轴，且焦点到顶点的距离是 6；

(2) 以原点为顶点，坐标轴为对称轴，且过点 $M(-2,-4)$；

(3) 以原点为顶点，y 轴为对称轴，且过点 $M(4,5)$.

2. 求经过点 $P(-2,-1)$ 与抛物线 $x^2=-4y$ 相切的直线方程。

3. 有一光源从抛物线 $y^2=4x$ 的焦点射出，求在抛物线上的点 $P(9,6)$ 反射时的入射光线和反射光线的方程.

第三节　抛物线及其方程的应用

抛物线及其方程的应用也相当广泛.

一、在放样抛物线曲线中的应用

抛物线形圆盘涡轮的叶片是抛物线，U 形水渠断面是抛物线，等等．在制作抛物线形物件时，常常根据要求放样抛物线曲线.

根据抛物线的定义有如下的尺规作图法.

如图 7-3-1 所示，设 F 是焦点，准线 l 与 x 轴的交点为 K.

(1)在 x 轴正半轴上取不同的点 $A_1, A_2, A_3, A_4 \cdots$ 并过这些点引 y 轴的平行线；

(2)分别以 $KA_1, KA_2, KA_3, KA_4 \cdots$ 为半径，焦点 F 为圆心画弧，顺次交这一系列的平行线于 P_1 和 P_1'，P_2 和 P_2'，P_3 和 P_3'，P_4 和 $P_4' \cdots$

(3)用光滑的曲线顺势连接各点就得到所求作的抛物线.

问题思考:你能证明上述作法的正确性吗?

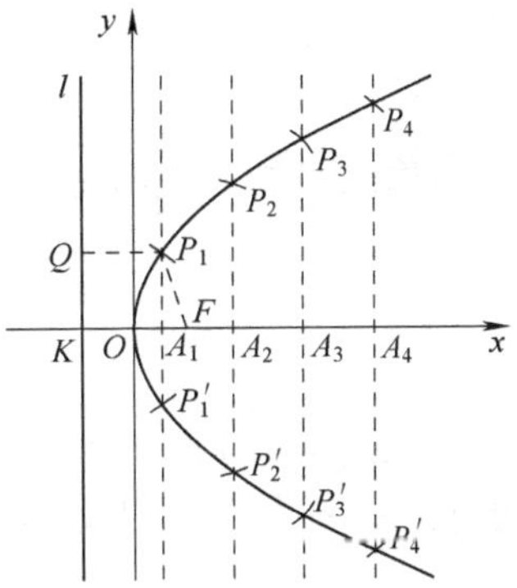

图　7-3-1

二、在拱形放样中的应用

顶点在上、开口在下的抛物线通常叫作**拱形**. 拱形在建筑工程上有广泛的应用，我国古代的石拱桥和现代的拱形跨梁桥等都很好地利用了拱形结构.

在生产实践中，有这样的拱形画法.

如图 7-3-2 所示，设 $AB=2a$，$BC=h$ 分别表示拱形的宽与高.

(1)画矩形：以 AB 和 BC 为边作矩形 $ABCD$. 以 DC 为 x 轴，AB 的垂直平分线 OK 为 y 轴，建立直角坐标系；

(2)作等分点：把 AK、AD 分成相同的等份(如图中取五等分)，分点分别为 $A_1, A_2 \cdots$ 和 $B_1, B_2 \cdots$

(3)引平行线：过 AK 上各分点引轴的平行线 $A_1A_1', A_2A_2' \cdots$

(4)连线得交点：连接 $B_1O, B_2O, B_3O, \cdots$ 分别交 $A_1A_1', A_2A_2', A_3A_3' \cdots$ 于 $P_1, P_2, P_3 \cdots$ 各点.

(5)平滑连线：用平滑的曲线顺势连接 $P_1, P_2, P_3 \cdots$ 各点，就得拱形左侧一部分. 用对称的方法，可以得到拱形右侧的一部分.

注意：在进行等分时，使等分的数量相同，即 $\dfrac{|B_1D|}{|AD|}=\dfrac{|A_1K|}{|AK|}, \dfrac{|B_2D|}{|AD|}=\dfrac{|A_2K|}{|AK|} \cdots$ 而不是使等分的间距相同.

问题探究: $P_1, P_2, P_3 \cdots$ 各点是拱形上的点吗?

如图 7-3-3 所示，设 A 点的坐标是 $(-a, -h)$，P_1 点的坐标是 (x_1, y_1).

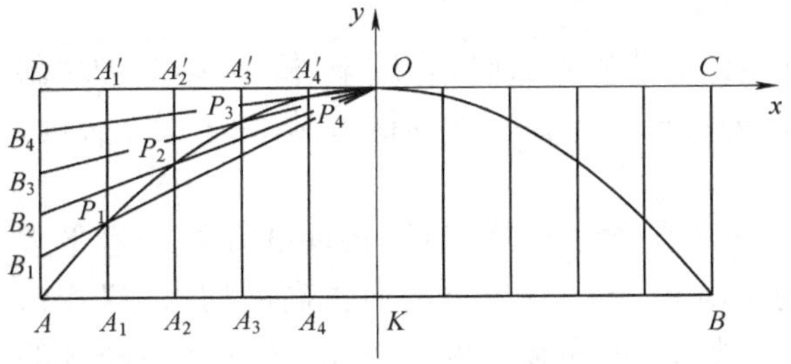

图　7-3-2

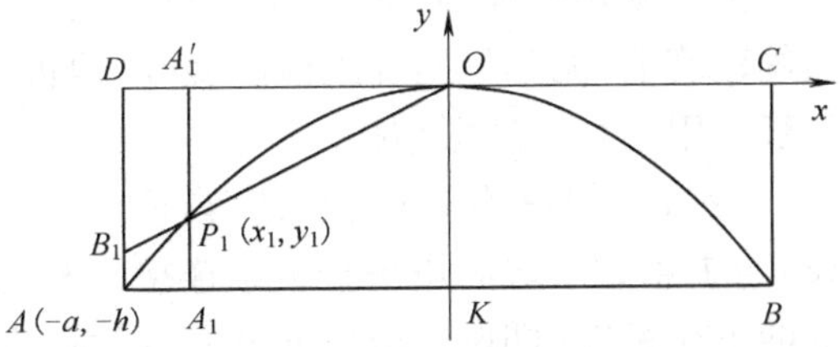

图　7-3-3

因为 $\text{Rt}\triangle OA_1'P_1 \backsim \text{Rt}\triangle ODB_1$，所以

$$\frac{|P_1A_1'|}{|B_1D|}=\frac{|OA_1'|}{|OD|}, \text{即} \frac{|y_1|}{|B_1D|}=\frac{|x_1|}{a},$$

$$y_1=\frac{x_1|B_1D|}{a}.$$

由作图可知，B_1、A_1 是各自线段上的同等分点，所以$\frac{|B_1D|}{|DA|}=\frac{|KA_1|}{|KA|}$，即$\frac{|B_1D|}{h}=\frac{|x_1|}{a}$，有

$$|B_1D|=\frac{-x_1h}{a},$$

于是 $y_1=\frac{x_1\left(\frac{-x_1h}{a}\right)}{a}$，就是 $x_1^2=-\frac{a^2}{h}y_1$.

所以 $P_1(x_1,y_1)$是抛物线 $x^2=-\frac{a^2}{h}y\left(p=\frac{a^2}{2h}\right)$ 上的点；同理可证 $P_2,P_3\cdots$各点也都在此曲线上.这就说明这样作出的曲线是一条抛物线.

三、在确定聚光点时的应用

根据抛物线的性质，我们可以解决本章开头提出的太阳灶炊具摆放位置的确定问题，以使太阳灶取得最佳的聚光效果，

首先，测量太阳灶聚光曲面口圆的直径 D，再测出口圆平面中心到灶底的深度 h.

设太阳灶曲面的抛物线方程是 $y^2=2px$.

因为点 $A\left(h,\frac{D}{2}\right)$ 在抛物线上，所以$\left(\frac{D}{2}\right)^2=2ph$，$p=\frac{D^2}{8h}$，抛物线的焦点为 $F\left(\frac{D^2}{16h},0\right)$，故炊具应放在聚光曲面口圆中心与底面中心的连线上，且到底面中心距离为$\frac{D^2}{16h}$处.

问题思考：若要采用如图 7-0-1 所示的方法固定炊具摆放架，则三根均匀放置的支撑杆的长度应如何计算？

与上例相类似的问题有：汽车前照灯的反射镜面是抛物线，光源置于焦点处，经镜面反射后的平行光束距离加大．卫星电视接收器是抛物线面，将接收盒放于焦点上，抛物线对称轴跟踪对准卫星，就可以把卫星发射的微弱电磁波信号射线最大限度地集中到接收盒上.

四、在拱形结构设计计算中的应用

由于抛物线结构在建筑上具有稳定、增大强度的力学特性，所以在屋架、桥梁、路基护坡斜面等建筑上，尤其是用抗压性能良好，但抗拉性能差的砖、石、混凝土等材料时，为了增加强度，一般采用抛物线拱形结构.

【例】 如图 7-3-4 所示，宜昌西陵长江大桥属于抛物线形悬索桥，桥面 AC(视为水平直线)与主悬钢索之间用垂直钢索连接．桥两端的主塔 AB 与 CD 塔顶的海拔高度均为187.5m，桥的单孔跨度(即两主塔之间的距离)为 900m，这里水面的海拔高度为 74m. 若过主塔塔顶的抛物线形主悬钢索的最低点离桥面的高度是 0.5m，桥面离水面的高度为 19m，请计算离桥两端主塔 100m 处垂直钢索的长．(精确到 0.1m)

解：根据题意，建立如图所示的坐标系，设主悬钢索的抛物线方程是 $x^2=2py$.

因为 B 点的横坐标 $x=\frac{900}{2}=450$，纵坐标 $y=187.5-74-19-0.5=94$，

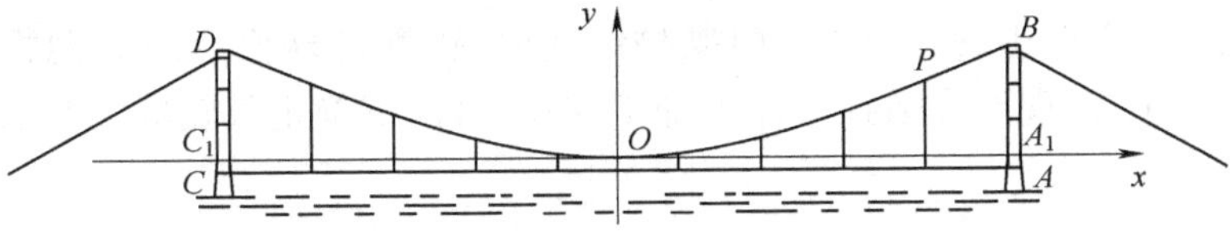

图　7-3-4

所以 $450^2=2p\times94$，$p=\dfrac{50625}{47}$，则抛物线方程是 $x^2=2\times\dfrac{50625}{47}y$.

设离桥主塔 100m 处的垂直钢索上端点为 $P(x_1,y_1)$，则有

$$x_1=450-100=350,$$

$$350^2=2\times\frac{50625}{47}y_1\Rightarrow y_1\approx56.9,$$

故离桥两端主塔 100m 处垂直钢索的长为 56.9+0.5=57.4(m).

五、在数控车削编程中的应用

在数控设备上，加工含抛物线形物件时，要知晓其抛物线方程，也要求相应的基点或节点的坐标等.

【例 1】 在数控车床上加工如图 7-3-5a 所示的某零件，其中一段外轮廓是抛物线曲面，试求其抛物线方程，并求出基点及相关点的坐标.

解：建立如图 7-3-5b 所示的坐标系，设抛物线方程是 $x^2=-2pz$.

因为点 $A(6,-3)$ 在抛物线上，所以

$$6^2=-2p\times(-3)，即\ 2p=12,$$

则所求的抛物线方程是 $x^2=-12z$，即 $z=-\dfrac{x^2}{12}$.

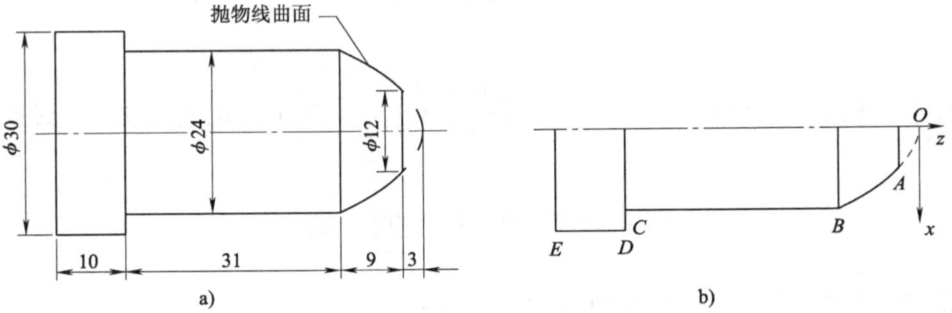

图　7-3-5

则基点及相关点的坐标如下.

	O	A	B	C	D	E
x(直径方式编程)	0	12	24	24	30	30
z	0	-3	-12	-43	-43	-53

其中抛物线 AB 段的取值范围是 $-12<z<-3$.

【例 2】 如图 7-3-6a 所示，某零件由抛物线曲面、锥面与球面组成．抛物线方程为 $y^2=40x$，锥面的锥度为 1∶2. 现要在数控车床上加工这一零件，试确定其轮廓的基点及其坐标．

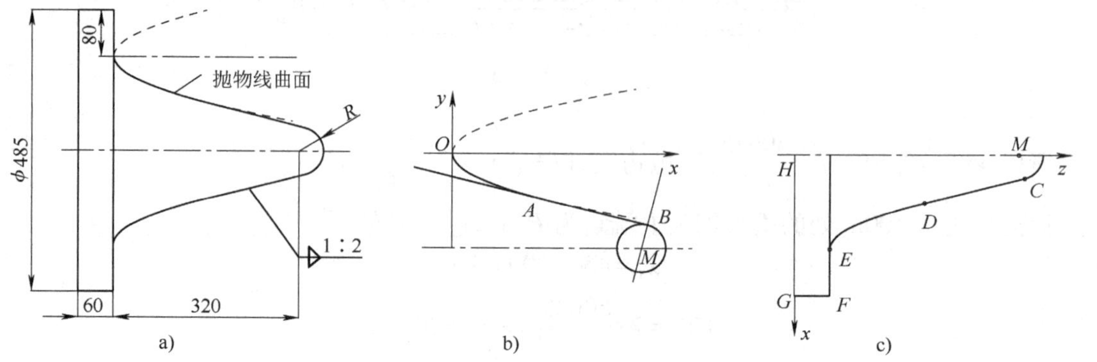

图 7-3-6

解：由图可知，轮廓线主要由直线与抛物线相切（设切点为 A），又与圆外切（设切点为 B）组成.

在 Oxy 坐标系内（见图 7-3-6b），与抛物线方程 $y^2=40x$ 相切的直线 AB 的斜率 R 由锥面的锥度 1∶2 确定，由此关系，则斜率 $k=-\dfrac{1}{4}$（这里理解概念很重要，锥度数值与斜率不等同）；

由抛物线的切线公式 $y=kx+\dfrac{p}{2k}$，得直线 AB 的方程是 $y=-\dfrac{1}{4}x-40$.

解方程组 $\begin{cases} y^2=40x \\ y=-\dfrac{1}{4}x-40 \end{cases}$，得 $\begin{cases} x=160 \\ y=-80 \end{cases}$，则切点 A 的坐标为 $(160,-80)$.

因为直线 AB 与圆 M 外切，所以圆心 M 到直线 AB：$y=-\dfrac{1}{4}x-40$（即 $x+4y+160=0$）的距离 $d=R$.

圆心 M 的横坐标 $x=320$，纵坐标是 $y=-\left(\dfrac{485}{2}-80\right)=-162.5$，所以利用点到直线的距离公式，有

$$R=d=\frac{|320+4(-162.5)+160|}{\sqrt{1+16}}=10\sqrt{17}.$$

切点 B 的法线方程是 $y+162.5=4(x-320)$，即 $4x-y-1442.5=0$，

解方程组 $\begin{cases} x+4y+160=0 \\ 4x-y-1442.5=0 \end{cases}$，得 $\begin{cases} x=330 \\ y=-122.5 \end{cases}$，则切点 B 的坐标为 $(330,-122.5)$.

建立如图 7-3-6c 所示的 Hxz 工件坐标系，则轮廓的基点（含参考点）坐标如下：

	G	F	E	D	C	M
x（直径方式编程）	485	485	325	165	80	0
z	0	60	60	220	390	380

问题思考:

工件坐标系 z 轴方向上的零点为什么不选在工件的右端面呢？在本题中，为了尽量使编程简单，直接用图样尺寸，使坐标值尺寸换算少、加工误差小，所以零点不按一般方法选在工件的右端面，而是选在 H 点.

在不同的坐标系下计算的坐标值，在绝对坐标系下转换时要注意其相互关系.

六、在抛物线形机械零件计算中的应用

抛物线圆盘涡轮是一种较为典型的采用传统方法制作的抛物线形零件．制作抛物线叶片时，既要根据叶片抛物线方程合理下料，又要根据它制作抛物线形态的模板.

【例】 图 7-3-7 所示为六叶抛物线圆盘涡轮的结构示意图．抛物线叶片的叶片长 $a=35$mm，叶片开口宽 $l=50$mm，叶片高 $h=40$mm，试求：(1) 制作叶片模板的抛物线方程；(2) 制作该叶片下料时，长方形钢板的长、宽分别是多少？

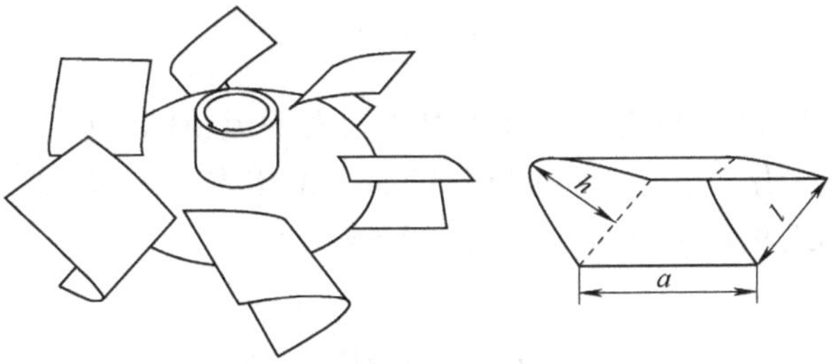

图　7-3-7

解:(1) 视叶片抛物线为拱形，因拱高为 $h=40$，拱宽为 $l=50$，设所求的抛物线方程是 $x^2=-2py$，则点 $\left(\frac{50}{2},-40\right)$ 在抛物线上，有 $(25)^2=-2p\times(-40)$，$-2p=-\frac{125}{8}$.

故所求的制作叶片模板的抛物线方程是 $x^2=-\frac{125}{8}y$.

(2) 显然，抛物线叶片的平面展开图是矩形．这个矩形的长是抛物线的长 L，而矩形的宽则是图中的 a.

一般情况下，工程上用的拱形**抛物线长度计算公式**是

$$L=\left(1+\frac{8h^2}{3l^2}\right)l,$$

其中，L 为抛物线的长度，h 为抛物线拱形高（矢高），l 为抛物线拱形跨度.

抛物线叶片的抛物线长　$L=\left(1+\frac{8\times40^2}{3\times50^2}\right)\times50\approx135.33(\mathrm{mm})$,

所以，制作该叶片下料时，长方形钢板的长是 135.33mm，宽是 35mm.

七、在反射式望远镜中的应用

将抛物线与双曲线两者的光学性质结合在一起，可以设计制造反射式天文望远镜．这种望远镜的特点是镜筒虽然很短，但观察天体运动却很清晰.

如图 7-3-8 所示，矩形边框表示镜筒，图中箭头表示光线前进方向．来自遥远星空的平行

光线进入望远镜镜筒后，直奔筒底，在此受到抛物线大反射镜 PO_1Q 的反射，调转头来，向筒口方向的抛物线焦点位置射去，在未到达焦点前，要受到双曲线小反射镜 MO_2N 拦截，再次调头，因为抛物线的焦点 F_2 恰好也是双曲线的一个焦点，所以这些再调头的光线会投射到双曲线的另一个焦点 F_1 上，它们穿过抛物线反射镜正中预留的小孔，汇聚成像，而成像处附近正好是镜筒底部的观察小窗口，所以在镜筒后面的观察者能够透过目镜观察到天空的景象．

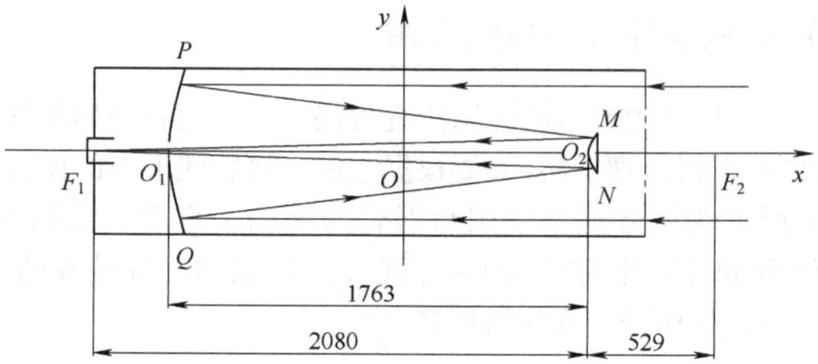

图 7-3-8

【例】 某天文仪器厂设计制造的一种反射式天文望远镜的镜筒直径为0.6m，长为2m，抛物线大反射镜 PO_1Q 焦点为 F_2，双曲线小反射镜 MO_2N 焦点为 F_1 与 F_2. 试根据图7-3-8所示的尺寸（单位：mm）分别求出抛物线和双曲线的方程.

解：对于双曲线有

$$\begin{cases} c+a=2080 \\ c-a=529 \end{cases},$$

解之得 $a=775.5$，$c=1304.5$.

$$b^2=c^2-a^2=1304.5^2-775.5^2=1100320,$$

则所求的双曲线方程是 $\dfrac{x^2}{601400.25}-\dfrac{y^2}{1100320}=1(x\geqslant 775.5)$.

对于抛物线，其顶点的横坐标是 $-(1763-a)=-(1763-775.5)=-987.5$，

$$\frac{p}{2}=1763+529, 2p=9168,$$

则所求的抛物线方程是 $y^2=9168(x+987.5)(x\geqslant -987.5)$.

抛物线方程 $y^2=9168(x+987.5)$ 是由顶点在原点的抛物线 $y^2=9168x$ 向左平移了987.5个单位而得到的.

八、在点或线的等距最值问题中的应用

【例】 如图7-3-9所示，有一条南北方向的公路 l，已知：A 地在公路的正东方向2km处，B 地在 A 地东偏北30°方向6km处，河流沿河岸 PQ（曲线）上任一点到公路 l 和到 A 地的距离相等．现要在曲线 PQ 上选一处 M 建一座码头，向 A、B 两地转运货物，经测算从 M 到 A 和从 M 到 B 修建公路的费用均为 a 万元/km，那么修建这两条公路的总费用最低是多少？

分析：根据题意，河岸 PQ 所在的曲线是抛物线.

在寻找点 M 时，一种思路是从特殊性角度出发，可过 B 向 l 作垂线，垂足为 K，交抛物线于点 M；另一种思路则是从相似性角度出发，由于此问题与双曲线中的最值问题相似，因此将其

解题过程中的与另一焦点的连线演变为向准线作垂线.

解:因为河岸 PQ(曲线)上任一点到点 A 的距离与到定直线(公路)l 的距离相等,所以曲线 PQ 是以点 A 为焦点,l 为准线的抛物线.

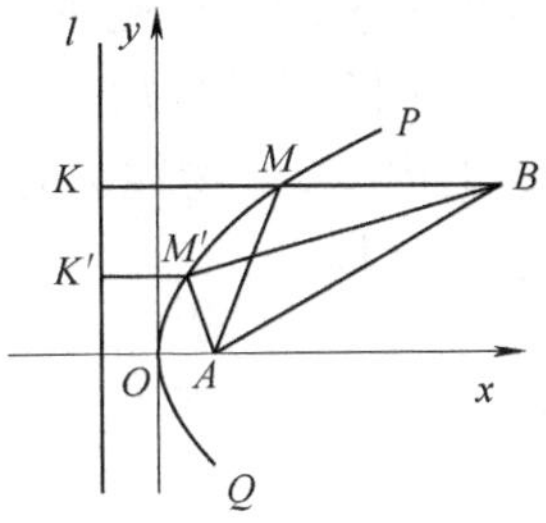

图　7-3-9

建立如图 7-3-9 所示的直角坐标系,焦点 A 的坐标是(1,0),则抛物线方程是 $y^2=4x$.

因为 B 点在 A 点东偏北 30°方向 6km 处,所以 B 点坐标是$(1+3\sqrt{3},3)$.

过 B 点向 l 作垂线,垂足为 K,交抛物线于点 M,又在曲线 PQ 上异于点 M 任取一点 M',则有

$$|MA|+|MB|=|MK|+|MB|\leqslant|M'K'|+|M'B|=|M'A|+|M'B|,$$

由此可知,过 B 向 l 作垂线,垂线与抛物线的交点 M 就是使 $|MA|+|MB|$ 取最小值的点.

于是 $$|MA|+|MB|=|MK|+|MB|=(2+3\sqrt{3})\text{km}.$$

则修建这两条公路的总费用最低是 $a(2+3\sqrt{3})$ 万元.

特殊性与相似性思维在这里所起到的积极作用十分明显.

练习题 7.3

1. 根据抛物线的定义,利用直尺和圆规画出下列抛物线上的若干点,再用平滑曲线连接这些点画出其图形:

(1)$y^2=12x$;　　(2)$x^2=8y$.

2. 用本节介绍的画作拱形的方法,以 1:100 的比例在纸上画出跨度为 22m、拱高为 4m 的拱形.

3. 如图 7-3-10 所示,一吊车梁的鱼腹部分 AOB 呈抛物线,宽 7m,高 0.7m,试求此抛物线的标准方程.

4. 某抛物线形拱桥的跨度是 20m,拱高是 4m,在建桥时每隔 4m 需用一柱支撑,求其中最长支柱的高.

5. 某种太阳能热水器的外形如图 7-3-11a 所示,反射面为抛物线曲面,抛物线的设计尺寸如图 7-3-11b 所示(单位:cm),其中 F 为焦点. 为了达到最佳的加热效果,F 应距反射面底部多远?

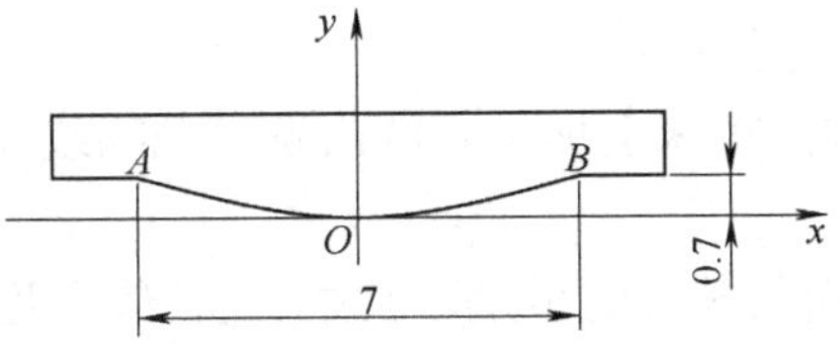

图　7-3-10

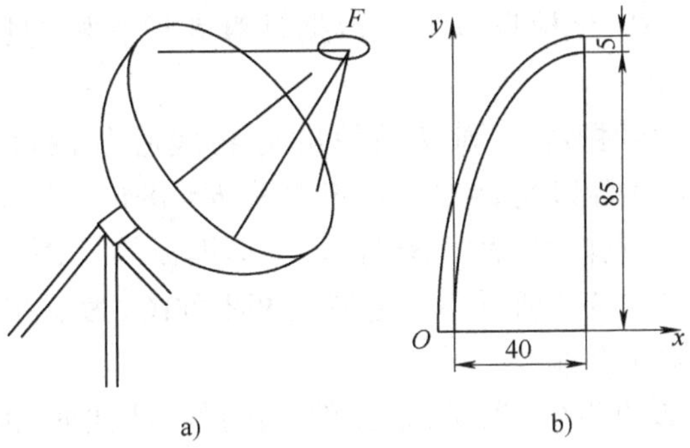

图　7-3-11

6. 图 7-3-12 所示为一含有抛物线曲面的零件,试求出它的基点及参考点坐标,并指出抛

物线段变量的取值范围.

7. 图 7-3-13 所示为一零件的轴截面图,该零件的内部是一以抛物线曲面为底且与直线相切的内壁,抛物线方程是 $y^2=40x$. 在数控车床上加工时,试建立合适的坐标系,求出轮廓的基点坐标.

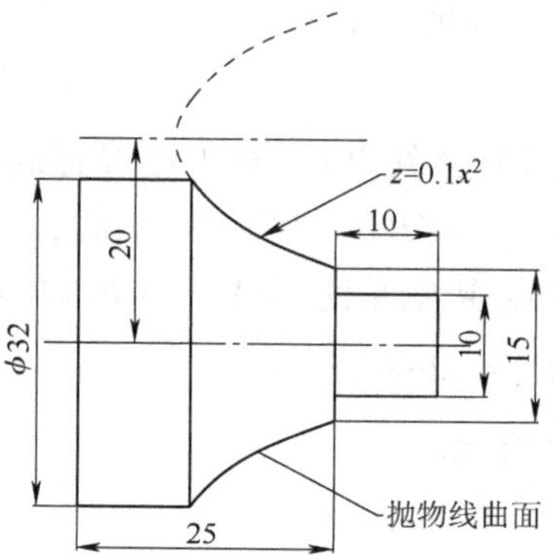

图 7-3-12

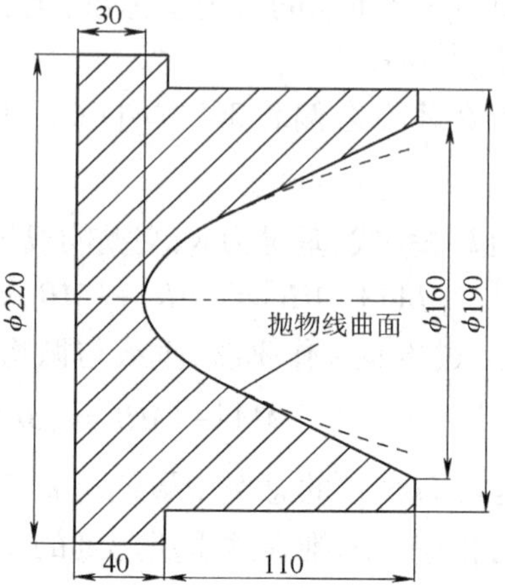

图 7-3-13

复习自测题七

1. U 形水渠具有水力条件好、过流能力大、输沙能力强、抗冻抗折、防渗防淤、整体性能好等优点,因而得到广泛应用. U 形水渠断面是抛物线,在浇制宽度为 400mm、深度为 350mm 的 U 形水渠水泥预制件前需要制作浇制模板,为了正确放样:(1)试求其抛物线方程;(2)用本章介绍的作拱形的方法,以 1∶10 的比例放样此抛物线.

2. 某小区的围墙上端由一段段相同的向下凹的拱形栅栏组成,如图 7-4-1所示,在栅栏的跨径 AB 上,按相同的间距 0. 2m 用 5 根立柱加固,拱高 OC 为 0. 6m,以 O 为原点、OC 所在的直线为 y 轴建立平面直角坐标系,为在制作过程中合理下料,试根据以上的数据计算 5 根立柱的长度.(精确到 0. 1m)

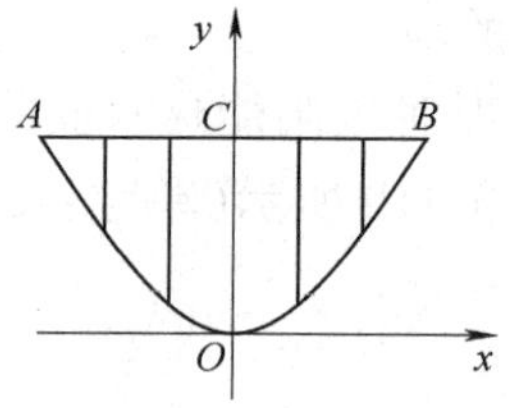

图 7-4-1

3. 六叶抛物线圆盘涡轮的抛物线叶片的叶片长 $a=40$mm,叶片开口宽 $l=60$mm,叶片高 $h=48$mm(见图 7-3-7). 试求:(1)制作叶片模板的抛物线方程;(2)制作该叶片下料时,长方形钢板的长、宽分别是多少?

4. 图 7-4-2 所示为一电器电杯零件图,为了在数控车床上加工它的内轮廓抛物线曲面,试求其抛物线方程.

5. 如图 7-4-3 所示,某零件是由抛物线曲面、锥面与球面组成的. 其中,抛物线方程为$y^2=60x$,锥面的锥度为 3∶2,圆的半径是 50mm. 在数控车床上加工此零件时,试确定其轮廓的基点及其坐标.

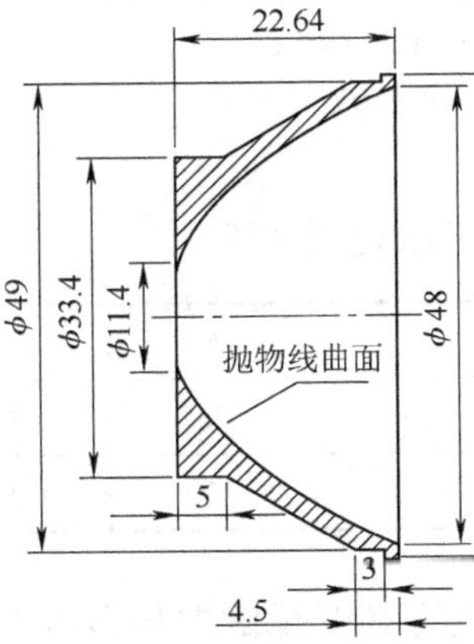

图　7-4-2

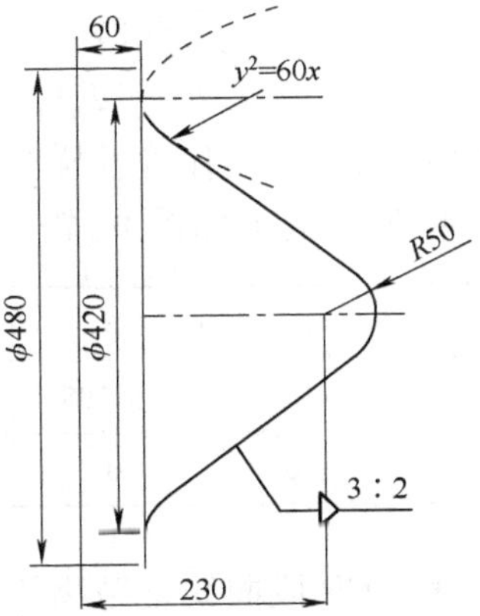

图　7-4-3

实践作业

实践课题一

课题名称：抛物线曲面检验样板的制作.

具体内容：某含有抛物线曲面的零件尺寸(单位：cm)如图 7-4-4a 所示，试求出图中阴影部分检验样板中曲线弧所在的曲线方程，并用适当的方法制作出该曲线的检验样板.

材料准备：根据检验样板制作方法选择材料．例如，直尺、划规、钢薄板、钻床、锉刀、数控线切割机或数控铣床等.

知识应用：抛物线方程、基点、拱形作图法等.

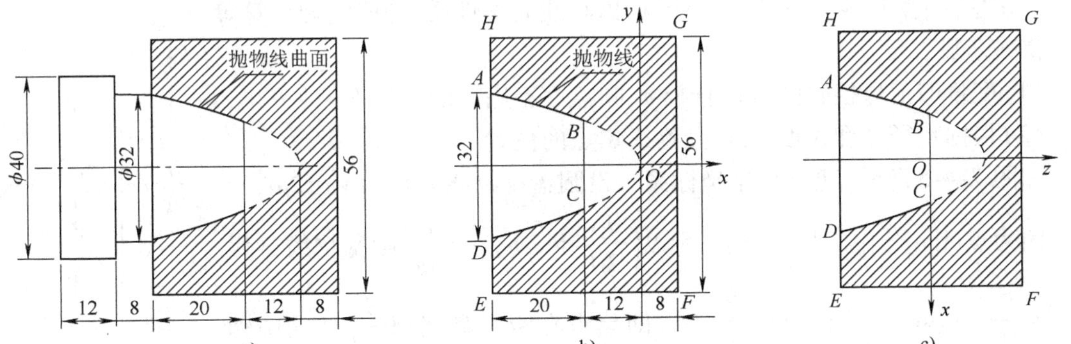

图　7-4-4

操作步骤：

(1)根据图示求曲线方程.

建立如图 7-4-4b 所示的坐标系，设所求的直线方程为 $y^2=-2px$.

因为点 $A(-32,16$ 在曲线上，所以有 $16^2=-2p\times(-32)$，$2p=8$，则所求的曲线方程为 $y^2=-8x$ (x 取值范围是 $-32\leqslant x\leqslant -12$).

当 $x=-12$ 时，有

$$y^2=-8\times(-12),y=\pm4\sqrt{6}\approx\pm9.798,$$

所以

$$B(-12,9.798)、C(-12,-9.798).$$

(2)选用数控线切割机制作检验样板.

在如图 7-4-4c 所示的坐标系下,轮廓的基点坐标可以列表如下:

	H	A	B	C	D	E	F	G
x	−28	−16	−9.798	9.798	16	28	28	−28
z	−20	−20	0	0	−20	−20	20	20

特别地,AB 段与 CD 段曲线是抛物线,在编程时,注意其变量的取值范围及其方法. 在数控线切割机(或铣床)上加工.

(3)选用传统机械加工方法制作检验样板.

1)划线:取适当尺寸的薄钢板,用作拱形的传统方法作抛物线(也可先在硬纸板上作抛物线图样,再复制到钢板上);

2)钻孔:在轮廓拐点钻孔;

3)锯削:对抛物线等线段进行粗加工;

4)磨削:用传统钳工工艺精加工轮廓.

根据实际情况,在数控加工与传统钳工加工中选一种方法制作检验样板.

实践课题二

课题名称:抛物线曲面太阳灶的制作.

材料准备:旧的卫星接收圆盘(抛物线面的锅或锅盖等都可),细钢筋若干,尺,焊接设备等.

知识应用:抛物线方程的相关计算、抛物线光学性质、勾股定理计算等.

操作步骤:

(1)度量旧卫星接收圆盘口直径 d,圆盘面至底部的深度 h.

(2)根据直径 d 和深度 h,求抛物线焦点的位置.

如图 7-4-5 所示,建立直角坐标系. 设圆盘抛物线方程为 $y^2=2px$.

因为点 $A\left(h,\dfrac{d}{2}\right)$ 在抛物线上,所以 $\left(\dfrac{d}{2}\right)^2=2ph,2p=\dfrac{d^2}{4h}$,则抛物线方程是 $y^2=\dfrac{d^2}{4h}x$,其焦点坐标是 $C\left(\dfrac{d^2}{16h},0\right)$,即焦点在距圆盘底部 $\dfrac{d^2}{16h}$ 处的中轴线上.

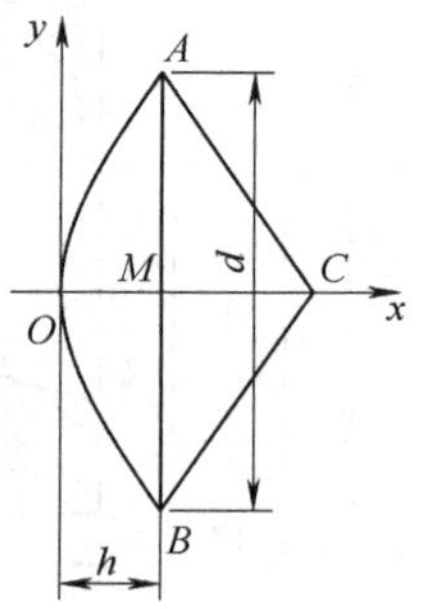

图 7-4-5

(3)求太阳灶支灶架杆的长度.

在 Rt△AMC 中,由勾股定理,有

$$\begin{aligned}AC^2&=AM^2+(CO-MO)^2\\&=\left(\frac{d}{2}\right)^2+\left(\frac{d^2}{16h}-h\right)^2.\end{aligned}$$

支灶架杆的长度由 AC 决定.

（4）焊接太阳灶支架及底座架.

（5）在旧卫星接收圆盘内壁涂（或贴）反光材料，选用银粉漆或镭射纸均可.

（6）实验太阳灶烧水．将太阳灶置于太阳光下，调节太阳灶方向与角度，使其轴线与太阳光线平行，在焦点的支架上放上盛有水的烧水壶.

专题阅读材料

圆锥曲线和二次方程

2000 多年前，以古希腊的阿波罗尼为代表的数学家就开始采用平面切割圆锥的方法来研究曲线．用垂直于锥轴的平面去截圆锥，得到的是圆；把平面渐渐倾斜，得到椭圆；用平行于圆锥高的平面截取，得到双曲线；当平面倾斜到当且仅当和圆锥的一条素线平行时，得到抛物线，如图 7-4-6 所示.

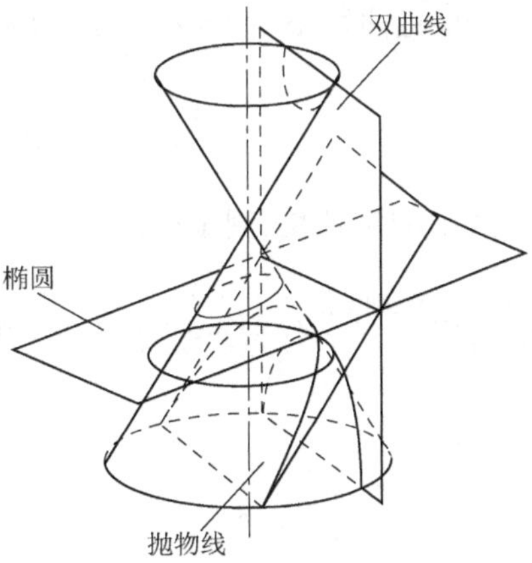

图　7-4-6

所以，人们把椭圆（包括特例圆）、双曲线和抛物线统称为圆锥曲线，其中椭圆（包括圆）与双曲线具有对称中心，可称为有心圆锥曲线；抛物线不具有对称中心，可称为无心圆锥曲线.

当平面在特殊位置切割圆锥时，如圆锥顶点或母线处时，就有特例：点、一条直线、两相交直线、平行线等，我们把这些称为退化的圆锥曲线.

因此，我们能得到它们的统一定义：

平面内到一定点 F 与到一定直线 l 的距离比为一非负常数 e 的点的轨迹叫作圆锥曲线．其中，定点 F 叫作圆锥曲线的焦点，定直线 l 叫作圆锥曲线的准线，非负常数 e 叫作圆锥曲线的离心率.

根据 e 的范围不同，曲线也各不相同．具体如下：

（1）$e=0$，轨迹为圆；

（2）$0<e<1$，轨迹为椭圆；

（3）$e=1$，轨迹为抛物线；

（4）$e>1$，轨迹为双曲线.

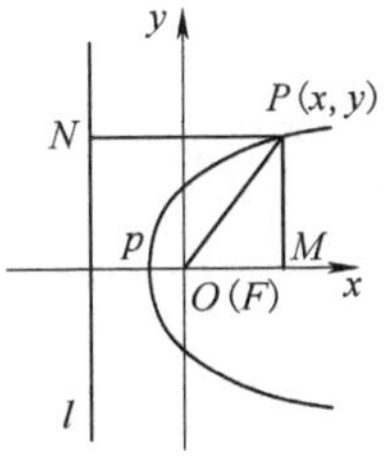

图　7-4-7

设圆锥曲线的离心率为 e，焦点 F 到准线的距离为 p，以焦点为原点，垂直于准线的直线为 x 轴，建立直角坐标系，如图 7-4-7 所示.

设 $P(x,y)$ 是圆锥曲线上任一点，根据圆锥曲线的统一定义，得

$$\frac{|PF|}{|PN|}=e,即\frac{\sqrt{x^2+y^2}}{|p+x|}=e.$$

于是有圆锥曲线的统一直角坐标方程

$$(1-e^2)x^2+y^2-2e^2px-e^2p^2=0.$$

建立不同的坐标系，圆锥曲线方程就有不同的表达形式.

若以 y 轴为准线，其余不变，则所求的圆锥曲线方程为

$$(1-e^2)x^2+y^2-2px+p^2=0.$$

通过直角坐标系,圆锥曲线与二次方程对应,所以圆锥曲线又叫作二次曲线.

二元二次方程 $Ax^2+Bxy+Cy^2+Dx+Ey+F=0$ 所表示的曲线可归结为表 7-4-1:

表 7-4-1 二次曲线的方程表示

<table>
<tr><th colspan="2">条件</th><th>一般情形</th><th>特例(退化圆锥曲线)</th></tr>
<tr><td rowspan="2">$\Delta=B^2-4AC\neq0$
(有心圆锥曲线)</td><td>$\Delta<0$</td><td>椭圆</td><td>1. 点(点椭圆)
2. 无轨迹(虚椭圆)</td></tr>
<tr><td>$\Delta>0$</td><td>双曲线</td><td>两相交直线</td></tr>
<tr><td colspan="2">$\Delta=B^2-4AC=0$
(无心圆锥曲线)</td><td>抛物线</td><td>1. 两平行线
2. 一直线(两直线重合)
3. 无轨迹(两虚直线)</td></tr>
</table>

对二次曲线方程的切线有如下定理:

若圆锥曲线 $Ax^2+Bxy+Cy^2+Dx+Ey+F=0$ 上点 $P(x_0,y_0)$ 处的切线存在,则它的切线方程是

$$Ax_0x+B\left(\frac{y_0x+x_0y}{2}\right)+Cy_0y+D\left(\frac{x+x_0}{2}\right)+E\left(\frac{y+y_0}{2}\right)+F=0.$$

其中的法则是:用 x_0x 和 y_0y 分别代替方程中的 x^2 和 y^2;用$\frac{x+x_0}{2}$和$\frac{y+y_0}{2}$分别代替方程中的 x 和 y;用$\frac{y_0x+x_0y}{2}$代替方程中的 xy;常数项不变.

第八章　车斜椭圆与坐标变换和二次方程

在加工机械零件的过程中，还会遇到加工曲面轮廓线所在位置与工件主轴线成非特殊的平行与垂直关系，即俗称"斜"的状态．图 8-0-1 所示为一手柄的局部轮廓图，有一部分是斜椭圆曲面线段．在数控车床上加工这类轮廓线的零件时，它的方程和基点坐标等应如何表示呢？

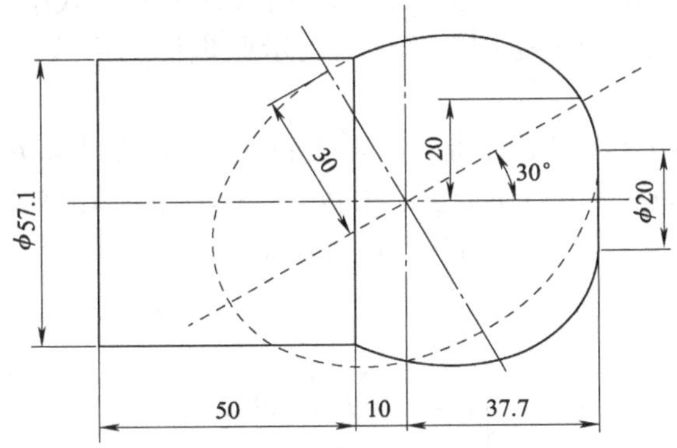

图　8-0-1

第一节　旋转变换

我们已经能解决不倾斜的"正"状态椭圆的加工问题，为了实现在数控车床上加工如图 8-0-1所示倾斜状态的"斜"椭圆零件，设想找到这种"正"与"斜"之间的关系．我们可以通过旋转变换坐标轴，让斜椭圆相对于旋转变换的坐标轴是"正"的状态或将斜椭圆旋转到"正"的状态．

一、坐标轴的旋转

改变坐标轴的方向，使其与椭圆等图形成为"正"的关系．像这样的使两个坐标轴按同一方向同时旋转同一角度的操作称为**坐标轴的旋转**，简称转轴．那么，同一点在旋转前后的两坐标系下的坐标又有怎样的联系呢？

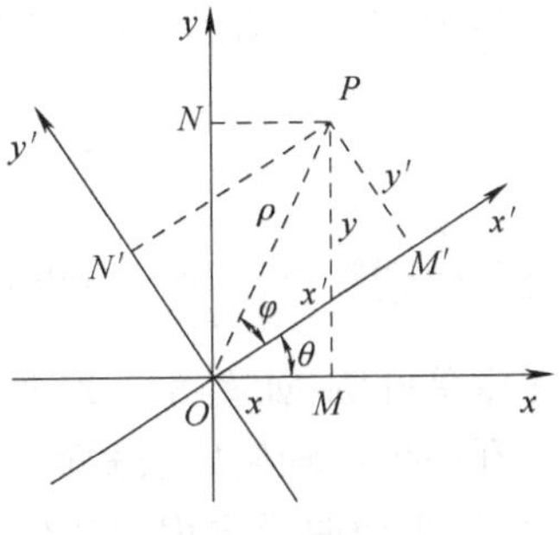

图　8-1-1

如图 8-1-1 所示，设平面内一点 P，在原直角坐标系 Oxy 下的坐标是 (x,y)，现把坐标系 Oxy 绕 O 点逆时针方向转过一个角 θ，构成新坐标系 $Ox'y'$，设点 P 在新坐标系 $Ox'y'$下的坐标是

(x',y')，又设$|OP|=\rho$，$\angle x'OP=\varphi$，则有

$$\begin{cases}x'=OM'=|OP|\cos\varphi=\rho\cos\varphi\\y'=ON'=|OP|\sin\varphi=\rho\sin\varphi\end{cases}, \tag{1}$$

又因

$$x=OM=|OP|\cos(\varphi+\theta)=\rho(\cos\varphi\cos\theta-\sin\varphi\sin\theta)=\rho\cos\varphi\cos\theta-\rho\sin\varphi\sin\theta,$$
$$y=ON=|OP|\sin(\varphi+\theta)=\rho(\sin\varphi\cos\theta+\cos\varphi\sin\theta)=\rho\sin\varphi\cos\theta+\rho\cos\varphi\sin\theta,$$

将式(1)中的$\rho\cos\varphi=x'$和$\rho\sin\varphi=y'$代入上式，得

$$\begin{cases}x=x'\cos\theta-y'\sin\theta\\y=x'\sin\theta+y'\cos\theta\end{cases}, \tag{2}$$

式(2)可称为**坐标轴的旋转公式**，θ称为旋转角.

如果是坐标系按顺时针方向旋转θ，那么旋转公式中的角度用"$-\theta$"来表示.

问题思考：旋转公式中的两直角坐标系的原点有什么关系？式中的θ在什么范围内？

问题研究：坐标轴的旋转公式是用新坐标来表示原坐标的形式，反过来，用原坐标来表示新坐标的形式又会如何呢？

我们用$x=x'\cos\theta-y'\sin\theta$乘以$\cos\theta$加上$y=x'\sin\theta+y'\cos\theta$乘以$\sin\theta$，得

$$x\cos\theta+y\sin\theta=x'\cos^2\theta-y'\sin\theta\cos\theta+x'\sin^2\theta+y'\sin\theta\cos\theta,$$
$$x'=x\cos\theta+y\sin\theta,$$

同理，$y'=-x\sin\theta+y\cos\theta$.

因此有

$$\begin{cases}x'=x\cos\theta+y\sin\theta\\y'=-x\sin\theta+y\cos\theta\end{cases}, \tag{3}$$

式(3)也是**坐标轴的旋转公式**.

【例】 在方程$13x^2-10xy+13y^2=72$中，将两坐标轴绕原点逆时针方向旋转45°，求它在新坐标轴下的新方程，并作出它的示意图.

解：因为$\theta=45°$，所以根据坐标轴的旋转公式，得

$$\begin{cases}x=x'\cos45°-y'\sin45°\\y=x'\sin45°+y'\cos45°\end{cases},$$

即

$$\begin{cases}x=\dfrac{x'-y'}{\sqrt{2}}\\[2ex]y=\dfrac{x'+y'}{\sqrt{2}}\end{cases}.$$

将上式代入方程$13x^2-10xy+13y^2=72$中，得

$$13\left(\frac{x'-y'}{\sqrt{2}}\right)^2-10\left(\frac{x'-y'}{\sqrt{2}}\right)\left(\frac{x'+y'}{\sqrt{2}}\right)+13\left(\frac{x'+y'}{\sqrt{2}}\right)^2=72,$$

整理后得到新坐标轴下的新方程是$4x'^2+9y'^2=36$，即$\dfrac{x'^2}{9}+\dfrac{y'^2}{4}=1$，则它的图像是椭圆，如图8-1-2所示.

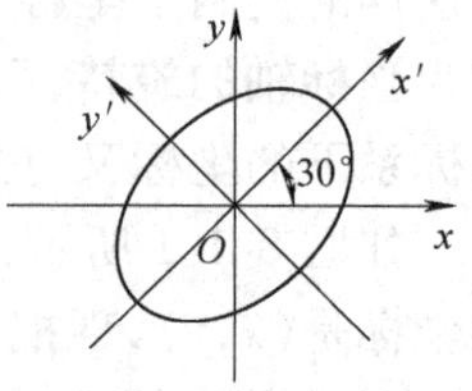

图 8-1-2

利用坐标轴旋转公式可以实现坐标轴旋转前后点的坐标的相互转换，从而实现曲线方程表达形式的变换.

二、坐标点的旋转

改变点的位置(即坐标点变换)会改变图形与坐标轴之间的关系．像这样的曲线图形上的所有点绕定点(原点)按同一方向同时旋转同一角度的操作称为**坐标点的旋转**,简称转点．那么,旋转前后点的坐标有怎样的联系呢?

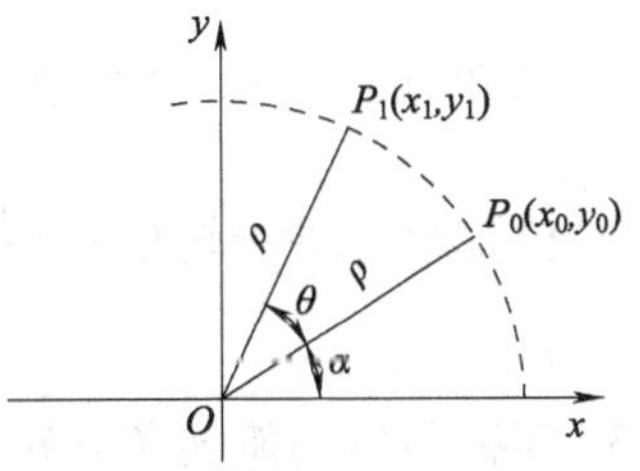

图　8-1-3

如图 8-1-3 所示,设平面内一点 $P_0(x_0,y_0)$ 绕原点 O 逆时针方向转过一个角 θ 至点 P_1,点 P_1 的坐标是 $P_1(x_1,y_1)$,$|OP_0|=|OP_1|=\rho$,$\angle xOP_0=\alpha$. 根据三角函数的定义知

$$\begin{cases}x_0=\rho\cos\alpha\\ y_0=\rho\sin\alpha\end{cases},\qquad(1)$$

$$x_1=\rho\cos(\alpha+\theta)=\rho(\cos\alpha\cos\theta-\sin\alpha\sin\theta)=\rho\cos\alpha\cos\theta-\rho\sin\alpha\sin\theta,$$

$$y_1=\rho\sin(\alpha+\theta)=\rho(\sin\alpha\cos\theta+\cos\alpha\sin\theta)=\rho\sin\alpha\cos\theta+\rho\cos\alpha\sin\theta,$$

将式(1)中的 $\rho\cos\alpha=x_0$ 和 $\rho\sin\alpha=y_0$ 代入上式,得

$$\begin{cases}x_1=x_0\cos\theta-y_0\sin\theta\\ y_1=x_0\sin\theta+y_0\cos\theta\end{cases},\qquad(2)$$

式(2)可称为**坐标点的旋转公式**,θ 称为旋转角．若坐标点按顺时针方向旋转 θ,则旋转公式中的角度取“$-\theta$”.

问题研究:坐标点的旋转公式是用旋转前的坐标表示旋转后坐标的形式,反之,它的形式又会如何呢?

易得
$$\begin{cases}x_0=x_1\cos\theta+y_1\sin\theta\\ y_0=-x_1\sin\theta+y_1\cos\theta\end{cases}.$$

【例】　在方程 $13x^2-10xy+13y^2=72$ 中,将曲线绕原点顺时针方向旋转 45°,求曲线旋转后的新方程.

解:由题意知,曲线上所有点绕原点顺时针方向旋转 45°,则有

$$\begin{cases}x_0=x_1\cos(-45°)+y_1\sin(-45°)\\ y_0=-x_1\sin(-45°)+y_1\cos(-45°)\end{cases},$$

即
$$\begin{cases}x_0=\dfrac{x_1-y_1}{\sqrt{2}}\\ y_0=\dfrac{x_1+y_1}{\sqrt{2}}\end{cases}.$$

将上式代入 $13x^2-10xy+13y^2=72$ 中,得

$$13\left(\frac{x_0-y_0}{\sqrt{2}}\right)^2-10\left(\frac{x_0-y_0}{\sqrt{2}}\right)\left(\frac{x_0+y_0}{\sqrt{2}}\right)+13\left(\frac{x_0+y_0}{\sqrt{2}}\right)^2=72,$$

整理后得到新方程是 $4x_0^2+9y_0^2=36$,也就是$\dfrac{x_0^2}{9}+\dfrac{y_0^2}{4}=1$.

将上例与“坐标轴的旋转”中的例题进行比较,说明转轴与相对的转点是一致的.

由此可知,通过坐标点的旋转变换可以改变曲线方程的表达形式,曲线图形的状态也能由

斜转化为正.

练习题 8.1

1. 已知点$(-2,1)$,求它在坐标轴旋转$\theta=\frac{\pi}{6}$后的新坐标系下的坐标.

2. 已知坐标轴旋转角$\theta=\frac{\pi}{4}$,在新坐标系下坐标为$(3\sqrt{2},-2\sqrt{2})$的点,在原坐标系下的坐标是多少?

3. 根据所给的旋转角θ转轴,变换下列方程,并判断曲线的类型:

(1) $13x^2+10xy+13y^2=72,\theta=\frac{\pi}{4}$;

(2) $3x^2-4\sqrt{3}xy-y^2=6,\theta=60°$.

第二节　圆锥曲线方程的移轴与转轴化简举例

转轴公式与移轴公式结合,就可以对一般的圆锥曲线方程

$$Ax^2+Bxy+Cy^2+Dx+Ey+F=0(\text{其中 }A、B、C\text{ 不同时为 }0)$$

进行化简,使它成为易于研究的标准方程.

一、有心圆锥曲线方程的化简

有心圆锥曲线型方程的化简顺序一般是先移轴再转轴.

先移轴:以圆锥曲线的中心坐标(h,k)为新原点,通过移轴化去x和y的一次项,得到移轴后的新方程$Ax'^2+Bx'y'+Cy'^2+F'=0$,它们有关系式

$$\begin{cases}2Ah+Bk+D=0\\Bh+2Ck+E=0\end{cases},$$

$$F'=\frac{1}{2}(Dh+Ek+2F).$$

再转轴:旋转角θ为$\cot2\theta=\frac{A-C}{B}$,转过角$\theta$后,第二次得到的新方程为$A'x''^2+C'y''^2+F'=0$,它们有关系式

$$\begin{cases}A'+C'=A+C\\-4A'C'=B^2-4AC\end{cases},$$

其中,当$B>0$时,取$A'>C'$;当$B<0$时,取$A'<C'$.

二、无心圆锥曲线方程的化简

无心圆锥曲线$(\Delta=0)$抛物线型方程化简的一般顺序是先转轴再移轴.

先转轴:从$\cot2\theta=\frac{A-C}{B}$化到方程$B\tan^2\theta+2(A-C)\tan\theta-B=0$,其中$\tan\theta$取正值,再求出$\sin\theta$

和 $\cos\theta$ 的值，用转轴公式代入 $(\sqrt{A}x+\sqrt{C}y)^2+Dx+Ey+F=0$，得转轴后的方程 $A'x'^2+D'x+E'y+F=0$ 或 $C'y'^2+D'x+E'y+F=0$.

再移轴：用配方法得到抛物线的标准方程 $A'x''^2+E''y''=0$ 或 $C'y''^2+D''x''=0$.

问题思考：在利用 $\cot2\theta=\dfrac{A-C}{B}$ 求 $\sin\theta$ 和 $\cos\theta$ 的值时，还有其他的方法吗？

【例 1】 化简方程 $5x^2-6xy+5y^2-6x-22y+21=0$，并作出它的示意图.

解：因为 $\Delta=B^2-4AC=(-6)^2-4\times5\times5=-64<0$，所以该曲线为椭圆.

先移轴：设椭圆的中心坐标为 (h,k)，由

$$\begin{cases}2Ah+Bk+D=0\\Bh+2Ck+E=0\end{cases},$$

得

$$\begin{cases}10h-6k-6=0\\-6h+10k-22=0\end{cases},$$

解得

$$h=3,k=4.$$

由此可知椭圆中心是 $(3,4)$，则移轴后以 $(3,4)$ 为新原点的方程是

$$5x'^2-6x'y'+5y'^2+F'=0.$$

$$F'=\frac{1}{2}(Dh+Ek+2F)=\frac{1}{2}[(-6)\times3+(-22)\times4+2\times21]=-32,$$

即移轴后的方程是

$$5x'^2-6x'y'+5y'^2-32=0.$$

再转轴：旋转角 θ 为 $\cot2\theta=\dfrac{A-C}{B}=\dfrac{5-5}{-6}=0$，$2\theta=90°$，$\theta=45°$，转过角 θ 后，第二次得到的新方程为 $A'x''^2+C'y''^2-32=0$，

由 $\begin{cases}A'+C'=A+C\\-4A'C'=B^2-4AC\end{cases}$，得 $\begin{cases}A'+C'=5+5\\-4A'C'=-64\end{cases}$.

因为当 $B<0$ 时，解得 $A'=2$，$C'=8$.

故第二次得到的新方程为 $2x''^2+8y''^2-32=0$，即 $\dfrac{x''^2}{16}+\dfrac{y''^2}{4}=1$.这是 $a=4$、$b=2$、焦点在 x'' 轴上的椭圆，如图 8-2-1 所示 .

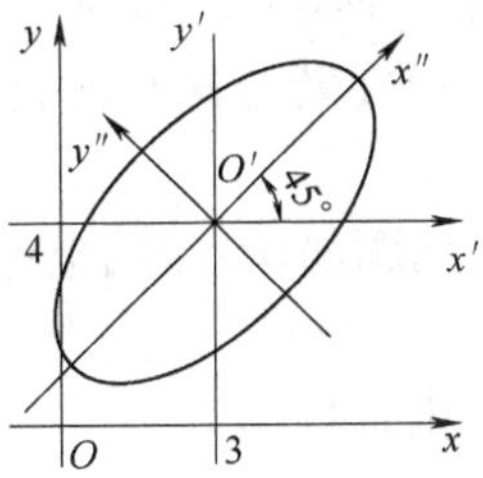

图　8-2-1

【例 2】 化简方程 $x^2-4xy+4y^2-6\sqrt{5}x-8\sqrt{5}y-35=0$，并作出它的示意图.

解：因为 $\Delta=B^2-4AC=(-4)^2-4\times4=0$，所以该曲线为抛物线.

先转轴：旋转角 θ，使 $\cot2\theta=\dfrac{A-C}{B}=\dfrac{1-4}{-4}=\dfrac{3}{4}$，

$$\cos2\theta=\frac{1}{\sqrt{1+\tan^2 2\theta}}=\frac{1}{\sqrt{1+\left(\frac{4}{3}\right)^2}}=\frac{3}{5},$$

$$\cos\theta=\sqrt{\frac{1+\cos2\theta}{2}}=\sqrt{\frac{4}{5}}=\frac{2}{\sqrt{5}},$$

$$\sin\theta=\sqrt{\frac{1-\cos2\theta}{2}}=\sqrt{\frac{1}{5}}=\frac{1}{\sqrt{5}},$$

则由旋转公式,有
$$\begin{cases}x=\dfrac{2x'-y'}{\sqrt{5}}\\ y=\dfrac{x'+2y'}{\sqrt{5}}\end{cases}.$$

原方程可化为$(x-2y)^2-2\sqrt{5}(3x+4y)-35=0$,并将旋转公式代入之,整理得
$$5y'^2-20x'-10y'-35=0,$$
即
$$y'^2-4x'-2y'-7=0.$$
再移轴:
$$y'^2-4x'-2y'-7=0,$$
配方得
$$(y'-1)^2=4(x'+2),$$
显然令
$$\begin{cases}x'=x''-2,\\ y'=y''+1,\end{cases}$$
以$(-2,1)$为新原点平移x'轴和y'轴,即得第二次变换的新方程$y''^2=4x''$,它的图像是抛物线,如图 8-2-2 所示.

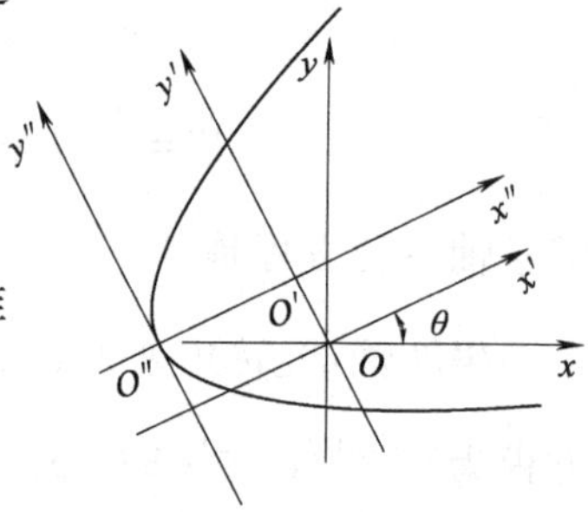

图 8-2-2

【例 3】 某搅拌机双曲线曲面叶轮的轮廓线方程是$xy=\dfrac{200000}{9}$,试将它化为标准方程.

解:因为$\Delta=B^2-4AC=1^2-4\times0\times0=1>0$,所以该曲线为双曲线.

$\cot2\theta=\dfrac{A-C}{B}=\dfrac{0}{1}=0$,$2\theta=90°$,$\theta=45°$,坐标轴旋转 45°即成标准化方程时的情形.

将$\begin{cases}x=x'\cos45°-y'\sin45°\\ y=x'\sin45+y'\cos45°\end{cases}$代入$xy=\dfrac{200000}{9}$,得
$$\left(\frac{x'-y'}{\sqrt{2}}\right)\left(\frac{x'+y'}{\sqrt{2}}\right)=\frac{200000}{9},$$
则它的标准方程是$x'^2-y'^2=\dfrac{400000}{9}$.

在移轴变换与转轴变换前后,方程间系数的关系式是利用平移公式和旋转公式推导而得到的. 在实际的移轴与转轴变换中,要灵活选择运用. 如例 1 转轴时,因旋转角是特殊角,也可用旋转公式直接化简;如例 2 移轴时,可以直接配方得到移轴的中心;如例 3 仅转轴就可以了.

问题思考:能用坐标点旋转公式对一般的圆锥曲线方程
$$Ax^2+Bxy+Cy^2+Dx+Ey+F=0\text{(其中 }A、B、C\text{ 不同时为 0)}$$
进行化简吗?

练习题 8.2

1. 利用旋转变换公式将双曲线搅拌轮的曲线方程$xy=36$化为标准方程形式.

2. 化简下列各方程,并作出它们的示意图:

(1)$2x^2+6xy+5y^2-4x-22y+7=0$;

(2)$5x^2-12xy-8x+24y-40=0$;

(3) $x^2+2xy+y^2+4x-4y=0$.

3. 对于曲线方程 $3x^2-4xy-4=0$,先求出旋转角,再用坐标点旋转公式对其进行化简.

第三节　坐标变换与二次方程的应用

在机械加工中,常常会遇到解决斜状的问题,而利用坐标变换与二次方程则会对其工艺计算起到一定的便利作用.

一、在加工斜椭圆中的应用

在数控车床上加工斜椭圆曲面时,确定斜椭圆曲面轮廓线段起点与终点在“正”的位置时的坐标与离心角后,就可以在像加工“正”椭圆那样的情形中加工了.

【例】　为了在数控车床上加工本章开头提到的手柄零件,试求出图 8-3-1 所示的斜椭圆曲面轮廓 AB 线段的起点与终点在“正”椭圆位置时的坐标与离心角.

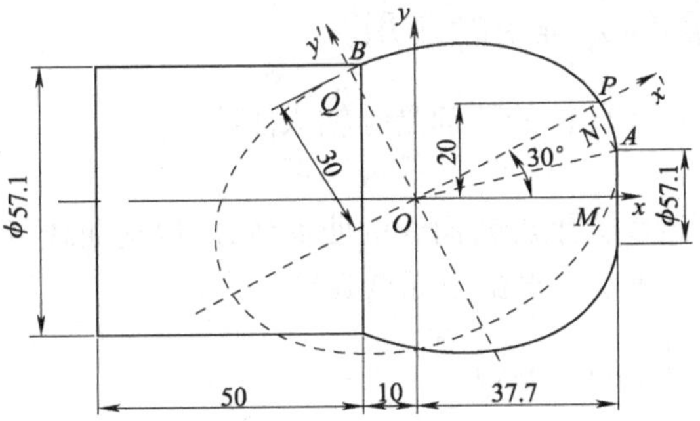

图　8-3-1

解:建立如图 8-3-1 所示的 Oxy 坐标系.

根据图示可知
$$OP=\frac{20}{\sin30°}=40, OQ=30,$$
则椭圆的长半轴 $a=40$,短半轴 $b=30$,椭圆的标准方程是 $\frac{x^2}{40^2}+\frac{y^2}{30^2}=1$.

计算起点 A 旋转前的坐标与离心角 φ.

点 A 在旋转后的坐标是(37.7,10),旋转角 $\theta=30°$,所以,根据坐标点旋转公式,点 A 在旋转前的点坐标——即现有点 A(37.7,10)按顺时针方向旋转 $\theta=30°$后所成 A_0 点的坐标为
$$\begin{cases}x=37.7\cos(-30°)-10\sin(-30°)\\ y=37.7\sin(-30°)+10\cos(-30°)\end{cases},$$
解得 A_0 点的坐标是(37.649,-10.190);

A_0 点离心角 $\varphi=\arccos\frac{x}{a}=\arccos\frac{37.649}{40}\approx\arccos0.9412, \varphi=-19.74°$.

计算终点 B 旋转前的坐标.

点 $B(-10,28.55)$顺时针方向旋转 $\theta=30°$后所成 B_0 点的坐标为

$$\begin{cases}x=-10\cos(-30°)-28.55\sin(-30°)\\y=-10\sin(-30°)+28.55\cos(-30°)\end{cases},$$

解得 B_0 点的坐标是(5.615,29.725)；

$$B_0\text{ 点离心角 }\varphi=\arccos\frac{x}{a}=\arccos\frac{5.615}{40}\approx\arccos 0.1404,\varphi=81.93°.$$

问题思考:A_0 点的离心角 φ 为什么取负值呢?

问题探究

能否用坐标轴的旋转公式求斜椭圆在"正"状态下点 A_0 的坐标呢?

如图 8-3-1 所示,建立椭圆斜状态下的坐标系 $Ox'y'$,只要求出 A 点在 $Ox'y'$下的坐标,就能用坐标轴旋转公式计算出 A_0 点的坐标.

在 Rt$\triangle AMO$ 中,由 AM 和 OM,得 $\angle AOM$ 及 OA;在 Rt$\triangle ANO$ 中,由 OA 和 $\angle AON=30°-\angle AOM$ 即可求出 A 点坐标.

二、在求搅拌轮轮廓线方程中的应用

因为曲面搅拌机的曲面叶轮体的轮廓是等轴双曲线

$$x^2-y^2=a^2 \tag{1}$$

的一支曲线以它的一条渐近线为轴旋转而成的曲面体,所以这曲线可以看成是 $x^2-y^2=a^2$ 绕原点旋转 45°所成,如图 8-3-2所示. 根据坐标点旋转公式有

$$\begin{cases}x_0=(x_1+y_1)\dfrac{\sqrt{2}}{2}\\y_0=(-x_1+y_1)\dfrac{\sqrt{2}}{2}\end{cases}, \tag{2}$$

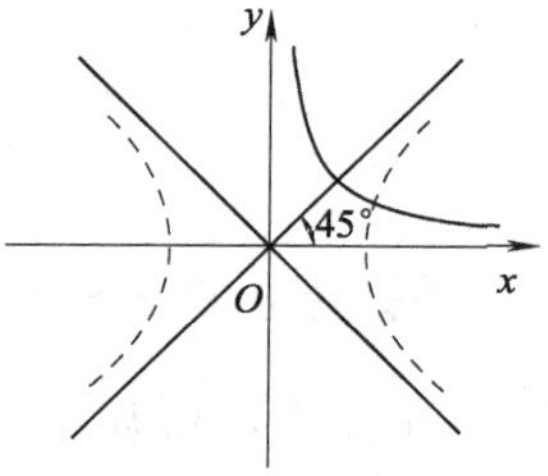

图 8-3-2

将式(2)代入式(1)化简得 $x_1y_1=\frac{1}{2}a^2$,即旋转后的曲线方程是 $xy=\frac{1}{2}a^2$.

据此方法能较简单解决第六章中的类似问题.

问题思考:(1)能用坐标轴旋转公式处理以上问题吗?

(2)能用双曲线标准方程的知识来证明反比例函数的图像是双曲线吗?

三、在加工斜面法向孔中的应用

在机械构件中,把垂直于斜面的孔称为法向孔. 在不具备五轴及五轴以上联动铣削功能的铣床上加工斜面法向孔时,可转动底座实施加工.

【例】 如图 8-3-3a 所示,在斜面 AB 的法向加工一孔,使该孔的中心线过点 P,同时与 CD 成 30°角,加工时应将固定在底座上的工件连同底座一起绕 O 点转过多少度? 原位的钻头如何移动?

解:钻头在 E、D、O 三点成一线的轴线上,工件连同底座绕 O 点转过 60°,法向孔就与钻头所在轴线平行. 建立如图 8-3-3b 所示的坐标系 Oxy,其顺时针旋转 60°后得新坐标系 $Ox'y'$;在新坐标系 $Ox'y'$下,点 P 的坐标是(−12,100),由转轴公式知,点 P 在原坐标系 Oxy 下的横坐标

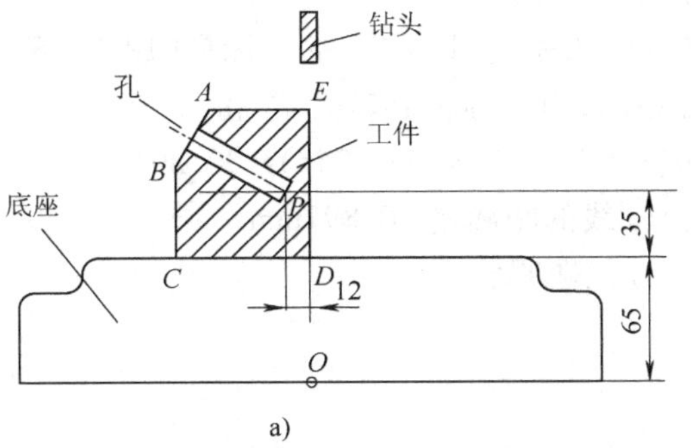

图　8-3-3

$x=x'\cos\theta-y'\sin\theta=-12\cos(-60°)-100\sin(-60°)=80.603$，即 P 点在 Oxy 中的 Ox 方向上的距离是 80.603. 于是，加工时应将固定在底座上的工件连同底座一起绕 O 点转过 60°，而原位的钻头应向右平移 80.603.

问题探究

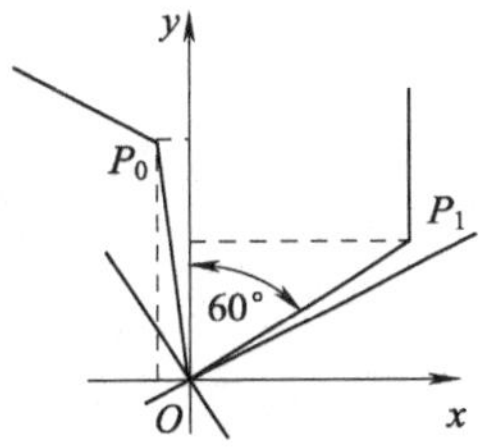

图　8-3-4

上题中的操作可看成是图像的变换，所以可考虑运用旋转点公式求解吗？

工件连同底座绕 O 点顺时针转过 60°，法向孔就与钻头所在轴线平行，点 P_0 至 P_1 点，建立如图 8-3-4 所示的坐标系 Oxy，则 $P_0(-12,100)$，由坐标点旋转公式知 P_1 点的横坐标为

$$x_1=x_0\cos\theta-y_0\sin\theta=-12\cos(-60°)-100\sin(-60°)=80.603,$$

问题解决.

运用类似的方法可以加工大圆弧上的斜孔.

四、在磨削斜面中的应用

斜面的磨削加工往往可以转化为水平面操作，运用坐标轴或坐标点的旋转知识可以顺利解决其中的相关计算.

【例】　如图 8-3-5a 所示为采用正弦平口台虎钳装夹工件磨斜面. 在正弦规没有抬起前，测得斜面 AB 的倾斜角为 24°，端点 A 与正弦规小轮轴线的垂直距离为 25.8mm，与小轮中心的水平距离为 18mm，现将正弦规绕小轮抬起成 24°倾斜角，使斜面 AB 成水平状. 为了确定磨削

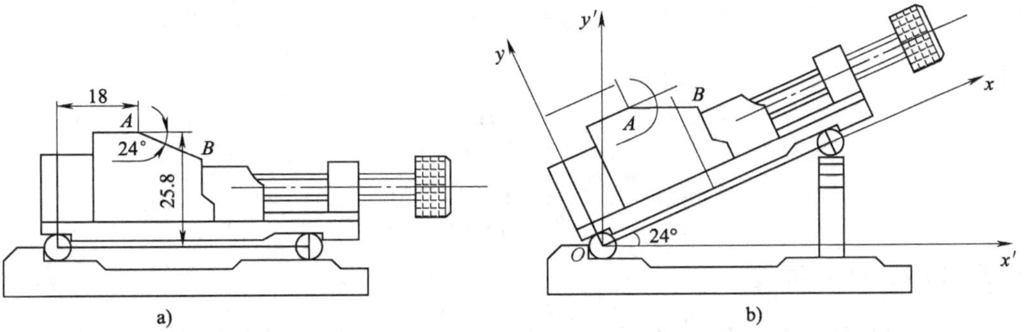

图　8-3-5

的高度，试求点 A 到原小轮中心轴线的距离.

解：建立如图 8-3-5b 所示的坐标系，在 Oxy 坐标系下，点 A 的坐标是(18，25.8)，当 Oxy 坐标系沿顺时针方向旋转 24°成为 $Ox'y'$ 坐标系后，由坐标轴旋转公式，得

$$y' = -x\sin\theta + y\cos\theta = -18\sin(-24°) + 25.8\cos(-24°) = 30.891.$$

所以，正弦规抬起后点 A 到原小轮中心轴线的距离是 30.891mm.

问题思考：能用坐标点旋转公式处理上述问题吗？

五、在台肩抛物线连接中的应用

在零件的台肩过渡上，通常是采用圆弧连接，但是在诸如航空类高精密的零件上，为了降低台肩处应力集中的问题，一般将圆弧连接改为抛物线型曲线连接.

【例 1】 如图 8-3-6a 所示，曲线 AB 是零件台肩的抛物线形过渡曲线，试根据图示标注求出该曲线的抛物线方程.

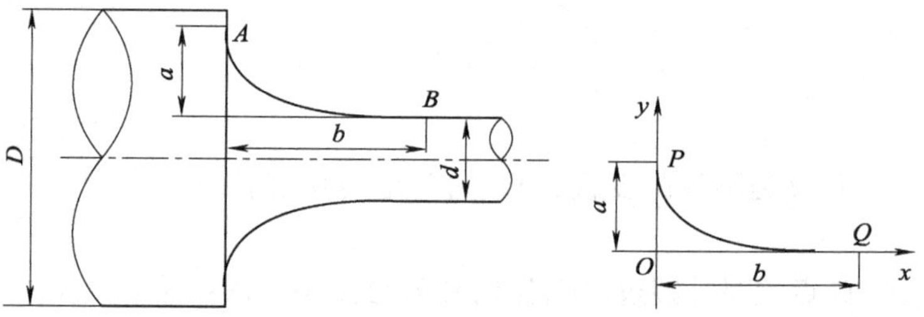

a)　　　　b)

图　8-3-6

解：根据题意，零件台肩的轮廓线互相垂直，建立如图 8-3-6b 所示的坐标系，设抛物线方程为

$$Ax^2+Bxy+Cy^2+Dx+Ey+F=0（其中 A、B、C 不同时为 0），$$

因为它是抛物线型曲线，所以

$$B^2-4AC=0. \tag{1}$$

因点 $P(0,a)$ 在曲线上，所以有

$$0^2 \cdot A+0 \cdot Ba+Ca^2+0 \cdot D+Ea+F=0，即 Ca^2+Ea+F=0.$$

因为 PQ 抛物线形过渡曲线的连接是相切关系，$P(0,a)$ 是切点，a 是方程 $Ca^2+Ea+F=0$ 的相等实数根，所以有

$$2a=-\frac{E}{C}, \tag{2}$$

$$a^2=\frac{F}{C}, \tag{3}$$

同理可得

$$2b=-\frac{D}{A}, \tag{4}$$

$$b^2=\frac{F}{A}. \tag{5}$$

由式(1)～式(5)，得

$$F=b^2A, D=-2bA, C=\frac{b^2}{a^2}A, E=-\frac{2b^2}{a}A, B=-\frac{2b}{a}A（据题意“+”号情形舍去），$$

所以有
$$Ax^2-\frac{2b}{a}Axy+\frac{b^2}{a^2}Ay^2-2bAx-\frac{2b^2}{a}Ay+b^2A=0,$$
则所求的抛物线方程是
$$a^2x^2-2abxy+b^2y^2-2a^2bx-2ab^2y+a^2b^2=0. \tag{6}$$

问题探究

台肩的 OP 与 OQ 所在直线是抛物线的切线，是否可以用二次曲线的切线方程求解？

因为点 $P(0,a)$ 是直线（y 轴）$x=0$ 与二次曲线 $Ax^2+Bxy+Cy^2+Dx+Ey+F=0$ 的切点，所以它的切线方程为
$$0\cdot Ax+B\left(\frac{ax+0y}{2}\right)+Cay+D\left(\frac{x+0}{2}\right)+E\left(\frac{y+a}{2}\right)+F=0,$$
即
$$(Ba+D)x+(2Ca+E)y+Ea+2F=0,$$
又因为上述切线方程就是直线 $x=0$，所以有
$$(Ba+D)\neq 0, 2Ca+E=0, Ea+2F=0,$$
即有
$$E=-\frac{2F}{a}, C=\frac{F}{a^2}.$$

同理可得
$$D=-\frac{2F}{b}, A=\frac{F}{b^2}.$$

根据二次曲线是抛物线有
$$B^2-4AC=0, B^2=4AC=\frac{4F^2}{a^2b^2}, B=-\frac{2F}{ab}$$（“+”号为抛物线的另一情形）.

于是，有
$$\frac{F}{b^2}x^2-\frac{2F}{ab}xy+\frac{F}{a^2}y^2-\frac{2F}{b}x-\frac{2F}{a}y+F=0,$$
则所求的抛物线方程是 $a^2x^2-2abxy+b^2y^2-2a^2bx-2ab^2y+a^2b^2=0$.

问题探究

上述抛物线方程能用含 x 的式子来表达 y 吗？

抛物线方程可写成
$$b^2y^2-2ab^2y+a^2b^2-2abxy+2a^2bx+a^2x^2=4a^2bx,$$
上式两边同时除以 b^2，得
$$y^2-2ay+a^2-2\,\frac{a}{b}xy+2\,\frac{a^2}{b}x+\frac{a^2}{b^2}x^2=4\,\frac{a^2}{b}x,$$
$$(y-a)^2-2(y-a)\frac{a}{b}x+\left(\frac{a}{b}x\right)^2=4\,\frac{a^2}{b}x,$$
$$\left(y-a-\frac{a}{b}x\right)^2=\left(2a\sqrt{\frac{x}{b}}\right)^2,$$

$$y-a-\frac{a}{b}x=2a\sqrt{\frac{x}{b}},$$

$$y=\frac{a}{b}x+2a\sqrt{\frac{x}{b}}+a,$$

$$y=\frac{a}{b}(\sqrt{x}+\sqrt{b})^{2}.$$

为了便于在数控编程求基点的过程中顺利解决上述一类问题，我们给出它的一般性结论.

一般地，当零件台肩的抛物线连接的铅直与水平尺寸分别是 a 与 b 时（设 $a\geqslant b$），它的抛物线曲线方程是

$$a^2x^2-2abxy+b^2y^2-2a^2bx-2ab^2y+a^2b^2=0.$$

现探索它的标准方程及切点在不同情形下的坐标的一般结论.

以旋转角 $\theta\left(\text{其中 }\cot 2\theta=\dfrac{a^2-b^2}{-2ab}\right)$ 旋转坐标轴，则坐标轴旋转公式是

$$x=\frac{bx'-ay'}{\sqrt{a^2+b^2}},y=\frac{ax'+by'}{\sqrt{a^2+b^2}},$$

坐标轴旋转后，在 $Ox'y'$ 坐标系下的方程是

$$(a^2+b^2)y'^2-\frac{2ab(b^2-a^2)}{\sqrt{a^2+b^2}}y'-\frac{4a^2b^2}{\sqrt{a^2+b^2}}x'+a^2b^2=0,$$

$$\left[y'-\frac{ab(b^2-a^2)}{(a^2+b^2)\sqrt{a^2+b^2}}\right]^2=\frac{4a^2b^2}{(a^2+b^2)\sqrt{a^2+b^2}}\left[x'-\frac{a^2b^2\sqrt{a^2+b^2}}{(a^2+b^2)^2}\right].$$

令点 $O''\left(\dfrac{ab(b^2-a^2)}{(a^2+b^2)\sqrt{a^2+b^2}},\dfrac{a^2b^2\sqrt{a^2+b^2}}{(a^2+b^2)^2}\right)$ 为新坐标系的原点，平移坐标系 $Ox'y'$ 至 $O''x''y''$ 后得抛物线的标准方程是 $y''^2=\dfrac{4a^2b^2}{(a^2+b^2)\sqrt{a^2+b^2}}x''$.

注意：当 $a<b$ 时，a 与 b 中间式子可以轮换，结论是相同的.

切点 $P(0,a)$ 与 $Q(b,0)$ 在抛物线“正”状态下的 $Ox'y'$ 坐标中的坐标分别是

$$P'\left(\frac{a^2}{\sqrt{a^2+b^2}},\frac{ab}{\sqrt{a^2+b^2}}\right)\text{ 与 }Q'\left(\frac{b^2}{\sqrt{a^2+b^2}},-\frac{ab}{\sqrt{a^2+b^2}}\right).$$

平移 $Ox'y'$ 坐标轴，在 $Ox''y''$ 坐标系下，抛物线方程变为标准方程后，切点 P' 与 Q' 的坐标分别是

$$P''\left(\frac{a^4\sqrt{a^2+b^2}}{(a^2+b^2)^2},\frac{2a^3b\sqrt{a^2+b^2}}{(a^2+b^2)^2}\right)\text{ 与 }Q''\left(\frac{b^4\sqrt{a^2+b^2}}{(a^2+b^2)^2},-\frac{2ab^3\sqrt{a^2+b^2}}{(a^2+b^2)^2}\right).$$

【例 2】 如图 8-3-6 所示，某航空器械的零件台肩采用抛物线形过渡台肩，过渡连接点铅直位置高 $a=\sqrt{3}$ cm，水平位置长 $b=3$cm.（1）写出该抛物线的方程；（2）为了制造成形刀具或样板使用机床，将抛物线方程化为标准方程形式；（3）若在数控机床上加工，求抛物线过渡连接点（即切点）在抛物线没有旋转时的坐标.

解：（1）因为 $a=\sqrt{3}$，$b=3$，所以台肩过渡抛物线方程为

$$(\sqrt{3})^2x^2-2\times3\sqrt{3}xy+3^2y^2-2(\sqrt{3})^2\times3x-2\sqrt{3}\times(3)^2y+(\sqrt{3})^2\times3^2=0,$$

即
$$x^2-2\sqrt{3}xy+3y^2-6x-6\sqrt{3}y+9=0;$$

(2)利用 $y''^2=\dfrac{4a^2b^2}{(a^2+b^2)\sqrt{a^2+b^2}}x''$，得标准方程为 $y''^2=\dfrac{3\sqrt{3}}{2}x''$；

(3)利用 $P'\left(\dfrac{a^2}{\sqrt{a^2+b^2}},\dfrac{ab}{\sqrt{a^2+b^2}}\right)$ 与 $Q'\left(\dfrac{b^2}{\sqrt{a^2+b^2}},-\dfrac{ab}{\sqrt{a^2+b^2}}\right)$，得 P、Q 两点在抛物线没有旋转的"正"状态下的坐标分别是 $P'\left(\dfrac{\sqrt{3}}{2},\dfrac{3}{2}\right)$ 与 $Q'\left(\dfrac{3\sqrt{3}}{2},-\dfrac{3}{2}\right)$.

在抛物线形过渡台肩的数控加工编程中，用上述公式可方便地求得基点坐标.

练习题 8.3

1. 以 O_1 为原点，点 A 的坐标是(20,13.105)，点 B 的坐标是(−7.95,12.95)，椭圆的长半轴和短半轴分别为 25mm 和 15mm，旋转角为 20°，试求椭圆轮廓线段 AB 旋转前的起点与终点的坐标与离心角(见图 8-3-7).

2. 已知图 8-3-8 所示零件的台肩是斜椭圆线段曲面，试求出斜椭圆线段的起点与终点在没有旋转前的坐标与离心角.

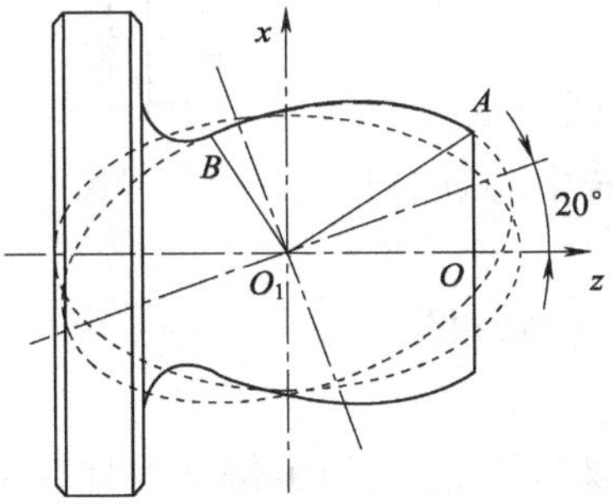

图　8-3-7

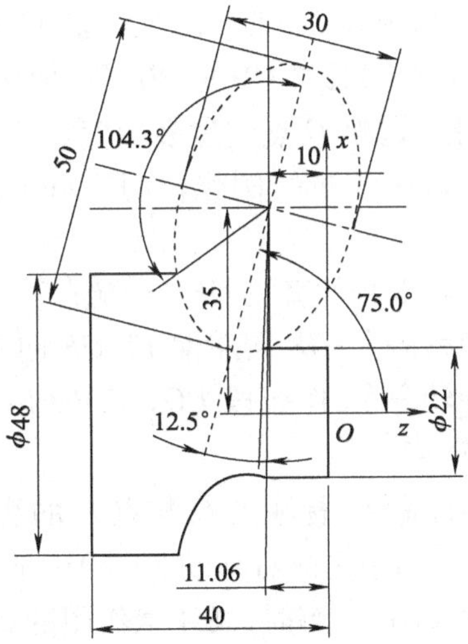

图　8-3-8

3. 如图 8-3-9 所示，为了在正弦规上磨削一斜面 AB. 在正弦规未抬起前，测得 A 点到正弦规轴心的垂直方向的距离是 98mm，水平方向的距离是 20mm，加工时根据图标尺寸将正弦规逆时针方向旋转 36°，使 AB 斜面成水平状态，试求此时 h 的大小.

4. 在如图 8-3-10 所示的凹圆弧工件上加工与中心线成 8°的斜孔，工件固定在旋转平台上后，测得孔口点 A 与旋转中心 O 的水平距离与垂直距离分别是 100.2mm 和 47.01mm，问加工时工件平台应如何旋转，主轴线上的钻头应如何移动？

5. 某零件的台肩采用抛物线形过渡，过渡连接点铅直位置高 $a=9$mm，水平位置长

$b=16\mathrm{mm}$.(1)写出该抛物线的方程;(2)将该抛物线方程化为标准方程形式;(3)若在数控机床上加工,求抛物线过渡连接点在抛物线"正"状态下的坐标.

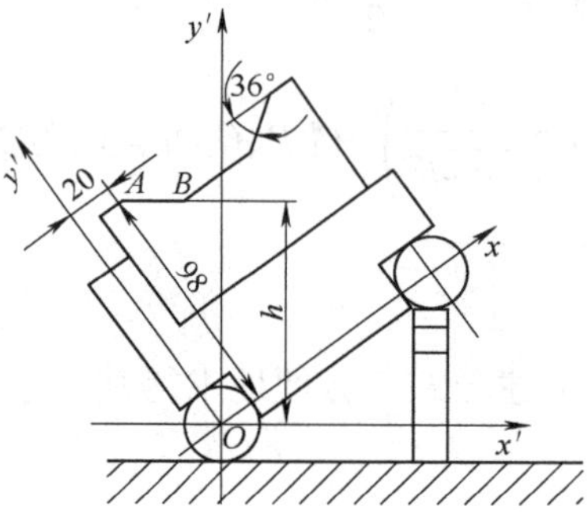

图 8-3-9

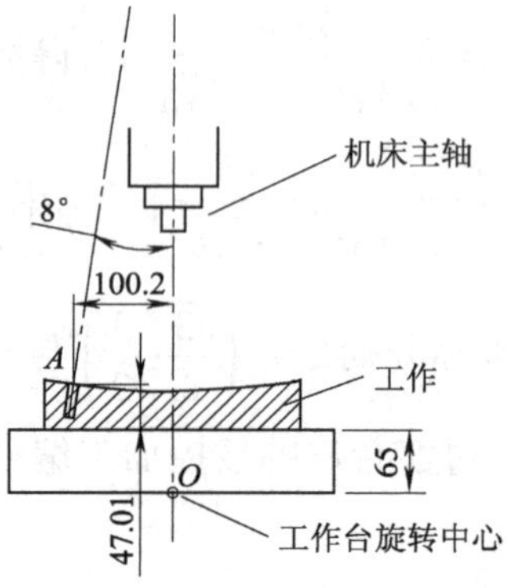

图 8-3-10

第四节　基于 AutoCAD 的坐标变换计算

利用 AutoCAD 功能强大与高精度的特性,可以处理坐标变换的计算问题.

【例 1】　如图 8-3-3 所示,在斜面 AB 的法向加工一孔,使该孔的中心线过点 P,同时与 CD 成 30°角,加工时应将固定在底座上的工件连同底座一起绕 O 点转过多少度?原位的钻头应如何移动?

解:这是第三节中的例题,现用 AutoCAD 来求解,如图 8-4-1 所示.

(1)作互相垂直的直线 OE 与 OF;

(2)用偏移命令:OE 向左偏 12,OF 向上偏移 100,得交点 P;

(3)用旋转命令:作线段 PO,使 PO 以 O 为旋转中心顺时针方向旋转 60°至 OP';

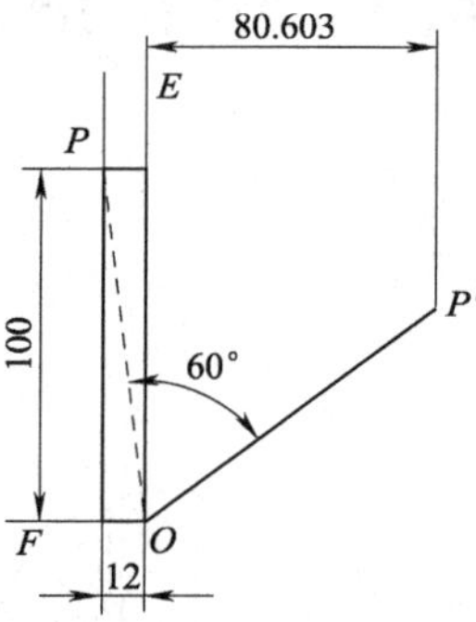

图 8-4-1

(4)用标注命令:标注点 O 与点 P'的线性距离,得 80.603.

所以,原位的钻头向右移动 80.603mm.

在用 AutoCAD 求解时,要注意作图的比例与所取单位精度,为了保证捕捉对象的准确性,往往要将其他可能引起干扰的对象关闭.

【例 2】　用 AutoCAD 求解本章开头提出的如图 8-0-1 所示的问题. 试求图中斜椭圆曲面轮廓 AB 线段的起点与终点在"正"椭圆位置时的坐标与离心角.

解:由图知椭圆的长半轴 $a=\dfrac{20}{\sin30°}=40$,短半轴 $b=30$.

(1)如图 8-4-2 所示,建立直角坐标系 Oxy;

(2)用偏移命令:Ox 向上偏移 10,Oy 向右偏移 37.7,得交点 A;又知 Ox 向上偏移$\dfrac{57.1}{2}$ $=28.55$,Oy向左偏移 10,得交点 B;

(3)用旋转命令:作线段 OA、OB,以 O 为中心使 OA、OB 沿顺时针方向旋转 30°分别至点 A_0 和 B_0;

(4)用标注命令:标注点 O 与点 A_0 之间线性的水平与铅直距离,可得 A_0 点的坐标是(37.649, −10.190);同理,B_0 点的坐标是(5.615,29.725);

(5)以椭圆长半轴 $a=40$ 为半径作⊙O,过 A_0 点作铅直线交⊙O 于 A',则∠xOA'即为椭圆上 A_0 点的离心角. 用标记角命令得∠xOA'=19.74°,即离心角是−19.74°. 同理,B_0 点的离心角是81.93°.

问题思考:如何以椭圆短半轴 b 为半径作⊙O 求出离心角呢?

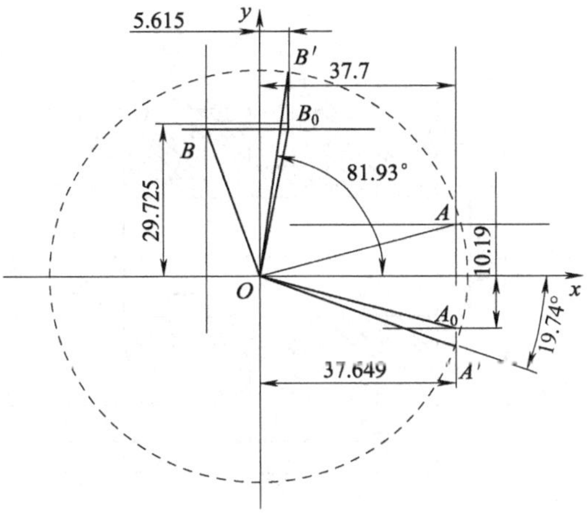

图　8-4-2

练习题 8.4

1. 用 AutoCAD 求解练习题 8.3 中的第 4 题.

2. 如图 8-4-3 所示,在数控车床上加工一含有斜椭圆曲线段的零件,需要选择合适的坐标系,用 AutoCAD 求解斜椭圆曲线段在未旋转倾斜时的起点与终点的坐标及离心角.

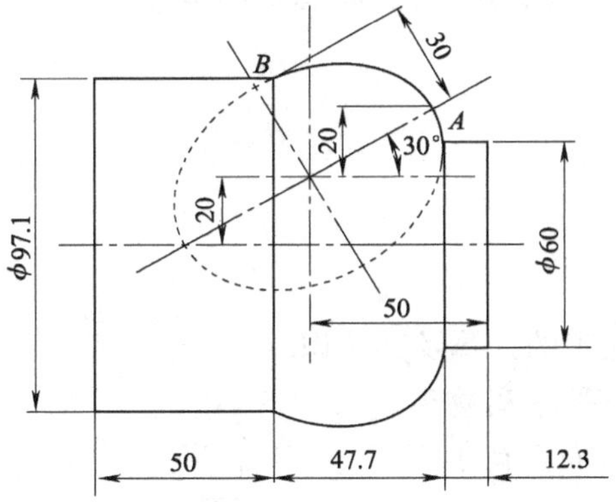

图　8-4-3

复习自测题八

1. 图 8-5-1 所示为一含有斜椭圆曲线段的零件图,现在数控车床上加工此零件,需选择合适的坐标系,请计算斜椭圆曲线段在未旋转倾斜时的起点与终点的坐标及离心角.

2. 如图 8-5-2 所示的零件轮廓含有抛物线段 AB,试根据图示尺寸求出抛物线段 AB 在没有旋转的"正"状态下时,原抛物线段 AB 的端点在 $Ox'z'$坐标系下的坐标.

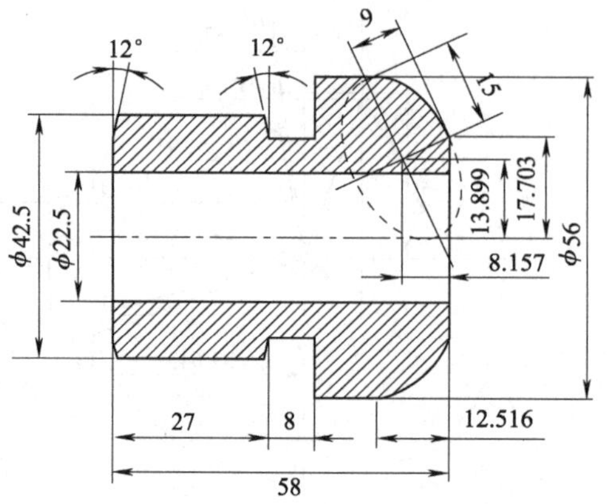

图　8-5-1

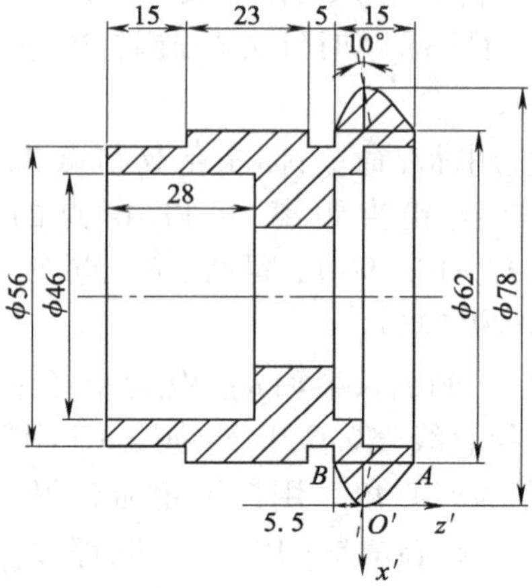

图　8-5-2

3. 在图 8-5-3 所示的凸圆弧工件上加工与中心线成 8°的斜孔，工件固定在旋转平台上后，测得孔口点 A 与旋转中心 O 的水平距离与垂直距离分别是 110mm 和 107mm，求加工时主轴线上的钻头移动的距离．(分别通过计算与 AutoCAD 求解)

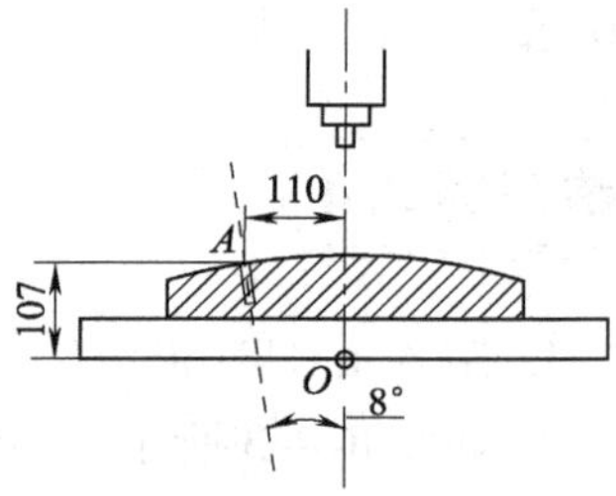

图　8-5-3

4. 采用抛物线形过渡台肩的过渡连接点的铅直位置高 $a=16$mm，水平位置长 $b=25$mm. (1)利用切线性质求该抛物线的方程；(2)将该抛物线方程化为标准方程形式；(3)若在数控机床上加工，求抛物线过渡连接点在抛物线“正”状态下的坐标.

实践作业

实践课题一

课题名称：斜面法向孔加工的计算及其认识.

材料准备：斜面法向孔零件实物若干；如图 8-5-4 所示，在 30°斜面上待加工的法向孔零件材料两份.

现场准备：实习指导教师两人，铣床(工作旋转平台式)两台，量具，钻头及相关材料.

知识应用：坐标点(轴)旋转公式．

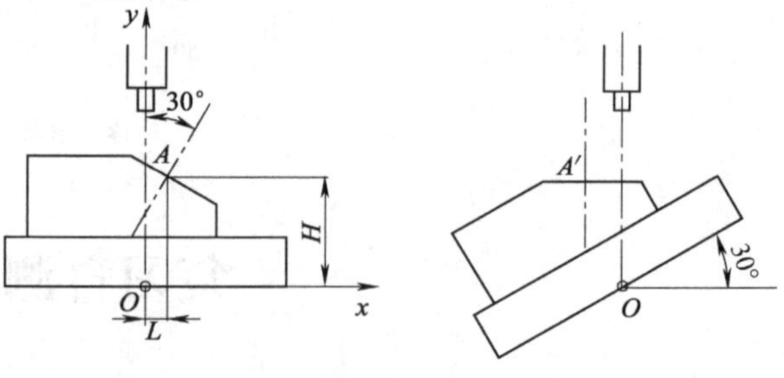

图　8-5-4

操作步骤：

(1)认识斜面法向孔．展示斜面法向孔零件实物.

(2)装夹待加工零件．要求零件的直边与机床主轴垂直.

(3)测量孔上端中心 A 与工作台旋转中心 O 之间的水平距离 L 与垂直距离 H.

(4)使工作台及其工件旋转法向孔倾斜角的度数 $\theta=30°$.

步骤(2)~(4)均可在实习教师指导下,让学生实践操作.

(5)计算主轴线上钻头移动的距离.

用转坐标点方法,主要的计算过程为

$$x_1=x_0\cos\theta-y\sin\theta=L\cos30°-H\sin30°.$$

若 x_1 值为负数,则主轴线上钻头向左平移的距离是 $|x_1|$.

再用转坐标轴的方法计算,并对两者进行比较.

(6)观摩实习指导教师操作加工斜面法向孔.

讨论:装夹工件后,当孔中心线与主轴线相对前立面的距离不等时,应测量哪方面的距离?然后如何前后移动主轴线上的钻头?

实践课题二

课题名称:用 AutoCAD 求加工斜孔时主轴线钻头移动距离.

课题准备:加工大圆弧上斜孔材料一份. 实习指导教师两人,每人一工位的计算机房,旋转平台式铣床一台,量具,钻头及相关材料.

操作步骤(见图 8-5-5):

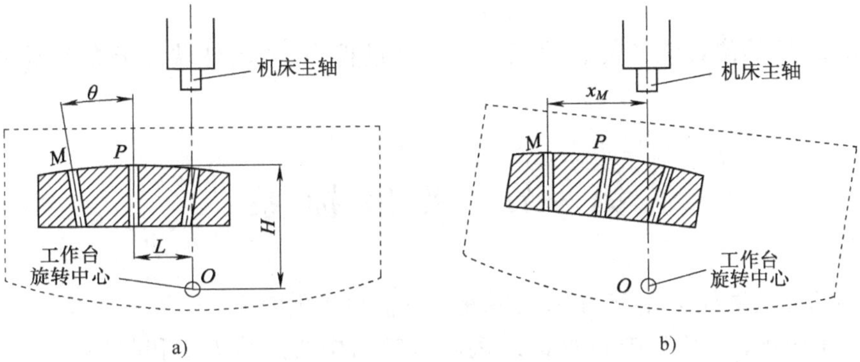

图　8-5-5

(1)装夹要在大圆弧上加工斜孔的零件,使加工零件的直边与机床主轴垂直.

(2)根据装夹位置测量出大圆弧垂直位置中间点(或垂直孔中心)P 与工作台旋转中心 O 的垂直距离 H、水平距离 L.

(3)利用 AutoCAD 模拟画出工作台及旋转中心位置,并根据测量数据 H、L 作出加工零件在工作台上的位置图.

(4)依据加工斜孔中心线与轴线夹角 θ 的度数,用旋转命令将工作台及其工件绕工作台旋转中心 O 顺(或逆)时针方向旋转 θ 角.

(5)用标注命令得到主轴线与加工点 M 的距离 x_M.

(6)主轴钻头移动距离 x_M 后,施行钻孔操作.

(7)以上操作均在实习教师的指导下由学生实践完成.

第九章 凸轮与极坐标和参数方程

在机械传动中，凸轮是实现转动与平动间运动状态转换的最常见的基本零件．如图 9-0-1 所示，中心为 O 的凸轮按顺时针方向做等角速度的圆周运动，接触凸轮轮廓 $A \to B \to C \to D \to E$ 弧线的从动杆做直线运动.

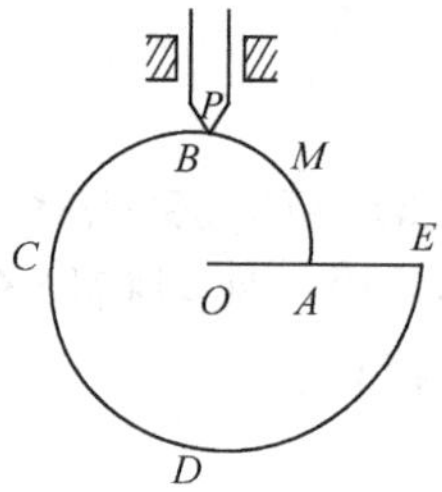

图 9-0-1

凸轮上的点 M 的位置该如何表达呢？在运动过程中，从动杆端点 P 的变化又该如何刻画呢？

第一节 极坐标系

先来考察凸轮轮廓线上点 M 在运动过程中位置的变化情况.

如图 9-1-1 所示，点 M 与中心 O 的距离随着它与中心连线 OM 和起始边线 OA 夹角的变化而变化，就是说"距离"与"角度"两个量决定了点 M 的位置．设 $OM=\rho$，$\angle AOM=\theta$，我们会想到用已经学过的直角坐标系来解决点的位置问题．以中心 O 为原点、OA 为 x 轴的正半轴，建立直角坐标系，因已知量与角相关，就会考虑由三角函数定义有 $x=\rho\cos\theta$，$y=\rho\sin\theta$，这样就解决了点 M 位置的表达问题.

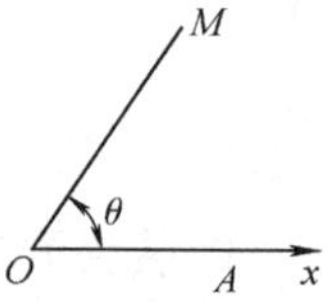

图 9-1-1

问题研究：能否直接用距离 ρ 和角 θ 表达点 M 呢？像建立直角坐标系那样建立一种新的坐标系．以距离 ρ 和角 θ 建立坐标系，则点 M 的位置就可以用有序的"距离"和"角度"组成的数对 (ρ,θ) 来表示.

一般地，在平面上取一定点 O，自点 O 引一射线 Ox，确定一个单位长度和角的正方向（通常取逆时针方向为正方向），这样就建立了一个新的坐标系，称为**极坐标系**．其中，定点 O 称为**极点**，射线 Ox 称为**极轴**.

若点 M 的极坐标是 (ρ,θ)，则 ρ 叫作点 M 的**极径**，θ 叫作点 M 的**极角**.

在直角坐标系中，平面上的点 P 与直角坐标系中的一对有序实数 $P(x,y)$ 建立了一一对应关系；同样，由极径的意义可知 $\rho \geqslant 0$，当极角 θ 满足 $0 \leqslant \theta < 2\pi$ 时，平面上的点（除去极点）与极

坐标$(\rho,\theta)(\rho\neq 0)$建立一一对应关系．特别地，规定极点的极坐标是极径$\rho=0$，极角$\theta$为任意值.

练习题 9.1

1. 在极坐标系中作出下列各点，并指出其中关于极点、极轴或$\frac{\pi}{2}$线对称的两点：

$A(3,0)$、$B\left(-4,\frac{\pi}{6}\right)$、$C(3,180°)$、$D\left(2,\frac{3\pi}{4}\right)$、$E(4,150°)$、$F\left(2,\frac{7\pi}{4}\right)$、$G\left(2.5,-\frac{\pi}{2}\right)$.

2. 写出图 9-1-2 中各点的极坐标，并找出关于极点、极轴对称的点.

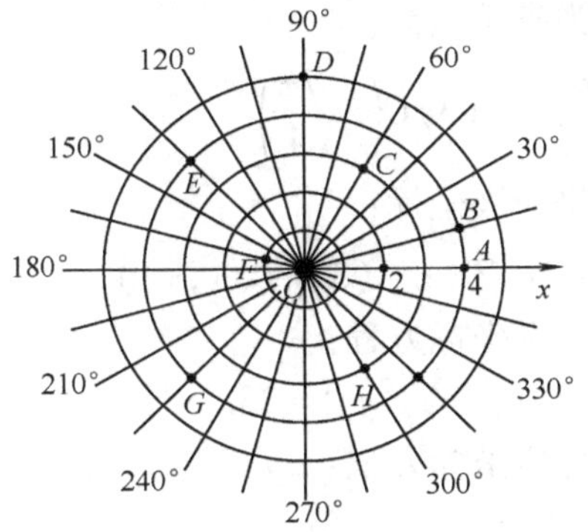

图　9-1-2

第二节　极坐标系和直角坐标系的关系

根据极坐标系与直角坐标系的定义，容易得到两者之间的关系.

设极坐标系的极点与直角坐标系的原点重合，极轴与x轴正半轴重合，且取相同的长度单位，如图 9-2-1 所示．对于平面内一点P，在直角坐标系中的坐标是(x,y)，在极坐标系中的坐标是(ρ,θ)，根据三角函数定义，有

$$\begin{cases}x=\rho\cos\theta\\ y=\rho\sin\theta\end{cases}, \tag{1}$$

于是有

$$\begin{cases}\rho=\sqrt{x^2+y^2}\\ \tan\theta=\dfrac{y}{x}\end{cases}. \tag{2}$$

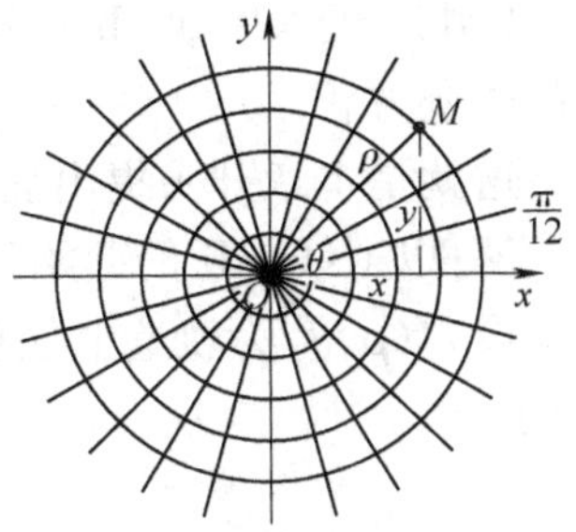

图　9-2-1

根据直角坐标系和极坐标系坐标点的关系式(1)、(2)，能进行同一点的直角坐标与极坐标的互化，也能实现同一曲线的直角坐标方程$F(x,y)$与极坐标方程$\varphi(\rho,\theta)$的互化.

【例】　求证：$A(\rho_1,\theta_1)$、$B(\rho_2,\theta_2)$两点间的距离是

$$d=\sqrt{\rho_1^2+\rho_2^2-2\rho_1\rho_2\cos(\theta_1-\theta_2)}.$$

证明：如图 9-2-2 所示，在$\triangle OAB$中，由余弦定理，得

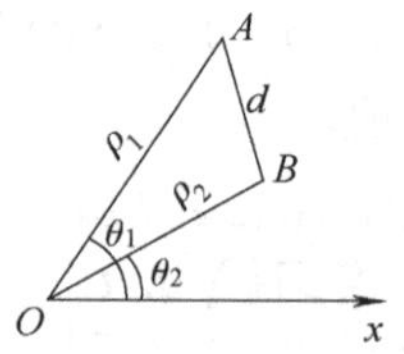

图　9-2-2

$$|AB|^2=|OA|^2+|OB|^2-2|OA||OB|\cos\angle AOB,$$

$$d^2=\rho_1^2+\rho_2^2-2\rho_1\rho_2\cos(\theta_1-\theta_2),$$

则

$$d=\sqrt{\rho_1^2+\rho_2^2-2\rho_1\rho_2\cos(\theta_1-\theta_2)}.$$

问题思考:(1)若在转化思想引导下,将极坐标化为直角坐标,用直角坐标系中的两点间距离公式解答上例行吗? 并与之进行比较.

(2)能证明 $S_{\triangle OAB}=\frac{1}{2}|\rho_1\rho_2\sin(\theta_1-\theta_2)|$吗?

练习题 9.2

1. 把下列各点的极坐标化为直角坐标:

(1)$A\left(4,\frac{\pi}{6}\right)$;　(2)$B\left(6,\frac{2\pi}{3}\right)$;　(3)$C\left(2,\frac{7\pi}{4}\right)$.

2. 把下列各点的直角坐标化为极坐标:

(1)$M(\sqrt{2},\sqrt{2})$;　(2)$N(-4,4\sqrt{3})$;　(3)$P(\sqrt{3},-1)$.

3. 把下列直角坐标方程化为极坐标方程:

(1)$x=2$;　(2)$y=-x+3$;　(3)$(x-2)^2+y^2=25$.

4. 把下列极坐标方程化为直角坐标方程:

(1)$\rho\sin\theta=6$;　(2)$\rho=2\sin\theta$;　(3)$\rho=\frac{p}{1-\sin\theta}$.

第三节　应用极坐标求曲线方程

对有些曲线的轨迹问题,尤其是动点做转动的轨迹问题,用直角坐标方法求它的方程有时显得较困难,有可能是因为表述形式复杂,也有可能是因为难于得到结果. 然而,在建立适当的极坐标系后,求它的极坐标方程就会比较简单,表述形式也会更加简洁. 求曲线的极坐标方程的方法与在直角坐标系中求曲线方程的方法基本相同.

【例】 已知一点 M 沿动射线 OM 以等速率运动的同时,又以等角速度绕点 O 旋转,求点 M 的轨迹方程.

这就是本章开头提出的凸轮轮廓轨迹的问题.

解:以射线 OM 的起始位置 OA 方向为极轴,建立如图 9-3-1 所示的极坐标系.

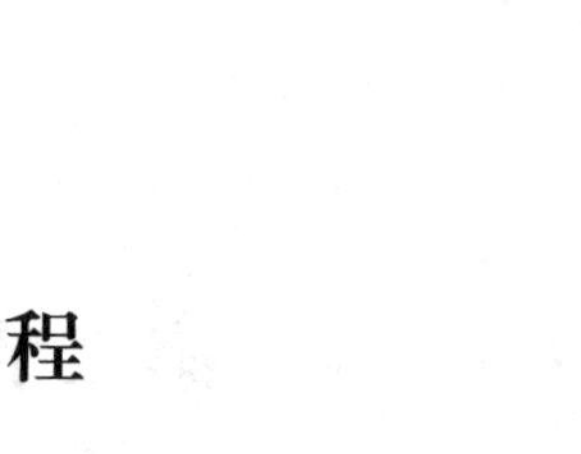

图　9-3-1

设 $M(\rho,\theta)$为轨迹上任意一点,该点的等速率为 v,等角速度为 ω,则

$$\begin{cases}\rho-\rho_0=vt & (1)\\ \theta=\omega t & (2)\end{cases}.$$

由式(1)、式(2)消去 t,得 $\rho=\rho_0+vt=\rho_0+v\frac{\theta}{\omega}$,设$\frac{v}{\omega}=a(a\neq0)$,

则有

$$\rho=\rho_0+a\theta.$$

特别地，当点 M 的运动起点在中心点（极点）时，即 $\rho_0=0$ 时，方程为 $\rho=a\theta$.

上述点 M 的轨迹方程称为**阿基米德螺线**（也称等速螺线）的极坐标方程.

练习题 9.3

1. 在一直径为 a 的圆上取一定点 O 作直径 OA，再过 A 作切线 LK，从 O 作任一直线交圆于 D，其延长线交 LK 于 E. 现在 OE 上取一点 P，使 $OP=DE$，求 P 点轨迹的极坐标方程，再把它化为直角坐标方程.

2. 已知中心在 O 点的凸轮的轮廓线是阿基米德螺线，如图 9-3-1 所示，若 $OA=90\text{mm}$，$OB=100\text{mm}$，求它的极坐标方程.

第四节　常见曲线的极坐标方程

根据极坐标的意义容易求得直线、圆及圆锥曲线等的极坐标方程.

一、直线的极坐标方程

设倾斜角为 α 的直线 l 经过点 $A(\rho_0,\theta_0)$，求直线的极坐标方程.

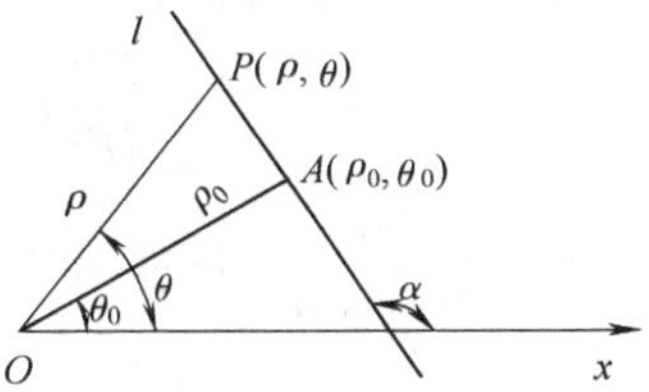

图　9-4-1

当 $\rho_0\neq0$ 时，如图 9-4-1 所示，设 $P(\rho,\theta)$ 为直线 l 上任意一点.

在 $\triangle POA$ 中，由正弦定理知

$$\frac{OP}{\sin\angle OAP}=\frac{OA}{\sin\angle OPA},$$

$$\frac{\rho}{\sin(\alpha-\theta_0)}=\frac{\rho_0}{\sin(\alpha-\theta)},$$

整理，得

$$\rho\sin(\theta-\alpha)=\rho_0\sin(\theta_0-\alpha).$$

因当 $\rho_0=0$ 时，直线 l 上的任意一点的极坐标都能表示为 $P(\rho,\alpha)$，满足上式，所以直线 l 的极坐标方程是 $\theta=\alpha$.

问题思考： 由 $\rho\sin(\theta-\alpha)=\rho_0\sin(\theta_0-\alpha)$，探索直线 l 在特殊情形：(1) 过极点；(2) 过点 $(a,0)$ 且垂直极轴；(3) 过点 $\left(b,\frac{\pi}{2}\right)$ 且平行极轴时的极坐标方程，并作出示意图.

二、圆的极坐标方程

设圆心的坐标为 $C(\rho_0,\theta_0)$，圆的半径是 r，求该圆的极坐标方程.

当 $\rho_0\neq0$ 时，如图 9-4-2 所示，设 $P(\rho,\theta)$ 为圆上任意一点.

在 $\triangle POC$ 中，根据余弦定理得

$$PC^2=OC^2+OP^2-2OC\times OP\cos\angle POC,$$
$$r^2=\rho_0^2+\rho^2-2\rho_0\rho\cos(\theta-\theta_0),$$
$$\rho^2-2\rho_0\rho\cos(\theta-\theta_0)+\rho_0^2-r^2=0.$$

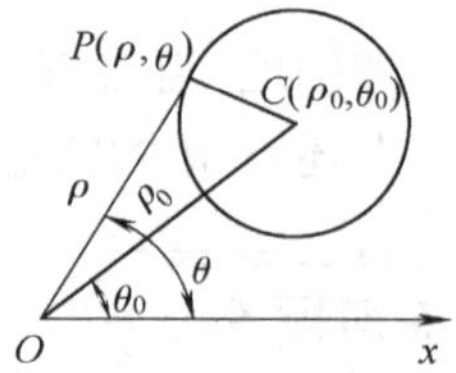

图　9-4-2

当 $\rho_0=0$ 时，即圆心 C 与极点 O 重合，圆上任意一点的极径 $\rho=r$，满足上式，所以该圆的极坐标方程是 $\rho^2-2\rho_0\rho\cos(\theta-\theta_0)+\rho_0^2-r^2=0$.

问题思考：由 $\rho^2-2\rho_0\rho\cos(\theta-\theta_0)+\rho_0^2-r^2=0$，探索圆 C 在特殊情形：(1)圆心在极点；(2)圆心为 $\left(r,\dfrac{\pi}{2}\right)$；(3)圆心为 $(r,0)$ 时的极坐标方程，并作出示意图.

三、圆锥曲线的极坐标方程

我们有圆锥曲线的统一定义：平面内到一定点 F(焦点)与到一定直线 l(准线)的距离比为一常数 e(离心率)的点的轨迹．也有统一的极坐标方程.

设定点 F 到定直线 l 的距离为 p，以定点 F 为极点，使极轴垂直于定直线 l，建立极坐标系，如图 9-4-3 所示．

设 $P(\rho,\theta)$ 是圆锥曲线上任意一点，由定义得

$$\frac{FP}{DP}=e,\text{即}\frac{\rho}{\rho\cos\theta+p}=e,$$

整理得 $\rho=\dfrac{ep}{1-e\cos\theta}$. 这就是所求的极坐标方程.

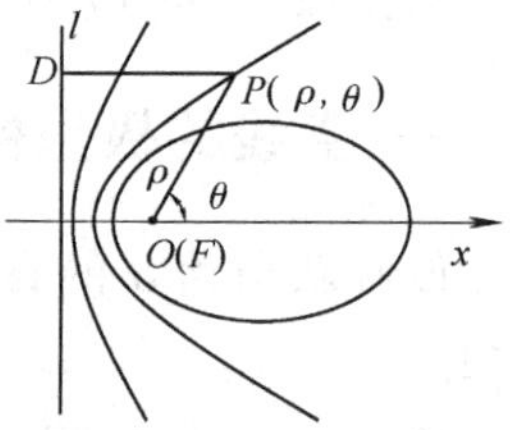

图　9-4-3

问题研究：圆锥曲线的极坐标方程 $\rho=\dfrac{ep}{1-e\cos\theta}$ 与具体的椭圆、双曲线、抛物线如何对应呢？

由 $\rho=\dfrac{ep}{1-e\cos\theta}$，得 $\rho(1-e\cos\theta)=ep$，即 $\rho=e(\rho\cos\theta+p)$，

将其化为直角方程是　$\sqrt{x^2+y^2}=e(x+p)$，

两边平方，整理得　$(1-e^2)x^2+y^2-2e^2px-e^2p^2=0$.

这就是我们在第七章中介绍的圆锥曲线统一的直角坐标方程，因此：

当 $0<e<1$ 时，方程 $\rho=\dfrac{ep}{1-e\cos\theta}$ 表示椭圆；

当 $e=1$ 时，方程 $\rho=\dfrac{p}{1-\cos\theta}$ 表示抛物线；

当 $e>1$ 时，方程 $\rho=\dfrac{ep}{1-e\cos\theta}$ 表示双曲线.

在极坐标系中，椭圆、双曲线、抛物线的方程得到了完美的统一.

练习题 9.4

1. 求符合下列条件的直线的极坐标方程：

(1)过点 $A(-5,\pi)$，且垂直于极轴的直线；

(2)过点 $B\left(4,\frac{\pi}{2}\right)$，且平行于极轴的直线.

2. 求符合下列条件的圆的极坐标方程：

(1)以点 $A(-5,0)$ 为圆心，且过极点的圆；

(2)以极点 O 与点 $B\left(10,\frac{\pi}{2}\right)$ 连线段为直径的圆.

3. 过圆锥曲线定点 F(焦点)作垂直于定直线 l(准线)的垂线，取垂足 O 为极点，射线 OF 为极轴，建立极坐标系，如图 9-4-4 所示．设定点 F 到定直线 l 的距离为 p，离心率为 e，求该圆锥曲线的极坐标方程，并把它化为直角坐标方程.

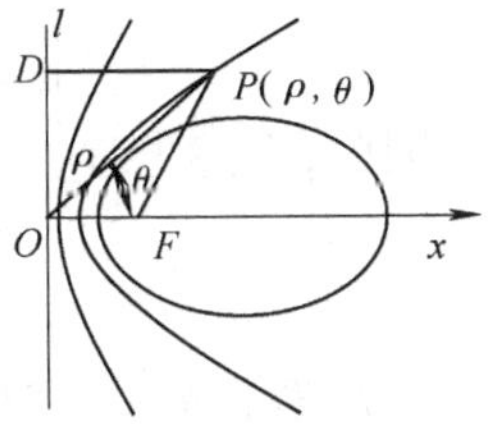

图　9-4-4

4. 我国神舟五号载人飞船运行轨道是以地球中心为一个焦点的椭圆，这个椭圆的近地点(离地面最近的点)和远地点(离地面最远的点)分别为 200km 和 350km，取地球半径为 6378km. 试求出神舟五号载人飞船的椭圆运行轨道的极坐标方程.

第五节　参数方程的意义

在求阿基米德螺线的极坐标方程中，动点 M 的轨迹是匀速直线运动和匀速圆周运动的合成，难于直接求解，我们通过引入变量 t 找到了动点 $P(\rho,\theta)$ 中 ρ 与 θ 的关系 $\begin{cases}\rho=\rho_0+vt\\ \theta=\omega t\end{cases}$.

类似地，当物体以水平夹角 α 做斜抛运动时，它的运动轨迹既要受到初速度 v 的影响，也要受到重力的作用．如果还要考虑水平方向的阻力(设水平方向加速度为 a)，那么它的运动轨迹就是如图 9-5-1 所示的弹道曲线.

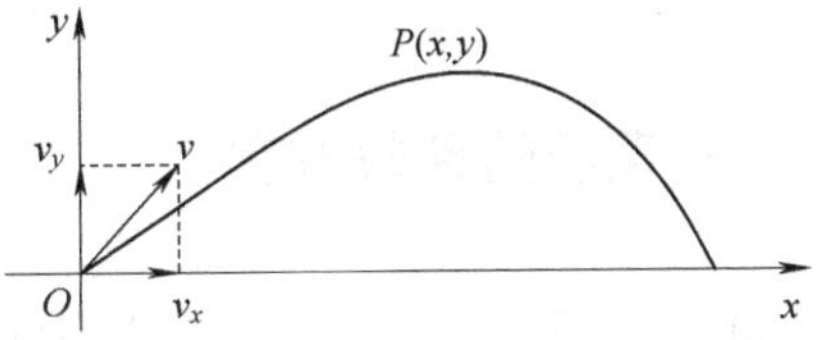

图　9-5-1

建立如图 9-5-1 所示的直角坐标系，设物体抛出一段时间 t(单位：s)后的位置是 $P(x,y)$，则有

$$\begin{cases}x=v_x t-\dfrac{1}{2}at^2\\ y=v_y t-\dfrac{1}{2}gt^2\end{cases},$$

即

$$\begin{cases}x=vt\cos\alpha-\dfrac{1}{2}at^2\\ y=vt\sin\alpha-\dfrac{1}{2}gt^2\end{cases}.$$

特别地，当 $a=0$ 时，斜抛运动的轨迹方程是

$$\begin{cases}x=vt\cos\alpha\\ y=vt\sin\alpha-\dfrac{1}{2}gt^2\end{cases}.$$

像这样,如果曲线 C 上任意一点 P 的坐标 x 和 y 都可用某个变量 t 的函数$\begin{cases}x=f(t)\\y=g(t)\end{cases}$表示;反过来,对于 t 的每个允许值,由函数式$\begin{cases}x=f(t)\\y=g(t)\end{cases}$所确定的点 $P(x,y)$ 都在曲线 C 上,那么方程$\begin{cases}x=f(t)\\y=g(t)\end{cases}$就叫作曲线的**参数方程**,变量 t 是参变数,简称**参数**.

因此,上述方程$\begin{cases}x=vt\cos\alpha-\dfrac{1}{2}at^2\\y=vt\sin\alpha-\dfrac{1}{2}gt^2\end{cases}$可称为斜抛运动的轨迹参数方程,其参数是 t.

如在第五章中,我们得到长半轴长 a、短半轴长 b 的椭圆可用$\begin{cases}x=a\cos\theta\\y=b\sin\theta\end{cases}$来表示,这个方程就是椭圆的参数方程,其参数是离心角 θ.

对于极坐标形式的方程$\begin{cases}\rho=\omega(t)\\\theta=\varphi(t)\end{cases}$亦如此. 如$\begin{cases}\rho=\rho_0+vt\\\theta=\omega t\end{cases}$是阿基米德螺线的极坐标形式的参数方程,其参数是 t.

显然,参数方程消去参数后,就转化为普通方程. 但是,其间要注意参数的取值范围与其对应的图像的范围.

第六节　常见曲线的参数方程

一、直线的参数方程

我们知道,过点 $P_0(x_0,y_0)$ 且倾斜角为 $\alpha\left(\alpha\neq\dfrac{\pi}{2}\right)$ 的直线的普通方程是 $y-y_0=(x-x_0)\tan\alpha$,可化为$\dfrac{y-y_0}{\sin\alpha}=\dfrac{x-x_0}{\cos\alpha}$,令$\dfrac{y-y_0}{\sin\alpha}=\dfrac{x-x_0}{\cos\alpha}=l$,视 l 为参数,则得直线的参数方程$\begin{cases}x=x_0+l\cos\alpha\\y=y_0+l\sin\alpha\end{cases}$.

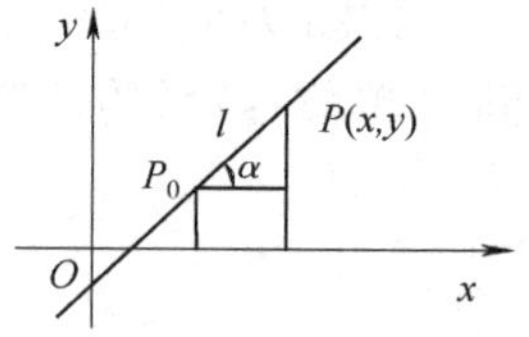

图　9-6-1

由图 9-6-1 可知,参数 l 的几何意义是有向线段 P_0P 的长度.

二、圆的参数方程

如图 9-6-2 所示,设圆心的坐标是 $C(a,b)$,圆的半径为 r,则圆的参数方程是$\begin{cases}x=a+r\cos\theta\\y=b+r\sin\theta\end{cases}$$(\theta\in[0,2\pi))$,参数 θ 的几何意义是以圆心 C 为顶点且与轴同向的射线逆时针方向旋转到圆上点 P 所成的角.

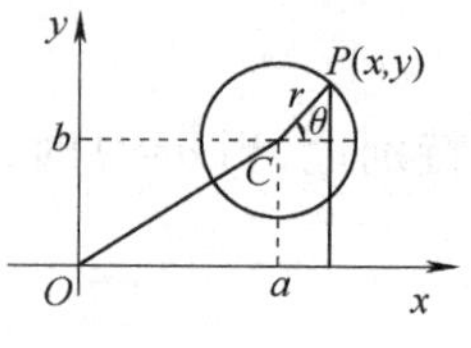

图　9-6-2

三、圆锥曲线的参数方程

椭圆的参数方程是$\begin{cases}x=a\cos\theta\\y=b\sin\theta\end{cases}$，其中 a 为长半轴长，b 为短半轴长，参数 θ 是离心角.

问题研究：类比椭圆参数方程的建立，探索双曲线的参数方程.

参考椭圆参数方程的建立方法，如图 9-6-3 所示，以原点 O 为圆心、b 为半径作一圆与 x 轴交于点 A，过点 A 作圆的切线 AT；再以 a 为半径作另一圆，其半径 OB 或其延长线与 AT 交于点 Q，过点 B 作圆的切线与 x 轴交于点 M，又作 $MN\perp Ox$，过点 Q 作 x 轴的平行线交 MN 于点 P.

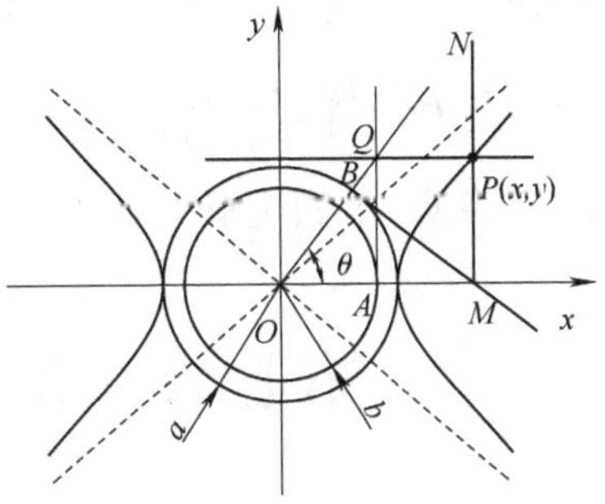

图　9-6-3

当半径 OB 绕原点 O 旋转时，点 P 轨迹的参数方程是什么呢？

设 $P(x,y)$，$\angle AOQ=\theta$，则有 $y=MP=AQ=OA\tan\theta=b\tan\theta$；$x=OM=\dfrac{OB}{\cos\theta}=a\sec\theta$. 即点 P 轨迹的参数方程是$\begin{cases}x=a\sec\theta\\y=b\tan\theta\end{cases}$，消去参数 θ 后的方程为双曲线$\dfrac{x^2}{a^2}-\dfrac{y^2}{b^2}=1$.

因此，**双曲线的参数方程**为$\begin{cases}x=a\sec\theta\\y=b\tan\theta\end{cases}\left(\theta\in[0,2\pi),\theta\neq\dfrac{\pi}{2},\theta\neq\dfrac{3\pi}{2}\right)$，其中 a 为实半轴长，b 为虚半轴长，参数 θ 为双曲线的离心角，它不是动点 P 与双曲线中心连线 OP 与 x 轴的夹角.

问题思考：(1) 从上述过程中，你能得到与椭圆类似的双曲线的作图吗？

(2) 当参数是角 θ 时，对含有 θ 的三角函数式参数方程，一般应如何消去参数 θ 化为普通方程呢？

抛物线的参数方程是$\begin{cases}x=2pt^2\\y=2pt\end{cases}$，其中 p 表示焦点到准线的距离，因为$\dfrac{x}{y}=\dfrac{2pt^2}{2pt}=t$，所以参数 t 是抛物线上动点与原点连线斜率 k 的倒数，即 $t=\dfrac{1}{k}$.

【例】　为了节约用材，现要在一椭圆形的薄板边角料上裁剪出一面积最大的内接矩形，已知椭圆的长半轴长为 a、短半轴长为 b，求此矩形的最大面积.

解：设椭圆的参数方程为 $x=a\cos\theta$，$y=a\sin\theta$.

令 $P(x,y)$ 为内接矩形在第一象限的顶点，则矩形面积

$$S=4ab\sin\theta\cos\theta=2ab\sin2\theta,$$

当 $2\theta=\dfrac{\pi}{2}$时，$\sin2\theta$ 有最大值 1，此时内接矩形有最大值 $2ab$.

问题思考：在上题中，面积最大时的椭圆内接矩形的加工划线应如何操作呢？要注意到参数 θ 并不是顶点 P 与椭圆中心 O 点连线的倾斜角.

练习题 9.5~9.6

1. 对于方程$\begin{cases}x=a+t\cos\theta\\y=b+t\sin\theta\end{cases}$:(1)当 t 是参数时,它是什么曲线?并将它化为普通方程;(2)当 θ 是参数时,它又是什么曲线?并将它化为普通方程.

2. 已知 P 是椭圆$\dfrac{x^2}{a^2}+\dfrac{y^2}{b^2}=1(a>b>0)$在第一象限内的点,$A(a,0)$和$B(0,b)$是椭圆的两个顶点,$O$ 为原点,求四边形 $PAOB$ 面积的最大值.

第七节　极坐标方程和参数方程的应用

在机械中涉及圆周运动的或难于直接表述相关量间关系的问题中,极坐标方程和参数方程有着独到的应用.

一、在凸轮传动机构中的应用

凸轮是将转动变为平动的常用零件,其轮廓线的主要弧线段是阿基米德螺线.

【例】 已知,如图 9-7-1 所示的凸轮机构,凸轮的中心为 O,$OC=100\text{mm}$,$OE=110\text{mm}$. 当凸轮按顺时针方向以等速度转动时,要求:

(1)从动杆接触轮廓线 ABC 弧段时,从动杆不动;

(2)从动杆接触轮廓线 CDE 弧段时,从动杆向右等速运动.

试求此凸轮的外轮廓线 ABC 弧段和 CDE 弧段的极坐标方程.

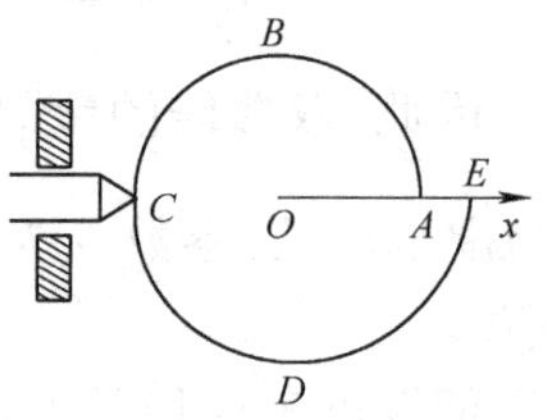

图　9-7-1

解: 由题意知,轮廓线 ABC 弧段和 CDE 弧段分别是圆弧和阿基米德螺线.

以 O 点为极点,OA 方向为极轴方向建立极坐标系,则点 A、C、E 的极坐标分别为 $A(100,0)$、$C(100,\pi)$、$E(110,2\pi)$.

(1)轮廓线 ABC 弧段的方程是 $\rho=100,\theta\in[0,\pi]$;

(2)设 CDE 弧段所在的阿基米德螺线的方程为 $\rho=\rho_0+a\theta,\theta\in[\pi,2\pi]$,

因为点 $C(100,\pi)$和 $E(110,2\pi)$在其曲线上,所以

$$\begin{cases}100=\rho_0+\pi a\\110=\rho_0+2\pi a\end{cases},解之得\ \rho_0=90,a=\frac{10}{\pi},$$

则轮廓线 CDE 弧段的方程是 $\rho=90+\dfrac{10}{\pi}\theta,\theta\in[\pi,2\pi]$.

由上可知,利用凸轮装置可以实现平动距离与转动圈数间匹配要求的设计.

问题研究: 现要设计一个做等速往复平动的推杆机构,要求在一个周期的 1/4 时间内推杆不做运动,3/4 时间内等速往复移动的距离均是 20mm.

我们可以尝试用凸轮解决上述问题. 推杆在一个周期的 1/4 时间内不做运动,则推杆接

触的就是圆弧段 ABC，且此弧所对的圆心角是 1/4 的周角，即$\frac{\pi}{2}$；推杆在 3/4 时间内等速往复移动的距离均是 20mm，则对应的是两段同样的阿基米德螺线 CDE 弧与 EFA 弧(顺序与前者相反)，所对圆心角均为$\frac{1}{2}\times\left(2\pi-\frac{\pi}{2}\right)=\frac{3\pi}{4}$，它的每一段弧的两端点与凸轮中心的距离差是 20mm，且凸轮中心 O 与近端的点 C 和点 A 的距离应和圆弧 ABC 的半径相等，如图 9-7-2 所示，若再考虑其他要求确定圆弧的半径. 这样一个符合要求的凸轮设计就基本完成了.

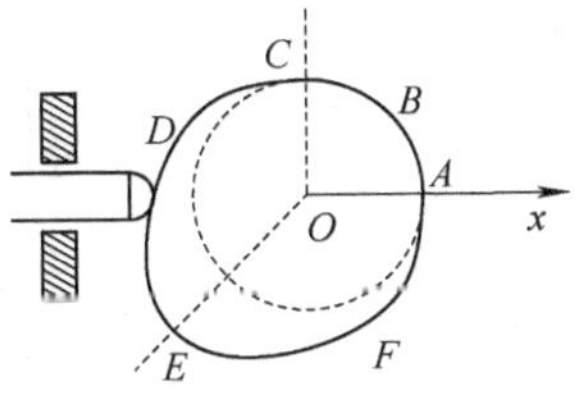

图　9-7-2

二、在车床夹具上的应用

设 $P_1(\rho_1,\theta_1)$ 和 $P_2(\rho_2,\theta_2)$ 是阿基米德螺线 $\rho=\rho_0+a\theta$ 上的两点，则有

$$\begin{cases}\rho_1=\rho_0+a\theta_1\\ \rho_2=\rho_0+a\theta_2\end{cases},$$

就有
$$\rho_2-\rho_1=a(\theta_2-\theta_1).$$

当 $\theta_2-\theta_1=2\pi$ 时，$\rho_2-\rho_1=2\pi a$，这就是说极角每增加 2π，阿基米德螺线上任意一点就会沿着极径推进同样的距离 $2\pi a$. 根据这一性质，阿基米德螺线 $\rho=\rho_0+a\theta$ 也称为**等进螺线**.

车床上用于装夹工件的自定心卡盘就是根据等进螺线的性质制成的. 卡盘的内部结构是等进螺线的螺纹，当使螺纹旋转 θ 角时，三个卡爪就在螺纹槽内沿过中心的射线方向伸缩相同的距离，从而保证加工件的中心始终位于卡盘的中心线上.

问题探究

根据阿基米德螺线的等进性质，在对极角进行平均分割时，同样对它所对应的射线方向推进的距离进行同等份数的分割，两者对应的分割点应在此曲线上。于是有如下阿基米德螺线的作法.

作 $\rho=a\theta$ 在$[0,2\pi]$的图像.

(1)在极轴上取一点 A，使 $OA=2\pi a$；

(2)对 OA 进行 n(现取 $n=12$)等分，得等分点 $A_1,A_2,\cdots,A_{11}$；

(3)以极点 O 为圆心，$2\pi a$ 长为半径作圆，并对此圆周进行相同的 n 等分；得等分点 B_1，$B_2,\cdots,B_{11}$；连接 $OB_1,OB_2,\cdots,OB_{11}$；

(4)以极点 O 为圆心、分别以 $OA_1,OA_2,\cdots,OA_{11}$ 长为半径作圆，对应交 $OB_1,OB_2,\cdots,OB_{11}$ 于 $P_1,P_2,\cdots,P_{11}$；

(5)用光滑曲线顺次连接 $O,P_1,P_2,\cdots,P_{11},A$，就得 $\rho=a\theta$ 在$[0,2\pi]$上的图像，如图 9-7-3 所示.

问题思考：(1)能证明点 $P_i(i=1,\cdots,n)$是阿基米德螺线上的点吗？

(2)如何继续作 $\rho=a\theta$ 在$[2\pi,4\pi]$上的图像呢？

(3)如何作 $\rho=\rho_0+a\theta$ 的图像？

(4)若在数控机床上加工阿基米德螺线轮廓，能用这样的方法得到节点 P_i，再用圆弧段拟合吗？

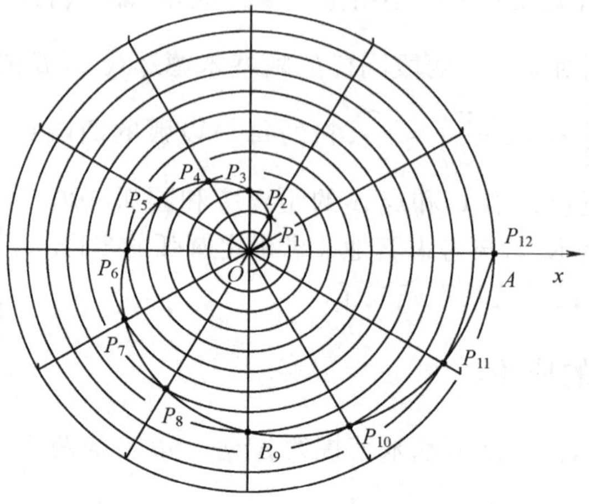

图 9-7-3

三、在椭圆机上的应用

椭圆机是跑步类的健身器械，曲柄滑块（或曲柄摇杆）机构则是椭圆机的主要机构．如图 9-7-4所示，当曲柄旋转做圆周运动时，连杆的另一端做直线（或圆弧）往复运动，连杆上除端点外的点就以椭圆（或近似椭圆）轨迹运动.在实际设计中，往往要求出它的运动轨迹方程.

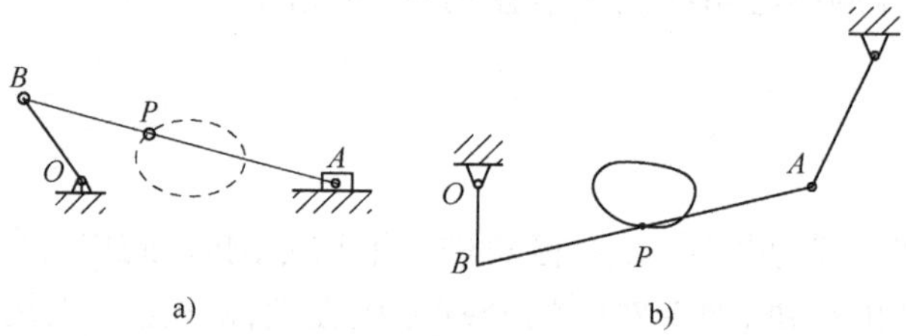

图 9-7-4

【例】 已知，如图 9-7-5 所示，OB 是一绕中心 O 旋转的曲柄；AB 是连杆，A 在 Ox 轴线上滑动．设 OB 长为 r，$|AB|=|OB|$，设 P 为 AB 上一点，$|PA|=a$，$|PB|=b$. 试证：P 点的轨迹是椭圆.

证明：建立如图 9-7-5 所示的直角坐标系，设动点坐标为 $P(x,y)$，因为 $|AB|=|OB|$，所以 $\angle BAO=\angle BOA=\theta$，则

$$x=OD+CP=r\cos\theta+b\cos\theta=[(a+b)+b]\cos\theta=(a+2b)\cos\theta,$$

$$y=EP=a\sin\theta,$$

即参数方程是 $\begin{cases}x=(a+2b)\cos\theta\\y=a\sin\theta\end{cases}$，消去参数 θ 后是

$$\frac{x^2}{(a+2b)^2}+\frac{y^2}{a^2}=1.$$

所以，P 点的轨迹是椭圆.

调整上题中 a 与 b 的关系可得到离心率不同的椭圆.

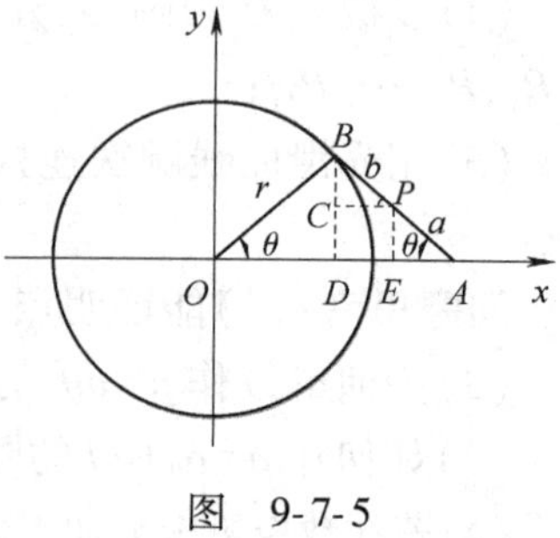

图 9-7-5

问题研究：如果 $|AB| \neq |OB|$，那么点 P 的轨迹如何呢？

因为 $|AB| \neq |OB|$，所以 $\angle BAO \neq \angle BOA$. 设 $\angle BOA = \theta$，$\angle BAO = \alpha$，$|AB| = |AP| + |PB| = a + b = c$，如图 9-7-6 所示.

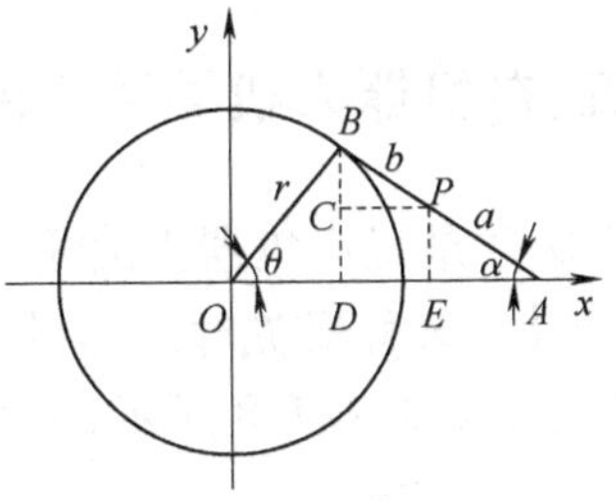

图　9-7-6

在 $\triangle ABO$ 中，由正弦定理得 $\dfrac{OB}{\sin\angle BAO} = \dfrac{AB}{\sin\angle BOA}$，即

$$\frac{r}{\sin\alpha} = \frac{c}{\sin\theta}，则 \sin\theta = \frac{c}{r}\sin\alpha，\cos\theta = \sqrt{1-\left(\frac{c}{r}\right)^2\sin^2\alpha}.$$

$$\begin{aligned} x &= OD + CP = r\cos\theta + b\cos\alpha \\ &= r\sqrt{1-\left(\frac{c}{r}\right)^2\sin^2\alpha} + b\cos\alpha \\ &= b\cos\alpha + \sqrt{r^2 - c^2\sin^2\alpha}, \\ y &= EP = a\sin\alpha, \end{aligned}$$

故点 P 轨迹的参数方程是

$$\begin{cases} x = b\cos\alpha + \sqrt{r^2 - c^2\sin^2\alpha} \\ y = a\sin\alpha \end{cases}（参数\ \alpha < 90°）.$$

点 P 的轨迹近似椭圆.

类似地，也能得到以 θ 为参数的 P 点的轨迹方程．但是，在椭圆机的设计中，因为运动腿与踏板间的夹角（运动角 $=90°-\alpha$）是一重要的设计量，所以通常是选用 α 来作为参数.

问题思考：若将曲柄滑块机构改为偏置曲柄滑块机构，那么点 P 的轨迹方程又会如何呢？

四、在一类零件加工编程中的应用

通常情况下，在数控机床加工中，对于像法兰类等圆周分布的孔类零件，以及像正多边形等图样尺寸以半径与角度形式标示的零件，采用极坐标编程较为合适.

【例】　某型号的法兰如图 9-7-7 所示，在加工其周边圆孔时，采用极坐标编程，试在图示的极坐标系下，写出各孔圆的极坐标方程.

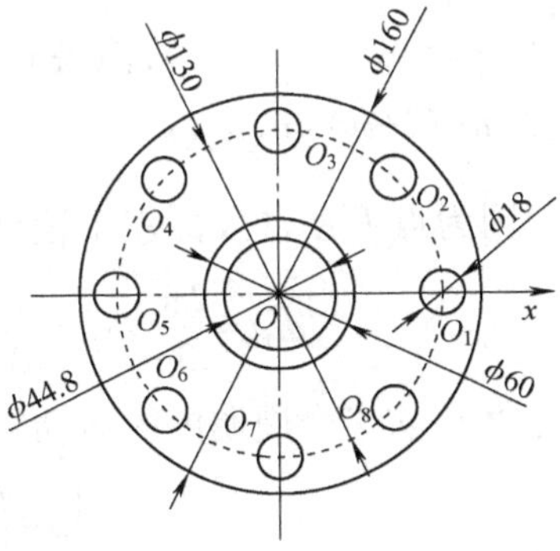

图　9-7-7

解：根据圆的极坐标方程

$$\rho^2 - 2\rho_0\rho\cos(\theta-\theta_0) + \rho_0^2 - r^2 = 0,$$

得圆 $O_i(i=1,2,\cdots,8)$ 的极坐标方程是 $\rho^2 - 130\rho\cos\left[\theta-(i-1)\dfrac{\pi}{4}\right] + 65^2 - 9^2 = 0$，即

$$\rho^2 - 130\rho\cos\left[\theta-(i-1)\frac{\pi}{4}\right] + 4144 = 0\ (i=1,2,\cdots,8).$$

问题思考：各孔圆心的坐标是多少？

五、在机器人机械臂中的应用

机械臂是工业机器人的主要构件，根据需要的不同，可设计不同功能的机械臂.

【例】 某种机械臂的运动由两个转动和一个直线移动组成，如图 9-7-8 所示，立柱 $OA=h$ 在平面内以均角速度 ω_1 在 $\frac{2\pi}{3}$ 的扇形面内来回运动；同时，俯仰杆 $AB=l$ 以 ω_2 从水平面内开始执行 $\frac{\pi}{3}$ 角的先仰后俯运动；同样，伸缩杆 BP 在运动的 AB 杆方向上以匀速 v 做伸缩距离同为 s 的直线运动．它们的来回、俯仰和伸缩运动的周期同步．试求出伸缩杆端点 P 在前半个周期内的运动轨迹方程.

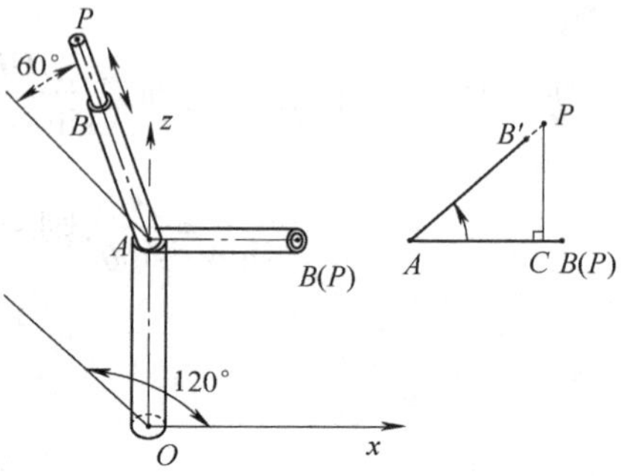

图 9-7-8

解：设立杆 OA 的中心点 O 为极点，射线 AB 的起始位置方向为极轴，OA 向上的空间方向为 z 轴，建立如图 9-7-8 所示的坐标系.

设 $P(\rho,\theta,z)$ 为 t 时刻轨迹上的一点，

因为点 P 的运动由三个方向合成：绕点 A 等角速度旋转，有 $\theta=\omega_1 t$；

AB 杆做匀速仰上运动时，有

$$z=OA+CP=h+(AB'+B'P)\sin\angle B'AC=h+(l+vt)\sin(\omega_2 t)\text{；}$$

又沿运动中的 AB 杆做匀速直线运动时，有

$$\rho=AC=(AB'+B'P)\cos\angle B'AC=(l+vt)\cos(\omega_2 t)\text{；}$$

则 $\begin{cases}\rho=(l+vt)\cos(\omega_2 t)\\ \theta=\omega_1 t\\ z=h+(l+vt)\sin(\omega_2 t)\end{cases}$，消去 t，得 $\begin{cases}\rho=\left(l+\dfrac{v}{\omega_1}\theta\right)\cos\left(\dfrac{\omega_2}{\omega_1}\theta\right)\\ z=h+\left(l+\dfrac{v}{\omega_1}\theta\right)\sin\left(\dfrac{\omega_2}{\omega_1}\theta\right)\end{cases}$.

因为点 P 所涉及的三个运动周期相同，所以有

$$\omega_1 t=\frac{2\pi}{3},\omega_2 t=\frac{\pi}{3},vt=s,\text{可得 } t=\frac{2\pi}{3\omega_1}=\frac{\pi}{3\omega_2}=\frac{s}{v},\frac{v}{\omega_1}=\frac{3s}{2\pi},\frac{\omega_2}{\omega_1}=\frac{1}{2},$$

故点 P 在前半个周期内的运动轨迹方程是

$$\begin{cases}\rho=\left(l+\dfrac{3s}{2\pi}\theta\right)\cos\left(\dfrac{1}{2}\theta\right)\\ z=h+\left(l+\dfrac{3s}{2\pi}\theta\right)\sin\left(\dfrac{1}{2}\theta\right)\end{cases}\left(\theta\in\left[0,\frac{2\pi}{3}\right]\right).$$

问题思考：(1) 点 P 在后半个周期的运动轨迹方程应如何表示？

(2) 从中可以看出此类机械臂的立杆旋转、俯仰杆俯仰和伸缩杆伸缩的三个速度是相互联系的，它们又与哪些量相关？

(3) 由类比想到的：能否用与题中所涉及的动点到一定点的距离，以及两个转动方向上的三个量来建立一种新的坐标系，并描述这种运动状态的动点轨迹呢？

六、在摆线及其零件中的应用

摆线是一种奇异多彩、性能超群的曲线，在机械齿形零件的轮廓线上有着广泛的应用.

【例 1】　有一半径为 r 的圆 C，沿平面上一条直线边滚动，求该圆周上一定点 P 的轨迹方程.

解：以滚动圆上一 P 点与直线接触点为原点，这条直线为 x 轴，建立直角坐标系，如图 9-7-9所示，设 $P(x,y)$ 是轨迹上的任意一点，车轮转过的角度为 θ，则 $OA=\widehat{AP}=r\theta$，

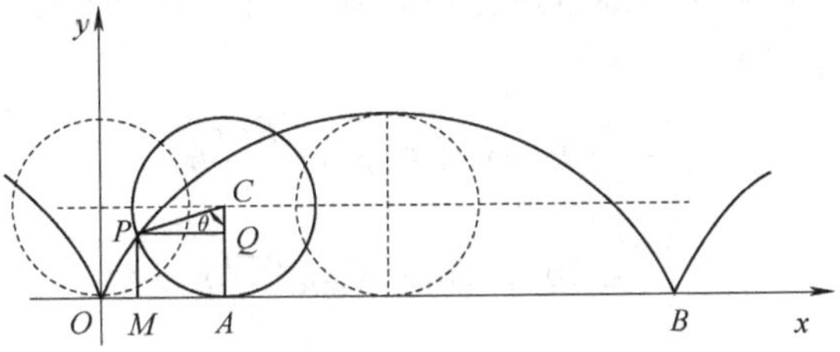

图　9-7-9

$$x=OM=OA-MA=r\theta-PQ=r\theta-r\sin\theta,$$
$$y=MP=AC-QC=|OP|-QC=r-r\cos\theta.$$

所以，点 P 的轨迹方程是 $\begin{cases}x=r\theta-r\sin\theta\\ y=r-r\cos\theta\end{cases}$.

这个方程所表示的曲线称为**平摆线**（也称旋轮线），其中 θ 是圆的半径所经过的角度 $\left(\text{滚动角 } \theta=\arccos\dfrac{r-y}{r}\right)$，当 θ 由 0 变到 2π 时，动点就画出了摆线的一支 $\overset{\frown}{OB}$，称为一拱.

问题思考：(1) 平摆线的一拱的宽度即拱底是多少？拱高又是多少？

(2) 在上例中，若点 Q 是半径 CP 上的一定点，当圆 C 在直线上滚动时，点 Q 的轨迹称为变幅平摆线. 若取 $CQ=\dfrac{1}{2}r$ 或 $CQ=\dfrac{3}{2}r$（在半径 CP 的延长线上），则点 Q 轨迹的参数方程又会如何呢？

摆线可以反映一个动圆在一条基线上滚动时动圆上的定点的轨迹. 随着基线类型的改变，就会呈现出不同的轨迹形态.

当基线是圆且动圆在其圆内滚动时，就得到内摆线. 在此条件下，当定点从圆周变换到圆内（或圆外）时，摆线为变幅短（长）轴摆线.

摆线转子泵的主要零件是由内摆线轮廓构成的摆线轮. 它具有结构紧凑、体积小、噪声低、工作平稳、自吸性强及有良好的高转速特性等特点，在纺织机械、印刷机械、机床、轻工机械等需低压连续润滑或间断供油润滑的机械设备上应用广泛.

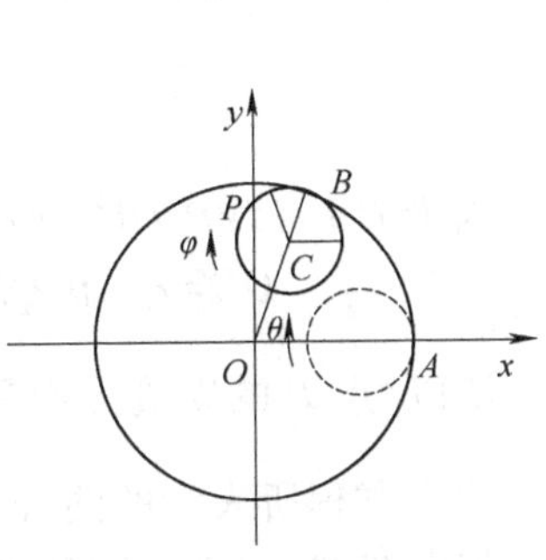

图　9-7-10

【例 2】　图 9-7-10 所示为一内摆线结构. 一半径为 r 的动圆 C 在半径为 $R(R>r)$ 的定圆内沿圆周边上滚动，求该动圆周上一定点 P 的轨迹方程.

解：建立图示的直角坐标系，P 从 A 点出发，小圆转过了角度 φ，小圆的圆心 C 相对 O 转过了角度 θ，则 P 相对于 C 的坐标

是$(r\cos\varphi,-r\sin\varphi)$；$C$相对于$O$的坐标是$[(R-r)\cos\theta,(R-r)\sin\theta]$，所以$P$相对于$O$的坐标是$[(R-r)\cos\theta+r\cos\varphi,(R-r)\sin\theta-r\sin\varphi]$；

又$R\theta=r(\theta+\varphi)$，即$\varphi=\dfrac{R-r}{r}\theta$，故内摆线的参数方程是

$$\begin{cases}x=(R-r)\cos\theta+r\cos\dfrac{R-r}{r}\theta\\ y=(R-r)\sin\theta-r\sin\dfrac{R-r}{r}\theta\end{cases}.$$

问题研究：当动圆上的定点P从圆周变换到圆内（或圆外）时，摆线为变幅短（长）轴摆线.设$OP=\lambda$，变幅内摆线的方程为

$$\begin{cases}x=(R-r)\cos\theta+\lambda\cos\dfrac{R-r}{r}\theta\\ y=(R-r)\sin\theta-\lambda\sin\dfrac{R-r}{r}\theta\end{cases}.$$

特别地，当$R=2r$时，变幅内摆线的方程为$\begin{cases}x=(r+\lambda)\cos\theta\\ y=(r-\lambda)\sin\theta\end{cases}$，消去参数$\theta$，得$\dfrac{x^2}{(r+\lambda)^2}+\dfrac{y^2}{(r-\lambda)^2}=1$，此时变幅的内摆线为椭圆.

当基线是圆且动圆在其圆外滚动时，如果两圆外切，就得到外摆线或变幅外摆线；如果动圆半径大于定圆半径且内切时，就得到类似“呼啦圈”形态的环摆线.

像摆线转子泵一样，各种齿形传动机构的轮廓线大多采用摆线结构.

七、在渐开线及其零件中的应用

在环摆线状态中，当动圆的半径趋于无穷大，即动圆转化为直线时，环摆线就转化为称为圆的渐开线的曲线；同样，它也可以看成是下述状态下得到的曲线.

【例1】 一条钢丝被紧紧围绕在半径为r的圆盘上，当此钢丝拉紧而逐渐撒开，且使撒开部分成为圆的切线时，求此钢丝外端点P的轨迹.

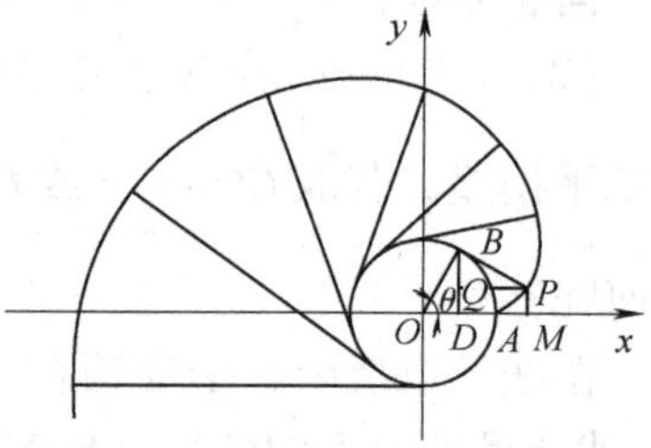

图 9-7-11

解：以圆盘的圆心O为原点、O点与钢丝未撒开时的端点A所在直线为x轴建立直角坐标系，如图 9-7-11 所示.

设$P(x,y)$是轨迹上的任意一点，$\angle DOB=\theta$，

$$x=OM=OD+DM=OD+QP,$$
$$y=MP=DQ=DB-QB.$$

因为$OB=r$，$BP=\overset{\frown}{BA}=r\theta$，所以

$$OD=r\cos\theta,\ QP=BP\sin\angle DBP=r\theta\sin\theta,\ QB=BP\cos\angle DBP=r\theta\cos\theta.$$

所以，点P的轨迹方程是$\begin{cases}x=r\cos\theta+r\theta\sin\theta\\ y=r\sin\theta-r\theta\cos\theta\end{cases}$.

这个方程所表示的曲线称为**圆的渐开线**，简称渐开线．它的形状似一条不断增大的螺线.

问题研究：能求出圆的渐开线在极坐标系下的方程吗？

取圆的圆心为极点，使极轴通过其起始点A，建立如图 9-7-12 所示的极坐标系.

设 $P(\rho,\theta)$ 为渐开线上任意一点，连接 OB，取 $\angle BOP=t$，则由渐开线的定义，得 PB 是圆的切线，$BP=\widehat{BA}=r(\theta+t)$.

在 Rt$\triangle OBP$ 中，$\rho=\dfrac{r}{\cos t}$，$BP=r\tan t$，所以

$$r(\theta+t)=r\tan t\Rightarrow\theta=\tan t-t.$$

于是圆的渐开线的极坐标参数方程是 $\begin{cases}\rho=\dfrac{r}{\cos t}\\ \theta=\tan t-t\end{cases}$.

由图可知，$0<t<\dfrac{\pi}{2}$，参数 t 称为渐开线的压力角，即渐开线上任一点法向压力的方向线（即渐开线在该点的法线）和该点速度方向之间的夹角，称为该点的压力角；它的圆称为基圆.

问题思考：在图 9-7-12 所示的渐开线中，基圆半径 r、ρ 值，点 P 离圆 O 远近，压力角 t 这些量之间的大小有什么关系？

渐开线作为齿形轮廓线时，齿轮的压力角是指齿轮分度圆与渐开线交点处点的压力角．齿轮的压力角越小，传动效率越高，齿部的机械强度也越差；齿轮压力角越大，传动效率越低，但齿部的机械强度也越高.它一般取 14.5°~25°范围，通常取 20°与 25°．基圆半径与压力角是渐开线齿形轮廓线设计中两个重要的量.

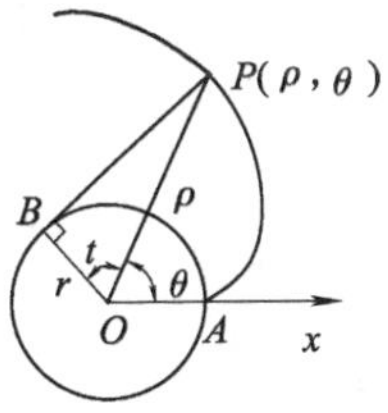

图　9-7-12

【例 2】　某型号齿轮的齿形轮廓线采用渐开线曲线，已知其基圆半径是 30mm，压力角是 20°，为了满足在数控机床上编制加工该零件的程序和合理选用加工材料大小的需要，试写出渐开线的方程并求齿轮分度圆的半径 $r_{分}$ 的值.

解：因所求渐开线的基圆半径 $r=30$mm，故渐开线在直角坐标系下的方程为 $\begin{cases}x=30\cos\theta+30\theta\sin\theta\\ y=30\sin\theta-30\theta\cos\theta\end{cases}$（$\theta$ 为参数）；在极坐标系下的方程为 $\begin{cases}\rho=\dfrac{30}{\cos t}\\ \theta=\tan t-t\end{cases}$（$t$ 为参数）.

因齿轮压力角 $\alpha_{分}$ 是指齿轮分度圆与渐开线交点处点的压力角，故由 $\cos\alpha_{分}=\dfrac{r}{r_{分}}$ 得所求齿轮分度圆半径

$$r_{分}=\frac{r}{\cos\alpha_{分}}=\frac{30}{\cos20°}\approx31.92(\text{mm}).$$

八、在圆柱螺旋线中的应用

我们所坐的沙发里的弹簧、机械零件里的螺纹、圆柱形盘旋而上的楼梯等，都是圆柱螺旋线结构．知晓其曲线的方程，往往会给这些对象的制作带来方便.

【例】　如图 9-7-13 所示，底面半径为 r 的圆柱绕其轴（z 轴），以匀角速度 ω 旋转，圆柱面上一点 $M(r,0,0)$，一方面随着圆柱做匀角速度运动，另一方面沿着圆柱的母线（z 轴方向）以匀速度 v 做直线运动．求点 M 的轨迹方程.

解：在如图 9-7-13 所示的空间直角坐标系中，设过时间 t 后点 M 到达 $P(x,y,z)$，则

$\angle MOA=\omega t$,所以点 M 的轨迹方程是$\begin{cases}x=r\cos\omega t\\y=r\sin\omega t.\\z=vt\end{cases}$

像这样,点 M 的轨迹叫作**圆柱螺旋线**,其方程叫作圆柱螺旋线方程. 动点绕圆柱面回转一周沿轴向(z 轴方向)移动的距离 P_h 称为导程.

问题研究:圆柱螺旋线中导程 P_h、导程螺旋线长 L、螺旋线升角 α(α 的余角 β 叫作螺旋角)和圆柱直径 D 之间的关系.

由图 9-7-14 所示的圆柱螺旋线展开图可知:

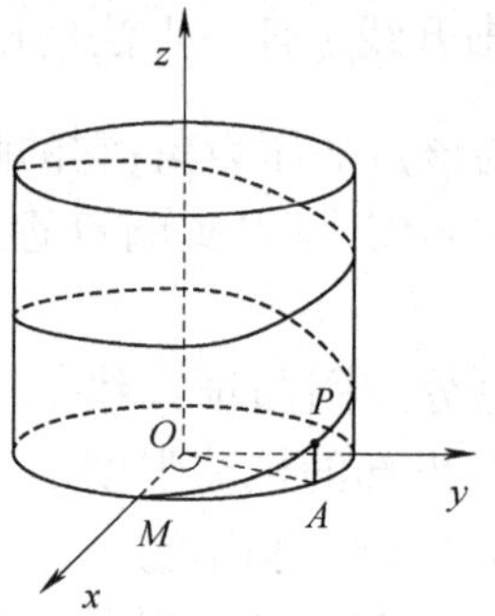

图 9-7-13

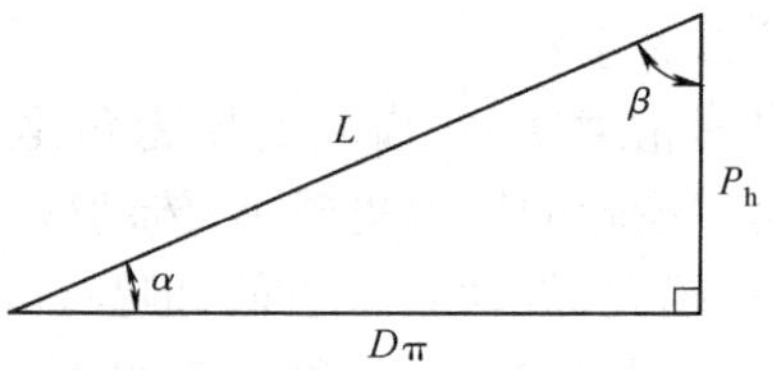

图 9-7-14

$$L^2=(D\pi)^2+P_h^2,\tan\alpha=\frac{P_h}{D\pi},P_h=\frac{D\pi v}{\omega}.$$

若令 $\omega t=\theta$,即 $\angle MOA=\theta$,则圆柱螺旋线方程为

$$\begin{cases}x=r\cos\theta\\y=r\sin\theta\\z=r\theta\cot\beta\end{cases},\text{且有 }z=\frac{P_h}{2\pi}\theta.$$

九、在椭圆机构中的应用

曲柄滑块机构可以演变为如图 9-7-15a 所示的正弦机构:滑块 A 绕点 O 做圆周运动,同时在滑道杆上进行左右滑动,推动从动杆 BC 上的点 C 做正弦运动.

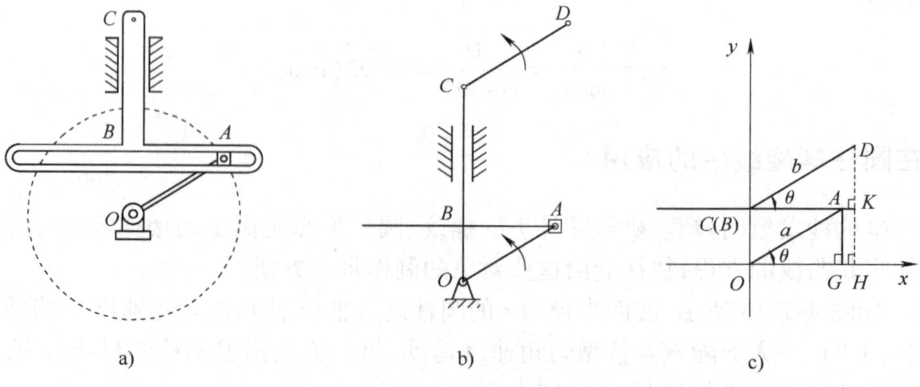

图 9-7-15

【例】 在如图 9-7-15b 所示的正弦机构的推杆 BC 端点 C 上连接 CD 杆，且 D 点以相同于 A 绕 O 的转速绕 C 点做圆周运动，CD 杆做平面运动．求证：D 点的运动轨迹是椭圆．

解：以 O 为原点、水平方向为 x 轴建立直角坐标系，为了便于把 C 点等效地移到 B 点，设 $OA=a$、$CD=b$，初始位置时 $\angle AOx=\angle DCA=\theta$，$D$ 绕 C 点的转速与 A 点绕 O 点的转速相等，如图 9-7-15c 所示，则

$$OH=CK=b\cos\theta,HD=GA+KD=a\sin\theta+b\sin\theta=(a+b)\sin\theta.$$

所以，D 点运动轨迹的参数方程是

$$\begin{cases}x=b\cos\theta\\y=(a+b)\sin\theta\end{cases},$$

消去参数 θ，得其普通方程是

$$\frac{x^2}{b^2}+\frac{y^2}{(a+b)^2}=1.$$

D 点的运动轨迹是以 O 点为中心的椭圆方程.

问题研究：在上述结构中，正弦机构与同步的旋转构件组合成了一种椭圆机构．那么，在这种椭圆机构的 D 处装上切割工具，它就成了椭圆切割装置吗？

在 D 处装上锯条 DE，使 $ED\perp CD$，E 点代表刀尖，D 点代表刀背，设 $DE=c$，$\angle ECD=\alpha$，如图 9-7-16 所示，则 $\angle DEF=\angle ECD=\alpha$，$\tan\alpha=\dfrac{c}{b}$，于是，$\sin\alpha=\dfrac{c}{\sqrt{b^2+c^2}}$，$\cos\alpha=\dfrac{b}{\sqrt{b^2+c^2}}$.

$$x_E=b\cos\theta-FD=b\cos\theta-c\sin\angle DEF=b\cos\theta-c\sin\alpha,$$

$$y_E=(a+b)\sin\theta+FE=(a+b)\sin\theta+c\cos\angle DEF=(a+b)\sin\theta+c\cos\alpha.$$

所以，刀尖 E 的轨迹的参数方程是

$$\begin{cases}x=b\cos\theta-c\sin\alpha\\y=(a+b)\sin\theta+c\cos\alpha\end{cases}(\theta\text{ 为参数}),$$

消去参数 θ，得其普通方程是

$$\frac{(x+c\sin\alpha)^2}{b^2}+\frac{(y-c\cos\alpha)^2}{(a+b)^2}=1,$$

其中，$\alpha=\arctan\dfrac{c}{b}$.

刀尖 E 的运动轨迹是以点 $O'(-c\sin\alpha,c\cos\alpha)$ 为中心的椭圆方程，如图 9-7-17 所示．

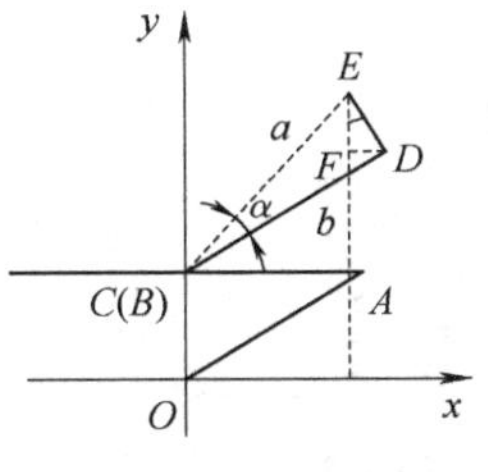

图　9-7-16

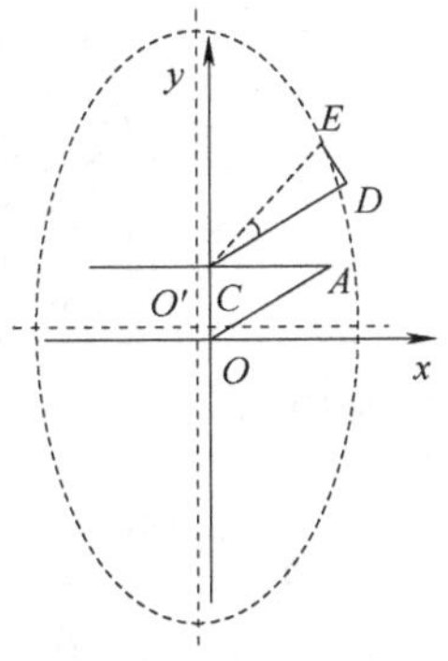

图　9-7-17

问题思考：在上述相同条件下，推导出刀尖 E 的另一种参数方程表达式

$$\begin{cases}x=\sqrt{b^2+c^2}\cos(\theta+\alpha)\\y=\sqrt{b^2+c^2}\sin(\theta+\alpha)+a\sin\theta\end{cases},$$

其中，θ 为参数，$\alpha=\arctan\dfrac{c}{b}$.

若 DC 不做等效移动，设 $DC=d$，则各对应的方程是什么形式？

十、在曲柄摇杆机构设计中的应用

我们已经知道，在曲柄摇杆机构中，如图 9-7-18 所示，曲柄 a、连杆 b、摇杆 c、机架 d、极位夹角 θ（行程速比系数 K）和摇杆摆角 φ 之间有关系式

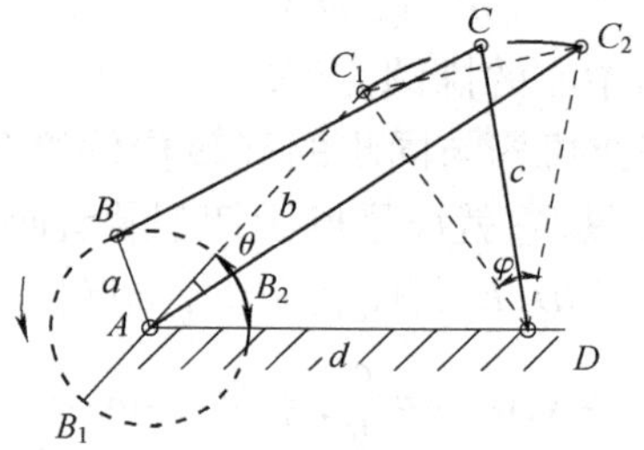

图　9-7-18

$$C_1C_2^2=(a+b)^2+(b-a)^2-2(b+a)(b-a)\cos\theta,$$

又因为 $C_1C_2=2c\sin\dfrac{\varphi}{2}$，于是有

$$\left(2c\sin\frac{\varphi}{2}\right)^2=(a+b)^2+(b-a)^2-2(b+a)(b-a)\left(\cos^2\frac{\theta}{2}-\sin^2\frac{\theta}{2}\right),$$

$$2c^2\sin^2\frac{\varphi}{2}=a^2\left(1-\sin^2\frac{\theta}{2}\right)+a^2\cos^2\frac{\theta}{2}+b^2\left(1-\cos^2\frac{\theta}{2}\right)+b^2\sin^2\frac{\theta}{2},$$

$$a^2\cos^2\frac{\theta}{2}+b^2\sin^2\frac{\theta}{2}=c^2\sin^2\frac{\varphi}{2},$$

$$\frac{\left(\dfrac{a}{c}\right)^2}{\left(\dfrac{\sin\dfrac{\varphi}{2}}{\cos\dfrac{\theta}{2}}\right)^2}+\frac{\left(\dfrac{b}{c}\right)^2}{\left(\dfrac{\sin\dfrac{\varphi}{2}}{\sin\dfrac{\theta}{2}}\right)^2}=1,$$

上述方程可变换为参数方程为

$$\frac{a}{c}=\frac{\sin\dfrac{\varphi}{2}}{\cos\dfrac{\theta}{2}}\sin t,\quad \frac{b}{c}=\frac{\sin\dfrac{\varphi}{2}}{\sin\dfrac{\theta}{2}}\cos t.$$

这样的参数方程可称为杆长参数方程．在平面四杆机构中，一般都能得到此类杆长参数

方程，它是这类机构设计中一种能直接满足极位夹角 θ（行程速比系数 K）和摇杆摆角 φ 两个重要设计要求的较好方法.

十一、在旋流器蜗壳上的应用

旋流器蜗壳是将液流的直线运动变为圆周运动的转换器。既要使悬浮液顺畅进入旋流状态，又要使进入旋流状态的过渡沿程损失最小，这就要求旋流器内壁曲线光滑而没有拐点，曲率中心在同一侧，这样沿程损失能量小，旋流器的效率高．为此，选择阿基米德螺线作为常用的一种蜗壳入口曲线；风机蜗壳亦如此.

在阿基米德螺线形蜗壳中，螺线的基圆半径及其最大张角是反映蜗壳性能的主要参数.

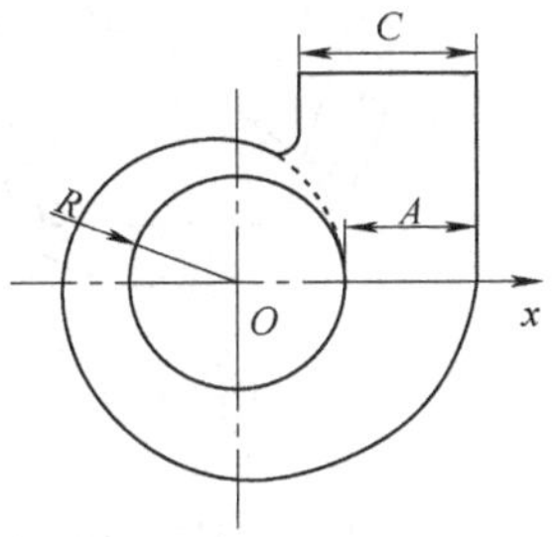

图　9-7-19

【例】　图 9-7-19 所示为一风机蜗壳示意图，其中最大张角是 A，基圆半径是 R，试用 A、R 表示该阿基米德螺线的方程.

解：建立如图 9-7-19 所示的极坐标系，设阿基米德螺线方程为 $\rho=\rho_0+a\theta$.

因为点$(R,0)$与点$(R+A,2\pi)$在其曲线上，所以

$$\begin{cases}R=\rho_0+a\times 0\\R+A=\rho_0+a\times 2\pi\end{cases},$$

解之得 $\rho_0=R$，$a=\dfrac{A}{2\pi}$，则该阿基米德螺线的方程为 $\rho=R+\dfrac{A}{2\pi}\theta$.

练习题 9.7

1. 如图 9-7-20 所示，已知一中心为 O 的凸轮，$OA=30\text{mm}$. 凸轮以顺时针方向等角速度转动，当从点 A 转过$\dfrac{1}{4}$圈，即从动杆接触 ABC 弧段时，从动杆不动；当继续转过$\dfrac{3}{8}$圈，即从动杆接触 CDE 弧段时，从动杆向左等速运动 20mm；当又继续转过$\dfrac{3}{8}$圈，即从动杆接触 EFA 弧段时，从动杆向右等速运动 20mm；这样，凸轮完成一圈的转动．试在图示坐标系下，求轮廓线 ABC 弧段、CDE 弧段和 EFA 弧段的极坐标方程.

2. 有一半径为 r 的圆 C，沿平面上一条直线边滚动，圆内有一定点 P，$OP=0.25r$. 求定点 P 的轨迹方程.

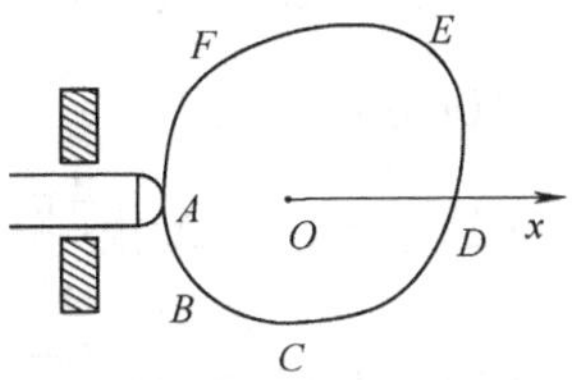

图　9-7-20

3. 已知某渐开线齿廓齿轮的基圆直径是 80mm，压力角是 25°，试写出此渐开线的方程并求出齿轮分度圆半径的值.

4. 在数控机床上加工如图 9-7-21 所示的正五边形 $ABCDE$ 的轮廓线．试建立合适的极坐标系，并求出其基点的坐标.

5. 某型号椭圆机的运动机构采用偏置曲柄滑块机构．如图 9-7-22所示，$|OB|=r$，$|OO'|=e$，$|AP|+|PB|=a+b=c$，$\angle OAB=\alpha$，建立图示的坐标系．求证：点 P 轨迹的参数方程是$\begin{cases}x=b\cos\alpha+\sqrt{r^2-(c\sin\alpha-e)^2}\\y=a\sin\alpha\end{cases}$（参数 $\alpha<90°$）.

6. 有一种机械臂的运动形式是通过一个转动和两个直线移动组成的运动系统实现的．如图 9-7-23 所示，立杆 OA 以 ω 的等角速度在 1/4 的圆周内来回转动；同时，横杆在立柱 $AB=h$ 段上以匀速 v_1 做升降运动；又伸缩杆 CP 在横杆 AC 水平位置上以匀速 v_2 做伸缩距离同为 s 的直线运动．三种运动周期相同．试建立适当的空间坐标系，并求出伸缩杆端点 P 的轨迹方程.

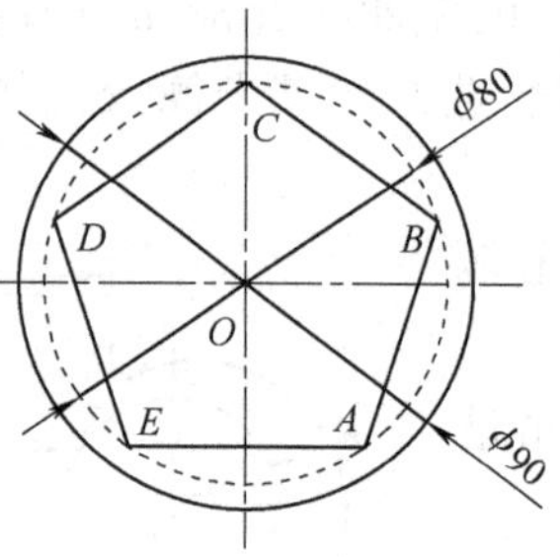

图 9-7-21

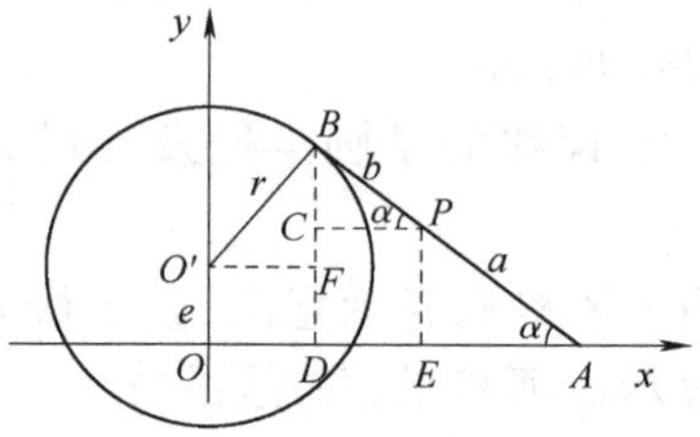

图 9-7-22

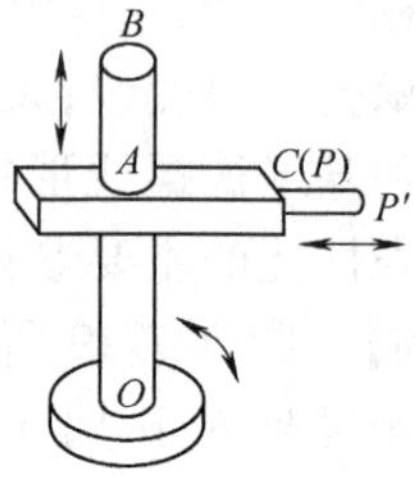

图 9-7-23

7. 参考“在椭圆机构中的应用”内容，推导刀尖 E 的参数方程表达式

$$\begin{cases} x=\sqrt{b^2+c^2}\cos(\theta+\alpha) \\ y=\sqrt{b^2+c^2}\sin(\theta+\alpha)+a\sin\theta \end{cases},$$

其中，θ 为参数，$\alpha=\arctan\dfrac{c}{b}$.

复习自测题九

1. 有一零件如图 9-8-1 所示，直径为 8mm 的四个圆孔均匀分布在半径为 50mm 的圆周上，建立如图所示的极坐标系，写出各圆心的极坐标及各圆的极坐标方程.

2. 设计一个平面凸轮轮廓线．A 为凸轮起动时与从动杆的接触点，凸轮的轴心 O 与 A 的距离为 60mm，当凸轮匀速转动时，从动杆按下面的规律运动：

(1) 当旋转角度由 0 到 $\dfrac{4\pi}{5}$ 时，从动杆匀速向右移动，其最大推程为 10mm；

(2) 当旋转角度由 $\dfrac{4\pi}{5}$ 到 $\dfrac{6\pi}{5}$ 时，从动杆保持下动；

(3) 当旋转角度由 $\dfrac{6\pi}{5}$ 到 2π 时，从动杆匀速向左移动，回到原来的位置.求此平面凸轮轮廓线的极坐标方程.

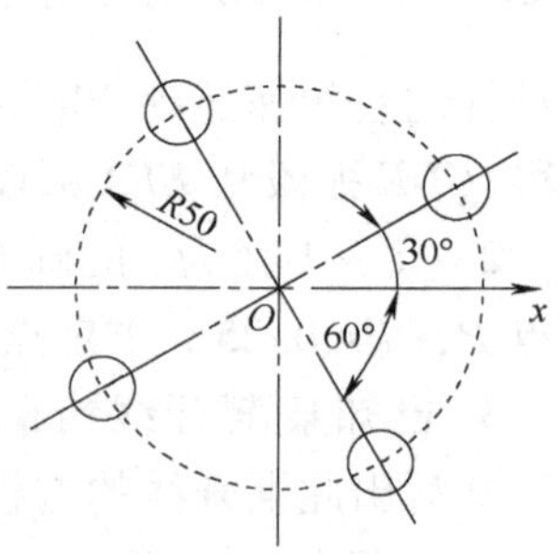

图 9-8-1

3. 图 9-8-2 所示为某水电站水轮机模型蜗壳的示意图，试根据图示尺寸求出蜗壳的阿基米德螺线方程.

4. 研究表明：当物体从 A 处自动滑向低点 B 处时，连接 AB 滑槽的滑动曲线不是呈直线时所需时间最少，而是呈摆线时所需时间最少，因此摆线也称为“最速降线”.

现要在某自动流水线上设计一球形工件从 A 高点滑向 B 低点所需时间最少的滑槽，$AB=3\text{m}$，以 AB 的长作为滑槽滑线摆线的半拱宽，试求此摆线的方程.

5. 在曲柄滑块机构中，设滑块行程为 H，极位夹角为 θ，曲柄为 a，连杆为 b，求证：

$$\frac{2a}{H}=\frac{1}{\cos\frac{\theta}{2}}\sin t,$$

$$\frac{2b}{H}=\frac{1}{\sin\frac{\theta}{2}}\cos t\ (t\text{ 为参数}).$$

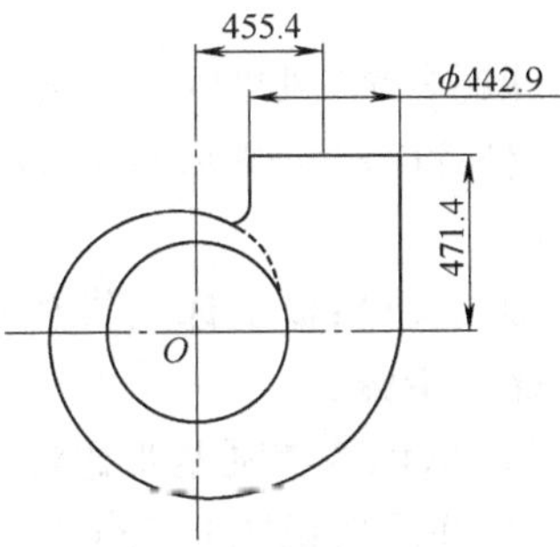

图　9-8-2

实践作业

实践课题一

课题名称：凸轮的简单设计及其功能的认识.

材料准备：车削凸轮用平板铝材、铝棒、弹簧、空心套管、固定用夹具和螺钉等.

现场准备：实习指导教师两人，加工及组装简单凸轮装置所用的相关材料.

知识应用：极坐标及阿基米德螺线方程.

操作步骤：

(1) 认识凸轮装置．展示凸轮零件实物，用幻灯片介绍其基本的应用场景，并利用凸轮工作演示装置认识其基本作用.

(2) 根据要求设计凸轮轮廓线．设计一平面凸轮的轮廓线．A 为凸轮起动时与从动杆的接触点，凸轮的轴心 O 与 A 的距离为 80mm，当凸轮匀速转动时，从动杆按下面的规律运动：

1) 当旋转角度由 0 到 $\frac{3\pi}{5}$ 时，从动杆保持不动；

2) 当旋转角由 $\frac{3\pi}{5}$ 到 $\frac{6\pi}{5}$ 时，从动杆匀速向右移动，其最大推程为 10mm；

3) 当旋转角由 $\frac{6\pi}{5}$ 到 2π 时，从动杆匀速向左移动，回到原来的位置.

求此凸轮轮廓线的极坐标方程.

作出计算用示意图，写出具体计算过程.

(3) 见习凸轮的车削．实习教师边讲解边操作，用铝材制作出符合上述要求的凸轮.

(4) 实习指导教师用加工好的凸轮等材料，帮助学生在平板上装配一演示用凸轮装置.

(5) 学生以塑料板(或厚硬纸板)为主要材料，制作一与上述演示用一样的凸轮装置.

(6) 在该凸轮装置中，若要使从动杆向右移动的速度是 v，则凸轮的转速应是多少？从动杆向左移动的速度又是多少？

实践课题二

课题名称：风机阿基米德螺线形蜗壳模型制作.

材料准备：可弧形弯曲类金属薄板（或塑料、硬纸板），焊接工具（或胶接）材料，划线工具等.

知识应用：极坐标及阿基米德螺线方程.

操作步骤：

（1）认识各类阿基米德螺线形蜗壳风机.用幻灯片介绍各类阿基米德螺线形蜗壳风机的应用场景，并简要说明其工作原理及作用.

（2）如图 9-8-3 所示，求风机蜗壳的阿基米德螺线方程 .

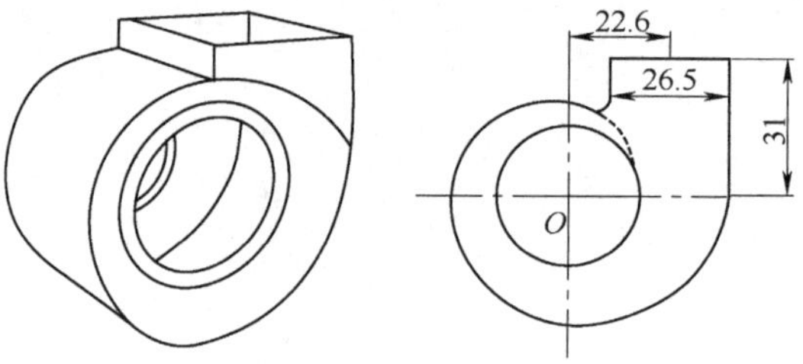

a)　　　　b)

图　9-8-3

（3）在薄板上划线放样蜗壳侧面板 A 面与 B 面，并切割.

（4）借助已切割的 A 面轮廓量取轮廓线长度，得到 C 面展开矩形的长度，利用此数据等划线切割得 C 面.

（5）胶接 A、B、C 等三面，得模型.